西门子PLC、触摸屏及变频器综合应用

从入门到精通

向晓汉 主编

化学工业出版社

·北京·

本书从基础和实用出发，全面系统地介绍了西门子 S7-200 SMART PLC、触摸屏和变频器综合应用技术。全书内容共分两部分：第一部分为 PLC 编程入门篇，主要介绍西门子 S7-200 SMART PLC 的硬件和接线、STEP7-Micro/WIN SMART 编程软件的使用、PLC 的编程语言、编程方法；第二部分为综合应用精通篇，包括西门子 S7-200 SMART PLC 的通信及其应用、PID 技术、变频器调速、西门子人机界面（HMI）技术、故障诊断技术及西门子 PLC、触摸屏和变频器工程应用。

本书内容丰富，重点突出，强调知识的实用性，为方便读者深入理解并掌握西门子 PLC、触摸屏及变频器技术，本书配有大量实用案例，且大部分实例都有详细的软硬件配置清单、接线图和程序，便于读者模仿学习。

为方便读者学习，本书对重点和复杂内容还配有视频讲解，读者用手机扫描书中二维码即可观看，辅助学习书本知识。

本书可供从事 PLC 研究与应用的工业控制技术人员学习使用，也可作为高等院校相关专业的教材。

图书在版编目（CIP）数据

西门子 PLC、触摸屏及变频器综合应用从入门到精通/向晓汉主编 . —北京：化学工业出版社，2020.2（2023.4 重印）
ISBN 978-7-122-35682-6

Ⅰ. ①西… Ⅱ. ①向… Ⅲ. ①PLC 技术②触摸屏③变频器 Ⅳ. ①TM571. 61②TP334. 1③TN773

中国版本图书馆 CIP 数据核字（2019）第 252604 号

责任编辑：李军亮　徐卿华　　　　　　　装帧设计：关　飞
责任校对：张雨彤

出版发行：化学工业出版社（北京市东城区青年湖南街 13 号　邮政编码 100011）
印　　装：北京建宏印刷有限公司
787mm×1092mm　1/16　印张 28¾　字数 753 千字　2023 年 4 月北京第 1 版第 4 次印刷

购书咨询：010-64518888　　　　　　　售后服务：010-64518899
网　　址：http://www.cip.com.cn
凡购买本书，如有缺损质量问题，本社销售中心负责调换。

定　　价：98.00 元　　　　　　　　　　　　　　　　版权所有　违者必究

前　言　▶▶▶

　　可编程控制器（PLC）、变频器和触摸屏（HMI）被称为"工控三大件"，已经广泛应用于工业控制，"工控三大件"通常应用于同一个控制系统，是一个有机的系统，不宜人为分割，故将可编程控制器、变频器和触摸屏应用技术合并讲解，这种内容安排更加切合工程实际。

　　西门子 PLC、变频器和触摸屏具有卓越的性能，因此在工控市场占有非常大的份额，应用十分广泛。为了使读者能更好地掌握相关知识，我们在总结长期教学经验和工程实践的基础上，联合相关企业人员，共同编写了本书，使读者通过"看书"尽快掌握 S7-200 SMART PLC、变频器和触摸屏应用技术。本书从基础和应用出发，用较多的例子引领读者入门，让读者读完 PLC 编程入门部分后，能完成简单的工程。综合应用精通部分精选工程实际案例以及故障检测排除，供读者模仿学习，提高读者解决实际问题的能力。

　　在编写过程中，我们将 40 个常见的故障诊断实例融入到书中，以提高读者的学习效率。本书具有以下特点。

　　① 内容由浅入深、由基础到应用，实用性强，既适合初学者学习使用，也可供有一定基础的读者结合书中大量实例，深入学习西门子 PLC、变频器及触摸屏的工程应用。

　　② 用实例引导读者学习。本书大部分章节采用精选的例子讲解。例如，用例子说明现场总线通信实现的全过程。

　　同时，大部分实例都包含软硬件配置清单、接线图和程序，而且为确保程序的正确性，程序已经在 PLC 上运行通过。

　　③ 二维码辅助学习。对于重点和复杂的内容，本书专门配有视频讲解，读者用手机扫描书中二维码即可观看相关视频，辅助学习书本知识。

　　本书由向晓汉主编，朱马壮任副主编，胡俊平任主审。

　　全书共分 12 章。第 1 章由华蓥市经济和信息化局的唐克彬编写；第 2 章由无锡雷华科技有限公司的陆彬编写；第 3 章由无锡雪浪环境科技股份有限公司的刘摇摇编写；第 4、6、8 和 12 章由无锡职业技术学院的向晓汉编写；第 5 章由无锡职业技术学院的林伟编写；第 7、10 章由桂林电子科技大学的向定汉编写；第 9 章由无锡雪浪环境科技股份有限公司的王飞飞编写；第 11 章由无华明自动化有限公司的朱马壮编写。参与编写的还有李润海、苏高峰等。

　　由于编者水平有限，不足之处在所难免，敬请读者批评指正，编者将万分感激！

编　者

目 录 ▶▶▶

第 3 章　西门子 S7-200 SMART PLC 编程软件使用入门 / 41

第 4 章　西门子 S7-200 SMART PLC 的编程语言 / 79

第 5 章　逻辑控制编程的编写方法 / 159

第 2 篇　综合应用精通篇 / 185

第 6 章　西门子 S7-200 SMART PLC 的通信及其应用 / 186

第 7 章　西门子 S7-200 SMART PLC 的工艺功能及应用 / 255

第8章 PLC 在变频器调速系统中的应用 / 283

第9章 西门子 S7-200 SMART PLC 的运动控制及其应用 / 335

第 10 章　西门子人机界面（HMI）应用 / 368

第 11 章　故障诊断技术 / 394

第 12 章　西门子 S7-200 SMART PLC、SMART LINE 触摸屏和 G120 变频器工程应用 / 426

参考文献 / 448

第1篇
PLC 编程入门篇

第1章

▶▶▶

可编程序控制器（PLC）基础

本章介绍可编程序控制器的结构和工作原理等知识，使读者初步了解可编程序控制器，这是学习本书后续内容的必要准备。

1.1 概　述

可编程序控制器（Programmable Logic Controller）简称 PLC，国际电工委员会（IEC）于 1985 年对可编程序控制器作了如下定义：可编程序控制器是一种数字运算操作的电子系统，专为在工业环境下应用而设计。它采用可编程序的存储器，用来在其内部存储执行逻辑运算、顺序控制、定时、计数和算术运算等操作的指令，并通过数字、模拟的输入和输出，控制各种类型的机械或生产过程。可编程序控制器及其有关设备，都应按易于与工业控制系统连成一个整体，易于扩充功能的原则设计。PLC 是一种工业计算机，其种类繁多，不同厂家的产品有各自的特点，但作为工业标准设备，可编程序控制器又有一定的共性。

1.1.1 PLC 的发展历史

20 世纪 60 年代以前，汽车生产线的自动控制系统基本上都是由继电器控制装置构成。当时每次改型都直接导致继电器控制装置的重新设计和安装，美国福特汽车公司创始人亨利·福特曾说过："不管顾客需要什么，我生产的汽车都是黑色的。"从侧面反映汽车改型和升级换代比较困难。为了改变这一现状，1969 年，美国的通用汽车公司（GM）公开招标，要求用新的装置取代继电器控制装置，并提出十项招标指标，要求编程方便、现场可修改程序、维修方便、采用模块化设计、体积小及可与计算机通信等。同一年，美国数字设备公司（DEC）研制出了世界上第一台可编程序控制器 PDP-14，在美国通用汽车公司的生产线上试用成功，并取得了满意的效果，可编程序控制器从此诞生。由于当时的 PLC 只能取代继电器接触器控制，功能仅限于逻辑运算、计时及计数等，所以称为"可编程逻辑控制器"。伴随着微电子技术、控制技术与信息技术的不断发展，可编程序控制器的功能不断增强。美国电气制造商协会（NEMA）于 1980 年正式将其命名为"可编程序控制器"，简称 PC，由于这个名称和个人计算机的简称相同，容易混淆，因此在我国，很多人仍然习惯称可编程序控制器为 PLC。

由于 PLC 具有易学易用、操作方便、可靠性高、体积小、通用灵活和使用寿命长等一系列优点，因此很快就在工业中得到了广泛应用。同时，这一新技术也受到其他国家的重视。1971 年日本引进这项技术，很快研制出日本第一台 PLC；欧洲于 1973 年研制出第一台 PLC；我国从 1974 年开始研制，1977 年国产 PLC 正式投入工业应用。

进入 20 世纪 80 年代以来，随着电子技术的迅猛发展，以 16 位和 32 位微处理器构成的微机化 PLC 得到快速发展（例如 GE 的 RX7i，使用的是赛扬 CPU，其主频达 1GHz，其信息处理能力几乎和个人电脑相当），使得 PLC 在设计、性能价格比以及应用方面有了突破，不仅控制功能增强、功耗和体积减小、成本下降、可靠性提高及编程和故障检测更为灵活方便，而且随着远程 I/O 和通信网络、数据处理和图像显示的发展，PLC 已经普遍用于控制复杂的生产过程。PLC 已经成为工厂自动化的三大支柱之一。

1.1.2　PLC 的主要特点

PLC 之所以高速发展，除了工业自动化的客观需要外，还有许多适合工业控制的独特优点，它较好地解决了工业控制领域中普遍关心的可靠、安全、灵活、方便以及经济等问题，其主要特点如下。

（1）抗干扰能力强，可靠性高

在传统的继电器控制系统中，使用了大量的中间继电器和时间继电器，由于器件的固有缺点，如器件老化、接触不良以及触点抖动等现象，大大降低了系统的可靠性。而在 PLC 控制系统中大量的开关动作由无触点的半导体电路完成，因此故障大大减少。

此外，PLC 的硬件和软件方面采取了措施，提高了其可靠性。在硬件方面，所有的 I/O 接口都采用了光电隔离，使得外部电路与 PLC 内部电路实现了物理隔离。各模块均采用屏蔽措施，以防止辐射干扰。电路中采用了滤波技术，以防止或抑制高频干扰。在软件方面，PLC 具有良好的自诊断功能，一旦系统的软硬件发生异常情况，CPU 会立即采取有效措施，以防止故障扩大。通常 PLC 具有看门狗功能。

对于大型的 PLC 系统，还可以采用双 CPU 构成冗余系统或者三 CPU 构成表决系统，使系统的可靠性进一步提高。

（2）程序简单易学，系统的设计调试周期短

PLC 是面向用户的设备。PLC 的生产厂家充分考虑到现场技术人员的技能和习惯，可采用梯形图或面向工业控制的简单指令形式。梯形图与继电器原理图很相似，直观、易懂和易掌握，不需要学习专门的计算机知识和语言。设计人员可以在设计室设计、修改和模拟调试程序，非常方便。

（3）安装简单，维修方便

PLC 不需要专门的机房，可以在各种工业环境下直接运行，使用时只需将现场的各种设备与 PLC 相应的 I/O 端相连接，即可投入运行。各种模块上均有运行和故障指示装置，便于用户了解运行情况和查找故障。

（4）采用模块化结构，体积小，重量轻

为了适应工业控制需求，除整体式 PLC 外，绝大多数 PLC 采用模块化结构。PLC 的各部件，包括 CPU、电源及 I/O 模块等都采用模块化设计。此外，PLC 相对于通用工控机，其体积和重量要小得多。

（5）丰富的 I/O 接口模块，扩展能力强

PLC 针对不同的工业现场信号（如交流或直流、开关量或模拟量、电压或电流、脉冲或电位及强电或弱电等）有相应的 I/O 模块与工业现场的器件或设备（如按钮、行程开关、接近开关、传感器及变送器、电磁线圈和控制阀等）直接连接。另外，为了提高操作性能，它还有多种人-机对话的接口模块；为了组成工业局部网络，有多种通信联网的接口模块等。

1.1.3　PLC 的应用范围

目前，PLC 在国内外已广泛应用于专用机床、机床、控制系统、自动化楼宇、钢铁、石油、化工、电力、建材、汽车、纺织机械、交通运输、环保以及文化娱乐等各行各业。随着 PLC 性能价格比的不断提高，其应用范围还将不断扩大，其应用场合可以说是无处不在，具体应用大致可归纳为如下几类。

（1）顺序控制

是 PLC 最基本、最广泛应用的领域，它取代传统的继电器顺序控制，PLC 用于单机控制、多机群控制和自动化生产线的控制。例如数控机床、注塑机、印刷机械、电梯控制和纺织机械等。

（2）计数和定时控制

PLC 为用户提供了足够的定时器和计数器，并设置相关的定时和计数指令，PLC 的计数器和定时器精度高、使用方便，可以取代继电器系统中的时间继电器和计数器。

（3）位置控制

目前大多数的 PLC 制造商都提供拖动步进电动机或伺服电动机的单轴或多轴位置控制模块，这一功能可广泛用于各种机械，如金属切削机床和装配机械等。

（4）模拟量处理

PLC 通过模拟量的输入/输出模块，实现模拟量与数字量的转换，并对模拟量进行控制，有的还具有 PID 控制功能。例如用于锅炉的水位、压力和温度控制。

（5）数据处理

现代的 PLC 具有数学运算、数据传递、转换、排序和查表等功能，也能完成数据的采集、分析和处理。

（6）通信联网

PLC 的通信包括 PLC 相互之间、PLC 与上位计算机以及 PLC 和其他智能设备之间的通信。PLC 系统与通用计算机可以直接或通过通信处理单元、通信转接器相连构成网络，以实现信息的交换，并可构成"集中管理、分散控制"的分布式控制系统，满足工厂自动化系统的需要。

1.1.4　PLC 的分类与性能指标

（1）PLC 的分类

1）从组成结构形式分类

可以将 PLC 分为两类：一类是整体式 PLC（也称单元式），其特点是电源、中央处理单元和 I/O 接口都集成在一个机壳内；另一类是标准模板式结构化的 PLC（也称组合式），其特点是电源模板、中央处理单元模板和 I/O 模板等在结构上是相互独立的，可根据具体的应用要求，选择合适的模块，安装在固定的机架或导轨上，构成一个完整的 PLC 应用系统。

2）按 I/O 点容量分类

① 小型 PLC。小型 PLC 的 I/O 点数一般在 128 点以下。

② 中型 PLC。中型 PLC 采用模块化结构，其 I/O 点数一般在 256～1024 点之间。

③ 大型 PLC。一般 I/O 点数在 1024 点以上的称为大型 PLC。

（2）PLC 的性能指标

各厂家的 PLC 虽然各有特色，但其主要性能指标是相同的。

① 输入/输出（I/O）点数　输入/输出（I/O）点数是最重要的一项技术指标，是指 PLC 面板上连接外部输入、输出的端子数，常称为"点数"，用输入与输出点数的和表示。点数越多表示 PLC 可接入的输入器件和输出器件越多，控制规模越大。点数是 PLC 选型时最重要的指标之一。

② 扫描速度　扫描速度是指 PLC 执行程序的速度。以 ms/K 为单位，即执行 1K 步指令所需的时间。1 步占 1 个地址单元。

③ 存储容量　存储容量通常用 K 字（KW）或 K 字节（KB）、K 位来表示。这里 1K＝1024。有的 PLC 用"步"来衡量，一步占用一个地址单元。存储容量表示 PLC 能存放多少用户程序。例如，三菱型号为 FX2N-48MR 的 PLC 存储容量为 8000 步。有的 PLC 的存储容量可以根据需要配置，有的 PLC 的存储器可以扩展。

④ 指令系统　指令系统表示该 PLC 软件功能的强弱。指令越多，编程功能就越强。

⑤ 内部寄存器（继电器）　PLC 内部有许多寄存器用来存放变量、中间结果、数据等，还有许多辅助寄存器可供用户使用。因此寄存器的配置也是衡量 PLC 功能的一项指标。

⑥ 扩展能力　扩展能力是反映 PLC 性能的重要指标之一。PLC 除了主控模块外，还可配置实现各种特殊功能的功能模块。例如 AD 模块、DA 模块、高速计数模块和远程通信模块等。

1.1.5　PLC 与继电器系统的比较

在 PLC 出现以前，继电器硬接线电路是逻辑、顺序控制的唯一执行者，它结构简单、价格低廉，一直被广泛应用。PLC 出现后，几乎所有的方面都超过继电器控制系统，两者的性能比较见表 1-1。

表 1-1　可编程序控制器与继电器控制系统的比较

序号	比较项目	继电器控制	可编程序控制器控制
1	控制逻辑	硬接线多、体积大及连线多	软逻辑、体积小、接线少及控制灵活
2	控制速度	通过触点开关实现控制,动作受继电器硬件限制,通常超过 10ms	由半导体电路实现控制,指令执行时间段,一般为微秒级
3	定时控制	由时间继电器控制,精度差	由集成电路的定时器完成,精度高
4	设计与施工	设计、施工及调试必须按照顺序进行,周期长	系统设计完成后,施工与程序设计同时进行,周期短
5	可靠性与维护	继电器的触点寿命短,可靠性和维护性差	无触点、寿命长、可靠性高和有自诊断功能
6	价格	价格低	价格高

1.1.6　PLC 与微机的比较

采用微电子技术制造的 PLC 与微机一样，也由 CPU、ROM（或者 FLASH）、RAM 及 I/O 接口等组成，但又不同于一般的微机，可编程序控制器采用了特殊的抗干扰技术，是一种特殊的工业控制计算机，更加适合工业控制。两者的性能比较见表 1-2。

表 1-2　PLC 与微机的比较

序号	比较项目	可编程序控制器控制	微机控制
1	应用范围	工业控制	科学计算、数据处理、计算机通信
2	使用环境	工业现场	具有一定温度和湿度的机房
3	输入/输出	控制强电设备,需要隔离	与主机弱电联系,不隔离
4	程序设计	一般使用梯形图语言,易学易用	编程语言丰富,如 C、BASIC 等
5	系统功能	自诊断、监控	使用操作系统
6	工作方式	循环扫描方式和中断方式	中断方式

1.1.7　PLC 的发展趋势

PLC 的发展趋势主要有以下几个方面。

① 向高性能、高速度和大容量发展。

② 网络化。强化通信能力和网络化，向下将多个可编程序控制器或者多个 I/O 框架相连；向上与工业计算机、以太网等相连，构成整个工厂的自动化控制系统。即便是微型的 S7-200 SMART PLC 也能组成多种网络，通信功能十分强大。

③ 小型化、低成本和简单易用。目前，有的小型 PLC 的价格只需几百元人民币。

④ 不断提高编程软件的功能。编程软件可以对 PLC 控制系统的硬件组态，在屏幕上可以直接生成和编辑梯形图、指令表、功能块图和顺序功能图程序，并可以实现不同编程语言的相互转换。程序可以下载、存盘和打印，通过网络或电话线，还可以实现远程编程。

⑤ 适合 PLC 应用的新模块。随着科技的发展，对工业控制领域将提出更高的、更特殊的要求，因此，必须开发特殊功能模块来满足这些要求。

⑥ PLC 的软件化与 PC 化。目前已有多家厂商推出了在 PC 上运行的可实现 PLC 功能的软件包，也称为"软 PLC"，"软 PLC"的性能价格比比传统的"硬 PLC"更高，是 PLC 的一个发展方向。

PC 化的 PLC 类似于 PLC，但它采用了 PC 的 CPU，功能十分强大，如 GE 的 RX7i 和 RX3i 使用的就是工控机用的赛扬 CPU，主频已经达到 1GHz。

1.1.8　PLC 在我国的应用

(1) 国外 PLC 品牌

目前 PLC 在我国得到了广泛的应用，很多知名厂家的 PLC 在我国都有应用。

① 美国是 PLC 生产大国，有一百多家 PLC 生产厂家。其中 A-B 公司的 PLC 产品规格比较齐全，主推大中型 PLC，主要产品系列是 PLC-5。通用电气也是知名 PLC 生产厂商，大中型 PLC 产品系列有 RX3i 和 RX7i 等。得州仪器也生产大、中和小全系列 PLC 产品。

② 欧洲的 PLC 产品也久负盛名。德国的西门子公司、AEG 公司和法国的 TE（施耐德）公司都是欧洲著名的 PLC 制造商。其中西门子公司的 PLC 产品与美国 A-B 公司的 PLC 产品齐名。

③ 日本的小型 PLC 具有一定的特色，性价比高，知名的品牌有三菱、欧姆龙、松下、

富士、日立和东芝等，在小型机市场，日系 PLC 的市场份额曾经高达 70%。

（2）国产 PLC 品牌

我国自主品牌的 PLC 生产厂家有近三十余家。在目前已经上市的众多 PLC 产品中，还没有形成规模化的生产和名牌产品，甚至还有一部分是以仿制、来件组装或"贴牌"方式生产。单从技术角度来看，国产小型 PLC 与国际知名品牌小型 PLC 差距正在缩小，使用越来越多。例如和利时、深圳汇川和无锡信捷等公司生产的微型 PLC 已经比较成熟，其可靠性在许多应用中得到了验证，逐渐被用户认可，但其知名度与世界先进水平还有一定的差距。

总的来说，我国使用的小型 PLC 主要以日本和国产的品牌为主，而大中型 PLC 主要以欧美品牌为主。目前大部分的 PLC 市场被国外品牌所占领。

1.2 PLC 的结构和工作原理

1.2.1 可编程序控制器的硬件组成

可编程序控制器种类繁多，但其基本结构和工作原理相同。可编程序控制器的功能结构区由 CPU（中央处理器）、存储器和输入接口/输出接口三部分组成，如图 1-1 所示。

1.2.1.1 CPU（中央处理器）

CPU 的功能是完成 PLC 内所有的控制和监视操作。中央处理器一般由控制器、运算器和寄存器组成。CPU 通过数据总线、地址总线和控制总线与存储器、输入输出接口电路连接。

1.2.1.2 存储器

在 PLC 中使用两种类型的存储器：一种是只读类型的存储器，如 EPROM 和 EEPROM，另一种是可读/写的随机存储器 RAM。PLC 的存储器分为 5 个区域，如图 1-2 所示。

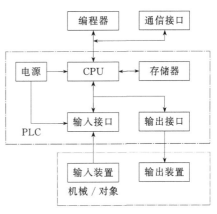

图 1-1　PLC 结构框图

图 1-2　存储器的区域划分

程序存储器的类型是只读存储器（ROM），PLC 的操作系统存放在这里，操作系统的程序由制造商固化，通常不能修改。存储器中的程序负责解释和编译用户编写的程序、监控 I/O 口的状态、对 PLC 进行自诊断以及扫描 PLC 中的程序等。系统存储器属于随机存储器（RAM），主要用于存储中间计算结果、数据和系统管理，有的 PLC 厂家用系统存储器存储一些系统信息如错误代码等，系统存储器不对用户开放。I/O 状态存储器属于随机存储器，用于存储 I/O 装置的状态信息，每个输入模块和输出模块都在 I/O 映像表中分配一个地址，而且这个地址是唯一的。数据存储器属于随机存储器，主要用于数据处理功能，为计数器、定时器、算术计算和过程参数提供数据存储。有的厂家将数据存储器细分为固定数据存储器和可变数据存储器。用户编程存储器，其类型可以是随机存储器、可擦除存储器（EPROM）和电擦除存储器（EEP-ROM），高档的 PLC 还可以用 FLASH。用户编程存储器主要用于存放用户编写的程序。存储器的关系如图 1-3 所示。

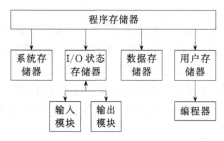

图 1-3 存储器的关系

只读存储器可以用来存放系统程序，PLC 断电后再上电，系统内容不变且重新执行。只读存储器也可用来固化用户程序和一些重要参数，以免因偶然操作失误而造成程序和数据的破坏或丢失。随机存储器中一般存放用户程序和系统参数。当 PLC 处于编程工作时，CPU 从 RAM 中取指令并执行。用户程序执行过程中产生的中间结果也在 RAM 中暂时存放。RAM 通常由 CMOS 型集成电路组成，功耗小，但断电时内容消失，所以一般使用大电容或后备锂电池保证掉电后 PLC 的内容在一定时间内不丢失。

1.2.1.3 输入/输出接口

PLC 的输入和输出信号可以是开关量或模拟量。输入/输出接口是 PLC 内部弱电（low power）信号和工业现场强电（high power）信号联系的桥梁。输入/输出接口主要有两个作用，一是利用内部的电隔离电路将工业现场和 PLC 内部进行隔离，起保护作用；二是调理信号，可以把不同的信号（如强电、弱电信号）调理成 CPU 可以处理的信号（5V、3.3V 或 2.7V 等），如图 1-4 所示。

输入/输出接口模块是 PLC 系统中最大的部分，输入/输出接口模块通常需要电源，输入电路的电源可以由外部提供，对于模块化的 PLC 还需要背板（安装机架）。

CPU	
5V、3.3V 或 2.7V 等	
输入接口	输出接口

DC 24V 数字量	DC 24V 数字量
AC 220V 数字量	AC 220V 数字量
DC 5V 模拟量	5V TTL 数字量
输入	输出

图 1-4　输入/输出接口

(1) 输入接口电路

① 输入接口电路的组成和作用　输入接口电路由接线端子、输入调理电路和电平转换电路、模块状态显示、电隔离电路和多路选择开关模块组成，如图 1-5 所示。现场的信号必须连接在输入端子才可能将信号输入到 CPU 中，它提供了外部信号输入的物理接口。调理和电平转换电路十分重要，可以将工业现场的信号（如强电 AC 220V 信号）转化成电信号（CPU 可以识别的弱电信号）；电隔离电路主要是利用电隔离器件将工业现场的机械或者电输入信号和 PLC 的 CPU 的信号隔开，它能确保过高的电干扰信号和浪涌不串入 PLC 的微处理器，起保护作用，通常有三种隔离方式，用得最多的是光电隔离，其次是变压器隔离和干簧继电器隔离。当外部有信号输入时，输入模块上有指示灯显示，这个电路比较简单，当线路中有故障时，它帮助用户查找故障，由于氖灯或 LED 灯的寿命比较长，所以这个灯通常是氖灯或 LED 灯。多路选择开关接受调理完成的输入信号，并存储在多路开关模块中，当输入循环扫描时，多路开关模块中信号输送到 I/O 状态寄存器中。

图1-5 输入接口的结构

② 输入信号的设备的种类 输入信号可以是离散信号和模拟信号。当输入端是离散信号时，输入端的设备类型可以是限位开关、按钮、压力继电器、继电器触点、接近开关、选择开关以及光电开关等，如图1-6所示。当输入为模拟量输入时，输入设备的类型可以是压力传感器、温度传感器、流量传感器、电压传感器、电流传感器以及力传感器等。

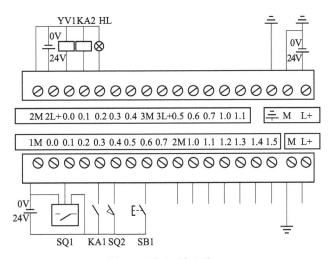

图1-6 输入/输出接口

（2）输出接口电路

① 输出接口电路的组成和作用 输出接口电路由多路选择开关模块、信号锁存器、电隔离电路、模块状态显示、输出电平转换电路和接线端子组成，如图1-7所示。在输出扫描期间，多路选择开关模块接受来自映像表中的输出信号，并对这个信号的状态和目标地址进行译码，最后将信息送给锁存器。信号锁存器是将多路选择开关模块的信号保存起来，直到下一次更新。输出接口的电隔离电路作用和输入模块的一样，但是由于输出模块输出的信号比输入信号要强得多，因此要求隔离电磁干扰和浪涌的能力更高。输出电平转换电路将隔离电路送来的信号放大成可以足够驱动现场设备的信号，放大器件可以是双向晶闸管、三极管和干簧继电器等。输出的接线端子用于将输出模块与现场设备相连接。

图1-7 输出接口的结构

PLC有三种输出接口形式：继电器输出、晶体管输出和晶闸管输出形式。继电器输出形式的PLC的负载电源可以是直流电源或交流电源，但其输出频率响应较慢，其内部电路如图1-8所示。晶体管输出的PLC负载电源是直流电源，其输出频率响应较快，其内部电路如图1-9所示。晶闸管输出形式的PLC的负载电源是交流电源，西门子S7-1200 PLC的CPU模块暂时还没有晶闸管输出形式的产品出售，但三菱FX系列有这种产品。选型时要特别注意 PLC 的输出形式。

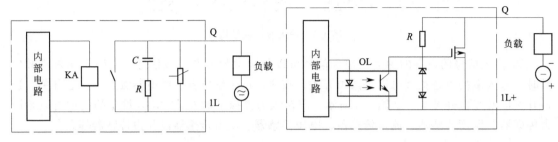

图 1-8 继电器输出内部电路   图 1-9 晶体管输出内部电路

② 输出信号的设备的种类 输出信号可以是离散信号和模拟信号。当输出端是离散信号时，输出端的设备类型可以是电磁阀的线圈、电动机启动器、控制柜的指示器、接触器线圈、LED 灯、指示灯、继电器线圈、报警器和蜂鸣器等。当输出为模拟量输出时，输出设备的类型可以是流量阀、AC 驱动器（如交流伺服驱动器）、DC 驱动器、模拟量仪表、温度控制器和流量控制器等。

【关键点】 PLC 的继电器型输出虽然响应速度慢，但其驱动能力强，一般为 2A，这是继电器型输出 PLC 的一个重要的优点。一些特殊型号的 PLC，如西门子 LOGO! 的某些型号驱动能力可达 5A 和 10A，能直接驱动接触器。此外，从图 1-8 中可以看出继电器型输出形式的 PLC，对于一般的误接线，通常不会引起 PLC 内部器件的烧毁（高于交流 220V 电压是不允许的）。因此，继电器输出形式是选型时的首选，在工程实践中用得比较多。

晶体管输出的 PLC 的输出电流一般小于 1A，西门子 S7-200 SMART 的输出电流源是 0.5A（西门子有的型号的 PLC 的输出电流为 0.75A），可见晶体管输出的驱动能力较小。此外，图 1-9 可以看出晶体管型输出形式的 PLC，对于一般的误接线，可能会引起 PLC 内部器件的烧毁，所以要特别注意。

1.2.2 PLC 的工作原理

PLC 是一种存储程序的控制器。用户根据某一对象的具体控制要求，编制好控制程序后，用编程器将程序输入到 PLC（或用计算机下载到 PLC）的用户程序存储器中寄存。PLC 的控制功能就是通过运行用户程序来实现的。

PLC 运行程序的方式与微型计算机相比有较大的不同。微型计算机运行程序时，一旦执行到 END 指令，程序运行便结束；而 PLC 从 0 号存储地址所存放的第一条用户程序开始，在无中断或跳转的情况下，按存储地址号递增的方向顺序逐条执行用户程序，直到 END 指令结束。然后再从头开始执行，并周而复始地重复，直到停机或从运行（RUN）切换到停止（STOP）工作状态。把 PLC 这种执行程序的方式称为扫描工作方式。每扫描完一次程序就构成一个扫描周期。另外，PLC 对输入、输出信号的处理与微型计算机不同。微型计算机对输入、输出信号实时处理，而 PLC 对输入、输出信号是集中批处理。下面具体介绍 PLC 的扫描工作过程。其运行和信号处理示意如图 1-10 所示。

PLC 扫描工作方式主要分为三个阶段：输入扫描、程序执行和输出刷新。

(1) 输入扫描

PLC 在开始执行程序之前，首先扫描输入端子，按顺序将所有输入信号，读入到寄存器——输入状态的输入映像寄存器中，这个过程称为输入扫描。PLC 在运

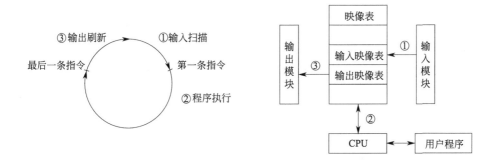

图 1-10　PLC 内部运行和信号处理示意图

行程序时，所需的输入信号不是现时取输入端子上的信息，而是取输入映像寄存器中的信息。在本工作周期内这个采样结果的内容不会改变，只有到下一个扫描周期输入扫描阶段才被刷新。PLC 的扫描速度很快，取决于 CPU 的时钟速度。

（2）程序执行

PLC 完成了输入扫描工作后，按顺序从 0 号地址开始的程序进行逐条扫描执行，并分别从输入映像寄存器、输出映像寄存器以及辅助继电器中获得所需的数据进行运算处理。再将程序执行的结果写入输出映像寄存器中保存。但这个结果在全部程序未被执行完毕之前不会送到输出端子上，也就是物理输出是不会改变的。扫描时间取决于程序的长度、复杂程度和 CPU 的功能。

（3）输出刷新

在执行到 END 指令，即执行完用户所有程序后，PLC 上将输出映像寄存器中的内容送到输出锁存器中进行输出，驱动用户设备。扫描时间取决于输出模块的数量。

从以上的介绍可以知道，PLC 程序扫描特性决定了 PLC 的输入和输出状态并不能在扫描的同时改变，例如一个按钮开关的输入信号的输入刚好在输入扫描之后，那么这个信号只有在下一个扫描周期才能被读入。

上述三个步骤是 PLC 的软件处理过程，可以认为就是程序扫描时间。扫描时间通常由三个因素决定，一是 CPU 的时钟速度，越高档的 CPU，时钟速度越高，扫描时间越短；二是 I/O 模块的数量，模块数量越少，扫描时间越短；三是程序的长度，程序长度越短，扫描时间越短。一般的 PLC 执行容量为 1K 的程序需要的扫描时间是 1～10ms。

图 1-11 所示为 PLC 循环扫描工作过程。

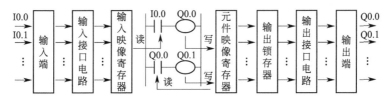

图 1-11　PLC 循环扫描工作过程

1.2.3　PLC 的立即输入、输出功能

一般的 PLC 都有立即输入和立即输出功能。

（1）立即输出功能

所谓立即输出功能就是输出模块在处理用户程序时，能立即被刷新。PLC 临时挂起（中断）正常运行的程序，将输出映像表中的信息输送到输出模块，立即进行输出刷新，然后再回到程序中继续运行，立即输出的示意图如图 1-12 所示。注意，立即输出功能并不能立即刷新所有的输出模块。

（2）立即输入功能

立即输入适用于要求对反应速度很严格的场合，例如几毫秒的时间对于控制来说十分关键的情况下。立即输入时，PLC 立即挂起正在执行的程序，扫描输入模块，然后更新特定的输入状态到输入映像表，最后继续执行剩余的程序，立即输入的示意图如图 1-13 所示。

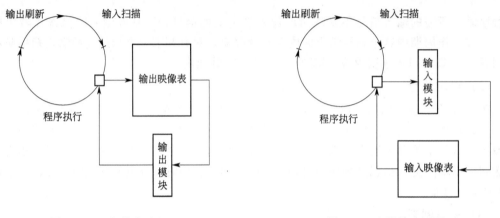

图 1-12　立即输出过程　　　　　　　　　图 1-13　立即输入过程

1.3　PLC 前导知识

PLC 控制系统不是孤立的，必然需要使用各种输入、输出、转换和保护等外围器件，以下将对常用的外围器件进行简介。

1.3.1　低压电器简介

一个真实工程应用的 PLC 控制系统不能脱离低压电器而独立存在。低压电器通常是指工作在交流 50Hz（60Hz）、额定电压小于 1200V 和直流额定电压小于 1500V 的电路中，起通断、保护、控制或调节作用的电器。

低压电器的分类方法很多，按照不同的分类方式有不同的类型。按照用途分类如下。

（1）控制电器

控制电器主要用于电力拖动和自动控制系统，包括继电器、接触器、主令电器、启动器、控制器和电磁铁等。

（2）配电电器

配电电器主要用于低压配电系统和动力装置中，包括刀开关、转换开关、断路器和熔断器等，要求在系统发生故障的情况下动作准确，工作可靠，有足够的热稳定性和动稳定性。

这部分内容是学习 PLC 的必备知识，如继电器、按钮和断路器等低压电器是几乎所有的 PLC 控制系统都要使用的，但由于内容较多，且相对比较简单，读者可提前学习，在此不作赘述。以下将对一些读者不易掌握而且重要的器件作重点介绍。

1.3.2 传感器和变送器

传感器在 PLC 控制系统中很常用，而且在使用中也有一定的难度。

传感器（transducer/sensor）是一种检测装置，能感受到被测量的信息，并能将感受到的信息，按一定规律变换成为电信号或其他所需形式的信息输出，以满足信息的传输、处理、存储、显示、记录和控制等要求。

1.3.2.1 传感器的分类

传感器的分类方法较多，常见的分类如下。

（1）按用途

可分为压力和力传感器、位置传感器、液位传感器、能耗传感器、速度传感器、加速度传感器、射线辐射传感器和热敏传感器等。

（2）按原理

可分为振动传感器、湿敏传感器、磁敏传感器、气敏传感器、真空度传感器和生物传感器等。

（3）按输出信号

可分为模拟传感器、数字传感器和开关传感器。

模拟传感器：将被测量的非电学量转换成模拟电信号。

数字传感器：将被测量的非电学量转换成数字输出信号（包括直接和间接转换）。

开关传感器：当一个被测量的信号达到某个特定的阈值时，传感器相应地输出一个设定的低电平或高电平信号。

1.3.2.2 开关式传感器的应用

开关式传感器就是接近开关。接近式位置开关是与（机器的）运动部件无机械接触而能操作的位置开关。当运动的物体靠近开关到一定位置时，开关发出信号，达到行程控制及计数自动控制。也就是说，它是一种非接触式无触头的位置开关，是一种开关型的传感器，简称接近开关（Proximity Sensors），又称接近传感器，外形如图 1-14 所示。接近式开关有行程开关、微动开关的特性，又有传感性能，而且动作可靠、

图 1-14　接近开关

性能稳定，频率响应快，使用寿命长，抗干扰能力强等。它由感应头、高频振荡器、放大器和外壳组成。常见的接近开关有 LJ、CJ 和 SJ 等系列产品。

（1）接近开关的功能

当运动部件与接近开关的感应头接近时，就使其输出一个电信号。接近开关在电路中的作用与行程开关相同，都是位置开关，起限位作用，但两者是有区别的：行程开关有触头，是接触式的位置开关；而接近开关是无触头的，是非接触式的位置开关。

（2）接近开关的分类和工作原理

按照工作原理区分，接近开关分为电感式、电容式、光电式和磁感式等形式。另外，根

据应用电路电流的类型分为交流型和直流型。

① 电感式接近开关的感应头是一个具有铁氧体磁芯的电感线圈，只能用于检测金属体，在工业中应用非常广泛。振荡器在感应头表面产生一个交变磁场，当金属块接近感应头时，金属中产生的涡流吸收了振荡的能量，使振荡减弱以至停振，因而产生振荡和停振两种信号，经整形放大器转换成二进制的开关信号，从而起到"开""关"的控制作用。通常把接近开关刚好动作时感应头与检测物体之间的距离称为动作距离。

② 电容式接近开关的感应头是一个圆形平板电极，与振荡电路的地线形成一个分布电容，当有导体或其他介质接近感应头时，电容量增大而使振荡器停振，经整形放大器输出电信号。电容式接近开关既能检测金属，又能检测非金属及液体。电容式传感器体积较大，而且价格要贵一些。

③ 磁感式接近开关主要指霍尔接近开关，霍尔接近开关的工作原理是霍尔效应，当带磁性的物体靠近霍尔开关时，霍尔接近开关的状态翻转（如由"ON"变为"OFF"）。有的资料上将干簧继电器也归类为磁性接近开关。

④ 光电式传感器是根据投光器发出的光，在检测体上发生光量增减，用光电变换元件组成的受光器检测物体有无、大小的非接触式控制器件。光电式传感器的种类很多，按照其输出信号的形式，可以分为模拟式、数字式、开关量输出式。

利用光电效应制成的传感器称为光电式传感器。光电式传感器的种类很多，其中，输出形式为开关量的传感器为光电式接近开关。

光电式接近开关主要由光发射器和光接收器组成。光发射器用于发射红外光或可见光。光接收器用于接收发射器发射的光，并将光信号转换成电信号，以开关量形式输出。

按照接收器接收光的方式不同，光电式接近开关可以分为对射式、反射式和漫射式三种。光发射器和光接收器有一体式和分体式两种形式。

⑤ 此外，还有特殊种类的接近开关，如光纤接近开关和气动接近开关。特别是光纤接近开关在工业上使用越来越多，它非常适合在狭小的空间、恶劣的工作环境（高温、潮湿和干扰大）、易爆环境和精度要求高等条件下使用。光纤接近开关价格相对较高。

(3) 接近开关的选型

常用的电感式接近开关（Inductive Sensor）型号有 LJ 系列产品，电容式接近开关（Capacitive Sensor）型号有 CJ 系列产品，磁感式接近开关有 HJ 系列产品，光电型接近开关有 OJ 系列。当然，还有很多厂家都有自己的产品系列，一般接近开关型号的含义如图 1-15 所示。接近开关的选择要遵循以下原则。

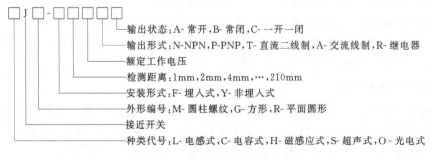

图 1-15　接近开关型号的含义

① 接近开关类型的选择。检测金属时优先选用感应式接近开关，检测非金属时选用电容

式接近开关,检测磁信号时选用磁感式接近开关。

② 外观的选择。根据实际情况选用,但圆柱螺纹形状的最为常见。

③ 检测距离(Sensing Range)的选择。根据需要选用,但注意同一接近开关检测距离并非恒定,接近开关的检测距离与被检测物体的材料、尺寸以及物体的移动方向有关。表1-3列出了目标物体材料对检测距离的影响。不难发现,感应式接近开关对于有色金属的检测明显不如检测钢和铸铁。常用的金属材料不影响电容式接近开关的检测距离。

表1-3　目标物体材料对检测距离的影响

序　　号	目标物体材料	影 响 系 数		序　　号	目标物体材料	影 响 系 数	
		感 应 式	电 容 式			感 应 式	电 容 式
1	碳素钢	1	1	6	铝	0.35	1
2	铸铁	1.1	1	7	紫铜	0.3	1
3	铝箔	0.9	1	8	水	0	0.9
4	不锈钢	0.7	1	9	PVC(聚氯乙烯)	0	0.5
5	黄铜	0.4	1	10	玻璃	0	0.5

目标的尺寸同样对检测距离有影响。满足以下一个条件时,检测距离不受影响。

● 当检测距离的3倍大于接近开关感应头的直径,而且目标物体的尺寸大于或等于3倍的检测距离×3倍的检测距离（长×宽）。

● 当检测距离的3倍小于接近开关感应头的直径,而且目标物体的尺寸大于或等于检测距离×检测距离（长×宽）。

如果目标物体的面积达不到推荐数值,接近开关的有效检测距离将按照表1-4推荐的数值减少。

表1-4　目标物体的面积对检测距离的影响

占推荐目标面积的比例	影 响 系 数	占推荐目标面积的比例	影 响 系 数
75%	0.95	25%	0.85
50%	0.90		

④ 信号的输出选择。交流接近开关输出交流信号,而直流接近开关输出直流信号。注意,负载的电流一定要小于接近开关的输出电流,否则应添加转换电路解决。接近开关的信号输出能力见表1-5。

表1-5　接近开关的信号输出能力

接近开关种类	输出电流/mA	接近开关种类	输出电流/mA
直流二线制	50～100	直流三线制	150～200
交流二线制	200～350		

⑤ 触头数量的选择。接近开关有常开触头和常闭触头,可根据具体情况选用。

⑥ 开关频率的确定。开关频率是指接近开关每秒从"开"到"关"转换的次数。直流接近开关可达200Hz;而交流接近开关要小一些,只能达到25Hz。

⑦ 额定电压的选择。对于交流型的接近开关,优先选用220V AC和36V AC,而对于直流型的接近开关,优先选用12V DC和24V DC。

(4) 应用接近开关的注意事项

① 单个NPN型和PNP型接近开关的接线　在直流电路中使用的接近开关有二线式（2根导线）、三线式（3根导线）和四线式（4根导线）等多种,二线、三线、四线式接近开关都有NPN型和PNP型两种,通常日本和美国多使用NPN型

接近开关,欧洲多使用PNP型接近开关,而我国则二者都有应用。NPN型和PNP型接近开关的接线方法不同,正确使用接近开关的关键就是正确接线,这一点至关重要。

接近开关的导线有多种颜色,一般地,BN表示棕色的导线,BU表示蓝色的导线,BK表示黑色的导线,WH表示白色的导线,GR表示灰色的导线,根据国家标准,各颜色导线的作用按照表1-6定义。对于二线式NPN型接近开关,棕色线与负载相连,蓝色线与零电位点相连;对于二线式PNP型接近开关,棕色线与高电位相连,负载的一端与接近开关的蓝色线相连,而负载的另一端与零电位点相连。图1-16和图1-17所示分别为二线式NPN型接近开关接线和二线式PNP型接近开关接线。

表1-6 接近开关的导线颜色定义

种 类	功 能	接线颜色	端子号
交流二线式和直流二线式(不分极性)	NO(接通)	不分正负极,颜色任选,但不能为黄色、绿色或者黄绿双色	3、4
	NC(分断)		1、2
直流二线式(分极性)	NO(接通)	正极棕色,负极蓝色	1、4
	NC(分断)	正极棕色,负极蓝色	1、2
直流三线式(分极性)	NO(接通)	正极棕色,负极蓝色,输出黑色	1、3、4
	NC(分断)	正极棕色,负极蓝色,输出黑色	1、3、2
直流四线式(分极性)	正极	棕色	1
	负极	蓝色	3
	NO输出	黑色	4
	NC输出	白色	2

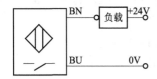

图1-16 二线式NPN型接近开关接线

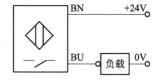

图1-17 二线式PNP型接近开关接线

表1-6中的"NO"表示常开、输出,而"NC"表示常闭、输出。

对于三线式NPN型接近开关,棕色的导线与负载的一端,同时与电源正极相连;黑色的导线是信号线,与负载的另一端相连;蓝色的导线与电源负极相连。对于三线式PNP型接近开关,棕色的导线与电源正极相连;黑色的导线是信号线,与负载的一端相连;蓝色的导线与负载的另一端及电源负极相连,如图1-18和图1-19所示。

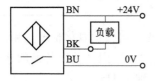

图1-18 三线式NPN型接近开关接线

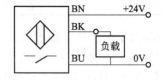

图1-19 三线式PNP型接近开关接线

四线式接近开关的接线方法与三线式接近开关类似,只不过四线式接近开关多了一对触头而已,其接线如图1-20和图1-21所示。

② 单个NPN型和PNP型接近开关的接线常识 初学者经常不能正确区分NPN型和PNP型的接近开关,其实只要记住一点:PNP型接近开关是正极开关,也就是信号从接近开关流向负载;而NPN型接近开关是负极开关,也就是信号从负载流向接近开关。

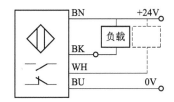

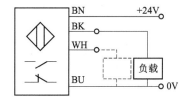

图 1-20　四线式 NPN 型接近开关接线　　　　　图 1-21　四线式 PNP 型接近开关接线

【例 1-1】　在图 1-22 中，有一只 NPN 型接近开关与指示灯相连，当一个铁块靠近接近开关时，回路中的电流会怎样变化？

【解】　指示灯就是负载，当铁块到达接近开关的感应区时，回路突然接通，指示灯由暗变亮，电流从很小变化到 100% 的幅度，电流曲线如图 1-23 所示（理想状况）。

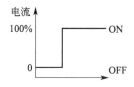

图 1-22　接近开关与指示灯相连的示意图　　　　图 1-23　回路电流变化曲线

【例 1-2】　某设备用于检测 PVC 物块，当检测物块时，设备上的 24V DC 功率为 12W 的报警灯亮，请选用合适的接近开关，并画出原理图。

【解】　因为检测物体的材料是 PVC，所以不能选用感应接近开关，但可选用电容式接近开关。报警灯的额定电流为：$I_\text{N} = \dfrac{P}{U} = \dfrac{12}{24} = 0.5\text{A}$，查表 1-5 可知，直流接近开关承受的最大电流为 0.2A，所以采用图 1-19 的方案不可行，信号必须进行转换，原理图如图 1-24 所示，当物块靠近接近开关时，黑色的信号线上产

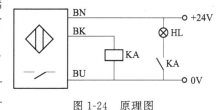

图 1-24　原理图

生高电平，其负载继电器 KA 的线圈得电，继电器 KA 的常开触头闭合，所以报警灯 HL 亮。

由于没有特殊规定，所以 PNP 或 NPN 型接近开关以及二线或三线式接近开关都可以选用。本例选用三线式 PNP 型接近开关。

1.3.2.3　变送器简介

变送器（transmitter）是把传感器的输出信号转变为可被控制器识别的信号（或将传感器输入的非电量转换成电信号同时放大以便供远方测量和控制的信号源）的转换器。传感器和变送器一同构成自动控制的监测信号源。不同的物理量需要不同的传感器和相应的变送器。变送器的种类很多，用在工控仪表上面的变送器主要有温度变送器、压力变送器、流量变送器、电流变送器、电压变送器等。变送器常与传感器做成一体，也可独立于传感器，单独作为商品出售，如压力变送器和温度变送器等。一种变送器如图 1-25 所示。

图 1-25　变送器

1.3.2.4 传感器和变送器应用

变送器按照接线分有三种：两线式、三线式和四线式。

两线式的变送器两根线既是电源线又是信号线；三线式的变送器两根线是信号线（其中一根共地），一根线是电源正线；四线式的两根线是电源线，两根线是信号线（其中一根共地）。

两线式的变送器不易受寄生热电偶和沿电线电阻压降和温漂的影响，可采用非常便宜的更细的导线，可节省大量电缆线和安装费用，三线式和四线式变送器均不具有上述优点，即将被两线式变送器所取代。

(1) S7-200 SMART 的模拟量模块 EMAE04 与四线式变送器接法

四线式电压/电流变送器接法相对容易，两根线为电源线，两根线为信号线，接线如图1-26所示。

(2) S7-200 SMART 的模拟量模块 EMAE04 与三线式变送器接法

三线式电压/电流变送器，两根线为电源线，一根线为信号线，其中信号负（变送器负）和电源负为同一根线，接线如图1-27所示。

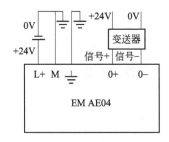

图1-26　四线式电压/电流变送器接线

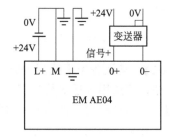

图1-27　三线式电压/电流变送器接线

(3) S7-200 SMART 的模拟量模块 EMAE04 与二线式电流变送器接法

二线式电流变送器接线容易出错，其两根线既是电源线，同时也是信号线，接线如图1-28所示，电源、变送器和模拟量模块串联连接。

1.3.3 隔离器

隔离器是一种采用线性光耦隔离原理，将输入信号进行转换输出的器件。输入、输出和工作电源三者相互隔离，特别适合与需要电隔离的设备以及仪表等配合使用。隔离器又名信号隔离器，是工业控制系统中的重要组成部分。某品牌的隔离器如图1-29所示。

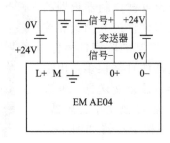

图1-28　二线式电流变送器接线

图1-29　隔离器外形

在 PLC 控制系统中，隔离器最常用于传感器与 PLC 的模拟量输入模块之间，以及执行器与 PLC 的模拟量输出模块之间，起抗干扰和保护模拟量模块的作用。隔离器的一个应用实例如图 1-30 所示。

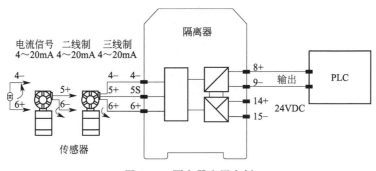

图 1-30　隔离器应用实例

1.3.4　浪涌保护器

浪涌保护器（电涌保护器）又称防雷器，简称 SPD，适用于交流 50/60Hz，额定电压 220～380V 的供电系统（或通信系统）中，对间接雷电和直接雷电影响或其他瞬时过压的电涌进行保护，是一种保护电器。其外形如图 1-31 所示。

浪涌保护器主要有信号浪涌保护器、直流电源浪涌保护器和交流电源浪涌保护器，主要用于防雷。

浪涌保护器的一个应用实例如图 1-32 所示。

图 1-31　浪涌保护器外形

1.3.5　安全栅

安全栅（safety barrier），接在本质安全电路和非本质安全电路之间，是将供给本质安全电路的电压、电流限制在一定安全范围内的装置。安全栅又称安全限能器。

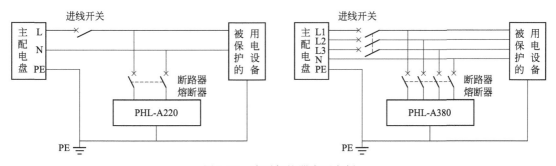

图 1-32　浪涌保护器应用实例

本安型安全栅应用在本安防爆系统的设计中，它是安装于安全场所并含有本安电路和非本安电路的装置，电路中通过限流和限压电路，限制了送往现场本安回路的能量，从而防止非本安电路的危险能量窜入本安电路，它在本安防爆系统中称为关联设备，是本安系统的重要组成部分。安全栅的外形如图 1-33 所示。

安全栅的一个应用实例如图 1-34 所示。

图 1-33　安全栅外形

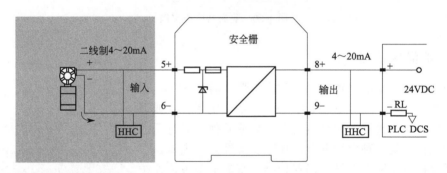

危险区，本安端子：5、6　　　　　安全区，非本安端子：8、9

图 1-34　安全栅应用实例

第2章

西门子 S7-200 SMART PLC 的硬件介绍

本章主要介绍西门子 S7-200 SMART PLC 的 CPU 模块及其扩展模块的技术性能和接线方法以及 S7-200 SMART PLC 的安装和电源的需求计算。

2.1 西门子 S7-200 SMART PLC 概述

西门子 S7-200 SMART PLC 的 CPU 标准型模块中有 20 点、30 点、40 点和 60 点四类，每类中又分为继电器输出和晶体管输出两种。经济型 CPU 模块中也有 20 点、30 点、40 点和 60 点四类，目前只有继电器输出形式。

2.1.1 西门子 S7 系列模块简介

德国的西门子（SIEMENS）公司是欧洲最大的电子和电气设备制造商之一，生产的 SIMATIC 可编程控制器在欧洲处于领先地位。其第一代可编程控制器是 1975 年投放市场的 SIMATIC S3 系列的控制系统。在 1979 年，西门子公司将微处理器技术应用到可编程控制器中，研制出了 SIMATIC S5 系列，取代了 S3 系列，目前 S5 系列产品仍然有小部分在工业现场使用。在 20 世纪末，西门子又在 S5 系列的基础上推出了 S7 系列产品。最新的 SIMATIC 产品为 SIMATIC S7 和 C7 等几大系列。C7 是基于 S7-300 系列 PLC 性能，同时集成了 HMI（人机界面）。

SIMATIC S7 系列产品分为通用逻辑模块（LOGO!）、S7-200 PLC、S7-200 SMART PLC、S7-1200 PLC、S7-300 PLC、S7-400 PLC 和 S7-1500 PLC 七个产品系列。S7-200 是在西门子公司收购的小型 PLC 的基础上发展而来的，因此其指令系统、程序结构和编程软件同 S7-300/400 PLC 有区别，在西门子 PLC 产品系列中是一个特殊的产品。S7-200 SMART PLC 是 S7-200 PLC 的升级版本，是西门子家族的新成员，于 2012 年 7 月发布。其绝大多数的指令和使用方法与 S7-200 PLC 类似，编程软件也和 S7-200 PLC 类似，而且在 S7-200 PLC 中运行的程序，大部分都可以在 S7-200 SMART PLC 中运行。S7-1200 PLC 是在 2009 年才推出的新型小型 PLC，定位于 S7-200 PLC 和 S7-300 PLC 产品之间。S7-300/400 PLC 是由西门子的 S5 系列发展而来，是西门子公司最具竞争力的 PLC 产品。2013 年西门子公司又推出了 S7-1500 系列产品。西门子 PLC 产品系列的定位见表 2-1。

表 2-1　西门子 PLC 产品系列的定位

序号	控制器	定位	主要任务和性能特征
1	LOGO!	低端的独立自动化系统中简单的开关量解决方案和智能逻辑控制器	简单自动化 作为时间继电器、计数器和辅助接触器的替代开关设备 模块化设计，柔性应用 有数字量、模拟量和通信模块 用户界面友好，配置简单 使用拖放功能和智能电路开发
2	S7-200/S7-200CN	低端的离散自动化系统和独立自动化系统中使用的紧凑型逻辑控制器模块	串行模块结构、模块化扩展 紧凑设计，CPU 集成 I/O 实时处理能力，高速计数器和报警输入和中断 易学易用的软件 多种通信选项
3	S7-200 SMART	低端的离散自动化系统和独立自动化系统中使用的紧凑型逻辑控制器模块，是 S7-200 的升级版本	串行模块结构、模块化扩展 紧凑设计，CPU 集成 I/O 集成了 PROFINET 接口 实时处理能力，高速计数器和报警输入和中断 易学易用的软件 多种通信选项
4	S7-1200	低端的离散自动化系统和独立自动化系统中使用的小型控制器模块	可升级及灵活的设计 集成了 PROFINET 接口 集成了强大的计数、测量、闭环控制及运动控制功能 直观高效的 STEP7 Basic 工程系统可以直接组态控制器和 HMI
5	S7-300	中端的离散自动化系统中使用的控制器模块	通用型应用和丰富的 CPU 模块种类 高性能 模块化设计，紧凑设计 由于使用 MMC 存储程序和数据，系统免维护
6	S7-400	高端的离散和过程自动化系统中使用的控制器模块	特别强的通信和处理能力 定点加法或乘法的指令执行速度最快为 $0.03\mu s$ 大型 I/O 框架和最高 20MB 的主内存 快速响应，实时强，垂直集成 支持热插拔和在线 I/O 配置，避免重启 具备等时模式，可以通过 PROFIBUS 控制高速机器
7	S7-1500	中高端系统	S7-1500 控制器除了包含多种创新技术之外，还设定了新标准，最大程度提高生产效率。无论是小型设备还是对速度和准确性要求较高的复杂设备装置，都一一适用 S7-1500 无缝集成到 TIA 博途软件，极大提高了工程组态的效率

2.1.2　西门子 S7-200 SMART PLC 的产品特点

西门子 S7-200 SMART PLC 是在 S7-200 系列 PLC 的基础上发展而来，它具有一些新的优良特性，具体有以下几方面。

(1) 机型丰富，更多选择

提供不同类型、I/O 点数丰富的 CPU 模块，单体 I/O 点数最高可达 60 点，可满足大部分小型自动化设备的控制需求。另外，CPU 模块配备标准型和经济型供用户选择，对于不同的应用需求，产品配置更加灵活，最大限度地控制成本。

(2) 选件扩展，精确定制

新颖的信号板设计可扩展通信端口、数字量通道、模拟量通道。在不额外占用电控柜空间的前提下，信号板扩展能更加贴合用户的实际配置，提升产品的利用率，同时降低用户的扩展成本。

(3) 高速芯片，性能卓越

配备西门子专用高速处理器芯片，基本指令执行时间可达 $0.15\mu s$，在同级别小型 PLC 中遥遥领先。一颗强有力的"芯"，能在应对繁琐的程序逻辑及复杂的工艺要求时表现得从容不迫。

(4) 以太互联，经济便捷

CPU 模块本体标配以太网接口，集成了强大的以太网通信功能。通过一根普通的网线即可将程序下载到 PLC 中，方便快捷，省去了专用编程电缆。而且以太网接口还可与其他 CPU 模块、触摸屏、计算机进行通信，轻松组网。

(5) 三轴脉冲，运动自如

CPU 模块本体最多集成 3 路高速脉冲输出，频率高达 100 kHz，支持 PWM/PTO 输出方式以及多种运动模式，可自由设置运动包络。配以方便易用的向导设置功能，快速实现设备调速、定位等功能。

(6) 通用 SD 卡，方便下载

本机集成 Micro SD 卡插槽，使用市面上通用的 Micro SD 卡即可实现程序的更新和 PLC 固件升级，极大地方便了客户工程师对最终用户的服务支持，也省去了因 PLC 固件升级而返厂服务的不便。

(7) 软件友好，编程高效

在继承西门子编程软件强大功能的基础上，STEP7-Micro/WIN SMART 编程软件融入了更多的人性化设计，如新颖的带状式菜单、全移动式界面窗口、方便的程序注释功能、强大的密码保护等。还能在体验强大功能的同时，大幅提高开发效率，缩短产品上市时间。

(8) 完美整合，无缝集成

西门子 S7-200 SMART PLC、SMART LINE 触摸屏和 SINAMICS V20 变频器完美整合，为 OEM 客户带来高性价比的小型自动化解决方案，满足客户对于人机交互、控制和驱动等功能的全方位需求。

2.2 西门子 S7-200 SMART CPU 模块及其接线

2.2.1 西门子 S7-200 SMART CPU 模块的介绍

全新的 S7-200 SMART 带来两种不同类型的 CPU 模块——标准型和经济型，全方位满足不同行业、不同客户、不同设备的各种需求。标准型作为可扩展 CPU 模块，可满足对 I/O 规模有较大需求，逻辑控制较为复杂的应用；而经济型 CPU 模块直接通过单机本体满足相对简单的控制需求。

（1）S7-200 SMART CPU 的外部介绍

S7-200 SMART CPU 将微处理器、集成电源和多个数字量输入和输出点集成在一个紧凑的盒子中，形成功能比较强大的 S7-200 SMART PLC，如图 2-1 所示。以下介绍其外部的各部分功能。

① 集成以太网口。用于程序下载、设备组网。这使程序下载更加方便快捷，节省了购买专用通信电缆的费用。

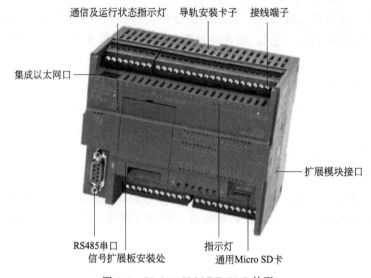

图 2-1　S7-200 SMART PLC 外形

② 通信及运行状态指示灯。显示 PLC 的工作状态，如运行状态、停止状态和强制状态等。

③ 导轨安装卡子。用于安装时将 PLC 锁紧在 35mm 的标准导轨上，安装便捷。同时此 PLC 也支持螺钉式安装。

④ 接线端子。S7-200 SMART 所有模块的输入、输出端子均可拆卸，而 S7-200 PLC 没有这个优点。

⑤ 扩展模块接口。用于连接扩展模块，插针式连接，模块连接更加紧密。

⑥ 通用 Micro SD 卡。支持程序下载和 PLC 固件更新。

⑦ 指示灯。I/O 点接通时，指示灯会亮。

⑧ 信号扩展板安装处。信号板扩展实现精确化配置，同时不占用电控柜空间。

⑨ RS485 串口。用于串口通信，如自由口通信、USS 通信和 Modbus 通信等。

（2）S7-200 SMART CPU 的技术性能

西门子公司的 CPU 是 32 位的。西门子公司提供多种类型的 CPU，以适用各种应用要求，不同的 CPU 有不同的技术参数，其规格（节选）见表 2-2。读懂这个性能表是很重要的，设计者在选型时，必须要参考这个表格，例如晶体管输出时，输出电流为 0.5A，若使用这个点控制一台电动机的启/停，设计者必须考虑这个电流是否能够驱动接触器，从而决定是否增加一个中间继电器。

表 2-2　ST40 DC/DC/DC 的规格

常 规 规 范		
序号	技 术 参 数	说　明
1	可用电流（EM 总线）	最大 1400mA（DC 5V）
2	功耗	18W
3	可用电流（DC 24V）	最大 300mA（传感器电源）
4	数字量输入电流消耗（DC 24V）	所用的每点输入 4mA

CPU 特征			
序号	技 术 参 数		说　明
1	用户存储器	程序	24KB
		用户数据	16KB
		保持性	最大 10KB
2	板载数字量 I/O		24/16
3	过程映像大小		256 位输入（I）/ 256 位输出（Q）
4	位存储器（M）		256 位
5	信号模块扩展		最多 6 个
6	信号板扩展		最多 1 个
7	高速计数器		6 个时，4 个 200kHz，2 个 20kHz；A/B 相时，2 个 100kHz，2 个 20kHz
8	脉冲输出		3 个，每个 100kHz
9	存储卡		Micro SD 卡（可选）
10	实时时钟精度		120s/月

性　　能		
1	布尔运算	0.15μs / 指令
2	移动字	1.2μs / 指令
3	实数数学运算	3.6μs / 指令

支持的用户程序元素		
1	累加器数量	4
2	定时器的类型/数量	非保持性（TON、TOF）：192 个 保持性（TONR）：64 个
3	计数器数量	256

通　信		
1	端口数	以太网：1 个 PN（LAN）口
		串行端口：1 个 RS485 口
		附加串行端口：仅在 SR40 / ST40 上 1 个（带有可选 RS232 / 485 信号板）
2	HMI 设备	PN（LAN）：8 个连接 RS485 端口：4 个连接
3	数据传输速率	以太网：10/100Mbit/s
		RS485 系统协议：9600bit/s，19200bit/s 和 187500bit/s
		RS485 自由端口：1200～115200 bit/s
4	隔离（外部信号与 PLC 逻辑侧）	以太网：变压器隔离，DC 1500V RS485：无
5	电缆类型	以太网：CAT5e 屏蔽电缆 RS485：PROFIBUS 网络电缆

数字量输入/输出		
1	电压范围（输出）	DC 20.4～28.8V
2	每点的额定最大电流（输出）	0.5A
3	额定电压（输入）	4mA 时 DC 24V，额定值
4	允许的连续电压（输入）	最大 DC 30V

(3) S7-200 SMART CPU 的工作方式

CPU 前面板即存储卡插槽的上部，有三盏指示灯显示当前工作方式。指示灯为绿色时，表示运行状态；指示灯为红色时，表示停止状态；标有"SF"的灯亮时，表示系统故障，PLC 停止工作。

CPU 处于停止工作方式时，不执行程序。进行程序的上传和下载时，都应将 CPU 置于停止工作方式。停止方式可以通过 PLC 上的旋钮设定，也可以在编译软件中设定。

CPU 处于运行工作方式时，PLC 按照自己的工作方式运行用户程序。运行方式可以通过 PLC 上的旋钮设定，也可以在编译软件中设定。

2.2.2 西门子 S7-200 SMART CPU 模块的接线

(1) CPU Sx40 的输入端子的接线

S7-200 SMART 系列 CPU 的输入端接线与三菱 FX 系列的输入端接线不同，后者不需要接入直流电源，其电源由系统内部提供，而 S7-200 SMART 系列 CPU 的输入端则必须接入直流电源。

下面以 CPU Sx40 为例介绍输入端的接线。"1M"是输入端的公共端子，与 DC 24V 电源相连，电源有两种连接方法对应 PLC 的 NPN 型和 PNP 型接法。当电源的负极与公共端子相连时，为 PNP 型接法，如图 2-2 所示，"N"和"L1"端子为交流电的电源接入端子，通常为 AC 120～240V，为 PLC 提供电源，当然也有直流供电的；而当电源的正极与公共端子相连时，为 NPN 型接法，如图 2-3 所示。"M"和"L＋"端子为 DC 24V 的电源接入端子，为 PLC 提供电源，当然也有交流供电的，注意这对端子不是电源输出端子。

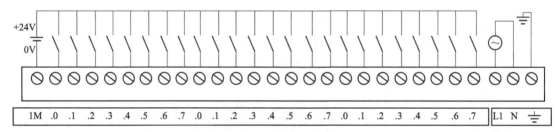

图 2-2　输入端子的接线（PNP 型）

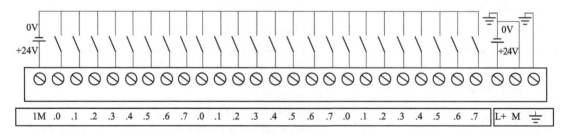

图 2-3　输入端子的接线（NPN 型）

初学者往往不容易区分 PNP 型和 NPN 型的接法，经常混淆，若读者记住以下的方法，就不会出错：把 PLC 作为负载，以输入开关（通常为接近开关）为对象，若信号从开关流出（信号从开关流出，向 PLC 流入），则 PLC 的输入为 PNP 型接法；把 PLC 作为负载，以输入开关（通常为接近开关）为对象，若信号从开关流入（信号从 PLC 流出，向开关流入），则 PLC 的输入为 NPN 型接法。三菱 FX 系列（FX3U 除外）PLC 只支持 NPN 型接法。

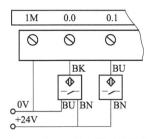

【例 2-1】 有一台 CPU Sx40，输入端有一只三线 PNP 型接近开关和一只二线 PNP 型接近开关，应如何接线？

【解】 对于 CPU Sx40，公共端接电源的负极。而对于三线 PNP 型接近开关，只要将其正、负极分别与电源的正、负极相连，将信号线与 PLC 的"I0.0"相连即可；而对于二线 PNP 型接近开关，只要将电源的正极分别与其正极相连，将信号线与 PLC 的"I0.1"相连即可，如图 2-4 所示。

图 2-4 例 2-1 输入端子的接线

（2）CPU Sx40 的输出端子的接线

S7-200 SMART 系列 CPU 的数字量输出有两种形式：一种是 24V 直流输出（即晶体管输出），另一种是继电器输出。标注为"CPUST40（DC/DC/DC）"的含义是：第一个 DC 表示供电电源电压为 DC 24V，第二个 DC 表示输入端的电源电压为 DC 24V，第三个 DC 表示输出为 DC 24V，在 CPU 的输出点接线端子旁边印刷有"DC 24V OUTPUTS"字样，"T"的含义就是晶体管输出。标注为"CPUSR40（AC/DC/继电器）"的含义是：AC 表示供电电源电压为 AC 120～240V，通常用 AC 220V，DC 表示输入端的电源电压为 DC 24V，"继电器"表示输出为继电器输出，在 CPU 的输出点接线端子旁边印刷有"RELAY OUTPUTS"字样，"RELAY"的含义就是继电器输出。

目前 24V 直流输出只有一种形式，即 PNP 型输出，也就是常说的高电平输出，这点与三菱 FX 系列 PLC 不同，三菱 FX 系列 PLC（FX3U 除外，FX3U 有 PNP 型和 NPN 型两种可选择的输出形式）为 NPN 型输出，也就是低电平输出，理解这一点十分重要，特别是利用 PLC 进行运动控制（如控制步进电动机时），必须考虑这一点。

晶体管输出如图 2-5 所示。继电器输出没有方向性，可以是交流信号，也可以是直流信号，但不能使用 220V 以上的交流电，特别是 380V 的交流电容易误接入。继电器输出如图 2-6 所示。可以看出，输出是分组安排的，每组既可以是直流也可以是交流电源，而且每组电源的电压大小可以不同，接直流电源时，没有方向性。在接线时，务必看清接线图。"M"和"L+"端子为 DC 24V 的电源输出端子，为传感器供电，注意这对端子不是电源输入端子。

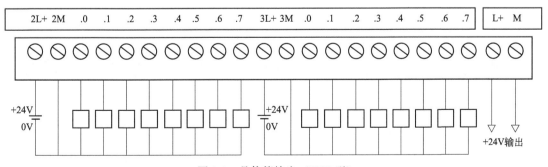

图 2-5 晶体管输出（PNP 型）

在给 CPU 进行供电接线时，一定要分清是哪一种供电方式，如果把 AC 220V 接到 DC

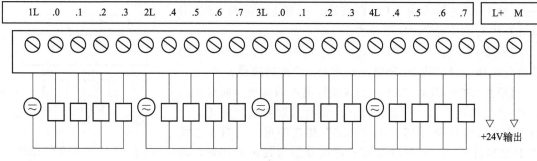

图 2-6　继电器输出

24V 供电的 CPU 上，或者不小心接到 DC 24V 传感器的输出电源上，都会造成 CPU 的损坏。

【例 2-2】　有一台 CPUSR40，控制一只 DC 24V 的电磁阀和一只 AC 220V 电磁阀，输出端应如何接线？

【解】　因为两个电磁阀的线圈电压不同，而且有直流和交流两种电压，所以如果不经过转换，只能用继电器输出的 CPU，而且两个电磁阀分别在两个组中。其接线如图 2-7 所示。

【例 2-3】　有一台 CPUST40，控制两台步进电动机和一台三相异步电动机的启/停，三相电动机的启/停由一只接触器控制，接触器的线圈电压为 AC 220V，输出端应如何接线（步进电动机部分的接线可以省略）？

【解】　因为要控制两台步进电动机，所以要选用晶体管输出的 CPU，而且必须用 Q0.0 和 Q0.1 作为输出高速脉冲点控制步进电动机，但接触器的线圈电压为 AC 220V，所以电路要经过转换，增加中间继电器 KA，其接线如图 2-8 所示。

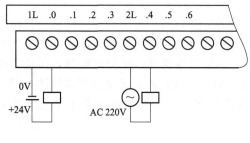

图 2-7　例 2-2 接线图

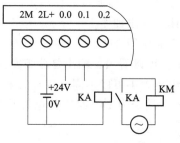

图 2-8　例 2-3 接线图

2.3　西门子 S7-200 SMART PLC 扩展模块及其接线

通常 S7-200 SMART CPU 只有数字量输入和数字量输出，要完成模拟量输入、模拟量输出、通信以及当数字输入、输出点不够时，都应该选用扩展模块来解决问题。S7-200 SMART CPU 中只有标准型 CPU 才可以连接扩展模块，而经济型 CPU 是不能连接扩展模块的。S7-200 SMART PLC 有丰富的扩展模块供用户选用。S7-200 SMART PLC 的扩展模块包括数字量、模拟量输入/输出和混合模块（既能用作输入，又能用作输出）。

2.3.1　数字量输入和输出扩展模块

（1）数字量输入和输出扩展模块的规格

　　数字量输入和输出扩展模块包括数字量输入模块、数字量输出模块和数字量输入输出混合模块，当数字量输入或者输出点不够时可选用。部分数字量输入和输出扩展模块的规格见表 2-3。

表 2-3　数字量输入和输出扩展模块规格

型　号	输入点	输出点	电　压	功率/W	电　流	
					SM 总线	DC 24V
EM DE08	8	0	DC 24V	1.5	105mA	每点 4mA
EM DT08	0	8	DC 24V	1.5	120mA	—
EM DR08	0	8	DC 5～30V 或 AC 5～250V	4.5	120mA	每个继电器线圈 11mA
EM DT16	8	8		2..5	145mA	每点输入 4mA
EM DR16	8	8		5..5	145mA	每点输入 4mA，所用的每个继电器线圈 11mA

（2）数字量输入和输出扩展模块的接线

　　数字量输入和输出模块有专用的插针与 CPU 通信，并通过此插针由 CPU 向扩展 I/O 模块提供 DC 5V 的电源。EM DE08 数字量输入模块的接线如图 2-9 所示，图中为 PNP 型输入，也可以为 NPN 型输入。

　　EM DT08 数字量晶体管型输出模块，其接线如图 2-10 所示，只能为 PNP 型输出。EM DR08 数字量继电器型输出模块，其接线如图 2-11 所示，L＋和 M 端子是模块的 DC 24V 供电接入端子，而 1L 和 2L 可以接入直流和交流电源，是给负载供电的，这点要特别注意。可以发现，数字量输入和输出扩展模块的接线与 CPU 的数字量输入输出端子的接线是类似的。

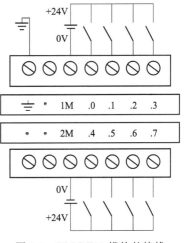

图 2-9　EM DE08 模块的接线

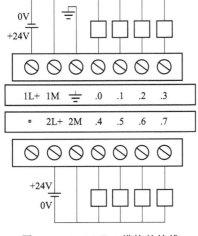

图 2-10　EM DT08 模块的接线

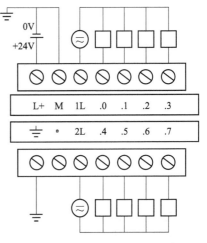

图 2-11　EM DR08 模块的接线

当 CPU 和数字量扩展模块的输入/输出点有信号输入或者输出时，LED 指示灯会亮，显示有输入/输出信号。

2.3.2 模拟量输入和输出扩展模块

(1) 模拟量输入和输出扩展模块的规格

模拟量输入和输出扩展模块包括模拟量输入模块、模拟量输出模块和模拟量输入输出混合模块。部分模拟量输入和输出扩展模块的规格见表 2-4。

表 2-4 模拟量输入和输出扩展模块规格

型 号	输入点	输出点	电压	功率/W	电源要求	
					SM 总线	DC 24V
EM AE04	4	0	DC 24V	1.5	80mA	40mA
EM AQ2	0	2	DC 24V	1.5	60mA	50/90mA
EM AM06	4	2	DC 24V	2	80mA	75/155mA

(2) 模拟量输入和输出扩展模块的接线

S7-200 SMART PLC 的模拟量模块用于输入/输出电流或者电压信号。模拟量输入模块 EM AE04 的接线如图 2-12 所示，通道 0 和 1 不能同时测量电流和电压信号，只能二选一；通道 2 和 3 也是如此。信号范围：±10V、±5V、±2.5V 和 0～20mA；满量程数据字格式：−27648～+27648，这点与 S7-300/400 PLC 相同，但不同于 S7-200 PLC（−32000～+32000）。

模拟量输出模块 EM AQ02 的接线如图 2-13 所示，两个模拟输出电流或电压信号，可以按需要选择。信号范围：±10V 和 0～20mA。满量程数据字格式：−27648～+27648，这点与 S7-300/400 PLC 相同，但不同于 S7-200 PLC。

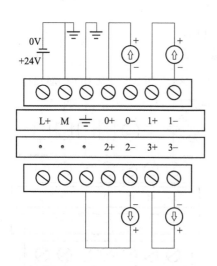

图 2-12 EM AE04 模块的接线

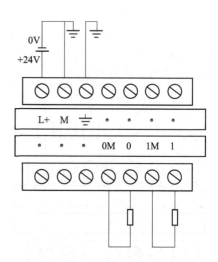

图 2-13 EM AQ02 模块的接线

混合模块上有模拟量输入和输出。其接线图如图 2-14 所示。

模拟量输入模块有两个参数容易混淆，即模拟量转换的分辨率和模拟量转换的精度（误差）。分辨率是 A-D 模拟量转换芯片的转换精度，即用多少位的数值来表示模拟量。若 S7-

200 SMART 模拟量模块的转换分辨率是 12 位，能够反映模拟量变化的最小单位是满量程的 1/4096。模拟量转换的精度除了取决于 A-D 转换的分辨率，还受到转换芯片的外围电路的影响。在实际应用中，输入的模拟量信号会有波动、噪声和干扰，内部模拟电路也会产生噪声、漂移，这些都会对转换的最后精度造成影响。这些因素造成的误差要大于 A-D 芯片的转换误差。

当模拟量的扩展模块正常状态时，LED 指示灯为绿色显示，而当为供电时，为红色闪烁。

使用模拟量模块时，要注意以下问题。

① 模拟量模块有专用的插针接头与 CPU 通信，并通过此电缆由 CPU 向模拟量模块提供 DC 5V 的电源。此外，模拟量模块必须外接 DC 24V 电源。

② 每个模块能同时输入/输出电流或者电压信号，对于模拟量输入的电压或者电流信号选择和量程的选择都是通过组态软件选择，如图 2-15 所示，模块 EM AM06 的通道 0 设定为电压信号，量程为 ±2.5V。而 S7-200 的信号类型和量程是由 DIP 开关设定的。

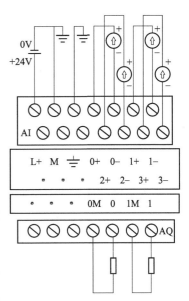

图 2-14　EM AM06 模块的接线

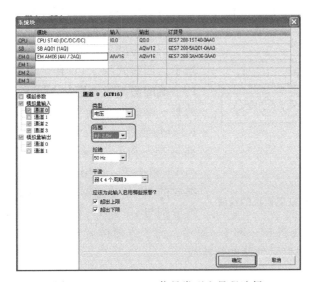

图 2-15　EM AM06 信号类型和量程选择

双极性就是信号在变化的过程中要经过"零"，单极性不过"零"。由于模拟量转换为数字量，是有符号整数，所以双极性信号对应的数值会有负数。在 S7-200 SMART 中，单极性模拟量输入/输出信号的数值范围是 0 ～ 27648；双极性模拟量信号的数值范围是 -27648 ～ 27648。

③ 对于模拟量输入模块，传感器电缆线应尽可能短，而且应使用屏蔽双绞线，导线应避免弯成锐角。靠近信号源屏蔽线的屏蔽层应单端接地。

④ 一般电压信号比电流信号容易受干扰，所以应优先选用电流信号。电压型的模拟量信号由于输入端的内阻很高（S7-200 SMART PLC 的模拟量模块为 10MΩ），极易引入干

扰。一般电压信号是用在控制设备柜内电位器设置，或者距离非常近、电磁环境好的场合。电流信号不容易受到传输线沿途的电磁干扰，因而在工业现场获得广泛的应用。电流信号可以传输的距离比电压信号远得多。

⑤ 前述的 CPU 和扩展模块的数字量的输入点和输出点都有隔离保护，但模拟量的输入和输出则没有隔离。如果用户的系统中需要隔离，要另行购买信号隔离器件。

⑥ 模拟量输入模块的电源地和传感器的信号地必须连接（工作接地），否则将会产生一个很高的上下振动的共模电压，影响模拟量输入值，测量结果可能是一个变动很大的不稳定的值。

⑦ 西门子的模拟量模块的端子排是上下两排分布，容易混淆。在接线时要特别注意，先接下面端子的线，再接上面端子的线，而且不要弄错端子号。

2.3.3 其他扩展模块

(1) RTD 模块

RTD 传感器种类主要有 Pt、Cu 以及 Ni 热电偶和热敏电阻，每个大类中又分为不同小种类的传感器，用于采集温度信号。RTD 模块将传感器采集的温度信号转化成数字量。EM AR02 热电偶模块的接线如图 2-16 所示。

RTD 传感器有四线式、三线式和二线式。四线式的精度最高，二线式精度最低，而三线式使用较多，其详细接线如图 2-17 所示。I＋和 I－端子是电流源，向传感器供电，而 M＋和 M－是测量信号的端子。四线式的 RTD 传感器接线很容易，将传感器的一端的两根线分别与 M＋和 I＋相连接，而传感器的另一端的两根线与 M－和 I－相连接；三线式的 RTD 传感器有三根线，将传感器的一端的两根线分别与 M－和 I－相连接，而传感器的另一端的一根线与 I＋相连接，再用一根导线将 M＋和 I＋短接；二线式的 RTD 传感器有两根线，将传感器两端的两根线分别与 I＋和 I－相连接，再用一根导线将 M＋和

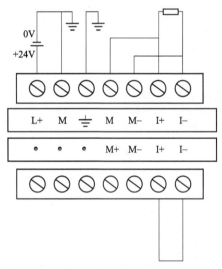

图 2-16　EM AR02 热电偶模块的接线

I＋短接，用另一根导线将 M－和 I－短接。为了方便读者理解，图中用细实线代表传感器自身的导线，用粗实线表示外接的短接线。

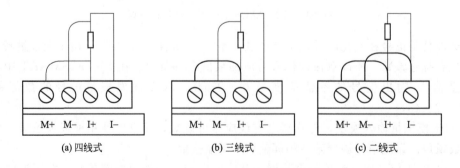

图 2-17　EM AR02 模块的接线（详图）

（2）信号板

S7-200 SMART CPU 有信号板，这是 S7-200 所没有的。目前有模拟量输出模块 SB AQ01、数字量输入/输出模块 SB 2DI/2DQ 和通信模块 SB RS-485/RS-232，以下分别介绍。

① SB AQ01 模块　模拟量输出模块 SB AQ01 只有一个输出点，由 CPU 供电，不需要外接电源。输出电压或者电流，电流范围是 0～20mA，对应满量程为 0～27648，电压范围是 −10～10V，对应满量程为 −27648～27648。SB AQ01 模块的接线如图 2-18 所示。

② SB 2DI/2DQ 模块　SB 2DI/2DQ 模块是 2 个数字量输入和 2 个数字量输出，输入点是 PNP 型和 NPN 型可选，这与 S7-200 SMART CPU 相同，其输出点是 PNP 型输出。SB 2DI/2DQ 模块的接线如图 2-19 所示。

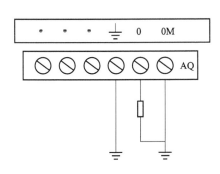

图 2-18　SB AQ01 模块的接线

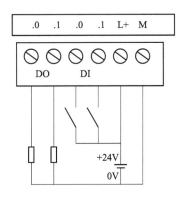

图 2-19　SB 2DI/2DQ 模块的接线

③ SB RS-485/RS-232 模块

SB RS-485/RS-232 模块可以作为 RS-232 模块或者 RS-485 模块使用，如设计时选择的是 RS-485 模块，那么在硬件组态时，要选择 RS-485 类型，如图 2-20 所示，在硬件组态时，选择"RS-485"类型。

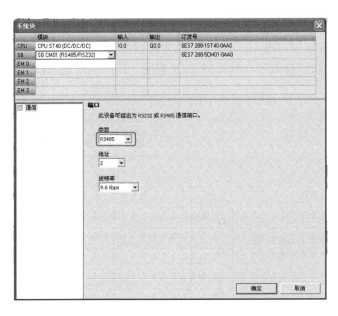

图 2-20　SB RS-485/RS-232 模块类型选择

SB RS-485/RS-232 模块不需要外接电源,它直接由 CPU 模块供电,此模块的引脚的含义见表 2-5。

表 2-5　SB RS-485/RS-232 模块的引脚含义

引脚号	功　能	说　　明
1	功能性接地	
2	Tx/B	对于 RS-485 是接收＋/发送＋,对于 RS-232 是发送
3	RTS	
4	M	对于 RS-232 是 GND 接地
5	Rx/A	对于 RS-485 是接收-/发送-,对于 RS-232 是接收
6	5V 输出(偏置电压)	

当 SB RS-485/RS-232 模块作为 RS-232 模块使用时,接线如图 2-21 所示,下侧的是 DB9 插头,代表的是与 SB RS-485/RS-232 模块通信的设备的插头,而上侧的是模块的接线端子,注意 DB9 的 RxD 接收数据与模块的 Tx 发送数据相连,DB9 的 TxD 发送数据与模块的 Rx 接收数据相连,这就是俗称的"跳线"。

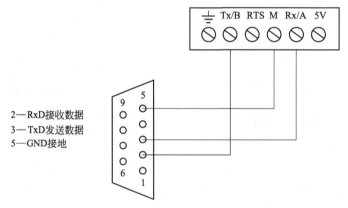

图 2-21　SB RS-485/RS-232 模块——RS-232 连接

当 SB RS-485/RS-232 模块作为 RS-485 模块使用时,接线如图 2-22 所示,下侧的是 DB9 插头,代表的是与 SB RS-485/RS-232 模块通信的设备的插头,而上侧的是模块的接线端子,注意 DB9 的 发送/接收＋ 与模块的 TxB 相连,DB9 的 发送/接收- 与模块的 RxA 相连,RS-485 无需"跳线"。

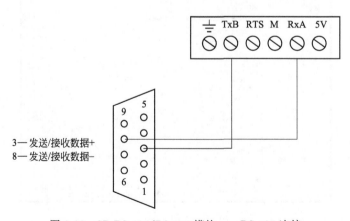

图 2-22　SB RS-485/RS-232 模块——RS-485 连接

【关键点】 SB RS-485/RS-232 模块可以作为 RS-232 模块或者 RS-485 模块使用，但 CPU 上集成的串口只能作为 RS-485 使用。

（3）MicroSD

① MicroSD 简介　MicroSD 是 S7-200 SMART PLC 的特色功能，它支持商用手机卡，支持容量范围是 4～32GB。它有三项主要功能，具体如下。

a. 复位 CPU 到出厂设置。

b. 固件升级。

c. 程序传输。

② 用 MicroSD 复位 CPU 到出厂设置

a. 用普通读卡器将 CPU 复位到出厂设置，然后将文件复制到一个空的 MicroSD 卡中。

b. 在 CPU 断电状态下将包含固件文件的存储卡插入 CPU。

c. 给 CPU 上电，CPU 会自动复位到出厂设置。复位过程中 RUN 指示灯和 STOP 指示灯以 2Hz 的频率交替点亮。

d. 当 CPU 只有 STOP 灯开始闪烁，表示"固件更新"操作成功，从 CPU 上取下存储卡。

③ 用 MicroSD 进行固件升级

a. 用普通读卡器将固件文件复制到一个空 MicroSD 卡中。

b. 在 CPU 断电状态下将包含固件文件的存储卡插入 CPU。

c. 给 CPU 上电，CPU 会自动识别存储卡为固件更新卡并且自动更新 CPU 固件。更新过程中 RUN 指示灯和 STOP 指示灯以 2Hz 的频率交替点亮。

d. 当 CPU 只有 STOP 灯开始闪烁，表示"固件更新"操作成功，从 CPU 上取下存储卡。

2.4　西门子 S7-200 SMART PLC 的安装

西门子 S7-200 SMART PLC 设备易于安装。西门子 S7-200 SMART PLC 可采用水平或垂直方式安装在面板或标准 DIN 导轨上。由于西门子 S7-200 SMART PLC 体积小，用户能更有效地利用空间。

2.4.1　安装的预留空间

S7-200 SMART 设备通过自然对流冷却。为保证适当冷却，必须在设备上方和下方留出至少 25 mm 的间隙。此外，模块前端与机柜内壁间至少应留出 25 mm 的深度。预留空间参考如图 2-23 所示。

2.4.2　安装 CPU 模块

CPU 可以很方便地安装到标准 DIN 导轨或面板上。可使用 DIN 导轨卡夹将设备固定到 DIN 导轨上。具体步骤如下。

① 将 DIN 导轨（35mm）按照每隔 75 mm 的间距固定到安装板上。

② 听到"咔嚓"一声，打开模块底部的 DIN 夹片，并将模块背面卡在 DIN 导轨上，如图 2-24 所示。

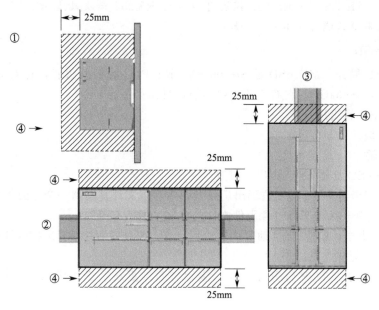

图 2-23 预留空间示意图

③ 如果使用扩展模块，则将其置于 DIN 导轨上的 CPU 旁。

④ 将模块向下旋转至 DIN 导轨，听到"咔嚓"一声闭合 DIN 夹片，如图 2-25 所示。仔细检查夹片是否将模块牢牢地固定到导轨上。为避免损坏模块，应按安装孔标记，而不要直接按模块前侧。

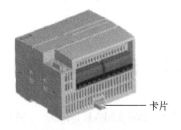

图 2-24 打开卡片

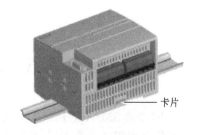

图 2-25 闭合卡片

2.4.3 扩展模块的连接

扩展模块必须与 CPU 模块或者其前一个槽位的扩展模块连接，具体方法是先将 CPU（前一个槽位的扩展模块）连接插槽上的塑料小盖用一字螺钉旋具拨出来，插槽是母头，然后将扩展模块的连接插头插入 CPU 的插槽即可，如图 2-26 所示。

2.4.4 信号板的安装

信号板是 S7-200 SMART PLC 特有的模块，西门子的其他产品并无信号版，信号板体积小，不占用控制柜的空间，信号板有模拟量和数字量模块。安装信号板的步骤如下。

① 确保 CPU 和所有 S7-200 SMART PLC 设备与电源断开连接。

② 卸下 CPU 上部和下部的端子块盖板。

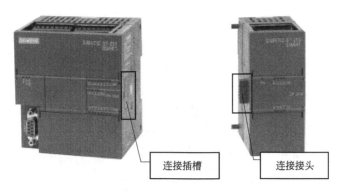

连接插槽   连接接头

图 2-26　扩展模块的连接

③ 将螺钉旋具插入 CPU 上部接线盒盖背面的槽中。

④ 轻轻将盖撬起并从 CPU 上卸下。

⑤ 将信号板直接向下放入 CPU 上部的安装位置中。

⑥ 用力将模块压入该位置直到卡入就位，如图 2-27 所示。

⑦ 重新装上端子块盖板。

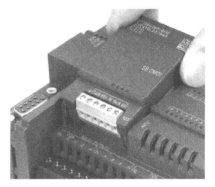

图 2-27　信号板的连接

2.4.5　接线端子的拆卸和安装

S7-200 SMART PLC 的接线端子是可以拆卸的，非常方便维护，在不改换接线的情况下，可以很方便地更换 PLC，而 S7-200 PLC 的接线端子是固定的。

(1) 接线端子的拆卸

拆卸接线端子的步骤如下。

① 确保 CPU 和所有 S7-200 SMART PLC 设备与电源断开连接。

② 查看连接器的顶部并找到可插入螺钉旋具头的槽。

③ 将小螺钉旋具插入槽中。

④ 轻轻撬起连接器顶部使其与 CPU 分离。连接器从夹紧位置脱离。

⑤ 抓住连接器并将其从 CPU 上卸下，如图 2-28 所示。

(2) 接线端子的安装

把接线端子对准插槽，压入直到卡入就位即可。

图 2-28　接线端子的拆卸

2.5　最大输入和输出点配置与电源需求计算

2.5.1　模块的地址分配

S7-200 SMART CPU 配置扩展模块后，扩展模块的起始地址根据其在不同的槽位而有所不同，这点与 S7-200 PLC 是不同的，读者不能随意给定。扩展模块的地址要在"系统块"的硬件组态时，由软件系统给定，如图 2-29 所示。

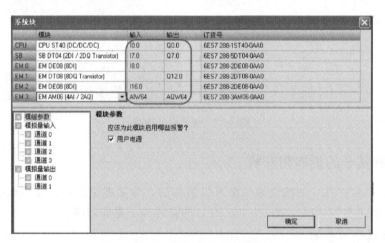

图 2-29　扩展模块的起始地址示例

S7-200 SMART CPU 最多能配置 4 个扩展模块，在不同的槽位配置不同模块的起始地址均不相同，见表 2-6。

表 2-6　不同的槽位扩展模块的地址

模　　块	CPU	信号面板	扩展模块 1	扩展模块 2	扩展模块 3	扩展模块 4
I/O 起始地址	I0.0	I7.0	I8.0	I12.0	I16.0	I20.0
	Q0.0	Q7.0	Q8.0	Q12.0	Q16.0	Q20.0
			AIW16	AIW32	AIW48	AIW64
		AQW12	AQW16	AQW32	AQW48	AQW64

2.5.2 最大输入和输出点配置

(1) 最大 I/O 的限制条件

CPU 的输入和输出点映像区的大小限制，最大为 256 个输入和 256 个输出，但实际的 S7-200 SMART CPU 没有这么多，还要受到下面因素的限制。

① CPU 本体的输入和输出点数的不同。

② CPU 所能扩展的模块数目，标准型为 6 个，经济型不能扩展模块。

③ CPU 内部＋5V 电源是否满足所有扩展模块的需要，扩展模块的＋5V 电源不能外接电源，只能由 CPU 供给。

在以上因素中，CPU 的供电能力对扩展模块的个数起决定影响，因此最为关键。

(2) 最大 I/O 扩展能力示例

不同型号的 CPU 的扩展能力不同，表 2-7 列举了 CPU 模块的最大扩展能力。

表 2-7　CPU 模块的最大扩展能力

CPU 模块	可以扩展的最大 DI/DO 和 AI/AO		5V 电源/mA	DI	DO	AI	AO
CPUCR40	无		不能扩展				
CPU SR20	最大 DI/DO	CPU	1400	12	8		
		6×EM DT32 16DT/16DO, DC/DC	−1110	96	96		
		6×EM DR32 16DT/16DO, DC/Relay	−1080				
		总计	＞0	108	104		
	最大 AI/AO	CPU	1400	12	8		
		1×SB 1AO	−15				1
		6×EM AE08 或 6×EM AQ04	−480			48	24
		总计	＞0	12	8	48	25
CPU SR40/ST40	最大 DI/DO	CPU	1400	24	16		
		6×EM DT32 16DT/16DO, DC/DC	−1110	96	96		
		6×EM DR32 16DT/16DO, DC/Relay	−1080				
		总计	＞0	120	112		
	最大 AI/AO	CPU	1400	24	16		
		1×SB 1AO	−15				1
		6×EM AE08 或 6×EM AQ04	−480			48	24
		总计	＞0	24	16	48	25
CPU SR60/ST60	最大 DI/DO	CPU	1400	36	24		
		6×EM DT32 16DT/16DO, DC/DC	−1110	96	96		
		6×EM DR32 16DT/16DO, DC/Relay	−1080				
		总计	≥0	132	120		
	最大 AI/AO	CPU	1400	36	24		
		1×SB 1AO	−15				1
		6×EM AE08 或 6×EM AQ04	−480			48	24
		总计	＞0	36	24	48	25

以 CPUSR20 为例，对以上表格作一个解释。CPUSR20 自身有 12 个 DI（输入点），8 个 DO（输出点），由于受到总线电流（SM 电流，即 DC＋5V）限制，可以扩展 64 个 DI 和 64 个 DO，经过扩展后，DI/DO 分别能达到 76/72 个。最大可以扩展 16 个 AI（模拟量输入）和 9 个 AO（模拟量输出）。表格其余的 CPU 的各项含义与上述类似，在此不再赘述。

2.5.3 电源需求计算

所谓电源计算，就是用 CPU 所能提供的电源容量减去各模块所需要的电源消耗量。S7-200 SMART CPU 模块提供 DC 5V 和 DC 24V 电源。当有扩展模块时，CPU 通过 I/O 总线为其提供 5V 电源，所有扩展模块的 5V 电源消耗之和不能超过该 CPU 提供的电源额定值。若不够用则不能外接 5V 电源。

每个 CPU 都有一个 DC 24V 传感器电源，它为本机输入点和扩展模块输入点及扩展模块继电器线圈提供 DC 24V。如果电源要求超出了 CPU 模块的电源定额，可以增加一个外部 DC 24V 电源来供给扩展模块。各模块的电源需求见表 2-8。

表 2-8 各模块的电源需求

型 号		电源供应	
		DC+5V	DC+24V
CPU 模块	CPUSR20	1400mA	300mA
	CPUST40/SR40	1400mA	300mA
	CPUST60/SR60	1400mA	300mA
扩展 模块	EM DR16	145mA	4mA/输入，11mA/输出
	EM DT32	185mA	4mA/输入
	EM DR32	180mA	4mA/输入，11 mA/输出
	EM AE04	80mA	40mA(无负载)
	EM AE08	80mA	70mA(无负载)
	EM AQ02	60mA	50mA(无负载)
	EM AQ04	60mA	75mA(无负载)
	EM AM03	60mA	30mA(无负载)
	EM AM06	80mA	60mA(无负载)
信号板	SB 1AO	15mA	40mA(无负载)
	SB 2DI/DO	50mA	4mA/输入
	SB RS485/RS232	50mA	—

下面举例说明电源的需求计算。

【例 2-4】 某系统由一台 CPUSR40 AC/DC/继电器、3 个 EM 8 点继电器型数字量输出（EM DR08）和 1 个 EM 8 点数字量输入（EM DE08），问电源是否足够？

【解】 首先查表 2-8 可知，计算见表 2-9。

表 2-9 电源的需求计算

CPU 功率预算	DC 5V	DC 24V
CPUSR40 AC/DC/继电器	1400mA	300mA
减 去		
系统要求	DC 5V	DC 24V
CPUSR40,24 点输入		24×4mA=96mA
插槽 0；EM DR08	120mA	8×11mA=88mA
插槽 1；EM DR08	120mA	8×11mA=88mA
插槽 2；EM DR08	120mA	8×11mA=88mA
插槽 3；EM DE08	105mA	8×4mA=32mA
总需求	465mA	392mA
电流总差额	275mA	−92mA

从表 2-9 可以得出，+5V 是足够的，而+24V 不够，还缺 92mA，因此必须再外接一个大于 92mA 的电源给系统输入和输出供电。

【关键点】 配置模块进行电源需求计算，一台 CPU 所扩展的模块不能超过 6 个。

第3章 ▶▶▶▶

西门子 S7-200 SMART PLC 编程软件使用入门

本章主要介绍 STEP7-Micro/WIN SMART 软件的安装和使用方法、建立一个完整项目以及仿真软件的使用。

3.1 STEP7-Micro/WIN SMART 编程软件的简介与安装步骤

3.1.1 STEP7-Micro/WIN SMART 编程软件简介

STEP7-Micro/WIN SMART 是一款功能强大的软件，此软件用于 S7-200 SMART PLC 编程，支持三种模式：LAD（梯形图）、FBD（功能块图）和 STL（语句表）。STEP7-Micro/WIN SMART 可提供程序的在线编辑、监控和调试。本书介绍的 STEP7-Micro/WIN SMART V2.3 版本，可以打开大部分 S7-200 PLC 的程序。

STEP7-Micro/WIN SMART 是免费软件，读者可在供货商处索要，或者在西门子（中国）自动化与驱动集团的网站（http：//www. ad. siemens. com. cn/）上下载软件并安装使用。

安装此软件对计算机的要求有以下几方面。

① Windows XP Professional SP3 操作系统只支持 32 位，Windows 7 操作系统支持 32 位和 64 位。

② 软件安装程序需要至少 350MB 硬盘空间。

有了 PLC 和配置必要软件的计算机，两者之间必须有一根程序下载电缆，由于 S7-200 SMART PLC 自带 PN 口，而计算机都配置了网卡，这样只需要一根普通的网线就可以把程序从计算机下载到 PLC 中去。个人计算机和 PLC 的连接如图 3-1 所示。

图 3-1　个人计算机与 PLC 的连接

【关键点】　S7-200 SMART PLC 的 PN 口有自动交叉线（auto-crossing）功能，所以网线可以是正连接也可以反连接。

3.1.2　STEP7-Micro/WIN SMART 编程软件的安装步骤

STEP7-Micro/WIN SMART 编程软件的安装步骤如下。

① 打开 STEP7-Micro/WIN SMART 编程软件的安装包，双击可执行文件 "SETUP. EXE"，软件安装开始，并弹出选择设置语言对话框，如图 3-2 所示，共有两种语言供选择，选择 "中文（简体）"，单击 "确定" 按钮。此时弹出安装向导对话框如图 3-3 所示，单击 "下一步" 按钮即可。之后弹出安装许可协议界面如图 3-4 所示，选择 "我接受许可协定和有关安全信息的所有条件"，单击 "下一步" 按钮，表示同意许可协议，否则安装不能继续进行。

图 3-2　选择设置语言

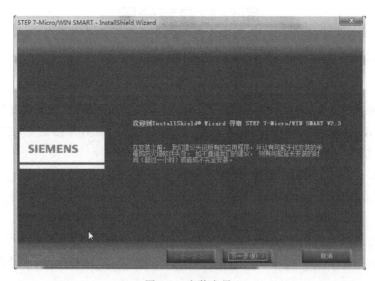

图 3-3　安装向导

② 选择安装目录。如果要改变安装目录则单击 "浏览"，选定想要安装的目录即可，如果不想改变目录，则单击 "下一步" 按钮，如图 3-5 所示，程序开始安装，并显示安装进程，如图 3-6 所示。

③ 当软件安装结束时，弹出如图 3-7 所示的界面，单击 "完成" 按钮，所有安装完成。

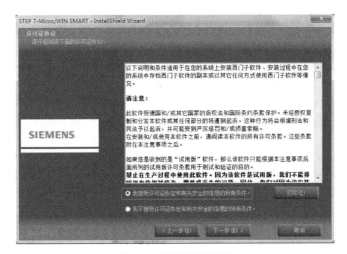

图 3-4　安装许可协议

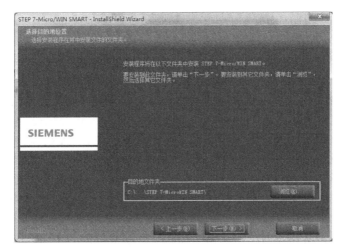

图 3-5　选择安装目录

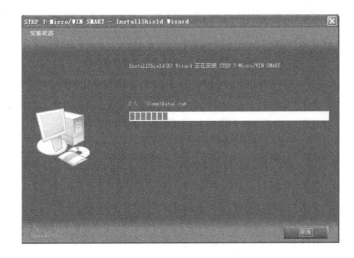

图 3-6　安装进程

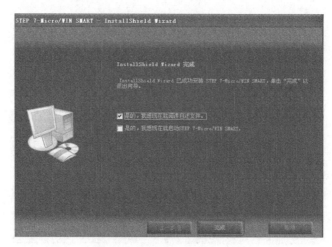

图 3-7　设置 PG/PC Interface

【关键点】

① 安装 STEP7-Micro/WIN SMART 软件前，最好关闭杀毒和防火墙软件，此外存放 STEP7-Micro/WIN SMART 软件的目录最好是英文。其他处于运行状态的程序最好也关闭。

② 选用正版操作系统是明智的举措，如果选用盗版的操作系统，可能导致不能安装此软件，或者软件安装完成后，丢失一些本应有的功能，例如可能导致不能下载程序。

③ 有的文献中不建议使用 Windows 7 家庭版安装 STEP7-Micro/WIN SMART 软件，但是作者使用 Windows 7 家庭版安装 STEP7-Micro/WIN SMART 软件，从使用情况看，没有不正常情况出现。

④ STEP7-Micro/WIN SMART V2.3 版本可以使用 USB/PPI 多主站电缆通过串行端口对所有 CPU 型号进行编程。这些串口包括 RS-485 端口、信号板端口和 DP01 PROFIBUS 端口。早期版本无此功能。

⑤ STEP7-Micro/WIN SMART V2.3 版本软件与 Windows 10 操作系统兼容。

3.2　STEP7-Micro/WIN SMART 软件的使用

3.2.1　STEP7-Micro/WIN SMART 软件的打开

打开 STEP7-Micro/WIN SMART 软件通常有三种方法，分别介绍如下。

① 单击"所有程序"→"Simatic"→"STEP7-Micro/WIN SMART V2.3"→"STEP7-Micro/WIN SMART"，如图 3-8 所示，即可打开软件。

② 直接双击桌面上的 STEP7-Micro/WIN SMART 软件快捷方式 ，也可以打开软件，这是较快捷的打开方法。

③ 在电脑的任意位置，双击以前保存的程序，即可打开软件。

3.2.2　STEP7-Micro/WIN SMART 软件的界面介绍

STEP7-Micro/WIN SMART 软件的主界面如图 3-9 所示。其中包含快速访问工具栏、

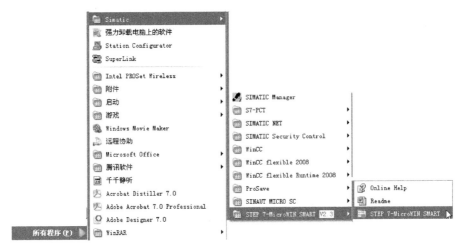

图 3-8　打开 STEP7-Micro/WIN SMART 软件界面

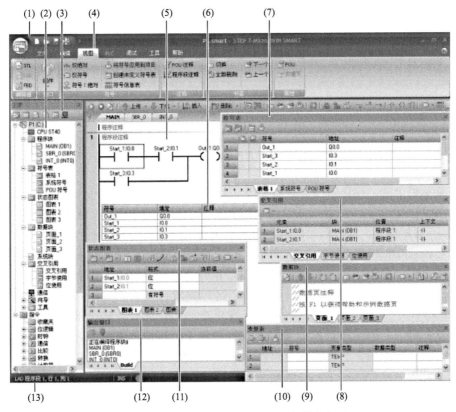

图 3-9　STEP7-Micro/WIN SMART 软件的主界面

项目树、导航栏、菜单栏、程序编辑器、符号信息表、符号表、状态栏、输出窗口、状态图、变量表、数据块、交叉引用。STEP7-Micro/WIN SMART 的界面颜色为彩色，视觉效果更好。以下按照顺序依次介绍。

(1)　快速访问工具栏

快速访问工具栏显示在菜单选项卡正上方。通过快速访问文件按钮，可简单快速地访问

"文件"菜单的大部分功能以及最近文档。快速访问工具栏上的其他按钮对应于文件功能"新建"、"打开"、"保存"和"打印"。单击"快速访问文件"按钮，弹出如图 3-10 所示的界面。

（2）项目树

编辑项目时，项目树非常必要。项目树可以显示也可以隐藏，如果项目树未显示，要查看项目树，可按以下步骤操作。

图 3-10　快速访问文件界面

图 3-11　打开项目树　　　图 3-12　项目树

单击菜单栏上的"视图"→"组件"→"项目树"，如图 3-11 所示，即可打开项目树。展开后的项目树如图 3-12 所示，项目树中主要有两个项目，一是读者创建的项目（本例为：启停控制），二是指令，这些都是编辑程序最常用的。项目树中有"＋"，其含义表明这个选项内包含有内容，可以展开。

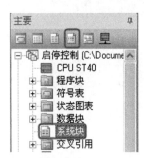

图 3-13　导航栏使用对比

在项目树的左上角有一个小钉"　"，当这个小钉是横放时，项目树会自动隐藏，这样编辑区域会扩大。如果读者希望项目树一直显示，那么只要单击小钉，此时，这个横放的小钉，变成竖放"　"，项目树就被固定了。以后读者使用西门子其他的软件也会碰到这个小钉，作用完全相同。

（3）导航栏

导航栏显示在项目树上方，可快速访问项目树上的对象。单击一个导航栏按钮相当于展开项目树并单击同一选择内容。如图 3-13 所示，如果要打开系统块，单击导航按钮上的"系统块"按钮，与单击"项目树"上的"系统块"选项的效果是相同的。其他的用法类似。

（4）菜单栏

菜单栏包括文件、编辑、PLC、调试、工具、视图和帮助 7 个菜单项。用户可以定制"工具"菜单，在该菜单中增加自己的工具。

(5) 程序编辑器

程序编辑器是编写和编辑程序的区域,打开程序编辑器有两种方法。

① 单击菜单栏中的"文件"→"新建"(或者"打开"或"导入"按钮)打开 STEP 7-Micro/WIN SMART 项目。

② 在项目树中打开"程序块"文件夹,方法是单击分支展开图标或双击"程序块"文件夹。然后双击主程序(OB1)、子例程或中断例程,以打开所需的 POU;也可以选择相应的 POU 并按〈Enter〉键。编辑器的图形界面如图 3-14 所示。

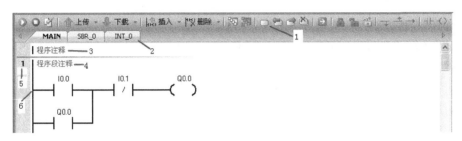

图 3-14　编辑器的图形界面

程序编辑器窗口包括以下组件,下面分别进行说明。

① 工具栏:常用操作按钮,以及可放置到程序段中的通用程序元素,各个按钮的作用说明见表 3-1。

表 3-1　编辑器常用按钮的作用

序号	按钮图形	含义
1		将 CPU 工作模式更改为 RUN、STOP 或者编译程序模式
2	上传　下载	上传和下载传送
3	插入　删除	针对当前所选对象的插入和删除功能
4		调试操作以启动程序监视和暂停程序监视
5		书签和导航功能:放置书签、转到下一书签、转到上一书签、移除所有书签和转到特定程序段、行或线
6		强制功能:强制、取消强制和全部取消强制
7		可拖动到程序段的通用程序元素
8		地址和注释显示功能:显示符号、显示绝对地址、显示符号和绝对地址、切换符号信息表显示、显示 POU 注释以及显示程序段注释
9		设置 POU 保护和常规属性

② POU 选择器:能够实现在主程序块、子例程或中断编程之间进行切换。例如只要用鼠标单击 POU 选择器中"MAIN",那么就切换到主程序块,单击 POU 选择器中"INT_0",那么就切换到中断程序块。

③ POU 注释:显示在 POU 中第一个程序段上方,提供详细的多行 POU 注释功能。每条 POU 注释最多可以有 4096 个字符。这些字符可以用英语或者汉语,主要对整个 POU 的

功能等进行说明。

④ 程序段注释：显示在程序段旁边，为每个程序段提供详细的多行注释附加功能。每条程序段注释最多可有 4096 个字符。这些字符可以用英语或者汉语等。

⑤ 程序段编号：每个程序段的数字标识符。编号会自动进行，取值范围为 1～65536。

⑥ 装订线：位于程序编辑器窗口左侧的灰色区域，在该区域内单击可选择单个程序段，也可通过单击并拖动来选择多个程序段。STEP 7-Micro/WIN SMART 还在此显示各种符号，例如书签和 POU 密码保护锁。

（6）符号信息表

要在程序编辑器窗口中查看或隐藏符号信息表，可使用以下方法之一。

① 在"视图"菜单功能区的"符号"区域单击"符号信息表"按钮 符号信息表 。

② 按〈Ctrl＋T〉快捷键组合。

③ 在"视图"菜单的"符号"区域单击"将符号应用于项目"按钮 将符号应用到项目 。

"应用所有符号"命令使用所有新、旧和修改的符号名更新项目。如果当前未显示"符号信息表"，单击此按钮便会显示。

（7）符号表

符号是可为存储器地址或常量指定的符号名称。符号表是符号和地址对应关系的列表。打开符号表有三种方法，具体如下。

① 在导航栏上，单击"符号表" 按钮。

② 在菜单栏上，单击"视图"→"组件"→"符号表"。

③ 在项目树中，打开"符号表"文件夹，选择一个表名称，然后按下〈Enter〉键或者双击表名称。

【例 3-1】 图 3-15 所示是一段简单的程序，要求显示其符号信息表和符号表，写出操作过程。

【解】 首先，在项目树中展开"符号表"，双击"表格 1"弹出符号表，如图 3-16 所示，在符号表中，按照图 3-17 填写。符号"START"实际就代表地址"I0.0"，符号"STOP-PING"实际就代表地址"I0.1"，符号"MOTOR"实际就代表地址"Q0.0"。

图 3-15 程序　　　　　　　　　　　　　　图 3-16 打开符号表

		符号	地址	注释
1		START	I0.0	
2		STOPPING	I0.1	
3		MOTOR	Q0.0	
4				

图 3-17 符号表

接着，在视图功能区，单击"视图"→"符号"→"符号信息表""将符号应用到项目"按钮 ⟨将符号应用到项目⟩。此时，符号和地址的对应关系显示在梯形图中，如图 3-18 所示。

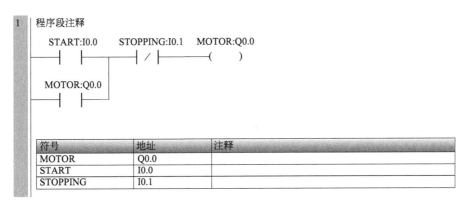

图 3-18　信息符号表

如果读者仅显示符号（如 START），那么只要单击"视图"→"符号"→"仅符号"即可。

如果读者仅显示绝对地址（如 I0.0），那么只要单击"视图"→"符号"→"仅绝对"即可。

如果读者要显示绝对地址和符号（如图 3-17 所示），那么只要单击"视图"→"符号"→"符号：绝对"即可。

（8）交叉引用

使用"交叉引用"窗口查看程序中参数当前的赋值情况。这可防止无意间重复赋值。可通过以下方法之一访问交叉引用表。

① 在项目树中打开"交叉引用"文件夹，然后双击"交叉引用""字节使用"或"位使用"。

② 单击导航栏中的"交叉引用" ▣图标。

③ 在视图功能区，单击"视图"→"组件"→"交叉引用"，即可打开"交叉引用"。

（9）数据块

数据块包含可向 V 存储器地址分配数据值的数据页。如果读者使用指令向导等功能，系统会自动使用数据块。可以使用下列方法之一来访问数据块。

① 在导航栏上单击"数据块" ▣按钮。

② 在视图功能区，单击"视图"→"组件"→"数据块"，即可打开数据块。

如图 3-19 所示，将 10 赋值给 VB0，其作用相当于图 3-20 所示的程序。

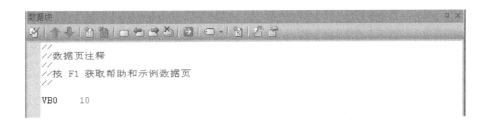

图 3-19　数据块

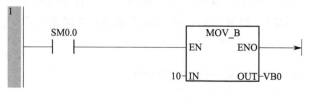

图 3-20　程序

（10）变量表

初学者一般不会用到变量表，以下用一个例子来说明变量表的使用。

【例 3-2】 用子程序表达算式 Ly＝(La－Lb)×Lx。

【解】

① 首先打开变量表，单击菜单栏的"视图"→"组件"→"变量表"，即可打开变量表。

② 在变量表中，输入图 3-21 所示的参数。

	地址	符号	变量类型	数据类型	注释
2	LW0	La	IN	INT	
3	LW2	Lb	IN	INT	
4	LW4	Lx	IN	INT	
5			IN		
6			IN_OUT		
7	LD6	Ly	OUT	DINT	
8			OUT		
9			TEMP		

图 3-21　变量表

③ 再在子程序中输入图 3-22 所示的程序。

④ 在主程序中调用子程序，并将运算结果存入 MD0 中，如图 3-23 所示。

（11）状态图

"状态"这一术语是指显示程序在 PLC 中执行时的有关 PLC 数据的当前值和能流状态的信息。可使用状态图表和程序编辑器窗口读取、写入和强制 PLC 数据值。在控制程序的执行过程中，可用三种不同方式查看 PLC 数据的动态改变，即状态图表、趋势显示和程序状态。

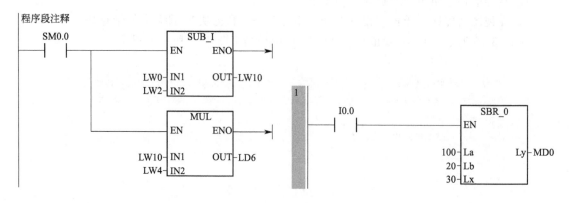

图 3-22　子程序　　　　　　　　　　　　　图 3-23　主程序

（12）输出窗口

"输出窗口"列出了最近编译的 POU 和在编译期间发生的所有错误。如果已打开"程序编辑器"窗口和"输出窗口"，可在"输出窗口"中双击错误信息使程序自动滚动到错误所在的程序段。纠正程序后，重新编译程序以更新"输出窗口"和删除已纠正程序段的错误参考。

如图 3-24 所示，将地址"I0.0"错误写成"I0.o"，编译后，在输出窗口显示了错误信息以及错误的发生位置。"输出窗口"对于程序调试是比较有用的。

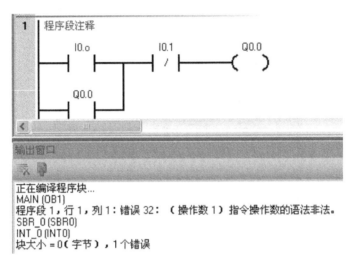

图 3-24　输出窗口

打开"输出窗口"的方法如下。

在视图功能区，单击"视图"→"组件"→"输出窗口"。

（13）状态栏

状态栏位于主窗口底部，状态栏可以提供 STEP 7-Micro/WIN SMART 中执行的操作的相关信息。在编辑模式下工作时，显示编辑器信息。状态栏根据具体情形显示下列信息：

简要状态说明、当前程序段编号、当前编辑器的光标位置、当前编辑模式和插入或覆盖。

3.2.3　创建新工程

新建工程有三种方法：一是单击菜单栏中的"文件"→"新建"，即可新建工程，如图 3-25 所示；二是单击工具栏上的 图标即可；三是单击快捷工具栏，再单击"新建"选项，如图 3-26 所示。

3.2.4　保存工程

保存工程有三种方法：一是单击菜单栏中的"文件"→"保存"，即可保存工程，如图 3-27 所示；二是单击工具栏中的 图标即可；三是单击快捷工具栏，再单击"保存"选项，如图 3-28 所示。

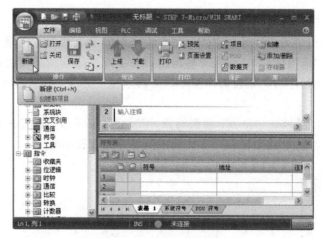

图 3-25　新建工程（1）

图 3-26　新建工程（2）

图 3-27　保存工程（1）

西门子 PLC、触摸屏及变频器综合应用从入门到精通

图 3-28　保存工程（2）

3.2.5　打开工程

打开工程的方法比较多，第一种方法是单击菜单栏中的"文件"→"打开"，如图 3-29 所示，找到要打开的文件的位置，选中要打开的文件，单击"打开"按钮即可打开工程，如图 3-30 所示；第二种方法是单击工具栏中的 图标即可打开工程；第三种方法是直接在工程的存放目录下双击该工程，也可以打开此工程；第四种方法是单击快捷工具栏，再单击"打开"选项，如图 3-31 所示；第五种方法是单击快捷工具栏，再双击"最近文档"中的文档（如本例为：启停控制），如图 3-32 所示。

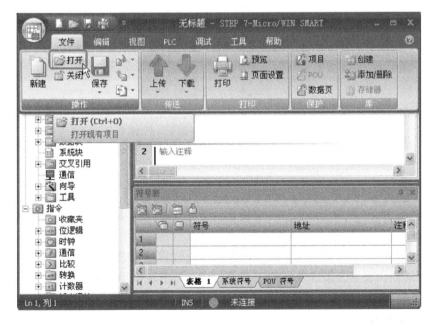

图 3-29　打开工程（1）

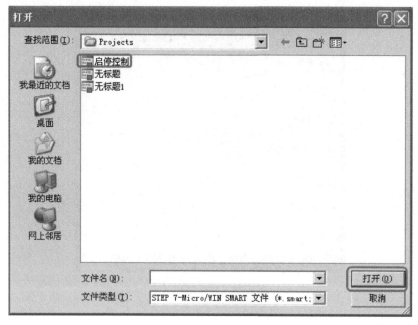

图 3-30　打开工程（2）

图 3-31　打开工程（3）

图 3-32　打开工程（4）

3.2.6　系统块

对于 S7-200 SMART CPU 而言，系统块的设置是必不可少的，类似于 S7-300/400 的硬件组态，因此，以下将详细介绍系统块。

S7-200 SMART CPU 提供了多种参数和选项设置以适应具体应用，这些参数和选项在"系统块"对话框内设置。系统块必须下载到 CPU 中才起作用。有的初学者修改程序后不会忘记重新下载程序，而在软件中更改参数后却忘记了重新下载，这样系统块则不起作用。

（1）打开系统块

打开系统块有三种方法，具体如下。

① 单击菜单栏中的"视图"→"组件"→"系统块"，打开"系统块"。

② 单击快速工具栏中的"系统块"按钮，打开"系统块"。

③ 展开项目树，双击"系统块"，如图 3-33 所示，打开"系统块"，如图 3-34 所示。

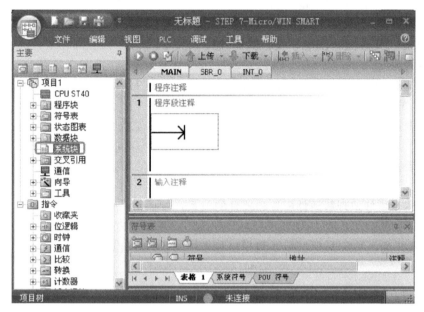

图 3-33　打开"系统块"

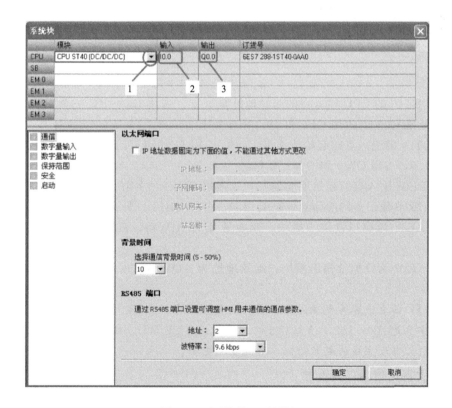

图 3-34　"系统块"对话框

（2）硬件配置

"系统块"对话框的顶部显示已经组态的模块，并允许添加或删除模块。使用下拉列表更改、添加或删除 CPU 型号、信号板和扩展模块。添加模块时，输入列和输出列显示已分配的输入地址和输出地址。

如图 3-34 所示，顶部的表格中的第一行为要配置的 CPU 的具体型号，单击"1"处的"下三角"按钮，可以显示所有 CPU 的型号，读者选择适合的型号［本例为 CPU ST40（DC/DC/DC）］，"2"处为此 CPU 输入点的起始地址（I0.0），"3"处为此 CPU 输出点的起始地址（Q0.0），这些地址是软件系统自动生成，不能修改（S7-300/400 的地址是可以修改的）。

顶部的表格中的第二行为要配置的扩展板模块，可以是数字量模块、模拟量模块和通信模块。

顶部的表格中的第三行至第六行为要配置的扩展模块，可以是数字量模块、模拟量模块和通信模块。注意扩展模块和扩展板模块不能混淆。

为了使读者更好地理解硬件配置和地址的关系，以下用一个例子说明。

【例 3-3】 某系统配置了 CPU ST40、SB DT04、EM DE08、EM DR08、EM AE04 和 EM AQ02 各一块，如图 3-35 所示，请指出各模块的起始地址和占用的地址。

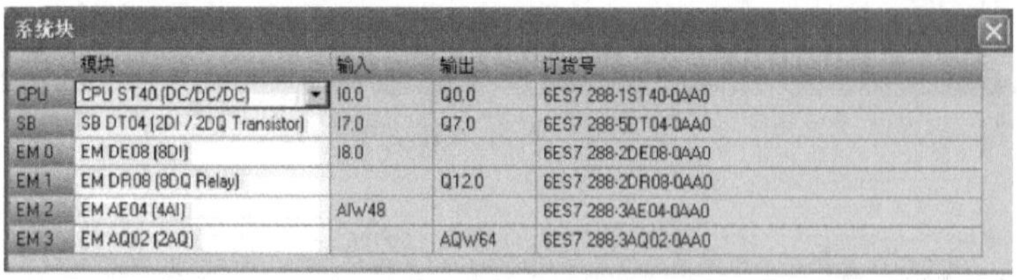

系统块	模块	输入	输出	订货号
CPU	CPU ST40 (DC/DC/DC) ▼	I0.0	Q0.0	6ES7 288-1ST40-0AA0
SB	SB DT04 (2DI / 2DQ Transistor)	I7.0	Q7.0	6ES7 288-5DT04-0AA0
EM 0	EM DE08 (8DI)	I8.0		6ES7 288-2DE08-0AA0
EM 1	EM DR08 (8DQ Relay)		Q12.0	6ES7 288-2DR08-0AA0
EM 2	EM AE04 (4AI)	AIW48		6ES7 288-3AE04-0AA0
EM 3	EM AQ02 (2AQ)		AQW64	6ES7 288-3AQ02-0AA0

图 3-35　系统块配置实例

【解】

① CPU ST40 的 CPU 输入点的起始地址是 I0.0，占用 IB0～IB2 三个字节，CPU 输出点的起始地址是 Q0.0，占用 QB0 和 QB1 两个字节。

② SB DT04 的输入点的起始地址是 I7.0，占用 I7.0 和 I7.1 两个点，模块输出点的起始地址是 Q7.0，占用 Q7.0 和 Q7.1 两个点。

③ EM DE08 输入点的起始地址是 I8.0，占用 IB8 一个字节。

④ EM DR08 输出点的起始地址是 Q12.0，占用 QB12，即一个字节。

⑤ EM AE04 为模拟量输入模块，起始地址为 AIW48，占用 AIW48～AIW52，共四个字。

⑥ EM AQ02 为模拟量输出模块，起始地址为 AQW64，占用 AQW64 和 AQW66，共两个字。

【关键点】 读者很容易发现，有很多地址是空缺的，如 IB3～IB6 就空缺不用。CPU 输入点使用的字节是 IB0～IB2，读者不可以想当然认为 SB DT04 的起始地址从 I3.0 开始，一定要看系统块上自动生成的起始地址，这点至关重要。

（3）以太网通信端口的设置

以太网通信端口是 S7-200 SMART PLC 的特色配置，这个端口既可以用于下载程序，也可以用于与 HMI 通信，以后也可能设计成与其他 PLC 进行以太网通信。以太网通信端口的设置如下。

首先，选中 CPU 模块，勾选"通信"选项，再勾选"IP 地址数据固定为下面的值，不能通过其他方式更改"选项，如图 3-36 所示。如果要下载程序，IP 地址应该就是 CPU 的 IP 地址，如果 STEP 7-Micro/WIN SMART 和 CPU 已经建立了通信，那么可以把读者想要设置的 IP 地址输入 IP 地址右侧的空白处。子网掩码一般设置为"255.255.255.0"，最后单击"确定"按钮即可。如果是要修改 CPU 的 IP 地址，则必须把"系统块"下载到 CPU 中，运行后才能生效。

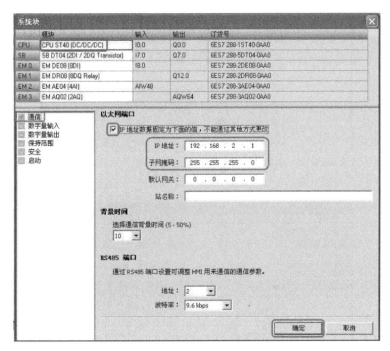

图 3-36　通信设置（以太网 PN 口）

(4) 串行通信端口的设置

CPU 模块集成有 RS485 通信端口，此外扩展板也可以扩展 RS485 和 RS232 模块（同一个模块，二者可选），首先讲解集成串口的设置方法。

① 集成串口的设置方法　首先，选中 CPU 模块，再勾选"通信"选项，再设定 CPU 的地址，"地址"右侧有个下拉倒三角，读者可以选择想要设定的地址，默认为 2（本例设为 3）。波特率的设置是通过"波特率"右侧的下拉倒三角按钮选择的，默认为 9.6kbps，这个数值在串行通信中最为常用，如图 3-37 所示。最后单击"确定"按钮即可。如果是要修改 CPU 的串口地址，则必须把"系统块"下载到 CPU 中，运行后才能生效。

② 扩展板串口的设置方法　首先，选中扩展板模块，再选择是 RS232 或者 RS485 通信模式（本例选择 RS232），"地址"右侧有个下拉倒三角，读者可以选择想要设定的地址，默认为 2（本例设为 3）。波特率的设置是通过"波特率"右侧的下拉倒三角选择的，默认为 9.6kbps，这个数值在串行通信中最为常用，如图 3-38 所示。最后单击"确定"按钮即可。如果是要修改 CPU 的串口地址，则必须把"系统块"下载到 CPU 中，运行后才能生效。

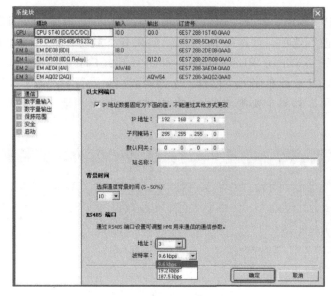

图 3-37　通信设置（集成串口）

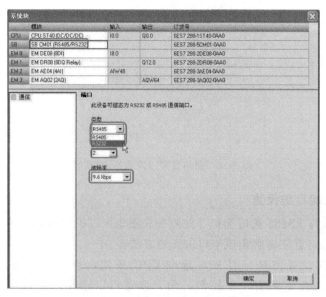

图 3-38　通信设置（扩展板串口）

（5）集成输入的设置

① 修改滤波时间　S7-200 SMART CPU 允许为某些或所有数字量输入点选择一个定义时延（可在 $0.2 \sim 12.8 ms$ 和 $0.2 \sim 12.8 \mu s$ 之间选择）的输入滤波器。该延迟可以减少例如按钮闭合或者分开瞬间的噪声干扰。设置方法是先选中 CPU，再勾选"数字量输入"选项，然后修改延时长短，最后单击"确定"按钮，如图 3-39 所示。

② 脉冲捕捉位　S7-200 SMART CPU 为数字量输入点提供脉冲捕捉功能。通过脉冲捕捉功能可以捕捉高电平脉冲或低电平脉冲。使用了"脉冲捕捉位"可以捕捉比扫描周期还短的脉冲。设置"脉冲捕捉位"的使用方法如下。

先选中CPU，再勾选"数字量输入"选项，然后勾选对应的输入点（本例为I0.0），最后单击"确定"按钮，如图3-39所示。

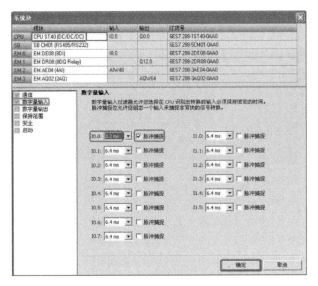

图3-39　设置滤波时间

（6）集成输出的设置

当CPU处于STOP模式时，可将数字量输出点设置为特定值，或者保持在切换到STOP模式之前存在的输出状态。

① 将输出冻结在最后状态　设置方法：先选中CPU，勾选"数字量输出"选项，再勾选"将输出冻结在最后一个状态"复选框，最后单击"确定"按钮。就可在CPU进行RUN到STOP转换时将所有数字量输出冻结在其最后的状态，如图3-40所示。例如CPU最后的状态Q0.0是高电平，那么CPU从RUN到STOP转换时，Q0.0仍然是高电平。

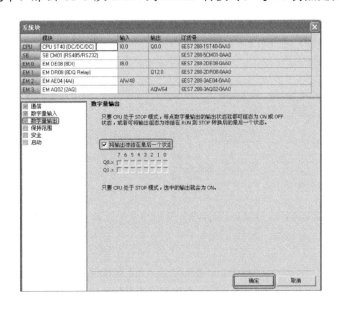

图3-40　将输出冻结在最后状态

② 替换值　设置方法：先选中 CPU，勾选"数字量输出"选项，再勾选"要替换的点"复选框（本例的替换值为 Q0.0 和 Q0.1），最后单击"确定"按钮，如图 3-41 所示，当 CPU 从 RUN 到 STOP 转换时，Q0.0 和 Q0.1 将是高电平，不管 Q0.0 和 Q0.1 之前是什么状态。

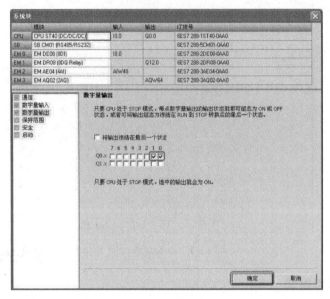

图 3-41　替换值

(7) 设置断电数据保持

在"系统块"对话框中，单击"系统块"节点下的"保持范围"，可打开"保持范围"对话框，如图 3-42 所示。

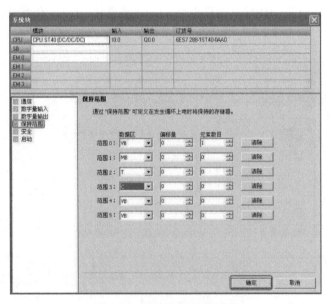

图 3-42　设置断电数据保持

断电时，CPU 将指定的保持性存储器范围保存到永久存储器。

上电时，CPU 先将 V、M、C 和 T 存储器清零，将所有初始值都从数据块复制到 V 存储器，然后将保存的保持值从永久存储器复制到 RAM。

(8) 安全

通过设置密码可以限制对 S7-200 SMART CPU 的内容的访问。在"系统块"对话框中，单击"系统块"节点下的"安全"，可打开"安全"选项卡，设置密码保护功能，如图 3-43 所示。密码的保护等级分为 4 个等级，除了"完全权限（1 级）"外，其他的均需要在"密码"和"验证"文本框中输入起保护作用的密码。

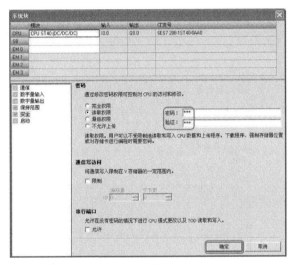

图 3-43　设置密码

如果忘记密码，则只有一种选择，即使用"复位为出厂默认存储卡"。具体操作步骤如下。

① 确保 PLC 处于 STOP 模式。

② 在 PLC 菜单功能区的"修改"区域单击"清除"按钮。

③ 选择要清除的内容，如程序块、数据块、系统块或所有块，或选择"复位为出厂默认设置"。

④ 单击"清除"按钮，如图 3-44 所示。

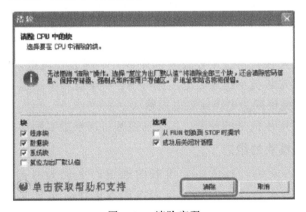

图 3-44　清除密码

【关键点】 PLC 的软件加密比较容易被破解，不能绝对保证程序的安全，目前网络上有一些破解软件可以轻易破解 PLC 的用户程序的密码，编者强烈建议读者在保护自身权益的同时，必须尊重他人的知识产权。

（9）启动项的组态

在"系统块"对话框中，单击"系统块"节点下的"启动"，可打开"启动"选项卡，CPU 启动的模式有三种，即 STOP、RUN 和 LAST，如图 3-45 所示，可以根据需要选取。

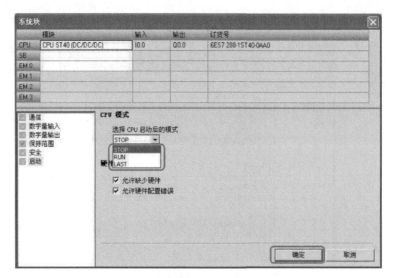

图 3-45　CPU 的启动模式选择

三种模式的含义如下。

① STOP 模式　CPU 在上电或重启后始终应该进入 STOP 模式，这是默认选项。

② RUN 模式　CPU 在上电或重启后始终应该进入 RUN 模式。对于多数应用，特别是对 CPU 独立运行而不连接 STEP 7-Micro/WIN SMART 的应用，RUN 启动模式选项是常用选择。

③ LAST 模式　CPU 应进入上一次上电或重启前存在的工作模式。

（10）模拟量输入模块的组态

熟悉 S7-200 的读者都知道，S7-200 的模拟量模块的类型和范围的选择都是靠拨码开关来实现的，而 S7-200 SMART 的模拟量模块的类型和范围是通过硬件组态实现的，以下是硬件组态的说明。

先选中模拟量输入模块，再选中要设置的通道，本例为 0 通道，如图 3-46 所示。对于每条模拟量输入通道，都将类型组态为电压或电流。0 通道和 1 通道的类型相同，2 通道和 3 通道类型相同，也就是说同为电流或者电压输入。

范围就是电流或者电压信号的范围，每个通道都可以根据实际情况选择。

（11）模拟量输出模块的组态

先选中模拟量输出模块，再选中要设置的通道，本例为 0 通道，如图 3-47 所示。对于每条模拟量输出通道，都将类型组态为电压或电流，也就是说同为电流或者电压输出。

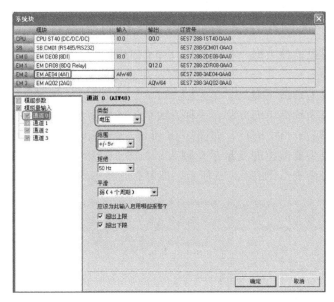

图 3-46　模拟量输入模块的组态

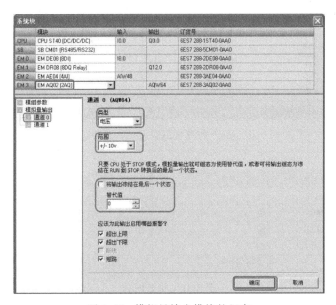

图 3-47　模拟量输出模块的组态

范围就是电流或者电压信号的范围，每个通道都可以根据实际情况选择。

STOP 模式下的输出行为，当 CPU 处于 STOP 模式时，可将模拟量输出点设置为特定值，或者保持在切换到 STOP 模式之前存在的输出状态。

3.2.7　程序调试

程序调试是工程中的一个重要步骤，因为初步编写完成的程序不一定正确，有时虽然逻辑正确，但需要修改参数，因此程序调试十分重要。STEP7-Micro/WIN SMART 提供了丰富的程序调试工具供用户使用，下面分别进行介绍。

（1）状态图表

使用状态图表可以监控数据，各种参数（如 CPU 的 I/O 开关状态、模拟量的当前数值等）都在状态图表中显示。此外，配合"强制"功能还能将相关数据写入 CPU，改变参数的状态，如可以改变 I/O 开关状态。

打开状态图表有两种简单的方法：一种方法是先选中要调试的"项目"（本例项目名称为"调试用"），再双击"图表 1"，如图 3-48 所示，弹出状态图表，此时的状态图表是空的，并无变量，需要将要监控的变量手动输入，如图 3-49 所示；另一种方法是单击菜单栏中的"调试"→"状态图表"，如图 3-50 所示，即可打开状态图表。

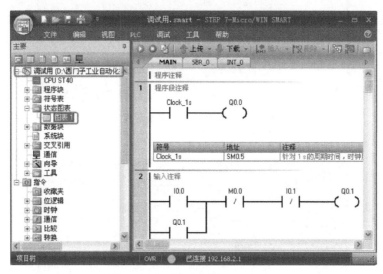

图 3-48　打开状态图表——方法 1

	地址 ▲	格式	当前值	新值
1	I0.0	位		
2	M0.0	位		
3	Q0.0	位		
4	Q0.1	位		
5		有符号		

图 3-49　状态图表

图 3-50　打开状态图表——方法 2

（2）强制

S7-200 SMART PLC 提供了强制功能，以方便调试工作。在现场不具备某些外部条件的情况下模拟工艺状态。用户可以对数字量（DI/DO）和模拟量（AI/AO）进行强制。强制时，运行状态指示灯变成黄色，取消强制后指示灯变成绿色。

如果在没有实际的 I/O 连线时，可以利用强制功能调试程序。先打开"状态图表"窗口并使其处于监控状态，在"新值"数值框中写入要强制的数据（本例输入 I0.0 的新值为"2♯1"），然后单击工具栏中的"强制"按钮🔒，此时，被强制的变量数值上有一个🔒标志，如图 3-51 所示。

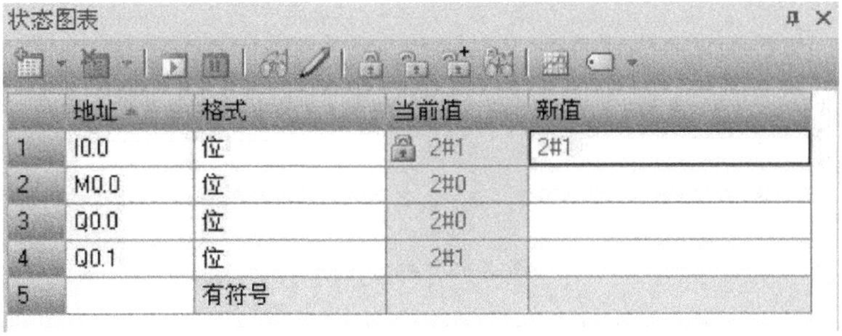

图 3-51　使用强制功能

单击工具栏中的"取消全部强制"按钮🔓，可以取消全部的强制。

(3) 写入数据

S7-200 SMART PLC 提供了数据写入功能，以方便调试工作。例如，在"状态图表"窗口中输入 M0.0 的新值"1"，如图 3-52 所示，单击工具栏上的"写入"按钮✏️，或者单击菜单栏中的"调试"→"写入"命令即可更新数据。

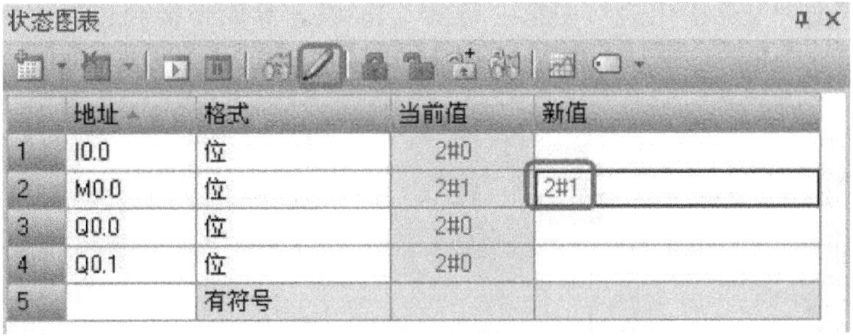

图 3-52　写入数据

【关键点】　利用"写入"功能可以同时输入几个数据。"写入"的作用类似于"强制"的作用，但两者是有区别的：强制功能的优先级别要高于"写入"，"写入"的数据可能改变参数状态，但当与逻辑运算的结果抵触时，写入的数值也可能不起作用。例如 Q0.0 的逻辑运算结果是"0"，可以用强制使其数值为"1"，但"写入"就不能达到此目的。

此外，"强制"可以改变输入寄存器的数值，例如 I0.0，但"写入"就没有这个功能。

(4) 趋势视图

前面提到的状态图表可以监控数据，趋势视图同样可以监控数据，只不过使用状态图表监控数据时的结果是以表格的形式表示的，而使用趋势视图时则以曲线的形式表达。利用后者能够更加直观地观察数字量信号变化的逻辑时序或者模拟量的变化趋势。

单击调试工具栏上的"切换图表和趋势视图"按钮，可以在状态图表和趋势视图形式之间切换，趋势视图如图 3-53 所示。

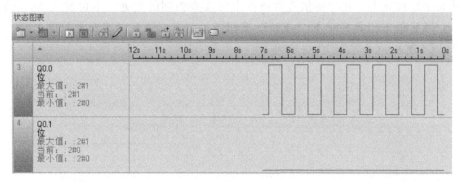

图 3-53　趋势视图

趋势视图对变量的反应速度取决于 STEP7-Micro/WIN SMART 与 CPU 通信的速度以及图中的时间基准。在趋势视图中单击，可以选择图形更新的速率。当停止监控时，可以冻结图形以便仔细分析。

3.2.8　交叉引用

交叉引用表能显示程序中元件使用的详细信息。交叉引用表对查找程序中数据地址十分有用。在项目树的"项目"视图下双击"交叉引用"图标，可弹出如图 3-54 所示的界面。当双击交叉引用表中某个元素时，界面立即切换到程序编辑器中显示交叉引用对应元件的程序段。例如，双击"交叉引用表"中第一行的"I0.0"，界面切换到程序编辑器中，而且光标（方框）停留在"I0.0"上，如图 3-55 所示。

图 3-54　交叉引用表

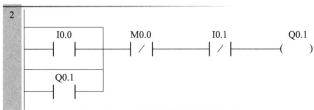

图 3-55　交叉引用表对应的程序

3.2.9　工具

STEP7-Micro/WIN SMART 中有高速计数器向导、运动向导、PID 向导、PWM 向导、文本显示、运动控制面板和 PID 控制面板等工具。这些工具很实用，能使比较复杂的编程变得简单，例如，使用"高速计数器向导"，就能将较复杂的高速计数器指令通过向导指引生成子程序，如图 3-56 所示。

图 3-56　工具

3.2.10　帮助菜单

STEP7-Micro/WIN SMART 软件虽然界面友好，易于使用，但在使用过程中遇到问题也是难免的。STEP7-Micro/WIN SMART 软件提供了详尽的帮助。菜单栏中的"帮助"→"帮助信息"命令，可以打开如图 3-57 所示的"帮助"对话框。其中有三个选项卡，分别是

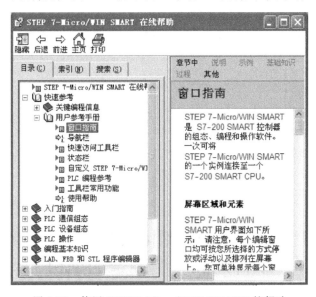

图 3-57　使用 STEP7-Micro/WIN SMART 的帮助

"目录""索引"和"搜索"。"目录"选项卡中显示的是 STEP7-Micro/WIN SMART 软件的帮助主题，单击帮助主题可以查看详细内容。而在"索引"选项卡中，可以根据关键字查询帮助主题。此外，单击计算机键盘上的〈F1〉功能键，也可以打开在线帮助。

3.2.11 使用快捷键

在程序的输入和编辑过程中，使用快捷键能极大地提高项目编辑效率，使用快捷键是良好的工程习惯。常用的快捷键与功能的对照见表 3-2。

表 3-2 常用的快捷键与功能的对照

序号	功　能	快捷键	序号	功　能	快捷键
1	插入触点 ┤├	F4	9	插入向下垂直线 ↓	Ctrl＋向下键
2	插入线圈 ─( )─	F6	10	插入向上垂直线 ↑	Ctrl＋向上键
3	插入空框	F9	11	插入水平线线 →	Ctrl＋向右键
4	绝对和符号寻址切换	Ctrl＋Y	12	将光标移至同行的第一列	Home
5	上传程序 上传	Ctrl＋U	13	将光标移至同行的最后一列	End
6	下载程序 下载	Ctrl＋D	14	垂直向上移动一个屏幕	PgUp
7	插入程序段 插入	F3	15	垂直向下移动一个屏幕	PgDn
8	删除程序段 删除	Shift＋F3	16	将光标移至第一个程序段的第一个单元格	Ctrl＋Home

以下用一个简单的例子介绍快捷键的使用。

在 STEP7-Micro/WIN SMART 的主程序中，选中"程序段 1"，依次按快捷键"F4"和"F6"，则依次插入常开触点和线圈，如图 3-58 所示。

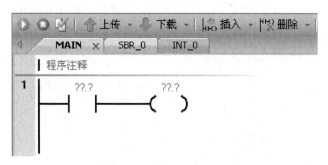

图 3-58　用快捷键输入程序

3.3　用 STEP7-Micro/WIN SMART 软件建立一个完整的项目

下面以图 3-59 所示的启/停控制梯形图为例，完整地介绍一个程序从输入到下载、运行和监控的全过程。

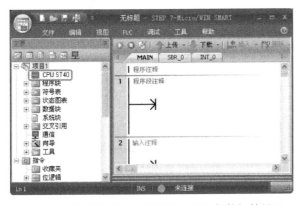

图 3-59　启/停控制梯形图

（1）启动 STEP7-Micro/WIN SMART 软件

启动 STEP7-Micro/WIN SMART 软件，弹出如图 3-60 所示的界面。

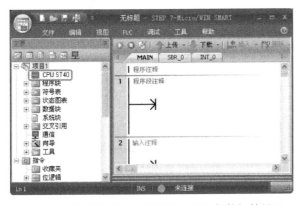

图 3-60　STEP7-Micro/WIN SMART 软件初始界面

（2）硬件配置

展开指令树中的"项目 1"节点，选中并双击"CPU ST40"（也可能是其他型号的 CPU），这时弹出"系统块"界面，单击"下三角"按钮，在下拉列表框中选定"CPU ST40（DC/DC/DC）"（这是本例的机型），然后单击"确认"按钮，如图 3-61 所示。

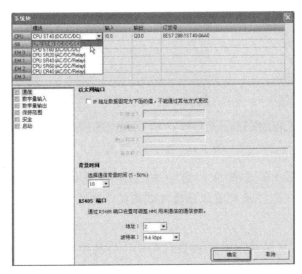

图 3-61　PLC 类型选择界面

（3）输入程序

展开指令树中的"指令"节点，依次双击常开触点按钮"—| |—"（或者拖入程序编辑窗口）、常闭触点按钮"—|/|—"、输出线圈按钮"（ ）"，换行后再双击常开触点按钮"—| |—"，出现程序输入界面，如图3-62所示。接着单击红色的问号，输入寄存器及其地址（本例为I0.0、Q0.0等），输入完毕后如图3-63所示。

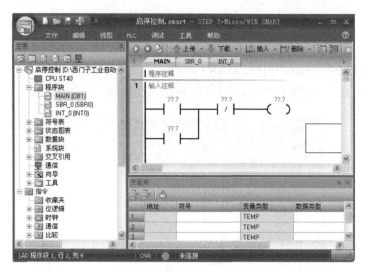

图3-62　程序输入界面（1）

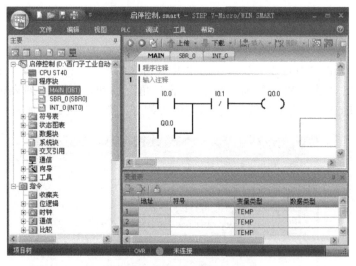

图3-63　程序输入界面（2）

【关键点】　有的初学者在输入时会犯这样的错误，将"Q0.0"错误地输入成"QO.O"，此时"QO.O"下面将有红色的波浪线提示错误。

（4）编译程序

单击标准工具栏的"编译"按钮 进行编译，若程序有错误，则输出窗口会显示错误信息。

编译后如果有错误，可在下方的输出窗口查看错误，双击该错误即跳转到程序中该错误的所在处，根据系统手册中的指令要求进行修改，如图 3-64 所示。

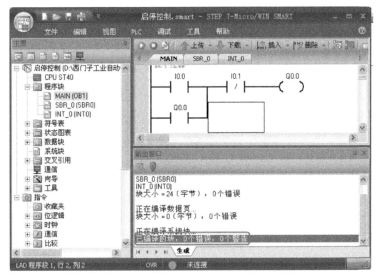

图 3-64　编译程序

（5）联机通信

选中项目树中的项目（本例为"启停控制"）下的"通信"，如图 3-65 所示，并双击该项目，弹出"通信"对话框。单击"下三角"按钮，选择个人计算机的网卡，这个网卡与计算机的硬件有关［本例的网卡为"Broadcom NetLink（TM）"］，如图 3-66 所示。再用鼠标双击"更新可访问的设备"选项，如图 3-67 所示，弹出如图 3-68 所示的界面，表明 PLC 的地址是"192.168.2.1"。这个 IP 地址很重要，是设置个人计算机时必须要参考的。

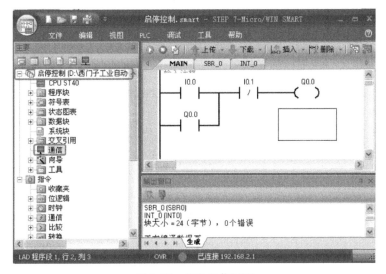

图 3-65　打开通信界面

【关键点】　不设置个人计算机，也可以搜索到"可访问的设备"，即 PLC，但如果个人计算机的 IP 地址设置不正确，就不能下载程序。

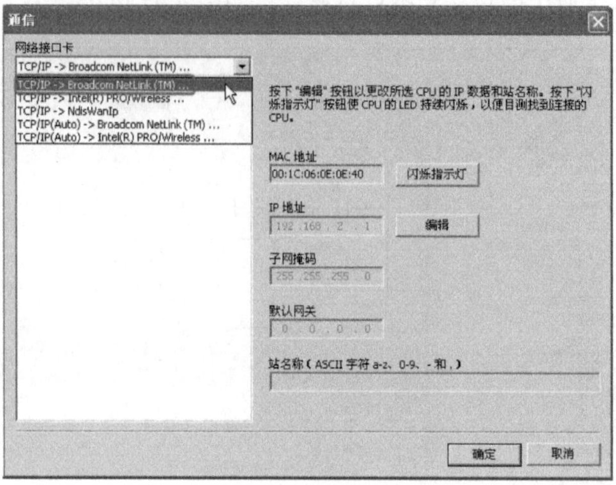

图 3-66　通信界面（1）

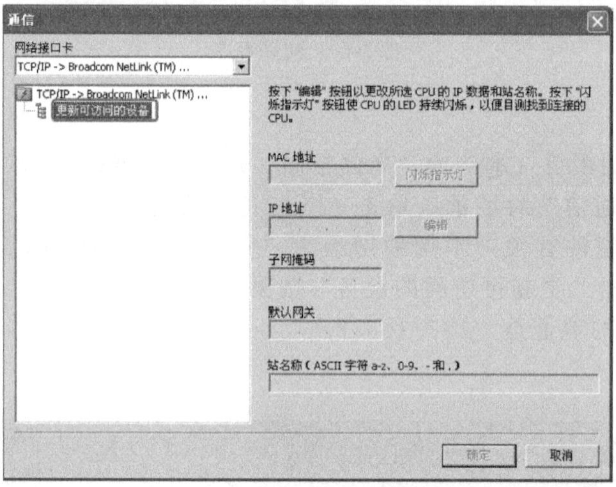

图 3-67　通信界面（2）

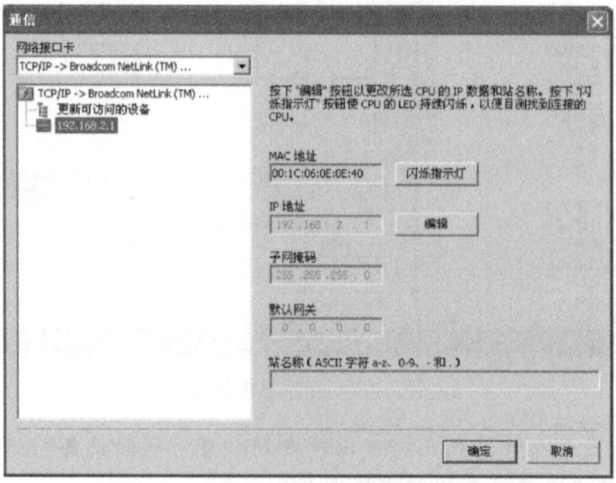

图 3-68　通信界面（3）

（6）设置计算机 IP 地址

目前向 S7-200 SMART 下载程序，只能使用 PLC 集成的 PN 口，因此首先要对计算机的 IP 地址进行设置，这是建立计算机与 PLC 通信首先要完成的步骤，具体如下。

首先打开个人计算机的"控制面板"→"网络和共享中心"（本例的操作系统为 Windows 7 64 位，其他操作系统的步骤可能有所差别），单击"更改适配器设置"按钮，如图 3-69 所示。在弹出的界面中，选中"本地连接"，单击鼠标右键，弹出快捷菜单，单击"属性"选项，如图 3-70 所示，弹出如图 3-71 所示的界面，选中"Internet 协议版本 4（TCP/IPv4）"选项，单击"属性"按钮，弹出图 3-72 所示的界面，选择"使用下面的 IP 地址"选项，按照如图 3-72 所示设置 IP 地址和子网掩码，单击"确定"按钮即可。

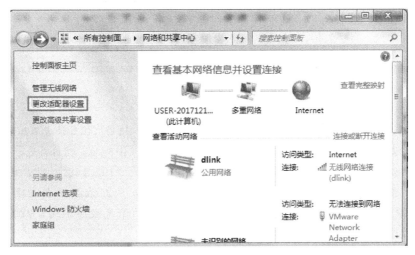

图 3-69　设置计算机 IP 地址（1）

图 3-70　设置计算机 IP 地址（2）

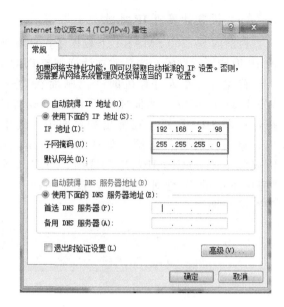

图 3-71　设置计算机 IP 地址（3）　　　　　图 3-72　设置计算机 IP 地址（4）

【关键点】　以上的操作中，不能选择"自动获得 IP 地址"选项。但如读者不知道一台 PLC 的 IP 地址时，可以选择"自动获得 IP 地址"选项，先搜到 PLC 的 IP 地址，然后再进行以上操作。

此外，要注意的是 S7-200 SMART 出厂时的 IP 地址是"192.168.2.1"，因此在没有修改的情况下下载程序，必须要将计算机的 IP 地址设置成与 PLC 在同一个网段。简单地说，就是计算的 IP 地址的最末一个数字要与 PLC 的 IP 地址的末尾数字不同，而其他的数字要相同，这是非常关键的，读者务必要牢记。

（7）下载程序

单击工具栏中的下载按钮 ，弹出"下载"对话框，如图 3-73 所示，将"选项"栏中的"程序块""数据块"和"系统块"3 个选项全部勾选，若 PLC 此时处于"运行"模式，再将 PLC 设置成"停止"模式，如图 3-74 所示，然后单击"是"按钮，则程序自动下载到 PLC 中。下载成功后，输出窗口中有"下载已成功完成！"字样的提示，如图 3-75 所示，最后单击"关闭"按钮。

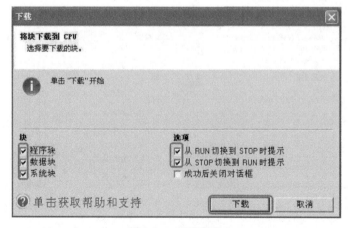

图 3-73　下载程序

图 3-74 停止运行

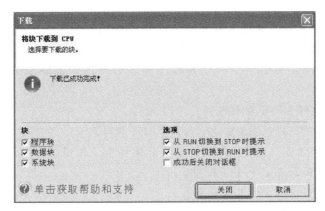

图 3-75 下载成功完成界面

(8) 运行和停止运行模式

要运行下载到 PLC 中的程序，只要单击工具栏中"运行"按钮 即可，同理，要停止运行程序，只要单击工具栏中"停止"按钮 即可。

(9) 程序状态监控

在调试程序时，"程序状态监控"功能非常有用，当开启此功能时，闭合的触点中有蓝色的矩形，而断开的触点中没有蓝色的矩形，如图 3-76 所示。要开启"程序状态监控"功能，只需要单击菜单栏上的"调试"→"程序状态"按钮 程序状态 即可。监控程序之前，程序应处于"运行"状态。

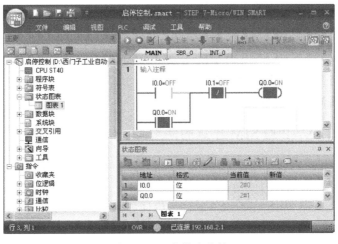

图 3-76 程序状态监控

【关键点】 程序不能下载有以下几种情况。

① 双击"更新可访问的设备"选项时，仍然找不到可访问的设备（即 PLC）。

读者可按以下几种方法进行检修。

a. 读者要检查网线是否将 PLC 与个人计算机连接完好，如果网络连接中显示 ![icon]，或者个人计算机的右下角显示 ![icon]，则表明网线没有将个人计算机与 PLC 连接上，解决方案是更换网线或者重新拔出和插上网线，检查 PLC 是否正常供电，直到以上两个图标上的红色叉号消失为止。

b. 如果读者安装了盗版的操作系统，也可能造成找不到可访问的设备，对于初学者，遇到这种情况特别不容易发现，因此安装正版操作系统是必要的。

c. "通信"设置中，要选择个人计算机中安装的网卡的具体型号，不能选择其他的选项。

d. 更新计算机的网卡的驱动程序。

e. 调换计算机的另一个 USB 接口（利用串口下载时）。

② 找到可访问的设备（即 PLC），但不能下载程序。最可能的原因是，个人计算机的 IP 地址和 PLC 的 IP 地址不在一个网段中。

程序不能下载操作过程中的几种误解。

① 将反连接网线换成正连接网线。尽管西门子公司建议 PLC 的以太网通信使用正线连接，但在 S7-200 SMART 的程序下载中，这个做法没有实际意义，因为 S7-200 SMART 的 PN 口有自动交叉线功能，网线的正连接和反连接都可以下载程序。

② 双击"更新可访问的设备"选项时，仍然找不到可访问的设备。这是因为个人计算机的网络设置不正确。其实，个人计算机的网络设置只会影响到程序的下载，并不影响 STEP7-Micro/WIN SMART 访问 PLC。

3.4　仿真软件的使用

3.4.1　仿真软件简介

仿真软件可以在计算机或者编程设备（如 Power PG）中模拟 PLC 运行和测试程序，就像运行在真实的硬件上一样。西门子公司为 S7-300/400 系列 PLC 设计了仿真软件 PLC SIM，但遗憾的是没有为 S7-200 SMART PLC 设计仿真软件。下面将介绍应用较广泛的仿真软件 S7-200 SIM 2.0，这个软件是为 S7-200 系列 PLC 开发的，部分 S7-200 SMART 程序也可以用 S7-200 SIM 2.0 进行仿真。

3.4.2　仿真软件 S7-200 SIM 2.0 的使用

S7-200 SIM 2.0 仿真软件的界面友好，使用非常简单，下面以图 3-77 所示的程序的仿真为例介绍 S7-200 SIM 2.0 的使用。

① 在 STEP7-Micro/WIN SMART 软件中编译如图 3-77 所示的程序，再选择菜单栏中的"文件"→"导出"命令，并将导出的文件保存，文件的扩展名为默认的".awl"（文件的全名保存为 123.awl）。

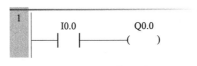

图 3-77　示例程序

② 打开 S7-200 SIM 2.0 软件，选择菜单栏中的"配置"→"CPU 型号"命令，弹出"CPU Type"（CPU 型号）对话框，选定所需的 CPU，如图 3-78 所示，再单击"Accept"（确定）按钮即可。

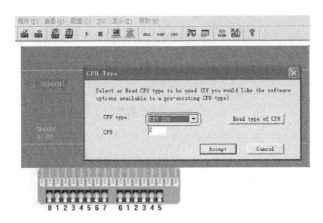

图 3-78　CPU 型号设定

③ 装载程序。单击菜单栏中的"程序"→"装载程序"命令，弹出"装载程序"对话框，设置如图 3-79 所示，再单击"确定"按钮，弹出"打开"对话框，如图 3-80 所示，选中要装载的程序"123.awl"，最后单击"打开"按钮即可。此时，程序已经装载完成。

图 3-79　装载程序

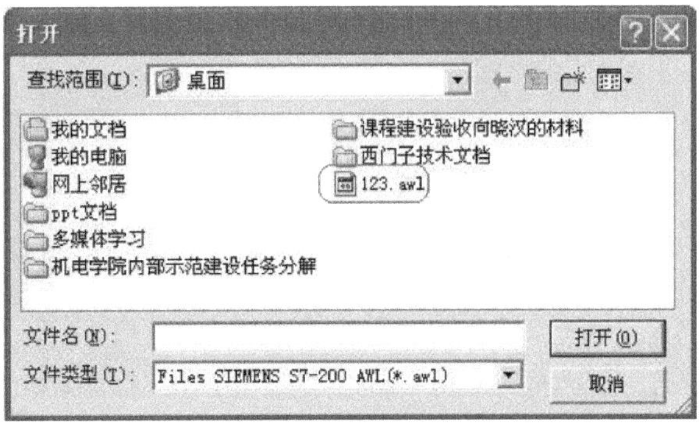

图 3-80　打开文件

④ 开始仿真。单击工具栏上的"运行"按钮，运行指示灯亮，如图 3-81 所示，单击按钮"I0.0"，按钮向上合上，PLC 的输入点"I0.0"有输入，输入指示灯亮，同时输出点"Q0.0"输出，输出指示灯亮。

与 PLC 相比，仿真软件有省钱、方便等优势，但仿真软件毕竟不是真正的 PLC，它只具备 PLC 的部分功能，不能实现完全仿真。

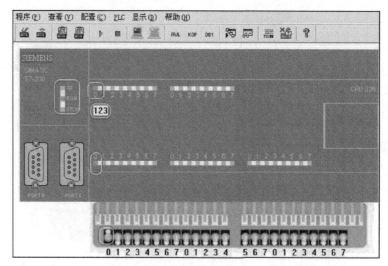

图 3-81　进行仿真

第4章

西门子 S7-200 SMART PLC 的编程语言

本章主要介绍西门子 S7-200 SMART PLC 的编程基础知识、各种指令等，学习完本章内容就能具备编写简单程序的能力。

4.1 西门子 S7-200 SMART PLC 的编程基础知识

4.1.1 数据的存储类型

(1) 数制

① 二进制 二进制数的 1 位（bit）只能取 0 和 1 两个不同的值，可以用来表示开关量的两种不同的状态，例如触点的断开和接通、线圈的通电和断电以及灯的亮和灭等。在梯形图中，如果该位是 1 可以表示常开触点的闭合和线圈的得电，反之，该位是 0 则表示常开触点的断开和线圈的断电。二进制用前缀 2♯ 加二进制数据表示，例如 2♯1001 1101 1001 1101 就是 16 位二进制常数。十进制的运算规则是逢 10 进 1，二进制的运算规则是逢 2 进 1。

② 十六进制 十六进制的 16 个数字是 0～9 和 A～F（对应于十进制中的 10～15），每个十六进制数字可用 4 位二进制表示，例如 16♯A 用二进制表示为 2♯1010。前缀 B♯16♯、W♯16♯ 和 DW♯16♯ 分别表示十六进制的字节、字和双字。十六进制的运算规则是逢 16 进 1。学会二进制和十六进制之间的转化对于学习西门子 PLC 来说是十分重要的。

③ BCD 码 BCD 码用 4 位二进制数（或者 1 位十六进制数）表示 1 位十进制数，例如 1 位十进制数 9 的 BCD 码是 1001。4 位二进制有 16 种组合，但 BCD 码只用到前十种，而后六种（1010～1111）没有在 BCD 码中使用。十进制的数字转换成 BCD 码是很容易的，例如十进制数 366 转换成十六进制 BCD 码则是 W♯16♯0366。

【关键点】 十进制数 366 转换成十六进制数是 W♯16♯16E，这是要特别注意的。

BCD 码的最高 4 位二进制数用来表示符号，16 位 BCD 码字的范围是 -999～＋999。32 位 BCD 码双字的范围是 －9999999～＋9999999。不同数制的数的表示方法见表 4-1。

表 4-1   不同数制的数的表示方法

十进制	十六进制	二进制	BCD 码	十进制	十六进制	二进制	BCD 码
0	0	0000	00000000	8	8	1000	00001000
1	1	0001	00000001	9	9	1001	00001001
2	2	0010	00000010	10	A	1010	00010000
3	3	0011	00000011	11	B	1011	00010001
4	4	0100	00000100	12	C	1100	00010010
5	5	0101	00000101	13	D	1101	00010011
6	6	0110	00000110	14	E	1110	00010100
7	7	0111	00000111	15	F	1111	00010101

(2) 数据的长度和类型

西门子 S7-200 SMART PLC 将信息存于不同的存储器单元，每个单元都有唯一的地址，该地址可以明确指出要存取的存储器位置，这就允许用户程序直接存取这个信息。表 4-2 列出了不同长度的数据所能表示的十进制数值范围。

表 4-2   不同长度的数据表示的十进制数值范围

数据类型	数据长度	取值范围
字节（Byte）	8 位（1 字节）	0～255
字（Word）	16 位（2 字节）	0～65535
位（Bit）	1 位	0、1
整数（Int）	16 位（2 字节）	0～65535（无符号），−32768～32767（有符号）
双精度整数（DInt）	32 位（4 字节）	0～4294967295（无符号） −2147483648～2147483647（有符号）
双字（DWord）	32 位（4 字节）	0～4294967295
实数（Real）	32 位（4 字节）	$1.175495E-38$～$3.402823E+38$（正数） $-1.175495E-38$～$-3.402823E+38$（负数）
字符串（String）	8 位（1 字节）	

【关键点】 西门子 PLC 的数据类型的关键字不区分大小写，例如 Real 和 REAL 都是合法的，表示实数（浮点数）数据类型。

(3) 常数

在西门子 S7-200 SMART PLC 的许多指令中都用到常数，常数有多种表示方法，如二进制、十进制和十六进制等。在表示二进制和十六进制时，要在数据前分别加前缀"2♯"或"16♯"，格式如下。

二进制常数：2♯1100。

十六进制常数：16♯234B1。

其他的数据表示方法举例如下。

ASCII 码："HELLOW"。

实数：−3.1415926。

十进制数：234。

几种错误表示方法：八进制的"33"表示成"8♯33"，十进制的"33"表示成"10♯33"，"2"用二进制表示成"2♯2"。读者要避免这些错误。

若要存取存储区的某一位，则必须指定地址，包括存储器标识符、字节地址和位号。图 4-1 是一个位寻址的例子，其中，存储器区、字节地址（I 代表输入，2 代表字节 2）和位地址之间用点号"."隔开。

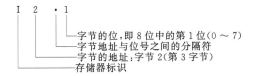

图 4-1　位寻址

【例 4-1】　如图 4-2 所示，如果 MD0＝16♯1F，那么，MB0、MB1、
MB2 和 MB3 的数值是多少？M0.0 和 M3.0 是多少？

【解】　因为一个双字包含 4 个字节，一个字节包含 2 个十六进制位，所
以 MD0＝16♯1F＝16♯0000001F，根据图 4-2 可知，MB0＝0，MB1＝0，
MB2＝0，MB3＝16♯1F。由于 MB0＝0，所以 M0.0＝0，由于 MB3＝16♯
1F＝2♯00011111，所以 M3.0＝1。这点不同于三菱 PLC，注意区分。

MB0	7　MB0　　0			

图 4-2　字节、字和双字的起始地址

【例 4-2】　如图 4-3 所示的梯形图，请查看有无错误。

【解】　这个程序从逻辑上看没有问题，但这个程序在实际运行时是有问题的。程序段 1
是启停控制，当 V0.0 常开触点闭合后开始采集数据，而且 A/D 转换的结果存放在 VW0
中，VW0 包含 2 个字节 VB0 和 VB1，而 VB0 包含 8 个位，即 V0.0～V0.7。只要采集的数
据经过 A/D 转换，使 V0.0 位为 0，则整个数据采集过程自动停止。初学者很容易犯类似的
错误。读者可将 V0.0 改为 V2.0 即可，只要避开 VW0 中包含的 16 个位（V0.0～V0.7 和
V1.0～V1.7）即可。

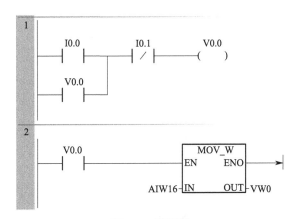

图 4-3　梯形图

数值和数据类型是十分重要的，但往往被很多初学者忽视，如果没有掌握数值和数据类
型，学习后续章节时，出错将是不可避免的。

4.1.2 元件的功能与地址分配

(1) 输入过程映像寄存器 I

输入过程映像寄存器与输入端相连，它是专门用来接收 PLC 外部开关信号的元件。在每次扫描周期的开始，CPU 对物理输入点进行采样，并将采样值写入输入过程映像寄存器中。CPU 可以按位、字节、字或双字来存取输入过程映像寄存器中的数据，输入寄存器等效电路如图 4-4 所示。

位格式：I［字节地址］.［位地址］，如 I0.0。

字节、字或双字格式：I［长度］［起始字节地址］，如 IB0、IW0 和 ID0。

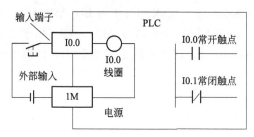

图 4-4　输入过程映像寄存器 I0.0 的等效电路

(2) 输出过程映像寄存器 Q

输出过程映像寄存器是用来将 PLC 内部信号输出传送给外部负载（用户输出设备）。输出过程映像寄存器线圈是由 PLC 内部程序的指令驱动，其线圈状态传送给输出单元，再由输出单元对应的硬触点来驱动外部负载，输出寄存器等效电路如图 4-5 所示。在每次扫描周期的结尾，CPU 将输出过程映像寄存器中的数值复制到物理输出点上。可以按位、字节、字或双字来存取输出过程映像寄存器。

位格式：Q［字节地址］.［位地址］，如 Q1.1。

字节、字或双字格式：Q［长度］［起始字节地址］，如 QB0、QW2 和 QD0。

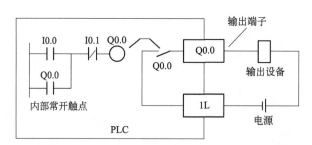

图 4-5　输出过程映像寄存器 Q0.0 的等效电路

(3) 变量存储器 V

可以用 V 存储器存储程序执行过程中控制逻辑操作的中间结果，也可以用它来保存与工序或任务相关的其他数据，变量存储器不能直接驱动外部负载。它可以按位、字节、字或双字来存取 V 存储区中的数据。

位格式：V［字节地址］.［位地址］，如 V10.2。

字节、字或双字格式：V［长度］［起始字节地址］，如 VB100、VW100 和 VD100。

（4）位存储器 M

位存储器是 PLC 中常用的一种存储器，一般的位存储器与继电器控制系统中的中间继电器相似。位存储器不能直接驱动外部负载，负载只能由输出过程映像寄存器的外部触点驱动。位存储器的常开与常闭触点在 PLC 内部编程时可无限次使用。可以用位存储区作为控制继电器来存储中间操作状态和控制信息，并且可以按位、字节、字或双字来存取位存储区。

位格式：M［字节地址］.［位地址］，如 M2.7。

字节、字或双字格式：M［长度］［起始字节地址］，如 MB10、MW10 和 MD10。

注意：有的用户习惯使用 M 区作为中间地址，但 S7-200 SMART PLC 中 M 区地址空间很小，只有 32 个字节，往往不够用。而 S7-200 SMART PLC 中提供了大量的 V 区存储空间，即用户数据空间。V 存储区相对很大，其用法与 M 区相似，可以按位、字节、字或双字来存取 V 区数据，例如 V10.1、VB20、VW100 和 VD200 等。

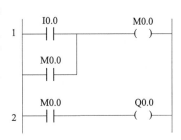

图 4-6　例 4-3 梯形图

【例 4-3】 图 4-6 所示的梯形图中，Q0.0 控制一盏灯，请分析当系统上电后接通 I0.0 和系统断电后又上电时灯的明暗情况。

【解】 当系统上电后接通 I0.0，Q0.0 线圈带电并自锁，灯亮；系统断电后又上电，Q0.0 线圈处于断电状态，灯不亮。

（5）特殊存储器 SM

SM 位为 CPU 与用户程序之间传递信息提供了一种手段。可以用这些位选择和控制 S7-200 SMART PLC 的一些特殊功能。例如，首次扫描标志位（SM0.1）、按照固定频率开关的标志位或者显示数学运算或操作指令状态的标志位，并且可以按位、字节、字或双字来存取 SM 位。

位格式：SM［字节地址］.［位地址］，如 SM0.1。

字节、字或者双字格式：SM［长度］［起始字节地址］，如 SMB86、SMW22 和 SMD42。

特殊寄存器的范围为 SMB0～SMB1549，其中 SMB0～SMB29 和 SMB1000～SMB1535 是只读存储器。具体如下。

只读特殊存储器如下。

SMB0：系统状态位。

SMB1：指令执行状态位。

SMB2：自由端口接收字符。

SMB3：自由端口奇偶校验错误。

SMB4：中断队列溢出、运行时程序错误、中断已启用、自由端口发送器空闲和强制值。

SMB5：I/O 错误状态位。

SMB6、SMB7：CPU ID、错误状态和数字量 I/O 点。

SMB8～SMB21：I/O 模块 ID 和错误。

SMW22～SMW26：扫描时间。

SMB28、SMB29：信号板 ID 和错误。

SMB1000～SMB1049：CPU 硬件/固件 ID。

SMB1050～SMB1099SB：信号板硬件/固件 ID。

SMB1100～SMB1299EM：扩展模块硬件/固件 ID。

读写特殊存储器如下。

SMB30（端口 0）和 SMB130（端口 1）：集成 RS485 端口（端口 0）和 CM01 信号板（SB）RS232/RS485 端口（端口 1）的端口组态。

SMB34～SMB35：定时中断的时间间隔。

SMB36～SMB45（HSC0）、SMB46～SMB55（HSC1）、SMB56～SMB65（HSC2）、SMB136～SMB145（HSC3）：高速计数器组态和操作。

SMB66～SMB85：PWM0 和 PWM1 高速输出。

SMB86～SMB94 和 SMB186～SMB194：接收消息控制。

SMW98：I/O 扩展总线通信错误。

SMW100～SMW110：系统报警。

SMB566～SMB575：PWM2 高速输出。

SMB600～SMB649：轴 0 开环运动控制。

SMB650～SMB699：轴 1 开环运动控制。

SMB700～SMB749：轴 2 开环运动控制。

全部掌握是比较困难的，具体使用特殊存储器请参考系统手册，系统状态位是常用的特殊存储器，见表 4-3。SM0.0、SM0.1 和 SM0.5 的时序图如图 4-7 所示。

表 4-3　特殊存储器字节 SMB0（SM0.0～SM0.7）

SM 位	符号名	描述
SM0.0	Always_On	该位始终为 1
SM0.1	First_Scan_On	该位在首次扫描时为 1，用途之一是调用初始化子程序
SM0.2	Retentive_Lost	在以下操作后，该位会接通一个扫描周期： ● 重置为出厂通信命令 ● 重置为出厂存储卡评估 ● 评估程序传送卡（在此评估过程中，会从程序传送卡中加载新系统块） ● NAND 闪存上保留的记录出现问题 该位可用作错误存储器位或用作调用特殊启动顺序的机制
SM0.3	RUN_Power_Up	从上电或暖启动条件进入 RUN 模式时，该位接通一个扫描周期。该位可用于在开始操作之前给机器提供预热时间
SM0.4	Clock_60s	该位提供时钟脉冲，该脉冲的周期时间为 1min,OFF(断开)30s,ON(接通)30s。该位可简单轻松地实现延时或 1min 时钟脉冲
SM0.5	Clock_1s	该位提供时钟脉冲，该脉冲的周期时间为 1s,OFF(断开)0.5s,然后 ON(接通)0.5s。该位可简单轻松地实现延时或 1s 时钟脉冲
SM0.6	Clock_Scan	该位是扫描周期时钟，接通一个扫描周期，然后断开一个扫描周期，在后续扫描中交替接通和断开。该位可用作扫描计数器输入
SM0.7	RTC_Lost	如果实时时钟设备的时间被重置或在上电时丢失(导致系统时间丢失)，则该位将接通一个扫描周期。该位可用作错误存储器位或用来调用特殊启动顺序

【例 4-4】　图 4-8 所示的梯形图中，Q0.0 控制一盏灯，请分析当系统上电后灯的明暗情况。

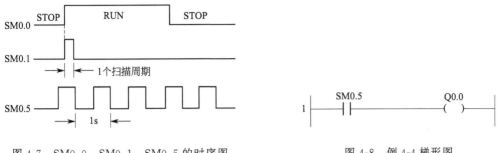

图 4-7　SM0.0、SM0.1、SM0.5 的时序图　　　　图 4-8　例 4-4 梯形图

【解】　因为 SM0.5 是周期为 1s 的脉冲信号，所以灯亮 0.5s，然后暗 0.5s，以 1s 为周期闪烁。SM0.5 常用于报警灯的闪烁。

(6) 局部存储器 L

西门子 S7-200SMART PLC 有 64B 的局部存储器，其中 60B 可以用作临时存储器或者给子程序传递参数。如果用梯形图或功能块图编程，STEP7-Micro/WIN SMART 保留这些局部存储器的最后 4B。局部存储器和变量存储器 V 很相似，但有一个区别：变量存储器是全局有效的，而局部存储器只在局部有效。全局是指同一个存储器可以被任何程序存取（包括主程序、子程序和中断服务程序），局部是指存储器区和特定的程序相关联。S7-200SMART PLC 给主程序分配 64B 的局部存储器，给每一级子程序嵌套分配 64B 的局部存储器，同样给中断服务程序分配 64B 的局部存储器。

子程序不能访问分配给主程序、中断服务程序或者其他子程序的局部存储器。同样，中断服务程序也不能访问分配给主程序或子程序的局部存储器。S7-200SMART PLC 根据需要来分配局部存储器。也就是说，当主程序执行时，分配给子程序或中断服务程序的局部存储器是不存在的。当发生中断或者调用一个子程序时，需要分配局部存储器。新的局部存储器地址可能会覆盖另一个子程序或中断服务程序的局部存储器地址。

在分配局部存储器时，PLC 不进行初始化，初值可能是任意的。当在子程序调用中传递参数时，在被调用子程序的局部存储器中，由 CPU 替换其被传递的参数的值。局部存储器在参数传递过程中不传递值，在分配时不被初始化，可能包含任意数值。L 可以作为地址指针。

位格式：L［字节地址］.［位地址］，如 L0.0。

字节、字或双字格式：L［长度］起始字节地址］，如 LB33。

下面的程序中，LD10 作为地址指针。

LD　　SM0.0

MOVD&VB0，LD10　　//将 V 区的起始地址装载到指针中

(7) 模拟量输入映像寄存器 AI

S7-200 SMART PLC 能将模拟量值（如温度或电压）转换成 1 个字长（16 位）的数字量。可以用区域标识符（AI）、数据长度（W）及字节的起始地址来存取这些值。因为模拟输入量为 1 个字长，并且从偶数位字节（如 0、2、4）开始，所以必须用偶数字节地址（如 AIW16、AIW18、AIW20）来存取这些值。如 AIW1 是错误的数据，则模拟量输入值为只读数据。

格式：AIW［起始字节地址］，如 AIW16。以下为模拟量输入的程序。

LD　　SM0.0

MOVW   AIW16，MW10   //将模拟量输入量转换为数字量后存入 MW10 中

(8) 模拟量输出映像寄存器 AQ

S7-200 SMART PLC 能把 1 个字长的数字值按比例转换为电流或电压。可以用区域标识符（AQ）、数据长度（W）及字节的起始地址来改变这些值。因为模拟量为 1 个字长，且从偶数字节（如 0、2、4）开始，所以必须用偶数字节地址（如 AQW10、AQW12、AQW14）来改变这些值。模拟量输出值时只写数据。

格式：AQW［起始字节地址］，如 AQW20。

以下为模拟量输出的程序。

LD   SM0.0

MOVW   1234，AQW20   //将数字量 1234 转换成模拟量（如电压）从通道 0 输出

(9) 定时器 T

在 S7-200 SMART PLC 中，定时器可用于时间累计，其分辨率（时基增量）分为 1ms、10ms 和 100ms 三种。定时器有以下两个变量。

① 当前值：16 位有符号整数，存储定时器所累计的时间。

② 定时器位：按照当前值和预置值的比较结果置位或者复位（预置值是定时器指令的一部分）。

可以用定时器地址来存取这两种形式的定时器数据。究竟使用哪种形式取决于所使用的指令：如果使用位操作指令，则是存取定时器位；如果使用字操作指令，则是存取定时器当前值。存取格式为：T［定时器号］，如 T37。

S7-200 SMART PLC 系列中定时器可分为接通延时定时器、有记忆的接通延时定时器和断开延时定时器三种。它们是通过对一定周期的时钟脉冲进行累计而实现定时功能的，时钟脉冲的周期（分辨率）有 1ms、10ms 和 100ms 三种，当计数达到设定值时触点动作。

(10) 计数器存储区 C

在 S7-200 SMART PLC 中，计数器可以用于累计其输入端脉冲电平由低到高的次数。CPU 提供了三种类型的计数器：一种只能增加计数；一种只能减少计数；另外一种既可以增加计数，又可以减少计数。计数器有以下两种形式。

① 当前值：16 位有符号整数，存储累计值。

② 计数器位：按照当前值和预置值的比较结果置位或者复位（预置值是计数器指令的一部分）。

可以用计数器地址来存取这两种形式的计数器数据。究竟使用哪种形式取决于所使用的指令：如果使用位操作指令，则是存取计数器位；如果使用字操作指令，则是存取计数器当前值。存取格式为：C［计数器号］，如 C24。

(11) 高速计数器 HC

高速计数器用于对高速事件计数，它独立于 CPU 的扫描周期。高速计数器有一个 32 位的有符号整数计数值（或当前值）。若要存取高速计数器中的值，则应给出高速计数器的地址，即存储器类型（HC）加上计数器号（如 HC0）。高速计数器的当前值是只读数据，仅可以作为双字（32 位）来寻址。

格式：HC［高速计数器号］，如 HC1。

(12) 累加器 AC

累加器是可以像存储器一样使用的读写设备。例如，可以用它来向子程序传递参数，也

可以从子程序返回参数，以及用来存储计算的中间结果。S7-200 SMART PLC 提供 4 个 32
位累加器（AC0、AC1、AC2 和 AC3），并且可以按字节、字或双字的形式来存取累加器中
的数值。

被访问的数据长度取决于存取累加器时所使用的指令。当以字节或者字的形式存取累加
器时，使用的是数值的低 8 位或低 16 位。当以双字的形式存取累加器时，使用全部 32 位。

格式：AC［累加器号］，如 AC0。

以下为将常数 18 移入 AC0 中的程序。

LD   SM0.0

MOVB 18，AC0 //将常数 18 移入 AC0

（13）顺控继电器存储 S

顺控继电器位（S）用于组织机器操作或者进入等效程序段的步骤。SCR 提供控制程序
的逻辑分段。可以按位、字节、字或双字来存取 S 位。

位：S［字节地址］.［位地址］，如 S3.1。

字节、字或者双字：S［长度］［起始字节地址］。

4.1.3 STEP7 中的编程语言

STEP7 中有梯形图、语句表和功能块图三种基本编程语言，可以相互转换。此外，还
有其他的编程语言，以下简要介绍。

（1）顺序功能图（SFC）

STEP7 中为 S7-Graph，不是 STEP7 的标准配置，需要安装软件包，是针对顺序控制
系统进行编程的图形编程语言，特别适合编写顺序控制程序。

（2）梯形图（LAD）

直观易懂，适合于数字量逻辑控制。梯形图适合于熟悉继电器电路的人员使用，其应用
最为广泛。

（3）功能块图（FBD）

"LOGO!" 系列微型 PLC 使用功能块图编程。功能块图适合于熟悉数字电路的人员
使用。

（4）语句表（STL）

功能比梯形图或功能块图强。语句表可供擅长用汇编语言编程的用户使用。语句表输入
快，可以在每条语句后面加上注释。语句表使用在减少，发展趋势是有的 PLC 不再支持语
句表。

（5）S7-SCL 编程语言（ST）

STEP7 的 S7-SCL（结构化控制语言）符合 EN61131-3 标准。SCL 适合于复杂的公式
计算、复杂的计算任务和最优化算法，或管理大量的数据等。S7-SCL 编程语言适合于熟悉
高级编程语言（例如 PASCAL 或 C 语言）的人员使用。S7-200SMART PLC 不支持此
功能。

（6）S7-HiGraph 编程语言

图形编程语言 S7-HiGraph 属于可选软件包，它用状态图（stategraphs）来描述异步、
非顺序过程的编程语言。HiGraph 适合于异步非顺序过程的编程。S7-200 SMART PLC 不

支持此功能。

(7) S7-CFC 编程语言

可选软件包 CFC（Continuous Function Chart，连续功能图）用图形方式连接程序库中以块的形式提供的各种功能。CFC 适合于连续过程控制的编程。它不是 STEP7 的标准配置，需要安装软件包。S7-200 SMART PLC 不支持此功能。

在 STEP7 编程软件中，如果程序块没有错误，并且被正确地划分为程序段，则可在梯形图、功能块图和语句表之间转换。

4.2　位逻辑指令

基本逻辑指令是指构成基本逻辑运算功能指令的集合，包括基本位操作、置位/复位、边沿触发、逻辑栈、定时、计数和比较等逻辑指令。S7-200 SMART PLC 系列 PLC 共有 20 多条逻辑指令，现按用途分类如下。

4.2.1　基本位操作指令

(1) 装载及线圈输出指令

LD（Load）：常开触点逻辑运算开始。

LDN（Load Not）：常闭触点逻辑运算开始。

＝（Out）：线圈输出。

图 4-9 所示梯形图及语句表表示上述三条指令的用法。

装载及线圈输出指令使用说明有以下几方面。

① LD（Load）：装载指令，对应梯形图从左侧母线开始，连接常开触点。

② LDN（Load Not）：装载指令，对应梯形图从左侧母线开始，连接常闭触点。

③ ＝（Out）：线圈输出指令，可用于输出过程映像寄存器、辅助继电器和定时器及计数器等，一般不用于输入过程映像寄存器。

④ LD、LDN 的操作数：I、Q、M、SM、T、C 和 S。＝的操作数：Q、M、SM、T、C 和 S。

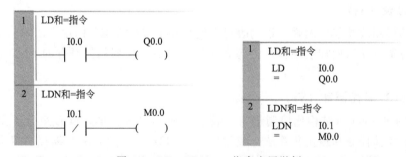

图 4-9　LD、LDN、＝指令应用举例

图 4-9 中梯形图的含义解释为：当程序段 1 中的常开触点 I0.0 接通，则线圈 Q0.0 得电，当程序段 2 中的常闭触点 I0.1 接通，则线圈 M0.0 得电。此梯形图的含义与之前的电气控制中的电气图类似。

(2) 与和与非指令

A（And）：与指令，即常开触点串联。

AN（And Not）：与非指令，即常闭触点串联。

图 4-10 所示梯形图及指令表表示了上述两条指令的用法。

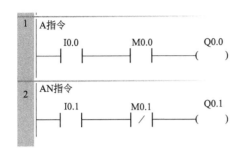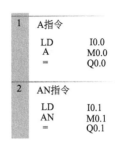

图 4-10　A 和 AN 指令应用举例

触点串联指令使用说明有以下几方面。

① A、AN：与和与非操作指令，是单个触点串联指令，可连续使用。

② A、AN 的操作数：I、Q、M、SM、T、C 和 S。

图 4-10 中梯形图的含义解释为：当程序段 1 中的常开触点 I0.0 和 M0.0 同时接通，则线圈 Q0.0 得电，常开触点 I0.0 和 M0.0 都不接通，或者只有一个接通，线圈 Q0.0 不得电，常开触点 I0.0、M0.0 是串联（与）关系。当程序段 2 中的常开触点 I0.1、常闭触点 M0.1 同时接通，则线圈 Q0.1 得电，常开触点 I0.1 和常闭触点 M0.1 是串联（与非）关系。

(3) 或和或非指令

O（Or）：或指令，即常开触点并联。

ON（Or Not）：或非指令，即常闭触点并联。

图 4-11 所示梯形图及指令表表示了上述两条指令的用法。

① O、ON：或操作指令，是单个触点并联指令，可连续使用。

② O、ON 的操作数：I、Q、M、SM、T、C 和 S。

图 4-11 中梯形图的含义解释为：当程序段 1 中的常开触点 I0.0 和 M0.0，常闭触点 M0.1 有一个或者多个接通，则线圈 Q0.0 得电，常开触点 I0.0、M0.0 和常闭触点 M0.1 是并联（或、或非）关系。

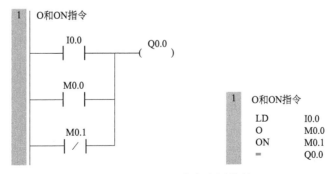

图 4-11　O 和 ON 指令应用举例

(4) 与装载和或装载指令

ALD（And Load）：与装载指令对堆栈第一层和第二层中的值进行逻辑与运算，结果装载到栈顶。

图 4-12 表示了 ALD 指令的用法。

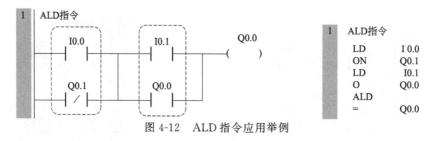

图 4-12 ALD 指令应用举例

与装载指令使用说明有以下几方面。

① 与装载指令与前面电路串联时，使用 ALD 指令。电路块的起点用 LD 或 LDN 指令，并联电路块结束后，使用 ALD 指令与前面电路块串联。

② ALD 无操作数。

图 4-12 中梯形图的含义解释为：实际上就是把第一个虚线框中的触点 I0.0 和触点 Q0.1 并联，再将第二个虚线框中的触点 I0.1 和触点 Q0.0 并联，最后把两个虚线框中并联后的结果串联。

(5) 或装载指令

OLD（Or Load）：或装载指令对堆栈第一层和第二层中的值进行逻辑或运算，结果装载到栈顶。

图 4-13 表示了 OLD 指令的用法。

串联电路块的并联指令使用说明有以下几方面。

① 或装载并联连接时，其支路的起点均以 LD 或 LDN 开始，终点以 OLD 结束。

② OLD 无操作数。

图 4-13 中梯形图的含义解释为：实际上就是把第一个虚线框中的触点 I0.0 和触点 I0.1 串联，再将第二个虚线框中的触点 Q0.1 和触点 Q0.0 串联，最后把两个虚线框中串联后的结果并联。

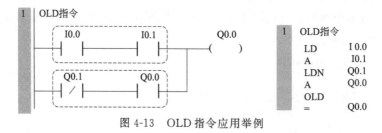

图 4-13 OLD 指令应用举例

图 4-14 所示是 OLD 和 ALD 指令的使用。

4.2.2 置位/复位指令

普通线圈获得能量流时，线圈通电（存储器位置 1），能量流不能到达时，线圈断电（存储器位置 0）。置位/复位指令将线圈设计成置位线圈和复位线圈两大部分。置位线圈受

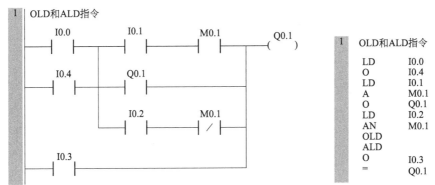

图 4-14　OLD、ALD 指令的使用

到脉冲前沿触发时，线圈通电锁存（存储器位置 1），复位线圈受到脉冲前沿触发时，线圈断电锁存（存储器位置 0），下次置位、复位操作信号到来前，线圈状态保持不变（自锁）。置位/复位指令格式见表 4-4。

表 4-4　置位/复位指令格式

LAD	STL	功能
S-BIT ——(S) N	S　　S-BIT,N	从起始位(S-BIT)开始的 N 个元件置 1 并保持
S-BIT ——(R) N	R　　S-BIT,N	从起始位(S-BIT)开始的 N 个元件清 0 并保持

R、S 指令的使用如图 4-15 所示，当 PLC 上电时，Q0.0 和 Q0.1 都通电，当 I0.1 接通时，Q0.0 和 Q0.1 都断电。

【关键点】　置位、复位线圈之间间隔的程序段个数可以任意设置，置位、复位线圈通常成对使用，也可单独使用。

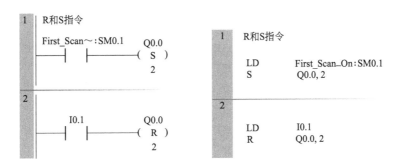

图 4-15　R、S 指令的使用

4.2.3　置位优先双稳态触发器和复位优先双稳态指令（SR/RS）

RS/SR 触发器具有置位与复位的双重功能。

RS 触发器是复位优先双稳态指令，当置位（S）和复位（R1）同时为真时，输出为假。当置位（S）和复位（R1）同时为假时，保持以前的状态。当置位（S）为真和复位（R1）为假时，置位。当置位（S）为假和复位（R1）为真时，复位。

SR 触发器是置位优先双稳态指令，当置位（S1）和复位（R）同时为真时，输出为真。当置位（S1）和复位（R）同时为假时，保持以前的状态。当置位（S1）为真和复位（R）

为假时，置位。当置位（S1）为假和复位（R）为真时，复位。

RS 和 SR 触发指令应用如图 4-16 所示。

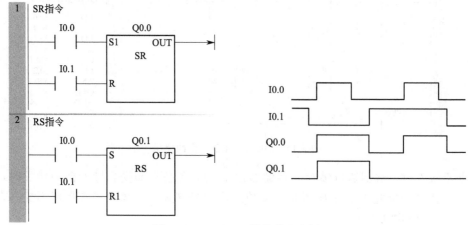

图 4-16　RS 和 SR 触发指令应用

4.2.4　边沿触发指令

边沿触发是指用边沿触发信号产生一个机器周期的扫描脉冲，通常用作脉冲整形。边沿触发指令分为上升沿（正跳变触发）和下降沿（负跳变触发）两大类。正跳变触发指输入脉冲的上升沿使触点闭合（ON）一个扫描周期。负跳变触发指输入脉冲的下降沿使触点闭合（ON）一个扫描周期。边沿触发指令格式见表 4-5。

表 4-5　边沿触发指令格式

LAD	STL	功能
—| P |—	EU	正跳变，无操作元件
—| N |—	ED	负跳变，无操作元件

【例 4-5】　如图 4-17 所示的程序，若 I0.0 上电一段时间后再断开，请画出 I0.0、Q0.0、Q0.1 和 Q0.2 的时序图。

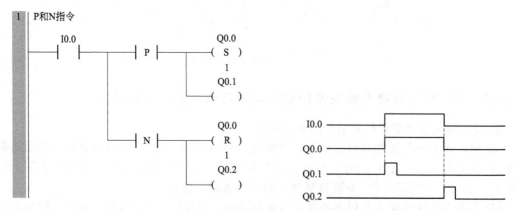

图 4-17　边沿触发指令应用示例

【解】 如图 4-17 所示，I0.0 接通时，I0.0 触点（EU）产生一个扫描周期的时钟脉冲，驱动输出线圈 Q0.1 通电一个扫描周期，Q0.0 通电，使输出线圈 Q0.0 置位并保持。

I0.0 断开时，I0.0 触点（ED）产生一个扫描周期的时钟脉冲，驱动输出线圈 Q0.2 通电一个扫描周期，使输出线圈 Q0.0 复位并保持。

【例 4-6】 设计程序，实现用一个按钮控制一盏灯的亮和灭，即压下奇数次按钮灯亮，压下偶数次按钮灯灭（有的资料称为乒乓控制）。

【解】 当 I0.0 第一次合上时，V0.0 接通一个扫描周期，使得 Q0.0 线圈得电一个扫描周期，当下一次扫描周期到达，Q0.0 常开触点闭合自锁，灯亮。

当 I0.0 第二次合上时，V0.0 接通一个扫描周期，使得 Q0.0 线圈闭合一个扫描周期，切断 Q0.0 的常开触点和 V0.0 的常开触点，使得灯灭。梯形图如图 4-18 所示。

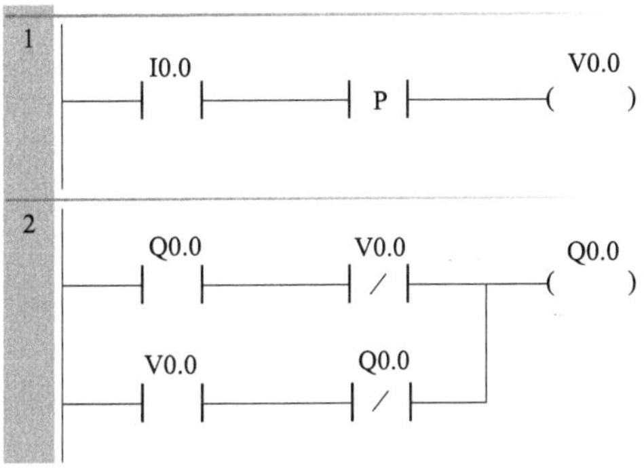

图 4-18　例 4-6 梯形图（1）

此外，还有两种编程方法，如图 4-19 和图 4-20 所示。

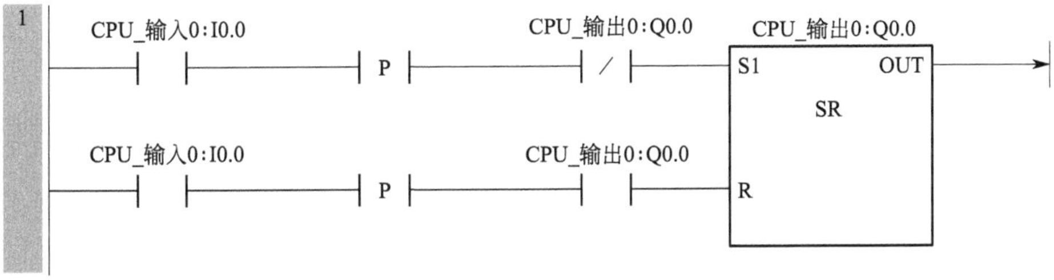

图 4-19　例 4-6 梯形图（2）

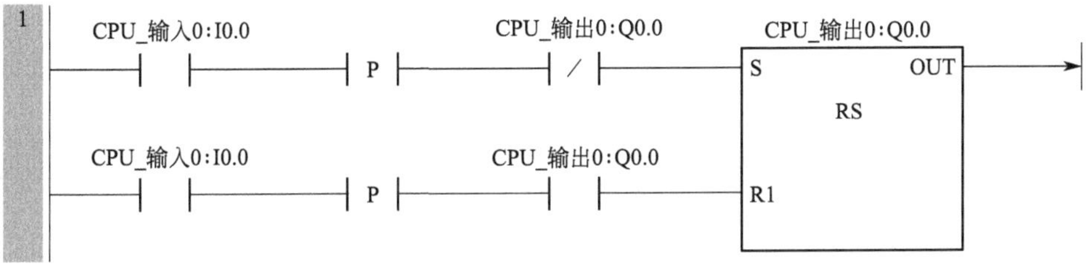

图 4-20　例 4-6 梯形图（3）

4.2.5 逻辑栈操作指令

LD 装载指令是从梯形图最左侧的母线画起的，如果要生成一条分支的母线，则需要利用语句表的栈操作指令来描述。

栈操作语句表指令格式如下。

LPS：逻辑堆栈指令，即把栈顶值复制后压入堆栈，栈底值丢失。

LRD：逻辑读栈指令，即把逻辑堆栈第二级的值复制到栈顶，堆栈没有压入和弹出。

LPP：逻辑弹栈指令，即把堆栈弹出一级，原来第二级的值变为新的栈顶值。

图 4-21 所示为逻辑栈操作指令对栈区的影响，图中"ivx"表示存储在栈区某个程序断点的地址。

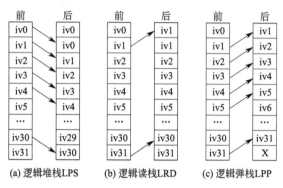

图 4-21   逻辑栈操作指令的操作过程

图 4-22 所示的例子说明了这几条指令的作用。其中只用了 2 层栈，实际上逻辑堆栈有 9 层，故可以连续使用多次 LPS 指令。但要注意 LPS 和 LPP 必须配对使用。

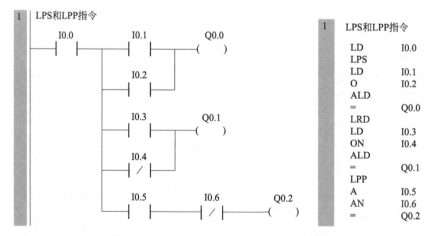

图 4-22   LPS、LRD、LPP 指令应用示例

4.2.6 取反指令

取反指令（NOT）取反能流输入的状态。

NOT 触点能改变能流输入的状态。能流到达 NOT 触点时将停止。没有能流到达 NOT 触点时，该触点会提供能流。

【例 4-7】 某设备上有"就地/远程"转换开关，当其设为"就地"挡时，就地灯亮，设为"远程"挡时，远程灯亮，请设计梯形图。

【解】 梯形图如图 4-23 所示。

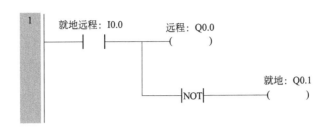

图 4-23 例 4-7 梯形图

4.3 定时器与计数器指令

4.3.1 定时器指令

西门子 S7-200 SMART PLC 的定时器为增量型定时器，用于实现时间控制，它可以按照工作方式和时间基准分类。

（1）工作方式

按照工作方式，定时器可分为通电延时型（TON）、有记忆的通电延时型或保持型（TONR）、断电延时型（TOF）三种类型。

（2）时间基准

按照时间基准（简称时基），定时器可分为 1ms、10ms 和 100ms 三种类型，时间基准不同，定时精度、定时范围和定时器的刷新方式也不同。

定时器的工作原理是定时器的使能端输入有效后，当前值寄存器对 PLC 内部的时基脉冲增 1 计数，最小计时单位为时基脉冲的宽度，故时间基准代表着定时器的定时精度（分辨率）。

定时器的使能端输入有效后，当前值寄存器对时基脉冲递增计数，当计数值大于或等于定时器的预置值后，状态位置 1。从定时器输入有效到状态位置 1 经过的时间称为定时时间。定时时间等于时基乘以预置值，时基越大，定时时间越长，但精度越差。

1ms 定时器每隔 1ms 刷新一次，与扫描周期和程序处理无关。因而当扫描周期较长时，定时器在一个周期内可能被多次刷新，其当前值在一个扫描周期内不一定保持一致。

10ms 定时器在每个扫描周期开始时自动刷新。由于每个扫描周期只刷新一次，故在每次程序处理期间，其当前值为常数。

100ms 定时器在定时器指令执行时被刷新，下一条执行的指令即可使用刷新后的结果，使用方便可靠。但应当注意，如果定时器的指令不是每个周期都执行（条件跳转时），定时器就不能及时刷新，可能会导致出错。

CPU SX 的 256 个定时器分属 TON/TOF 和 TONR 工作方式，以及三种时基标准（TON 和 TOF 共享同一组定时器，不能重复使用）。其详细分类方法见表 4-6。

表 4-6　定时器工作方式及类型

工作方式	时间基准/ms	最大定时时间/s	定时器型号
TONR	1	32.767	T0,T64
	10	327.67	T1～T4,T65～T68
	100	3276.7	T5～T31,T69～T95
TON/TOF	1	32.767	T32,T96
	10	327.67	T33～T36,T97～T100
	100	3276.7	T37～T63,T101～T255

（3）工作原理分析

下面分别叙述 TON、TONR 和 TOF 三种类型定时器的使用方法。这三类定时器均有使能输入端 IN 和预置值输入端 PT。PT 预置值的数据类型为 INT，最大预置值是 32767。

① 通电延时型定时器（TON）　使能端（IN）输入有效时，定时器开始计时，当前值从 0 开始递增，大于或等于预置值（PT）时，定时器输出状态位置 1。使能端输入无效（断开）时，定时器复位（当前值清 0，输出状态位置 0）。通电延时型定时器指令和参数见表 4-7。

表 4-7　通电延时型定时器指令和参数

LAD	参数	数据类型	说明	存储区
Txxx IN TON PT PT ???ms	T xxx	WORD	表示要启动的定时器号	T32,T96,T33～T36,T97～T100 T37～T63,T101～T255
	PT	INT	定时器时间值	I,Q,M,D,L,T,S,SM,AI,T, C,AC,常数,＊VD,＊LD,＊AC
	IN	BOOL	使能	I,Q,M,SM,T,C,V,S,L

【例 4-8】　已知梯形图和 I0.1 时序如图 4-24 所示，请画出 Q0.0 的时序图。

【解】　当接通 I0.1，延时 3s 后，Q0.0 得电，如图 4-24 所示。

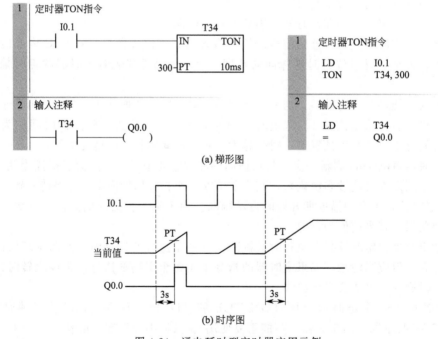

(a) 梯形图

(b) 时序图

图 4-24　通电延时型定时器应用示例

【例 4-9】 设计一段程序，实现一盏灯亮 3s，灭 3s，不断循环，且能实现启停控制。

【解】 当按下 SB1 按钮，灯 HL1 亮，T37 延时 3s 后，灯 HL1 灭，T38 延时 3s 后，切断 T37，灯 HL1 亮，如此循环。原理图如图 4-25 所示，梯形图如图 4-26 所示。

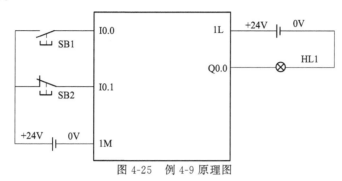

图 4-25　例 4-9 原理图

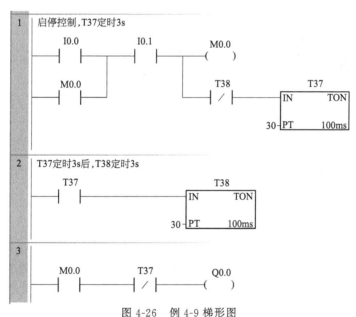

图 4-26　例 4-9 梯形图

② 有记忆的通电延时型定时器（TONR） 使能端输入有效时，定时器开始计时，当前值递增，当前值大于或等于预置值时，输出状态位置 1。使能端输入无效时，当前值保持（记忆），使能端再次接通有效时，在原记忆值的基础上递增计时。有记忆通电延时型定时器采用线圈的复位指令进行复位操作，当复位线圈有效时，定时器当前值清 0，输出状态位置 0。有记忆的通电延时型定时器指令和参数见表 4-8。

表 4-8　有记忆的通电延时型定时器指令和参数

LAD	参数	数据类型	说明	存储区
Txxx IN　TONR PT PT　???ms	T xxx	WORD	表示要启动的定时器号	T0、T64、T1~T4、T65~T68、T5~T31、T69~T95
	PT	INT	定时器时间值	I、Q、M、D、L、T、S、SM、AI、T、C、AC、常数、* VD、* LD、* AC
	IN	BOOL	使能	I、Q、M、SM、T、C、V、S、L

【例 4-10】 已知梯形图以及 I0.0 和 I0.1 的时序如图 4-27 所示，画出 Q0.0 的时序图。

【解】 当接通 I0.0，延时 3s 后，Q0.0 得电；I0.0 断电后，Q0.0 仍然保持得电，当 I0.1 接通时，定时器复位，Q0.0 断电，如图 4-27 所示。

【关键点】 有记忆的通电延时型定时器的线圈带电后，必须复位才能断电。达到预设时间后，TON 和 TONR 定时器继续定时，直到达到最大值 32767 时才停止定时。

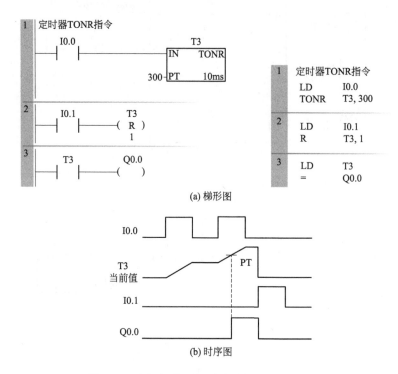

图 4-27　有记忆的通电延时型定时器应用示例

③ 断电延时型定时器（TOF）　使能端输入有效时，定时器输出状态位立即置 1，当前值清 0。使能端断开时，开始计时，当前值从 0 递增，当前值达到预置值时，定时器状态位复位置 0，并停止计时，当前值保持。断电延时型定时器指令和参数见表 4-9。

表 4-9　断电延时型定时器指令和参数

LAD	参数	数据类型	说明	存储区
Txxx IN　TOF PT —|PT　???ms	T xxx	WORD	表示要启动的定时器号	T32、T96、T33～T36、T97～T100、T37～T63、T101～T255
	PT	INT	定时器时间值	I、Q、M、D、L、T、S、SM、AI、T、C、AC、常数、* VD、* LD、* AC
	IN	BOOL	使能	I、Q、M、SM、T、C、V、S、L

【例 4-11】 已知梯形图以及 I0.0 的时序如图 4-28 所示，画出 Q0.0 的时序图。

【解】 当接通 I0.0，Q0.0 得电；I0.0 断电 5s 后，Q0.0 也失电，如图 4-28 所示。

【例 4-12】 某车库中有一盏灯，当人离开车库后，按下停止按钮，5s 后灯熄灭，编写程序。

【解】 当按下 SB1 按钮，灯 HL1 亮；按下 SB2 按钮 5s 后，灯 HL1 灭。原理图如图 4-29 所示，梯形图如图 4-30 所示。

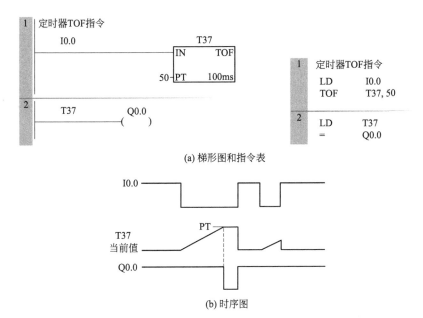

(a) 梯形图和指令表

(b) 时序图

图 4-28　断电延时型定时器应用示例

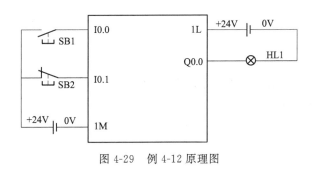

图 4-29　例 4-12 原理图

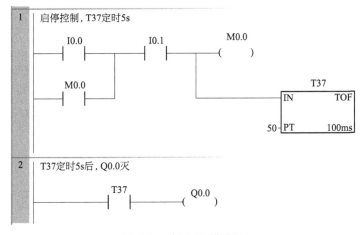

图 4-30　例 4-12 梯形图

【例 4-13】　鼓风机系统一般用引风机和鼓风机两级构成。当按下启动按钮之后，引风机先工作，工作 5s 后，鼓风机工作。按下停止按钮之后，鼓风机先停止工作，5s 之后，引风机才停止工作。编写梯形图程序。

【解】 鼓风机控制系统按照图 4-31 接线，梯形图如图 4-32 所示。

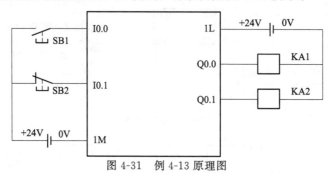

图 4-31　例 4-13 原理图

图 4-32　例 4-13 梯形图

【例 4-14】 常见的小区门禁，用来阻止陌生车辆直接出入。现编写门禁系统控制程序。小区保安可以手动控制门开，到达开门限位开关时停止，20s 后自动关闭，在关闭过程中如果检测到有人通过（用一个按钮模拟），则停止 5s，然后继续关闭，到达关门限位时停止。

【解】

① PLC 的 I/O 分配　PLC 的 I/O 分配见表 4-10。

表 4-10　PLC 的 I/O 分配

输入			输出		
名称	符号	输入点	名称	符号	输出点
开始按钮	SB1	I0.0	开门	KA1	Q0.0
停止按钮	SB2	I0.1	关门	KA2	Q0.1
行人通过	SB3	I0.2			
关门限位开关	SQ1	I0.3			
开门限位开关	SQ2	I0.4			

② **系统的原理图**　系统的原理图如图 4-33 所示。

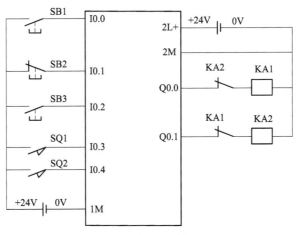

图 4-33　例 4-14 原理图

③ **编写程序**　设计梯形图，如图 4-34 所示。

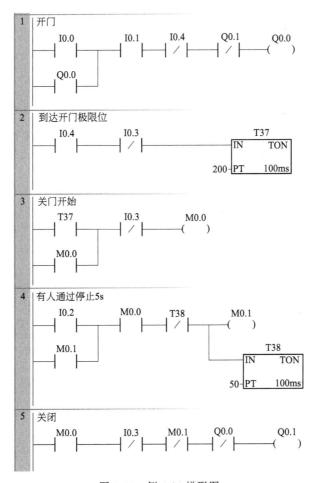

图 4-34　例 4-14 梯形图

4.3.2 计数器指令

计数器利用输入脉冲上升沿累计脉冲个数，西门子 S7-200 SMART PLC 有加计数（CTU）、加/减计数（CTUD）和减计数（CTD）共三类计数指令。有的资料上将"加计数器"称为"递加计数器"。计数器的使用方法和结构与定时器基本相同，主要由预置值寄存器、当前值寄存器和状态位等组成。

在梯形图指令符号中，CU 表示增 1 计数脉冲输入端，CD 表示减 1 计数脉冲输入端，R 表示复位脉冲输入端，LD 表示减计数器复位脉冲输入端，PV 表示预置值输入端，数据类型为 INT，预置值最大为 32767。计数器的范围为 C0～C255。

下面分别叙述 CTU、CTUD 和 CTD 三种类型计数器的使用方法。

(1) 加计数器 (CTU)

当 CU 端输入上升沿脉冲时，计数器的当前值增 1，当前值保存在 Cxxx（如 C0）中。当前值大于或等于预置值（PV）时，计数器状态位置 1。复位输入（R）有效时，计数器状态位复位，当前计数器值清 0。当计数值达到最大（32767）时，计数器停止计数。加计数器指令和参数见表 4-11。

表 4-11 加计数器指令和参数

LAD	参数	数据类型	说明	存储区
Cxxx CU CTU R PV-PV	C xxx	常数	要启动的计数器号	C0～C255
	CU	BOOL	加计数输入	I、Q、M、SM、T、C、V、S、L
	R	BOOL	复位	
	PV	INT	预置值	V、I、Q、M、SM、L、AI、AC、T、C、常数、* VD、* AC、* LD、S

【例 4-15】 已知梯形图如图 4-35 所示，I0.0 和 I0.1 的时序如图 4-36 所示，请画出 Q0.0 的时序图。

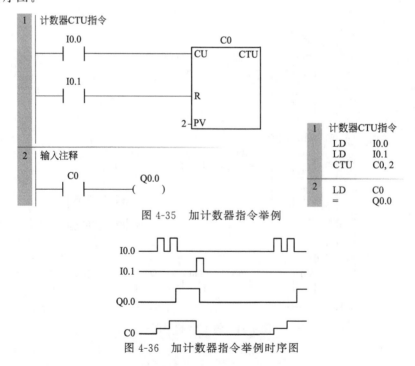

图 4-35 加计数器指令举例

图 4-36 加计数器指令举例时序图

【解】 CTU 为加计数器，当 I0.0 闭合 2 次时，常开触点 C0 闭合，Q0.0 输出为高电平 "1"。当 I0.1 闭合时，计数器 C0 复位，Q0.0 输出为低电平 "0"。

【例 4-16】 设计用一个按钮控制一盏灯的亮和灭，即压下奇数次按钮时，灯亮；压下偶数次按钮时，灯灭。

【解】 当 I0.0 第一次合上时，V0.0 接通一个扫描周期，使得 Q0.0 线圈得电一个扫描周期，当下一次扫描周期到达，Q0.0 常开触点闭合自锁，灯亮。

当 I0.0 第二次合上时，V0.0 接通一个扫描周期，C0 计数为 2，Q0.0 线圈断电，使得灯灭，同时计数器复位。梯形图如图 4-37 所示。

【例 4-17】 编写一段程序，实现延时 6h 后，点亮一盏灯，要求设计启停控制。

【解】 S7-200 SMART PLC 的定时器的最大定时时间是 3276.7s，还不到 1h，因此要延时 6h 需要特殊处理，具体方法是用一个定时器 T37 定时 30min，每次定时 30min，计数器计数增加 1，直到计数 12 次，定时时间就是 6h。梯形图如图 4-38 所示。本例的停止按钮接线时，应接常闭触点，这是一般规范。在后续章节，将不再重复说明。

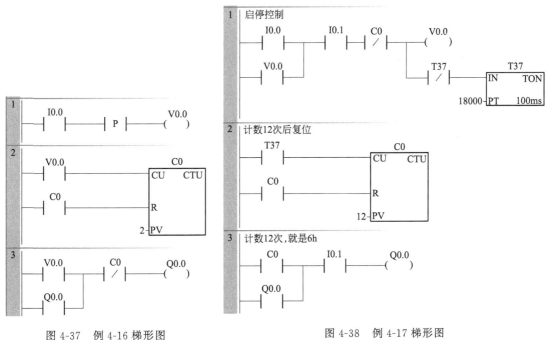

图 4-37　例 4-16 梯形图　　　　　　　图 4-38　例 4-17 梯形图

(2) 加/减计数器 (CTUD)

加/减计数器有两个脉冲输入端，其中，CU 用于加计数，CD 用于递减计数，执行加/减计数指令时，CU/CD 端的计数脉冲上升沿进行增 1/减 1 计数。当前值大于或等于计数器的预置值时，计数器状态位置位。复位输入（R）有效时，计数器状态位复位，当前值清 0。有的资料称"加/减计数器"为"增/减计数器"。加/减计数器指令和参数见表 4-12。

表 4-12　加/减计数器指令和参数

LAD	参数	数据类型	说明	存储区
Cxxx	C xxx	常数	要启动的计数器号	C0~C255
CU　CTUD	CU	BOOL	加计数输入	I、Q、M、SM、T、C、V、S、L
CD	CD	BOOL	减计数输入	
R	R	BOOL	复位	
PV－PV	PV	INT	预置值	V、I、Q、M、SM、LW、AI、AC、T、C、常数、＊VD、＊AC、＊LD、S

【例 4-18】 已知梯形图以及 I0.0、I0.1 和 I0.2 的时序如图 4-39 所示,请画出 Q0.0 的时序图。

【解】 利用加/减计数器输入端的通断情况分析 Q0.0 的状态。当 I0.0 接通 4 次时（4个上升沿）,C48 的常开触点闭合,Q0.0 上电;当 I0.0 接通 5 次时,C48 的计数为 5;接着当 I0.1 接通 2 次,此时 C48 的计数为 3,C48 的常开触点断开,Q0.0 断电;接着当 I0.0 接通 2 次,此时 C48 的计数为 5,C48 的计数大于或等于 4 时,C48 的常开触点闭合,Q0.0 上电;当 I0.2 接通时计数器复位,C48 的计数等于 0,C48 的常开触点断开,Q0.0 断电。Q0.0 的时序图如图 4-39 所示。

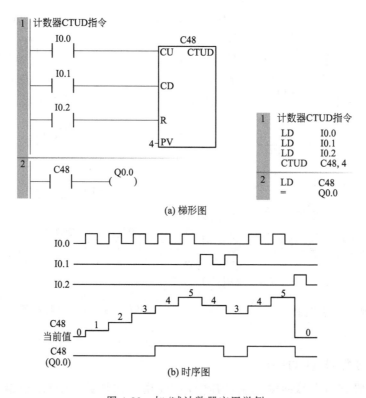

图 4-39　加/减计数器应用举例

【例 4-19】 对某一端子上输入的信号进行计数,当计数达到某个变量存储器的设定值 10 时,PLC 控制灯泡发光,同时对该端子的信号进行减计数,当计数值小于另外一个变量存储器的设定值 5 时,PLC 控制灯泡熄灭,同时计数值清零。请编写以上梯形图程序。

【解】 梯形图如图 4-40 所示。

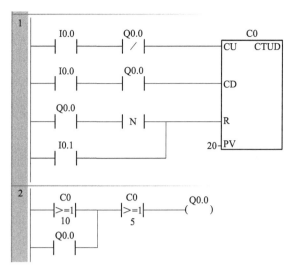

图 4-40　例 4-19 梯形图

（3）减计数器（CTD）

复位输入（LD）有效时，计数器把预置值（PV）装入当前值寄存器，计数器状态位复位。在 CD 端的每个输入脉冲上升沿，减计数器的当前值从预置值开始递减计数，当前值等于 0 时，计数器状态位置位，并停止计数。有的资料称"减计数器"为"递减计数器"。减计数器指令和参数见表 4-13。

表 4-13　减计数器指令和参数

LAD	参数	数据类型	说明	存储区
Cxxx	C xxx	常数	要启动的计数器号	C0～C255
CD　　CTD	CD	BOOL	减计数输入	I、Q、M、SM、T、
	LD	BOOL	预置值(PV)载入当前值	C、V、S、L
LD	PV	INT	预置值	V、I、Q、M、SM、L、AI、AC、T、C、常数、* VD、* AC、* LD、S
PV-PV				

【例 4-20】　已知梯形图以及 I0.0 和 I0.1 的时序如图 4-41 所示，画出 Q0.0 的时序图。

【解】　利用减计数器输入端的通断情况，分析 Q0.0 的状态。当 I0.1 接通时，计数器状态位复位，预置值 3 被装入当前值寄存器；当 I0.0 接通 3 次时，当前值等于 0，Q0.0 上电；当前值等于 0 时，尽管 I0.1 接通，当前值仍然等于 0。当 I0.0 接通期间，I0.1 接通，当前值不变。Q0.0 的时序图如图 4-41 所示。

4.3.3　基本指令的应用实例

在编写 PLC 程序时，基本逻辑指令是最为常用的，下面用几个例子说明用基本指令编写程序的方法。

4.3.3.1　电动机的控制

电动机的控制在梯形图的编写中极为常见，多为一个程序中的一个片段出现，以下列举几个常见的例子。

【例 4-21】　设计电动机点动控制的原理图和梯形图。

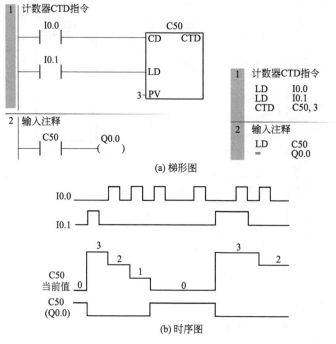

(a) 梯形图

(b) 时序图

图 4-41 减计数器应用举例

【解】

(1) 方法 1

比较常用的原理图和梯形图如图 4-42 和图 4-43 所示。但如果程序用到置位指令（SQ0.0），则这种解法不适用。

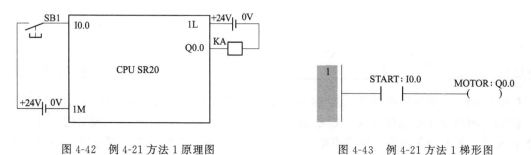

图 4-42 例 4-21 方法 1 原理图　　　　　　图 4-43 例 4-21 方法 1 梯形图

(2) 方法 2

如图 4-44。

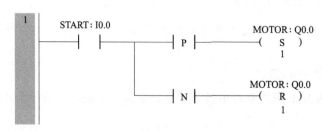

图 4-44 例 4-21 方法 2 梯形图

【例 4-22】 设计两地控制电动机启停的原理图和梯形图。

【解】

（1）方法 1

比较常用的原理图和梯形图如图 4-45 和图 4-46 所示。这种解法是正确，但不是最优方案，因为这种解法占用了较多的 I/O 点。

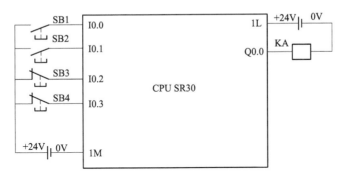

图 4-45 例 4-22 方法 1 原理图

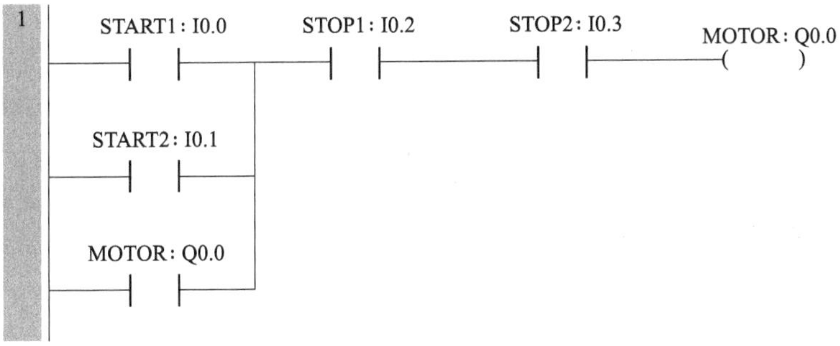

图 4-46 例 4-22 方法 1 梯形图

（2）方法 2

如图 4-47。

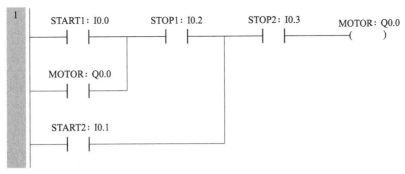

图 4-47 例 4-22 方法 2 梯形图

（3）方法 3

优化后的方案的原图如图 4-48 所示，梯形图如图 4-49 所示。可见节省了 2 个输入点，但功能完全相同。

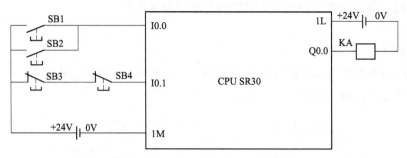

图 4-48　例 4-22 方法 3 原理图

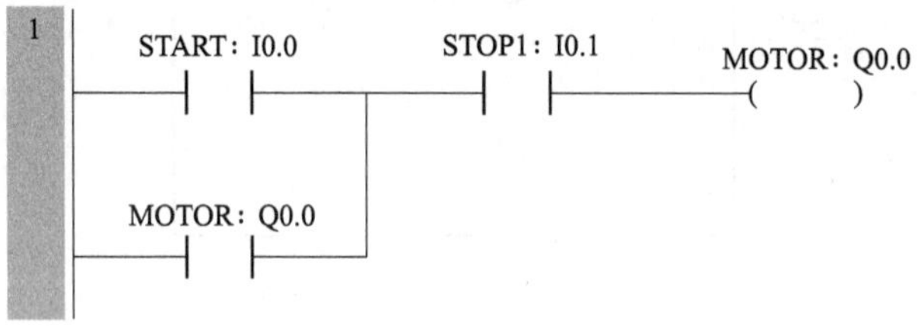

图 4-49　例 4-22 方法 3 梯形图

【例 4-23】　编写电动机启动优先的控制程序。

【解】　I0.0 是启动按钮接常开触点，I0.1 是停止按钮接常闭触点。启动优先于停止的程序如图 4-50 所示，优化后的程序如图 4-51 所示。

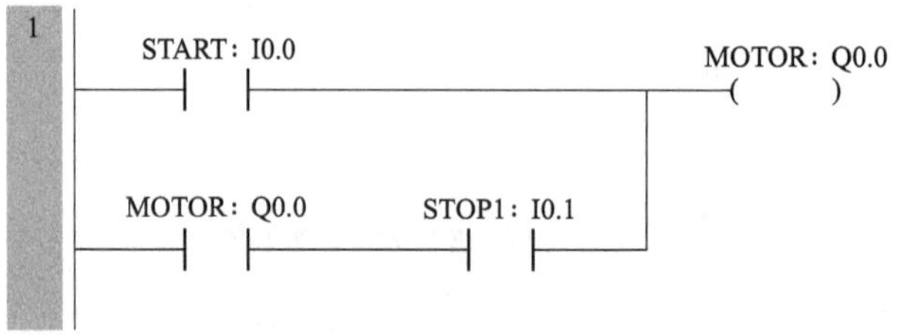

图 4-50　例 4-23 梯形图

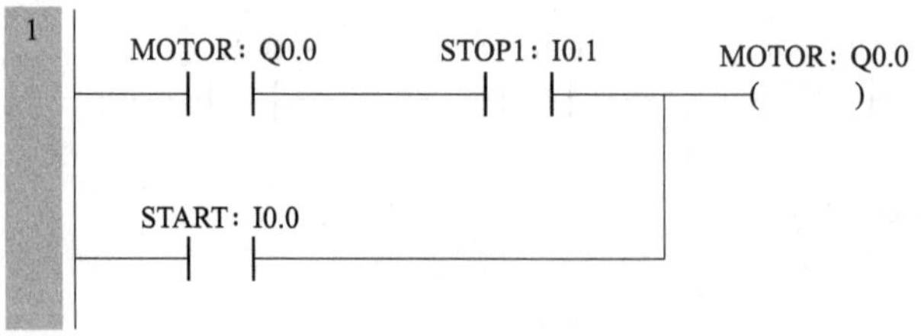

图 4-51　优化后的例 4-23 梯形图

【例 4-24】　编写程序，实现电动机启/停控制和点动控制，要求设计梯形图和原理图。

【解】　输入点：启动—I0.0，停止—I0.2，点动—I0.1。

　　　　输出点：正转—Q0.0。

原理图如图 4-52 所示，梯形图如图 4-53 所示，这种编程方法在工程实践中很常用。

以上程序还可以用如图 4-54 所示的梯形图程序替代。

【例 4-25】　设计一段梯形图程序，启动时可自锁和立即停止，在停机时，要报警 1s。

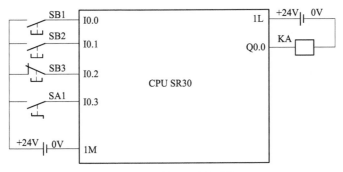

图 4-52 例 4-24 原理图

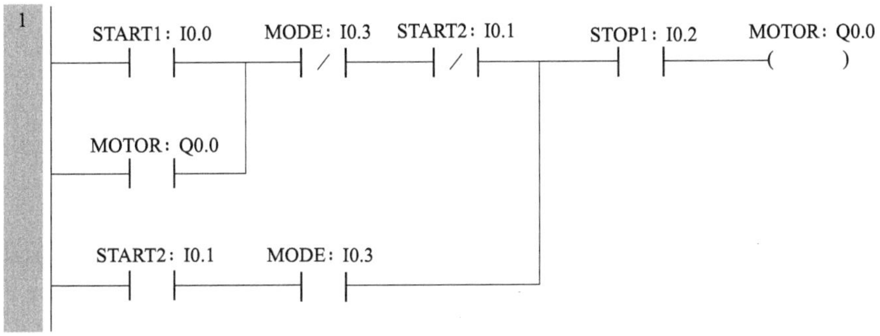

1

START1：I0.0　　MODE：I0.3　START2：I0.1　　　STOP1：I0.2　　MOTOR：Q0.0
　┤├　　　　　┤／├　　　┤／├　　　　　┤├　　　（　）

MOTOR：Q0.0
　┤├

START2：I0.1　　MODE：I0.3
　┤├　　　　　┤├

图 4-53　例 4-24 梯形图（1）

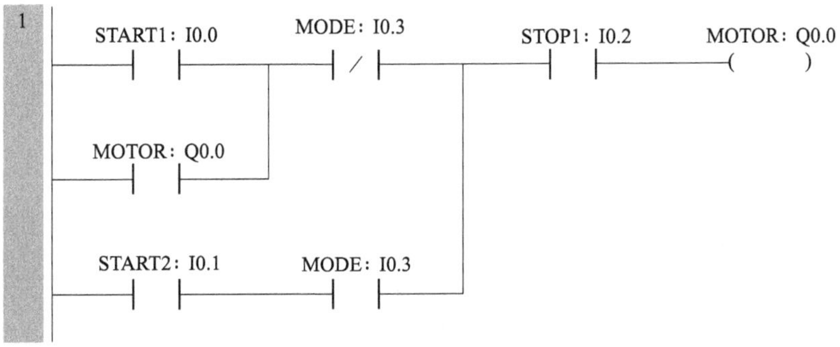

1

START1：I0.0　　　MODE：I0.3　　　　STOP1：I0.2　　MOTOR：Q0.0
　┤├　　　　　　┤／├　　　　　┤├　　　（　）

MOTOR：Q0.0
　┤├

START2：I0.1　　　MODE：I0.3
　┤├　　　　　　┤├

图 4-54　例 4-24 梯形图（2）

【解】　原理图如图 4-55 所示，梯形图如图 4-56 所示。

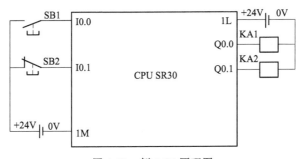

图 4-55　例 4-25 原理图

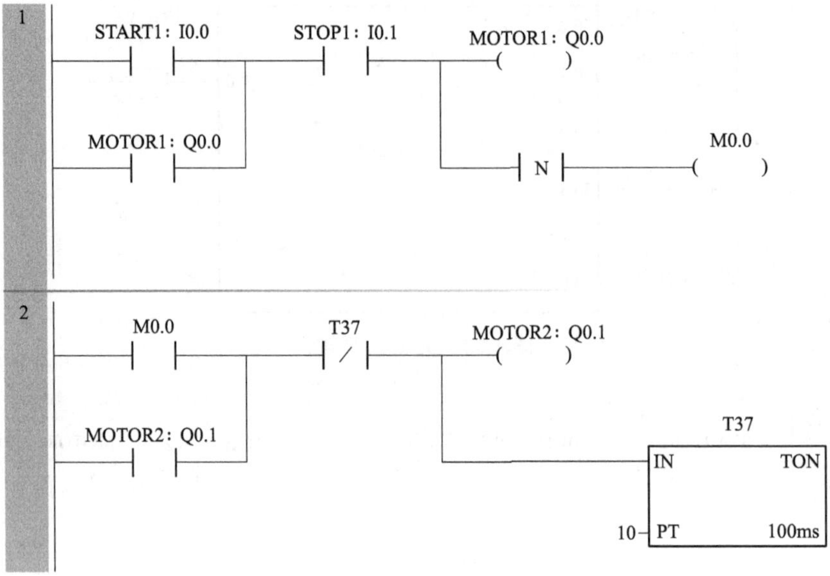

Network 1

START1: I0.0 | STOP1: I0.1 | MOTOR1: Q0.0 ( )

MOTOR1: Q0.0

—| N |— M0.0 ( )

Network 2

M0.0 | T37 / | MOTOR2: Q0.1 ( )

MOTOR2: Q0.1

T37
IN   TON
10 - PT   100ms

图 4-56 例 4-25 梯形图

【例 4-26】 设计电动机的"正转－停－反转"的梯形图，其中 I0.0 是正转按钮，I0.1 是反转按钮，I0.2 是停止按钮，Q0.0 是正转输出，Q0.1 是反转输出。

【解】 先设计 PLC 的原理图，如图 4-57 所示。

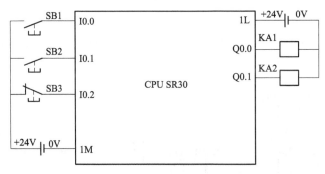

图 4-57 例 4-26 原理图

借鉴继电器接触器系统中的设计方法，不难设计"正转－停－反转"梯形图，如图 4-58 所示。常开触点 Q0.0 和常开触点 Q0.1 起自保（自锁）作用，而常闭触点 Q0.0 和常闭触点 Q0.1 起互锁作用。

【例 4-27】 编写三相异步电动机 Y-△（星形-三角形）启动控制程序。

【解】 首先按下电源开关（I0.0），接通总电源（Q0.0），同时使电动机绕组实现 Y 形连接（Q0.1），延时 5s 后，电动机绕组改为△形连接（Q0.2）。按下停止按钮（I0.1），电动机停转。Y-△减压启动控制原理如图 4-59 所示，梯形图如图 4-60 所示。

4.3.3.2 定时器和计数器应用

【例 4-28】 编写一段程序，实现分脉冲功能。

【解】 梯形图如图 4-61 所示。

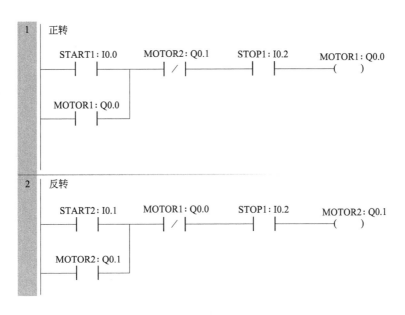

图 4-58 "正转—停—反转"梯形图

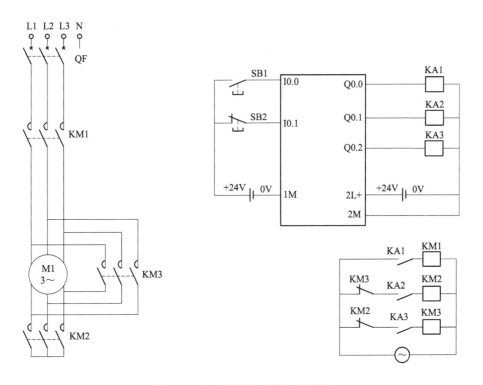

图 4-59 Y-△减压启动控制原理图

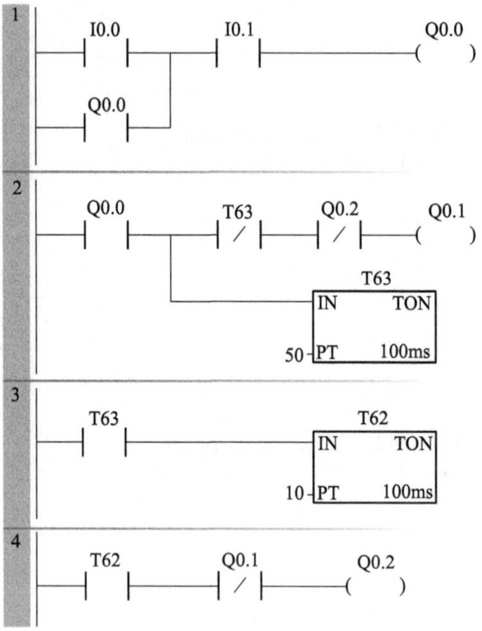

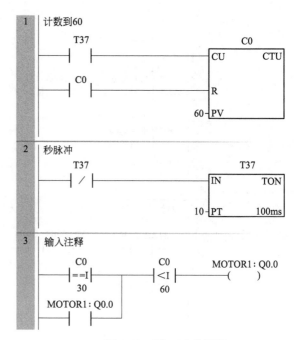

图 4-60　Y-△减压启动控制梯形图

图 4-61　例 4-28 梯形图

4.3.3.3　取代特殊功能的小程序

【例 4-29】　CPU 上电运行后，对 M0.0 置位，并一直保持为 1，设计此梯形图。

【解】　在 S7-200 SMART PLC 中，此程序的功能可取代特殊寄存器 SM0.0，设计梯形图如图 4-62 和图 4-63 所示。

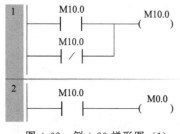

图 4-62　例 4-29 梯形图 (1)

图 4-63　例 4-29 梯形图 (2)

【例 4-30】　CPU 上电运行后，对 MB0～MB3 清零复位，设计此梯形图。

【解】　在 S7-200 SMART PLC 中，此程序的功能可取代特殊寄存器 SM0.1，设计梯形图如图 4-64 所示。

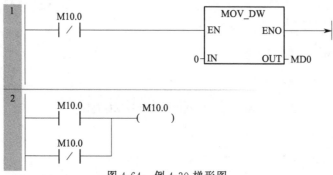

图 4-64　例 4-30 梯形图

4.3.3.4 综合应用

【例4-31】 现有一套三级输送机，用于实现货料的传输，每一级输送机由一台交流电动机进行控制，电机为M1、M2和M3，分别由接触器KM1、KM2、KM3、KM4、KM5和KM6控制电机的正、反转运行。

系统的结构示意图如图4-65所示。

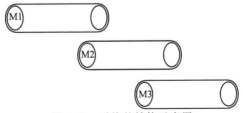

图4-65 系统的结构示意图

(1) 控制任务描述

① 当装置上电时，系统进行复位，所有电机停止运行。

② 当手/自动转换开关SA1打到左边时，系统进入自动状态。按下系统启动按钮SB1时，电机M3首先正转启动，运转10s以后，电机M2正转启动，电机M2运转10s以后，电机M1正转启动，此时系统完成启动过程，进入正常运转状态。

③ 当按下系统停止按钮SB2时，电机M1首先停止，当电机M1停止10s以后，电机M2停止，当M2停止10s以后，电机M3停止。系统在启动过程中按下停止按钮SB2，电机按启动的顺序反向停止运行。

④ 当系统按下急停按钮SB9时三台电机要求停止工作，直到急停按钮取消时，系统恢复到当前状态。

⑤ 当手/自动转换开关SA1打到右边时系统进入手动状态，系统只能由手动开关控制电机的运行。通过手动开关（SB3~SB8），操作者能控制三台电机的正反转运行，实现货物的手动运行。

(2) 编写程序

根据系统的功能要求，编写控制程序。

【解】 电气原理图如图4-66所示，梯形图如图4-67所示。

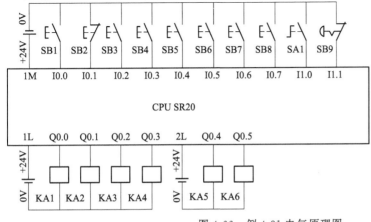

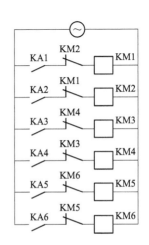

图4-66 例4-31电气原理图

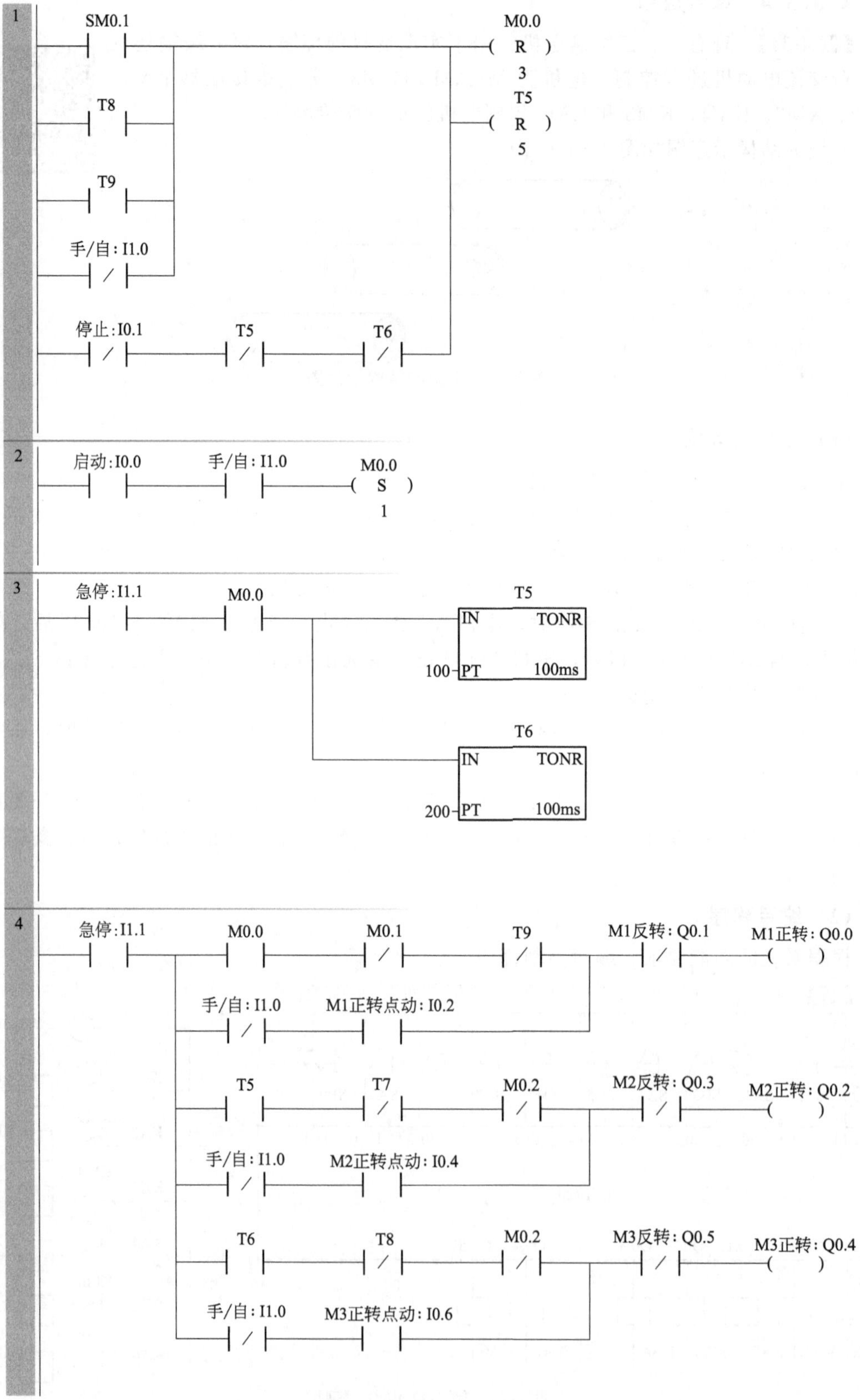

1

SM0.1 — M0.0 (R) 3

T8

T9

手/自:I1.0 — / —

停止:I0.1 — / — T5 — / — T6 — / —

T5 (R) 5

2

启动:I0.0 — 手/自:I1.0 — M0.0 (S) 1

3

急停:I1.1 — M0.0 —

T5
| IN | TONR |
100 — PT | 100ms |

T6
| IN | TONR |
200 — PT | 100ms |

4

急停:I1.1 — M0.0 — M0.1 / — T9 — M1反转:Q0.1 / — M1正转:Q0.0 ( )

手/自:I1.0 / — M1正转点动:I0.2 —

T5 — T7 / — M0.2 — M2反转:Q0.3 / — M2正转:Q0.2 ( )

手/自:I1.0 / — M2正转点动:I0.4 —

T6 — T8 / — M0.2 — M3反转:Q0.5 / — M3正转:Q0.4 ( )

手/自:I1.0 / — M3正转点动:I0.6 —

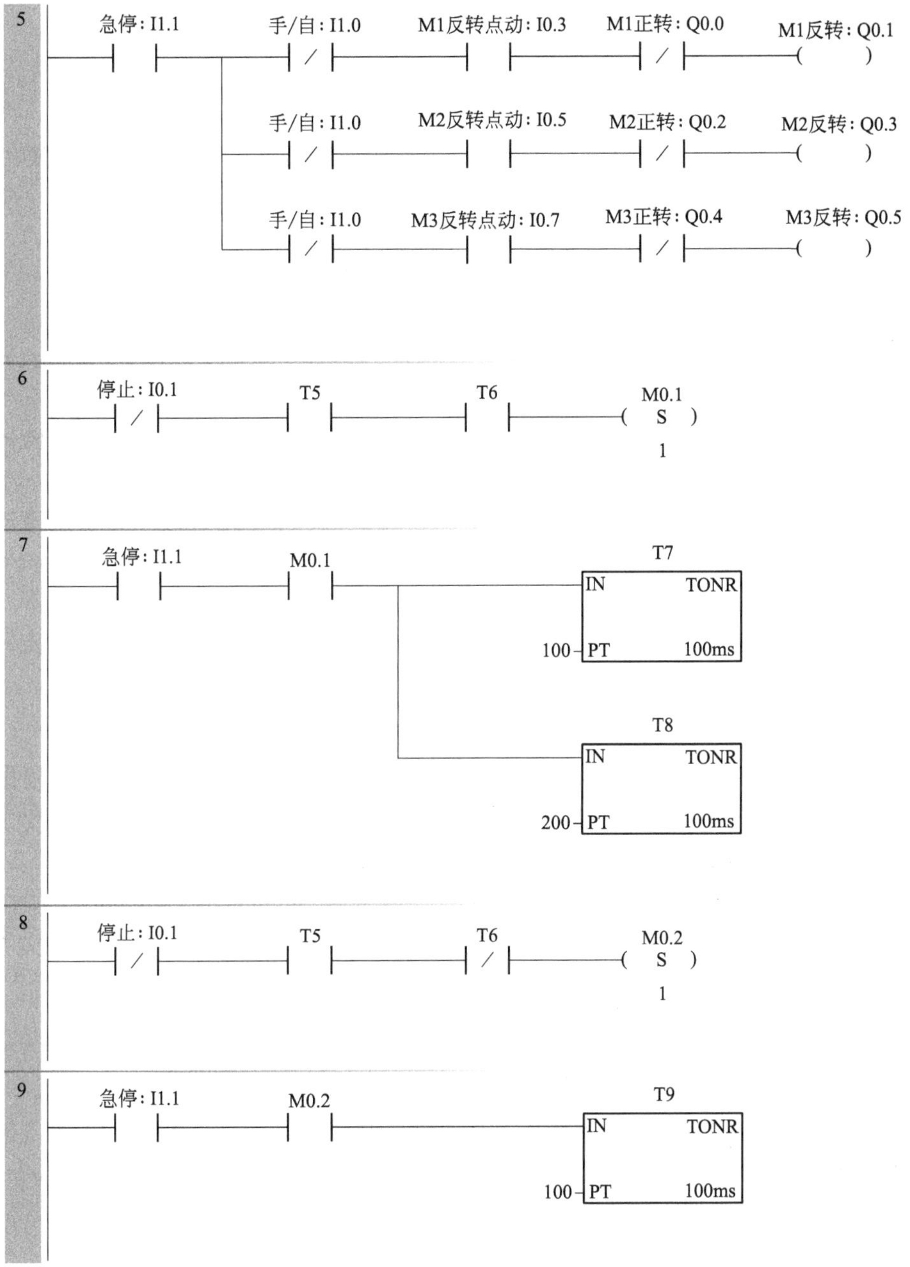

图 4-67   例 4-31 梯形图

4.4   功能指令

为了满足用户的一些特殊要求，20 世纪 80 年代开始，众多 PLC 制造商就在小型机上加入了功能指令（或称应用指令）。这些功能指令的出现，大大拓宽了 PLC 的应用范围。S7-200 SMART PLC 的功能指令很丰富，主要包括算术运算、数据处理、逻辑运算、高速处理、PID、中断、实时时钟和通信指令。PLC在处理模拟量时，一般要进行数据处理。

4.4.1 比较指令

STEP7提供了丰富的比较指令，可以满足用户的多种需要。STEP7中的比较指令可以对下列数据类型的数值进行比较。

① 两个字节的比较（每个字节为8位）。

② 两个字符串的比较（每个字符串为8位）。

③ 两个整数的比较（每个整数为16位）。

④ 两个双精度整数的比较（每个双精度整数为32位）。

⑤ 两个实数的比较（每个实数为32位）。

【关键点】 一个整数和一个双精度整数是不能直接进行比较的，因为它们之间的数据类型不同。一般先将整数转换成双精度整数，再对两个双精度整数进行比较。

比较指令有等于（EQ）、不等于（NQ）、大于（GT）、小于（LQ）、大于或等于（GE）和小于或等于（LE）。比较指令对输入IN1和IN2进行比较。

比较指令是将两个操作数按指定的条件作比较，比较条件满足时，触点闭合，否则断开。比较指令为上、下限控制等提供了极大的方便。在梯形图中，比较指令可以装入，也可以串、并联。

(1) 等于比较指令

等于比较指令有等于字节比较指令、等于整数比较指令、等于双精度整数比较指令、等于符号比较指令和等于实数比较指令五种。等于整数比较指令和参数见表4-14。

表4-14 等于整数比较指令和参数

LAD	参数	数据类型	说明	存储区
IN1 —┤ == I ├— IN2	IN1	INT	比较的第一个数值	I、Q、M、S、SM、T、C、V、L、AI、 AC、常数、* VD、* LD、* AC
	IN2	INT	比较的第二个数值	

用一个例子来说明等于整数比较指令，梯形图和指令表如图4-68所示。当I0.0闭合时，激活比较指令，MW0中的整数和MW2中的整数比较，若两者相等，则Q0.0输出为"1"，若两者不相等，则Q0.0输出为"0"。在I0.0不闭合时，Q0.0的输出为"0"。IN1和IN2可以为常数。

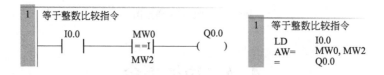

图4-68 等于整数比较指令举例

图4-68中，若无常开触点I0.0，则每次扫描时都要进行整数比较运算。

等于双精度整数比较指令和等于实数比较指令的使用方法与等于整数比较指令类似，只不过IN1和IN2的参数类型分别为双精度整数和实数。

（2）不等于比较指令

不等于比较指令有不等于字节比较指令、不等于整数比较指令、不等于双精度整数比较指令、不等于符号比较指令和不等于实数比较指令五种。不等于整数比较指令和参数见表 4-15。

表 4-15　不等于整数比较指令和参数

LAD	参数	数据类型	说明	存储区
IN1 ─┤<>├─ IN2	IN1	INT	比较的第一个数值	I、Q、M、S、SM、T、C、V、L、AI、AC、常数、* VD、* LD、* AC
	IN2	INT	比较的第二个数值	

用一个例子来说明不等于整数比较指令，梯形图和指令表如图 4-69 所示。当 I0.0 闭合时，激活比较指令，MW0 中的整数和 MW2 中的整数比较，若两者不相等，则 Q0.0 输出为"1"，若两者相等，则 Q0.0 输出为"0"。在 I0.0 不闭合时，Q0.0 的输出为"0"。IN1 和 IN2 可以为常数。

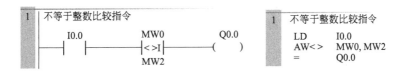

图 4-69　不等于整数比较指令举例

不等于双精度整数比较指令和不等于实数比较指令的使用方法与不等于整数比较指令类似，只不过 IN1 和 IN2 的参数类型分别为双精度整数和实数。使用比较指令的前提是数据类型必须相同。

（3）小于比较指令

小于比较指令有小于字节比较指令、小于整数比较指令、小于双精度整数比较指令和小于实数比较指令四种。小于双精度整数比较指令和参数见表 4-16。

表 4-16　小于双精度整数比较指令和参数

LAD	参数	数据类型	说明	存储区
IN1 ─┤<D├─ IN2	IN1	DINT	比较的第一个数值	I、Q、M、S、SM、V、L、HC、AC、常数、* VD、* LD、* AC
	IN2	DINT	比较的第二个数值	

用一个例子来说明小于双精度整数比较指令，梯形图和指令表如图 4-70 所示。当 I0.0 闭合时，激活小于双精度整数比较指令，MD0 中的双精度整数和 MD4 中的双精度整数比较，若前者小于后者，则 Q0.0 输出为"1"，否则，Q0.0 输出为"0"。在 I0.0 不闭合时，Q0.0 的输出为"0"。IN1 和 IN2 可以为常数。

小于整数比较指令和小于实数比较指令的使用方法与小于双精度整数比较指令类似，只不过 IN1 和 IN2 的参数类型分别为整数和实数。使用比较指令的前提是数据类型必须相同。

（4）大于或等于比较指令

大于或等于比较指令有大于或等于字节比较指令、大于或等于整数比较指令、大于或等于双精度整数比较指令和大于或等于实数比较指令四种。大于或等于实数比较指令和参数见

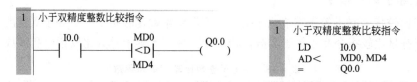

图 4-70　小于双精度整数比较指令举例

表 4-17。

表 4-17　大于或等于实数比较指令和参数

LAD	参数	数据类型	说明	存储区
IN1 ┤>=R├ IN2	IN1	REAL	比较的第一个数值	I、Q、M、S、SM、V、L、AC、
	IN2	REAL	比较的第二个数值	常数、*VD、*LD、*AC

用一个例子来说明大于或等于实数比较指令，梯形图和指令表如图 4-71 所示。当 I0.0 闭合时，激活比较指令，MD0 中的实数和 MD4 中的实数比较，若前者大于或者等于后者，则 Q0.0 输出为"1"，否则，Q0.0 输出为"0"。在 I0.0 不闭合时，Q0.0 的输出为"0"。IN1 和 IN2 可以为常数。

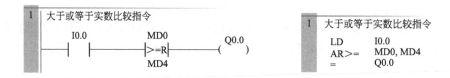

图 4-71　大于或等于实数比较指令举例

大于或等于整数比较指令和大于或等于双精度整数比较指令的使用方法与大于或等于实数比较指令类似，只不过 IN1 和 IN2 的参数类型分别为整数和双精度整数。使用比较指令的前提是数据类型必须相同。

小于或等于比较指令和小于比较指令类似，大于比较指令和大于或等于比较指令类似，在此不再赘述。

4.4.2　数据处理指令

数据处理指令包括数据移动指令、交换/填充存储器指令及移位指令等。数据移动指令非常有用，特别在数据初始化、数据运算和通信时经常用到。

（1）数据移动指令

数据移动指令也称传送指令。数据移动指令有字节、字、双字和实数的单个数据移动指令，还有以字节、字、双字为单位的数据块移动指令，用以实现各存储器单元之间的数据移动和复制。

单个数据移动指令一次完成一个字节、字或双字的传送。以下仅以移动字节指令为例说明移动指令的使用方法，移动字节指令格式见表 4-18。

表 4-18 移动字节指令格式

LAD	参数	数据类型	说明	存储区
MOV_B EN ENO IN OUT	EN	BOOL	允许输入	V、I、Q、M、S、SM、L
	ENO	BOOL	允许输出	
	OUT	BYTE	目的地址	V、I、Q、M、S、SM、L、AC、* VD、 * LD、* AC、常数（OUT 中无常数）
	IN	BYTE	源数据	

当使能端输入 EN 有效时，将输入端 IN 中的字节移动至 OUT 指定的存储器单元输出。输出端 ENO 的状态和使能端 EN 的状态相同。

【例 4-32】 VB0 中的数据为 20，程序如图 4-72 所示，试分析运行结果。

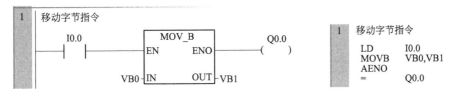

图 4-72 移动字节指令应用举例

【解】 当 I0.0 闭合时，执行移动字节指令，VB0 和 VB1 中的数据都为 20，同时 Q0.0 输出高电平；当 I0.0 闭合后断开，VB0 和 VB1 中的数据都仍为 20，但 Q0.0 输出低电平。

移动字、双字和实数指令的使用方法与移动字节指令类似，在此不再说明。

【关键点】 读者若将输出 VB1 改成 VW1，则程序出错。因为移动字节的操作数不能为字。

（2）成块移动指令（BLKMOV）

成块移动指令即一次完成 N 个数据的成块移动，成块移动指令是一个效率很高的指令，应用很方便，有时使用一条成块移动指令可以取代多条移动指令，其指令格式见表 4-19。

表 4-19 成块移动指令格式

LAD	参数	数据类型	说明	存储区
BLKMOV_B EN ENO IN OUT N	EN	BOOL	允许输入	V、I、Q、M、S、SM、L
	ENO	BOOL	允许输出	
	N	BYTE	要移动的字节数	V、I、Q、M、S、SM、L、 AC、常数、* VD、* AC、* LD
	OUT	BYTE	目的地首地址	V、I、Q、M、S、SM、L、AC、* VD、 * LD、* AC、常数（OUT 中无常数）
	IN	BYTE	源数据首地址	

【例 4-33】 编写一段程序，将 VB0 开始的 4 个字节的内容移动至 VB10 开始的 4 个字节存储单元中，VB0～VB3 的数据分别为 5、6、7、8。

【解】 程序运行结果如图 4-73 所示。

数组 1 的数据：5　　　　6　　　　7　　　　8

数据地址：　　VB0　　VB1　　VB2　　VB3

数组 2 的数据：5　　　　6　　　　7　　　　8

数据地址：　　VB10　　VB11　　VB12　　VB13

成块移动指令还有成块移动字和成块移动双字，其使用方法和成块移动字节类似，只不

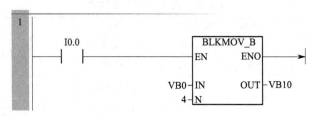

图 4-73 成块移动字节程序示例

过其数据类型不同而已。

(3) 字节交换指令 (SWAP)

字节交换指令用来实现字中高、低字节内容的交换。当使能端 (EN) 输入有效时,将输入字 IN 中的高、低字节内容交换,结果仍放回字 IN 中。其指令格式见表 4-20。

表 4-20　字节交换指令格式

LAD	参数	数据类型	说明	存储区
SWAP EN　ENO IN	EN	BOOL	允许输入	V、I、Q、M、S、SM、L
	ENO	BOOL	允许输出	
	IN	WORD	源数据	V、I、Q、M、S、SM、T、C、 L、AC、* VD、* AC、* LD

【例 4-34】　如图 4-74 所示的程序,若 QB0＝FF,QB1＝0,在接通 I0.0 的前后,PLC 的输出端的指示灯有何变化?

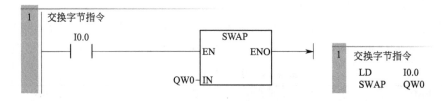

图 4-74　交换字节指令程序示例

【解】　执行程序后,QB1＝FF,QB0＝0,因此运行程序前 PLC 的输出端的 Q0.0～Q0.7 指示灯亮,执行程序后 Q0.0～Q0.7 指示灯灭,而 Q1.0～Q1.7 指示灯亮。

(4) 填充存储器指令 (FILL)

填充存储器指令用来实现存储器区域内容的填充。当使能端输入有效时,将输入字 IN 填充至从 OUT 指定单元开始的 N 个字存储单元。

填充存储器指令可归类为表格处理指令,用于数据表的初始化,特别适合于连续字节的清零,填充存储器指令格式见表 4-21。

【例 4-35】　编写一段程序,将从 VW0 开始的 10 个字存储单元清零。

【解】　程序如图 4-75 所示。FILL 是表指令,使用比较方便,特别是在程序的初始化时,常使用 FILL 指令,将要用到的数据存储区清零。在编写通信程序时,通常在程序的初始化时,将数据发送缓冲区和数据接收缓冲区的数据清零,就要用到 FILL 指令。此外,表指令中还有 FIFO、LIFO 等指令,读者可参考相关手册。

表 4-21　填充存储器指令格式

LAD	参数	数据类型	说明	存储区
	EN	BOOL	允许输入	V、I、Q、M、S、SM、L
	ENO	BOOL	允许输出	
	IN	INT	要填充的数	V、I、Q、M、S、SM、L、T、C、AI、AC、常数、* VD、* LD、* AC
	OUT	INT	目的数据首地址	V、I、Q、M、S、SM、L、T、C、AQ、* VD、* LD、* AC
	N	BYTE	填充的个数	V、I、Q、M、S、SM、L、AC、常数、* VD、* LD、* AC

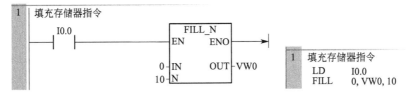

图 4-75　填充存储器指令程序示例

当然也可以使用 BLKMOV 指令完成以上功能。

【例 4-36】　如图 4-76 所示为电动机 Y-△启动的电气原理图，要求编写控制程序。

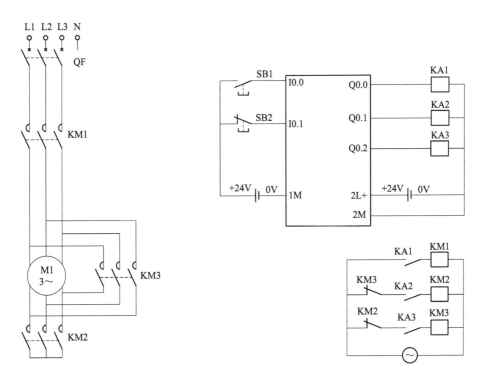

图 4-76　电气原理图

【解】 前 10s，Q0.0 和 Q0.1 线圈得电，星形启动，从第 10～11s 只有 Q0.0 得电，从 11s 开始，Q0.0 和 Q0.2 线圈得电，电动机为三角形运行。梯形图如图 4-77 所示。这种解决方案，逻辑是正确的，但浪费了 5 个宝贵的输出点（Q0.3～Q0.7），因此这种解决方案不实用。经过优化后，梯形图如图 4-78 所示。

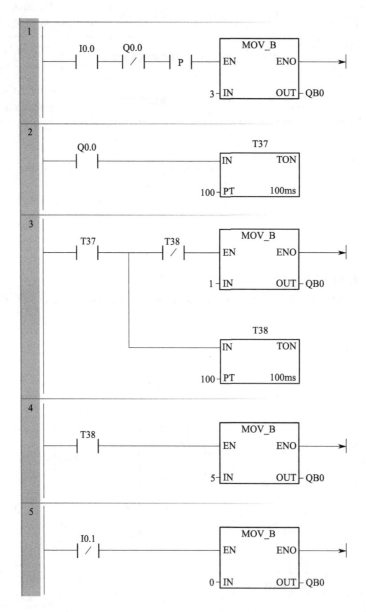

图 4-77　例 4-36 电动机 Y-△启动梯形图（1）

4.4.3　移位与循环指令

STEP7-Micro/WIN SMART 提供的移位指令能将存储器的内容逐位向左或者向右移动。移动的位数由 N 决定。向左移 N 位相当于累加器的内容乘以 2^N，向右移 N 位相当于累加器的内容除以 2^N。移位指令在逻辑控制中使用也很方便。移位与循环指令见表 4-22。

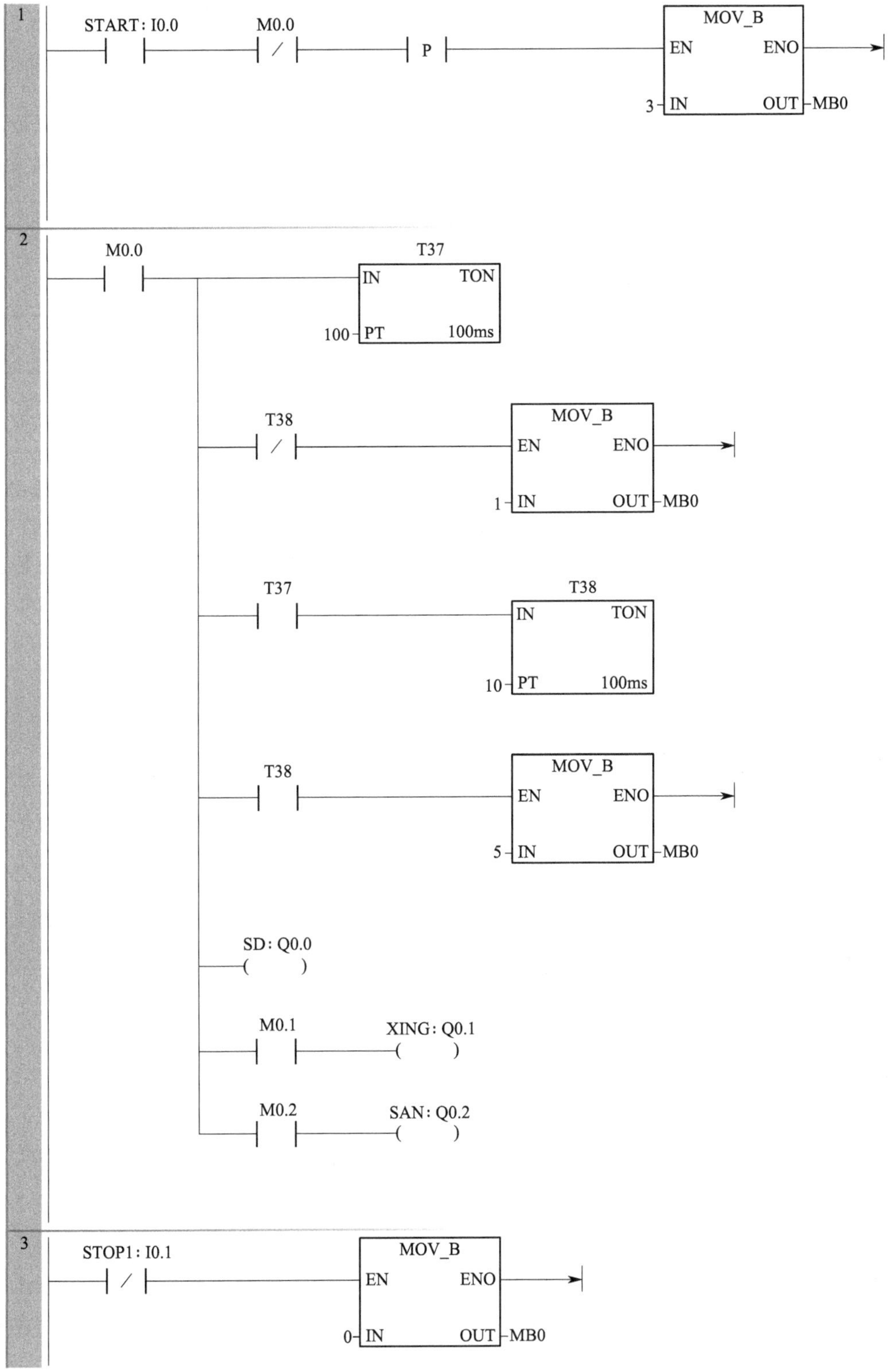

```
1    START：I0.0        M0.0                              MOV_B
     ──┤├──          ──┤/├──     ──┤P├──            ┌──────────┐
                                                    │EN     ENO├──────▶│
                                                    │          │
                                                  3─┤IN     OUT├─MB0
                                                    └──────────┘

2          M0.0                              T37
        ──┤├──  ┬────────────            ┌──────────┐
                │                        │IN     TON│
                │                        │          │
                │                    100─┤PT   100ms│
                │                        └──────────┘
                │
                │         T38                MOV_B
                ├──┤/├──              ┌──────────┐
                │                     │EN     ENO├──────▶│
                │                     │          │
                │                   1─┤IN     OUT├─MB0
                │                     └──────────┘
                │
                │         T37                T38
                ├──┤├──               ┌──────────┐
                │                     │IN     TON│
                │                     │          │
                │                  10─┤PT   100ms│
                │                     └──────────┘
                │
                │         T38                MOV_B
                ├──┤├──               ┌──────────┐
                │                     │EN     ENO├──────▶│
                │                     │          │
                │                   5─┤IN     OUT├─MB0
                │                     └──────────┘
                │
                │   SD：Q0.0
                ├───( )
                │
                │    M0.1           XING：Q0.1
                ├──┤├──              ─( )
                │
                │    M0.2           SAN：Q0.2
                └──┤├──              ─( )

3    STOP1：I0.1                           MOV_B
     ──┤/├──                         ┌──────────┐
                                     │EN     ENO├──────▶│
                                     │          │
                                   0─┤IN     OUT├─MB0
                                     └──────────┘
```

图 4-78　例 4-36 电动机 Y-△启动梯形图（2）

表 4-22　移位与循环指令汇总

名称	语句表	梯形图	描述
字节左移	SLB	SHL_B	字节逐位左移,空出的位添 0
字左移	SLW	SHL_W	字逐位左移,空出的位添 0
双字左移	SLD	SHL_DW	双字逐位左移,空出的位添 0
字节右移	SRB	SHR_B	字节逐位右移,空出的位添 0
字右移	SRW	SHR_W	字逐位右移,空出的位添 0
双字右移	SRD	SHR_DW	双字逐位右移,空出的位添 0
字节循环左移	RLB	ROL_B	字节循环左移
字循环左移	RLW	ROL_W	字循环左移
双字循环左移	RLD	ROL_DW	双字循环左移
字节循环右移	RRB	ROR_B	字节循环右移
字循环右移	RRW	ROR_W	字循环右移
双字循环右移	RRD	ROR_DW	双字循环右移
移位寄存器	SHRB	SHRB	将 DATA 数值移入移位寄存器

(1) 字左移 (SHL_W)

当字左移指令（SHL_W）的 EN 位为高电平"1"时，执行移位指令，将 IN 端指定的内容左移 N 端指定的位数，然后写入 OUT 端指定的目的地址中。如果移位数目（N）大于或等于 16，则数值最多被移位 16 次。最后一次移出的位保存在 SM1.1 中。字左移指令（SHL_W）和参数见表 4-23。

表 4-23　字左移指令 (SHL_W) 和参数

LAD	参数	数据类型	说明	存储区
	EN	BOOL	允许输入	I、Q、M、D、L
	ENO	BOOL	允许输出	
	N	BYTE	移动的位数	V、I、Q、M、S、SM、L、AC、常数、* VD、* LD、* AC
	IN	WORD	移位对象	V、I、Q、M、S、SM、L、T、C、AC、* VD、* LD、* AC、AI 和常数（OUT 无）
	OUT	WORD	移动操作结果	

【例 4-37】　梯形图和指令表如图 4-79 所示。假设 IN 中的字 MW0 为 2 # 1001 1101 1111 1011，当 I0.0 闭合时，OUT 端的 MW0 中的数是多少？

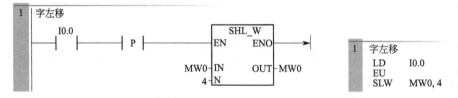

图 4-79　字左移指令应用的梯形图和指令表

【解】　当 I0.0 闭合时，激活左移指令，IN 中的字存储在 MW0 中的数为 2 # 1001 1101 1111 1011，向左移 4 位后，OUT 端的 MW0 中的数是 2 # 1101 1111 1011 0000，字左移指令示意图如图 4-80 所示。

【关键点】　图 4-79 中的梯形图有一个上升沿，这样 I0.0 每闭合一次，左移 4 位，若没有上升沿，那么闭合一次，则可能左移很多次。这点读者要特别注意。

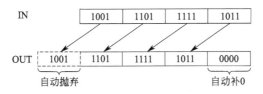

图 4-80 字左移指令示意图

（2）字右移（SHR _ W）

当字右移指令（SHR _ W）的 EN 位为高电平"1"时，将执行移位指令，将 IN 端指定的内容右移 N 端指定的位数，然后写入 OUT 端指定的目的地址中。如果移位数目（N）大于或等于 16，则数值最多被移位 16 次。最后一次移出的位保存在 SM1.1 中。字右移指令（SHR _ W）和参数见表 4-24。

表 4-24　字右移指令（SHR _ W）和参数

LAD	参数	数据类型	说明	存储区
SHR_W EN ENO IN OUT N	EN	BOOL	允许输入	I、Q、M、S、L、V
	ENO	BOOL	允许输出	
	N	BYTE	移动的位数	V、I、Q、M、S、SM、L、AC、常数、* VD、* LD、* AC
	IN	WORD	移位对象	V、I、Q、M、S、SM、L、T、C、AC、* VD、* LD、* AC、AI 和常数（OUT 无）
	OUT	WORD	移动操作结果	

【例 4-38】　梯形图和指令表如图 4-81 所示。假设 IN 中的字 MW0 为 2♯1001 1101 1111 1011，当 I0.0 闭合时，OUT 端的 MW0 中的数是多少？

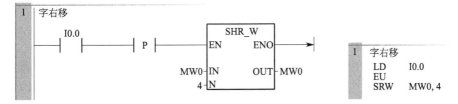

图 4-81　字右移指令应用的梯形图和指令表

【解】　当 I0.0 闭合时，激活右移指令，IN 中的字存储在 MW0 中，假设这个数为 2♯1001 1101 1111 1011，向右移 4 位后，OUT 端的 MW0 中的数是 2♯0000 1001 1101 1111，字右移指令示意图如图 4-82 所示。

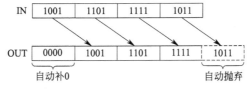

图 4-82　字右移指令示意图

字节的左移位、字节的右移位、双字的左移位、双字的右移位和字的移位指令类似，在此不再赘述。

（3）双字循环左移（ROL＿DW）

当双字循环左移（ROL＿DW）的 EN 位为高电平"1"时，将执行双字循环左移指令，将 IN 端指令的内容循环左移 N 端指定的位数，然后写入 OUT 端指令的目的地址中。如果移位数目（N）大于或等于 32，执行旋转之前在移动位数（N）上执行模数 32 操作。从而使位数在 0～31 之间，例如当 N＝34 时，通过模运算，实际移位为 2。双字循环左移（ROL＿DW）指令和参数见表 4-25。

表 4-25　双字循环左移（ROL＿DW）指令和参数

LAD	参数	数据类型	说明	存储区
	EN	BOOL	允许输入	I,Q,M,S,L,V
	ENO	BOOL	允许输出	
	N	BYTE	移动的位数	V、I、Q、M、S、SM、L、AC、常数、＊VD、＊LD、＊AC
	IN	DWORD	移位对象	V、I、Q、M、S、SM、L、AC、＊VD、＊LD、＊AC、HC 和常数（OUT 无）
	OUT	DWORD	移动操作结果	

【例 4-39】　梯形图和指令表如图 4-83 所示。假设 IN 中的字 MD0 为 2♯1001 1101 1111 1011 1001 1101 1111 1011，当 I0.0 闭合时，OUT 端的 MD0 中的数是多少？

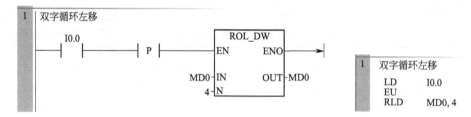

图 4-83　双字循环左移指令应用梯形图和指令表

【解】　当 I0.0 闭合时，激活双字循环左移指令，IN 中的双字存储在 MD0 中，除最高 4 位外，其余各位向左移 4 位后，双字的最高 4 位，循环到双字的最低 4 位，结果是 OUT 端的 MD0 中的数是 2♯1101 1111 1011 1001 1101 1111 1011 1001，其示意图如图 4-84 所示。

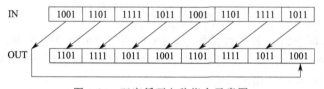

图 4-84　双字循环左移指令示意图

（4）双字循环右移（ROR＿DW）

当双字循环右移（ROR＿DW）的 EN 位为高电平"1"时，将执行双字循环右移指令，将 IN 端指令的内容向右循环移动 N 端指定的位数，然后写入 OUT 端指令的目的地址中。如果移位数目（N）大于或等于 32，执行旋转之前在移动位数（N）上执行模数 32 操作。从而使位数在 0～31 之间，例如当 N＝34 时，通过模运算，实际移位为 2。双字循环右移（ROR＿DW）指令和参数见表 4-26。

表 4-26　双字循环右移（ROR_DW）指令和参数

LAD	参数	数据类型	说明	存储区
	EN	BOOL	允许输入	I、Q、M、S、L、V
	ENO	BOOL	允许输出	
	N	BYTE	移动的位数	V、I、Q、M、S、SM、L、AC、常数、* VD、* LD、* AC
	IN	DWORD	移位对象	V、I、Q、M、S、SM、L、AC、* VD、* LD、* AC、HC 和常数（OUT无）
	OUT	DWORD	移动操作结果	

【例 4-40】 梯形图和指令表如图 4-85 所示。假设 IN 中的字 MD0 为 2#1001 1101 1111 1011 1001 1101 1111 1011，当 I0.0 闭合时，OUT 端的 MD0 中的数是多少？

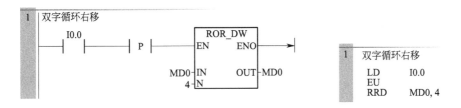

图 4-85　双字循环右移指令应用的梯形图和指令表

【解】 当 I0.0 闭合时，激活双字循环右移指令，IN 中的双字存储在 MD0 中，这个数为 2#1001 1101 1111 1011 1001 1101 1111 1011，除最低 4 位外，其余各位向右移 4 位后，双字的最低 4 位，循环到双字的最高 4 位，结果是 OUT 端的 MD0 中的数是 2#1011 1001 1101 1111 1011 1001 1101 1111，其示意图如图 4-86 所示。

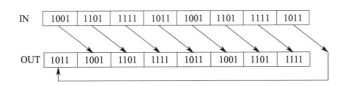

图 4-86　双字循环右移指令示意图

字节的左循环、字节的右循环、字的左循环、字的右循环和双字的循环指令类似，在此不再赘述。

4.4.4　算术运算指令

4.4.4.1　整数算术运算指令

S7-200 SMART PLC 的整数算术运算分为加法运算、减法运算、乘法运算和除法运算，其中每种运算方式又有整数型和双精度整数型两种。

（1）加整数（ADD_I）

当允许输入端 EN 为高电平时，输入端 IN1 和 IN2 中的整数相加，结果送入 OUT 中。IN1 和 IN2 中的数可以是常数。加整数的表达式是：IN1＋IN2＝OUT。加整数（ADD_I）指令和参数见表 4-27。

表 4-27 加整数 (ADD _ I) 指令和参数

LAD	参数	数据类型	说明	存储区
ADD_I EN ENO IN1 IN2 OUT	EN	BOOL	允许输入	V、I、Q、M、S、SM、L
	ENO	BOOL	允许输出	
	IN1	INT	相加的第 1 个值	V、I、Q、M、S、SM、T、C、AC、L、 AI、常数、* VD、* LD、* AC
	IN2	INT	相加的第 2 个值	
	OUT	INT	和	V、I、Q、M、S、SM、T、C、 AC、L、* VD、* LD、* AC

【例 4-41】 梯形图和指令表如图 4-87 所示。MW0 中的整数为 11，MW2 中的整数为 21，则当 I0.0 闭合时，整数相加，结果 MW4 中的数是多少？

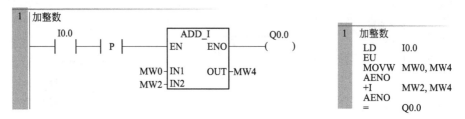

图 4-87 加整数 (ADD _ I) 指令应用的梯形图和指令表

【解】 当 I0.0 闭合时，激活加整数指令，IN1 中的整数存储在 MW0 中，这个数为 11，IN2 中的整数存储在 MW2 中，这个数为 21，整数相加的结果存储在 OUT 端的 MW4 中的数是 32。由于没有超出计算范围，所以 Q0.0 输出为 "1"。假设 IN1 中的整数为 9999，IN2 中的整数为 30000，则超过整数相加的范围。由于超出计算范围，所以 Q0.0 输出为 "0"。

【关键点】 整数相加未超出范围时，当 I0.0 闭合时，Q0.0 输出为高电平，否则 Q0.0 输出为低电平。

加双精度整数 (ADD _ DI) 指令与加整数 (ADD _ I) 类似，只不过其数据类型为双精度整数，在此不再赘述。

(2) 减双精度整数 (SUB _ DI)

当允许输入端 EN 为高电平时，输入端 IN1 和 IN2 中的双精度整数相减，结果送入 OUT 中。IN1 和 IN2 中的数可以是常数。减双精度整数的表达式是：IN1－IN2＝OUT。

减双精度整数 (SUB _ DI) 指令和参数见表 4-28。

表 4-28 减双精度整数 (SUB _ DI) 指令和参数

LAD	参数	数据类型	说明	存储区
SUB_DI EN ENO IN1 IN2 OUT	EN	BOOL	允许输入	V、I、Q、M、S、SM、L
	ENO	BOOL	允许输出	
	IN1	DINT	被减数	V、I、Q、M、SM、S、L、AC、HC、 常数、* VD、* LD、* AC
	IN2	DINT	减数	
	OUT	DINT	差	V、I、Q、M、SM、S、L、AC、* VD、* LD、* AC

【例 4-42】 梯形图和指令表如图 4-88 所示，IN1 中的双精度整数存储在 MD0 中，数值为 22，IN2 中的双精度整数存储在 MD4 中，数值为 11，当 I0.0 闭合时，双精度整数相减

的结果存储在 OUT 端的 MD4 中,其结果是多少?

【解】 当 I0.0 闭合时,激活减双精度整数指令,IN1 中的双精度整数存储在 MD0 中,假设这个数为 22,IN2 中的双精度整数存储在 MD4 中,假设这个数为 11,双精度整数相减的结果存储在 OUT 端的 MD4 中的数是 11。由于没有超出计算范围,所以 Q0.0 输出为 "1"。

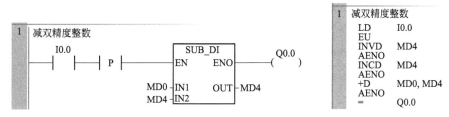

图 4-88 减双精度整数 (SUB _ DI) 指令应用的梯形图和指令表

减整数 (SUB _ I) 指令与减双精度整数 (SUB _ DI) 类似,只不过其数据类型为整数,在此不再赘述。

(3) 乘整数 (MUL _ I)

当允许输入端 EN 为高电平时,输入端 IN1 和 IN2 中的整数相乘,结果送入 OUT 中。IN1 和 IN2 中的数可以是常数。乘整数的表达式是:IN1×IN2＝OUT。乘整数 (MUL _ I) 指令和参数见表 4-29。

表 4-29 乘整数 (MUL _ I) 指令和参数

LAD	参数	数据类型	说明	存储区
MUL_I EN ENO IN1 IN2 OUT	EN	BOOL	允许输入	V、I、Q、M、S、SM、L
	ENO	BOOL	允许输出	
	IN1	INT	相乘的第 1 个值	V、I、Q、M、S、SM、T、C、L、AC、AI、常数、* VD、* LD、* AC
	IN2	INT	相乘的第 2 个值	
	OUT	INT	相乘的结果(积)	V、I、Q、M、S、SM、L、T、C、AC、* VD、* LD、* AC

【例 4-43】 梯形图和指令表如图 4-89 所示。IN1 中的整数存储在 MW0 中,数值为 11,IN2 中的整数存储在 MW2 中,数值为 11,当 I0.0 闭合时,整数相乘的结果存储在 OUT 端的 MW4 中,其结果是多少?

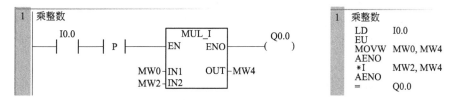

图 4-89 乘整数 (MUL _ I) 指令应用的梯形图和指令表

【解】 当 I0.0 闭合时,激活乘整数指令,OUT ＝IN1×IN2,整数相乘的结果存储在 OUT 端的 MW4 中,结果是 121。由于没有超出计算范围,所以 Q0.0 输出为 "1"。

两个整数相乘得双精度整数的乘积指令 (MUL),其两个乘数都是整数,乘积为双精度整数，注意 MUL 和 MUL _ I 的区别。

双精度乘整数（MUL _ DI）指令与乘整数（MUL _ I）类似，只不过双精度乘整数数据类型为双精度整数，在此不再赘述。

（4）除双精度整数（DIV _ DI）

当允许输入端 EN 为高电平时，输入端 IN1 中的除双精度整数以 IN2 中的双精度整数，结果为双精度整数，送入 OUT 中，不保留余数。IN1 和 IN2 中的数可以是常数。除双精度整数（DIV _ DI）指令和参数见表 4-30。

表 4-30　除双精度整数（DIV _ DI）指令和参数

LAD	参数	数据类型	说明	存储区
DIV_DI EN ENO IN1 IN2 OUT	EN	BOOL	允许输入	V、I、Q、M、S、SM、L
	ENO	BOOL	允许输出	
	IN1	DINT	被除数	V、I、Q、M、SM、S、L、HC、AC、常数、* VD、* LD、* AC
	IN2	DINT	除数	
	OUT	DINT	除法的双精度整数结果（商）	V、I、Q、M、SM、S、L、AC、* VD、* LD、* AC

【例 4-44】　梯形图和指令表如图 4-90 所示。IN1 中的双精度整数存储在 MD0 中，数值为 11，IN2 中的双精度整数存储在 MD4 中，数值为 2，当 I0.0 闭合时，双精度整数相除的结果存储在 OUT 端的 MD8 中，其结果是多少？

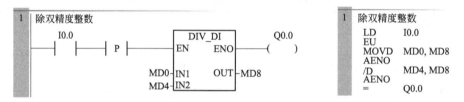

图 4-90　除双精度整数（DIV _ DI）指令应用的梯形图和指令表

【解】　当 I0.0 闭合时，激活除双精度整数指令，IN1 中的双精度整数存储在 MD0 中，数值为 11，IN2 中的双精度整数存储在 MD4 中，数值为 2，双精度整数相除的结果存储在 OUT 端的 MD8 中的数是 5，不产生余数。由于没有超出计算范围，所以 Q0.0 输出为 "1"。

【关键点】　除双精度整数法不产生余数。

整数除（DIV _ I）指令与除双精度整数（DIV _ DI）类似，只不过其数据类型为整数，在此不再赘述。整数相除得商和余数指令（DIV），其除数和被除数都是整数，输出 OUT 为双精度整数，其中高位是一个 16 位余数，其低位是一个 16 位商，注意 DIV 和 DIV _ I 的区别。

【例 4-45】　算术运算程序示例如图 4-91 所示，其中开始时 AC1 中内容为 4000，AC0 中内容为 6000，VD100 中内容为 200，VW200 中内容为 41，执行运算后，AC0、VD100 和 VD202 中的数值是多少？

【解】　程序运行结果如图 4-92 所示，累加器 AC0 和 AC1 中可以装入字节、字、双字和实数等数据类型的数据，可见其使用比较灵活。DIV 指令的除数和被除数都是整数，而结果为双精度整数，对于本例被除数为 4000，除数为 41，双精度整数结果存储在 VD202 中，其中余数 23 存储在高位 VW202 中，商 97 存储在低位 VW204 中。

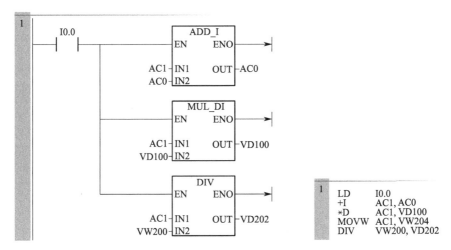

图 4-91　算术运算程序的梯形图和指令表

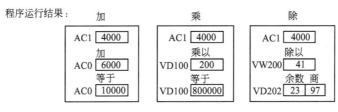

图 4-92　程序运行结果

（5）递增/递减运算指令

递增/递减运算指令，在输入端（IN）上加 1 或减 1，并将结果置入 OUT。递增/递减指令的操作数类型为字节、字和双字。递增字运算指令格式见表 4-31。

表 4-31　递增字运算指令格式

LAD	参数	数据类型	说明	存储区
	EN	BOOL	允许输入	V、I、Q、M、S、SM、L
	ENO	BOOL	允许输出	
INC_W EN　ENO IN　OUT	IN	INT	将要递增 1 的数	V、I、Q、M、S、SM、AC、AI、 L、T、C、常数、* VD、* LD、* AC
	OUT	INT	递增 1 后的结果	V、I、Q、M、S、SM、L、AC、 T、C、* VD、* LD、* AC

① 递增字节/递减字节运算（INC_B/DEC_B）。使能端输入有效时，将一个字节的无符号数 IN 增 1/减 1，并将结果送至 OUT 指定的存储器单元输出。

② 双字递增/双字递减运算（INC_DW/DEC_DW）。使能端输入有效时，将双字长的符号数 IN 增 1/减 1，并将结果送至 OUT 指定的存储器单元输出。

【例 4-46】　递增/递减运算程序如图 4-93 所示。初始时 AC0 中的内容为 125，VD100 中的内容为 128000，试分析运算结果。

【例 4-47】　有一个电炉，加热功率有 1000W、2000W 和 3000W 三个挡次，电炉有

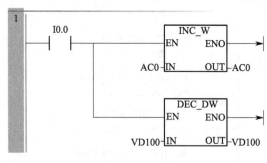

程序运行结果：

字增1		双字减1	
AC0	125	VD100	128000
增1		减1	
AC0	126	VD100	127999

图 4-93　程序和运行结果

1000W 和 2000W 两种电加热丝。要求用一个按钮选择三个加热挡，当按一次按钮时，1000W 电阻丝加热，即第一挡；当按两次按钮时，2000W 电阻丝加热，即第二挡；当按三次按钮时，1000W 和 2000W 电阻丝同时加热，即第三挡；当按四次按钮时停止加热。请编写程序。

【解】　梯形图如图 4-94 所示。

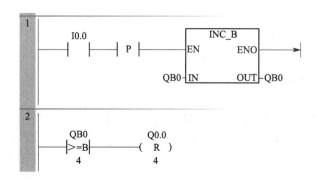

图 4-94　例 4-47 梯形图 （1）

这种解决方案，逻辑是正确的，但浪费了 6 个宝贵的输出点 （Q0.2～Q0.7），因此这种解决方案不实用。经过优化后，梯形图如图 4-95 所示。

4.4.4.2　浮点数运算函数指令

浮点数运算函数有浮点算术运算函数、三角函数、对数函数、幂运函数和 PID 等。浮点算术运算函数又分为加法运算、减法运算、乘法运算和除法运算函数。浮点数运算函数见表 4-32。

加实数 （ADD ＿ R）：当允许输入端 EN 为高电平时，输入端 IN1 和 IN2 中的实数相加，结果送入 OUT 中。IN1 和 IN2 中的数可以是常数。加实数的表达式是：IN1＋IN2＝OUT。加实数 （ADD ＿ R）指令和参数见表 4-33。

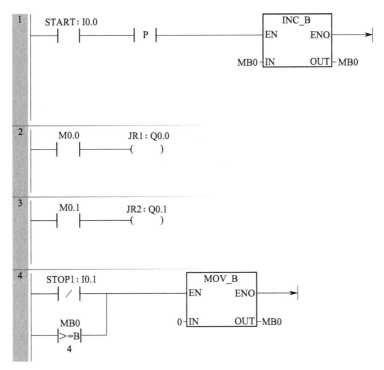

图 4-95　例 4-47 梯形图（2）

表 4-32　浮点数运算函数

语句表	梯形图	描述
＋R	ADD_R	将两个 32 位实数相加,并产生一个 32 位实数结果(OUT)
－R	SUB_R	将两个 32 位实数相减,并产生一个 32 位实数结果(OUT)
＊R	MUL_R	将两个 32 位实数相乘,并产生一个 32 位实数结果(OUT)
/R	DIV_R	将两个 32 位实数相除,并产生一个 32 位实数商
SQRT	SQRT	求浮点数的平方根
EXP	EXP	求浮点数的自然指数
LN	LN	求浮点数的自然对数
SIN	SIN	求浮点数的正弦函数
COS	COS	求浮点数的余弦函数
TAN	TAN	求浮点数的正切函数
PID	PID	PID 运算

表 4-33　加实数（ADD_R）指令和参数

LAD	参数	数据类型	说明	存储区
ADD_R EN ENO IN1 IN2 OUT	EN	BOOL	允许输入	V、I、Q、M、S、SM、L
	ENO	BOOL	允许输出	
	IN1	REAL	相加的第 1 个值	V、I、Q、M、S、SM、L、AC、 常数、＊VD、＊LD、＊AC
	IN2	REAL	相加的第 2 个值	
	OUT	REAL	相加的结果（和）	V、I、Q、M、S、SM、L、 AC、＊VD、＊LD、＊AC

　　用一个例子来说明加实数（ADD_R）指令，梯形图和指令表如图 4-96 所示。当 I0.0 闭合时，激活加实数指令，IN1 中的实数存储在 MD0 中，假设这个数为 10.1，IN2 中的实

数存储在 MD4 中，假设这个数为 21.1，实数相加的结果存储在 OUT 端的 MD8 中的数是 31.2。

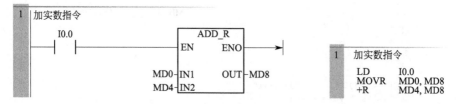

图 4-96　加实数（ADD_R）指令应用的梯形图和指令表

减实数（SUB_R）、乘实数（MUL_R）和除实数（DIV_R）指令的使用方法与前面的指令用法类似，在此不再赘述。

MUL_DI/DIV_DI 和 MUL_R/DIV_R 的输入都是 32 位，输出的结果也是 32 位，但前者的输入和输出是双精度整数，属于双精度整数运算，而后者输入和输出是实数，属于浮点运算，简单地说，后者的输入和输出数据中有小数点，而前者没有，后者的运算速度要慢得多。

值得注意的是，乘/除运算对特殊标志位 SM1.0（零标志位）、SM1.1（溢出标志位）、SM1.2（负数标志位）、SM1.3（被 0 除标志位）会产生影响。若 SM1.1 在乘法运算中被置 1，表明结果溢出，则其他标志位状态均置 0，无输出。若 SM1.3 在除法运算中被置 1，说明除数为 0，则其他标志位状态保持不变，原操作数也不变。

【关键点】　浮点数的算术指令的输入端可以是常数，必须是带有小数点的常数，如 5.0，不能为 5，否则会出错。

4.4.4.3　转换指令

转换指令是将一种数据格式转换成另外一种格式进行存储。例如，要让一个整型数据和双整型数据进行算术运算，一般要将整型数据转换成双整型数据。STEP7-Micro/WIN 的转换指令见表 4-34。

表 4-34　转换指令

STL	LAD	说明
BTI	B_I	将字节数值(IN)转换成整数值，并将结果置入 OUT 指定的变量中
ITB	I_B	将整数(IN)转换成字节值，并将结果置入 OUT 指定的变量中
ITD	I_DI	将整数值(IN)转换成双精度整数值，并将结果置入 OUT 指定的变量中
ITS	I_S	将整数 IN 转换为长度为 8 个字符的 ASCII 字符串
DTI	DI_I	双精度整数值(IN)转换成整数值，并将结果置入 OUT 指定的变量中
DTR	DI_R	将 32 位带符号整数 IN 转换成 32 位实数，并将结果置入 OUT 指定的变量中
DTS	DI_S	将双精度整数 IN 转换为长度为 12 个字符的 ASCII 字符串
BTI	BCD_I	将二进制编码的十进制值 IN 转换成整数值，并将结果置入 OUT 指定的变量中
ITB	I_BCD	将输入整数值 IN 转换成二进制编码的十进制数，并将结果置入 OUT 指定的变量中
RND	ROUND	将实值(IN)转换成双精度整数值，并将结果置入 OUT 指定的变量中
TRUNC	TRUNC	将 32 位实数(IN)转换成 32 位双精度整数，并将结果的整数部分置入 OUT 指定的变量中
RTS	R_S	将实数值 IN 转换为 ASCII 字符串
ITA	ITA	将整数(IN)转换成 ASCII 字符数组
DTA	DTA	将双字(IN)转换成 ASCII 字符数组

STL	LAD	说明
RTA	RTA	将实数值(IN)转换成 ASCII 字符
ATH	ATH	指令将从 IN 开始的 ASCII 字符号码(LEN)转换成从 OUT 开始的十六进制数字
HTA	HTA	将从 IN 开始的十六进制数字转换成从 OUT 开始的 ASCII 字符号码(LEN)
STI	S_I	将字符串数值 IN 转换为存储在 OUT 中的整数值,从偏移量 INDX 位置开始
STD	S_DI	将字符串值 IN 转换为存储在 OUT 中的双精度整数值,从偏移量 INDX 位置开始
STR	S_R	将字符串值 IN 转换为存储在 OUT 中的实数值,从偏移量 INDX 位置开始
DECO	DECO	设置输出字(OUT)中与用输入字节(IN)最低"半字节"(4 位)表示的位数相对应的位
ENCO	ENCO	将输入字(IN)最低位的位数写入输出字节(OUT)的最低"半字节"(4 位)中
SEG	SEG	生成照明七段显示段的位格式

（1）整数转换成双精度整数（ITD）

整数转换成双精度整数指令是将 IN 端指定的内容以整数的格式读入，然后将其转换为双精度整数码格式输出到 OUT 端。整数转换成双精度整数指令和参数见表 4-35。

表 4-35　整数转换成双精度整数指令和参数

LAD	参数	数据类型	说明	存储区
I_DI EN　ENO IN　OUT	EN	BOOL	使能(允许输入)	V、I、Q、M、S、SM、L
	ENO	BOOL	允许输出	
	IN	INT	输入的整数	V、I、Q、M、S、SM、L、T、C、 AI、AC、常数、* VD、* LD、* AC
	OUT	DINT	整数转化成的 BCD 数	V、I、Q、M、S、SM、L、 AC、* VD、* LD、* AC

【例 4-48】 梯形图和指令表如图 4-97 所示。IN 中的整数存储在 MW0 中（用十六进制表示为 16♯0016），当 I0.0 闭合时，转换完成后 OUT 端的 MD2 中的双精度整数是多少？

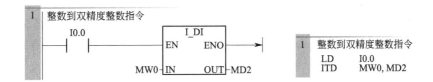

图 4-97　整数转换成双精度整数指令应用的梯形图和指令表

【解】 当 I0.0 闭合时，激活整数转换成双精度整数指令，IN 中的整数存储在 MW0 中（用十六进制表示为 16♯0016），转换完成后 OUT 端的 MD2 中的双精度整数是 16♯0000 0016。但要注意，MW2＝16♯0000，而 MW4＝16♯0016。

（2）双精度整数转换成实数（DTR）

双精度整数转换成实数指令是将 IN 端指定的内容以双精度整数的格式读入，然后将其转换为实数码格式输出到 OUT 端。实数格式在后续算术计算中是很常用的，如 3.14 就是实数形式。双精度整数转换成实数指令和参数见表 4-36。

表 4-36 双精度整数转换成实数指令和参数

LAD	参数	数据类型	说明	存储区
DI_R EN ENO IN OUT	EN	BOOL	使能（允许输入）	V、I、Q、M、S、SM、L
	ENO	BOOL	允许输出	
	IN	DINT	输入的双精度整数	V、I、Q、M、S、SM、L、HC、AC、常数、* VD、* AC、* LD
	OUT	REAL	双精度整数转化成的实数	V、I、Q、M、S、SM、L、AC、* VD、* LD、* AC

【例 4-49】 梯形图和指令表如图 4-98 所示。IN 中的双精度整数存储在 MD0 中（用十进制表示为 16），转换完成后 OUT 端的 MD4 中的实数是多少？

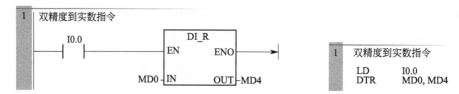

图 4-98 双精度整数转换成实数指令应用的梯形图和指令表

【解】 当 I0.0 闭合时，激活双精度整数转换成实数指令，IN 中的双精度整数存储在 MD0 中（用十进制表示为 16），转换完成后 OUT 端的 MD4 中的实数是 16.0。一个实数要用 4 个字节存储。

【关键点】 应用 I_DI 转换指令后，数值的大小并未改变，但转换是必需的，因为只有相同的数据类型，才可以进行数学运算，例如要将一个整数和双精度整数相加，则比较保险的做法是先将整数转化成双精度整数，再作双精度加整数法。

DI_I 是双精度整数转换成整数的指令，并将结果存入 OUT 指定的变量中。若双精度整数太大，则会溢出。

DI_R 是双精度整数转换成实数的指令，并将结果存入 OUT 指定的变量中。

(3) BCD 码转换为整数（BCD_I）

BCD_I 指令是将二进制编码的十进制 WORD 数据类型值从"IN"地址输入，转换为整数 WORD 数据类型值，并将结果载入分配给"OUT"的地址处。IN 的有效范围为 0～9999 的 BCD 码。BCD 码转换为整数指令和参数见表 4-37。

表 4-37 BCD 码转换为整数指令和参数

LAD	参数	数据类型	说明	存储区
BCD_I EN ENO IN OUT	EN	BOOL	允许输入	V、I、Q、M、S、SM、L
	ENO	BOOL	允许输出	
	IN	WORD	输入的 BCD 码	V、I、Q、M、S、SM、L、AC、常数、* VD、* LD、* AC
	OUT	WORD	输出结果为整数	V、I、Q、M、S、SM、L、AC、* VD、* LD、* AC

（4）取整指令（ROUND）

ROUND 指令是将实数进行四舍五入取整后转换成双精度整数的格式。实数四舍五入为双精度整数指令和参数见表 4-38。

表 4-38　实数四舍五入为双精度整数指令和参数

LAD	参数	数据类型	说明	存储区
	EN	BOOL	允许输入	V、I、Q、M、S、SM、L
	ENO	BOOL	允许输出	
	IN	REAL	实数（浮点型）	V、I、Q、M、S、SM、L、AC、常数、* VD、* LD、* AC
	OUT	DINT	四舍五入后为双精度整数	V、I、Q、M、S、SM、L、AC、* VD、* LD、* AC

【例 4-50】　梯形图和指令表如图 4-99 所示。IN 中的实数存储在 MD0 中，假设这个实数为 3.14，进行四舍五入运算后 OUT 端的 MD4 中的双精度整数是多少？假设这个实数为 3.88，进行四舍五入运算后 OUT 端的 MD4 中的双精度整数是多少？

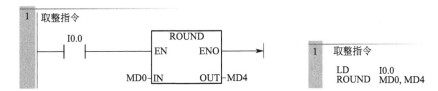

图 4-99　取整指令应用的梯形图和指令表

【解】　当 I0.0 闭合时，激活实数四舍五入指令，IN 中的实数存储在 MD0 中，假设这个实数为 3.14，进行四舍五入运算后 OUT 端的 MD4 中的双精度整数是 3，假设这个实数为 3.88，进行四舍五入运算后 OUT 端的 MD4 中的双精度整数是 4。

【关键点】　ROUND 是取整（四舍五入）指令，而 TRUNC 是截取指令，将输入的 32 位实数转换成整数，只有整数部分保留，舍去小数部分，结果为双精度整数，并将结果存入 OUT 指定的变量中。例如输入是 32.2，执行 ROUND 或者 TRUNC 指令，结果转换成 32。而输入是 32.5，执行 TRUNC 指令，结果转换成 32；执行 ROUND 指令，结果转换成 33。应注意区分。

【例 4-51】　将英寸转换成厘米，已知单位为英寸的长度保存在 VW0 中，数据类型为整数，英寸和厘米的转换单位为 2.54，保存在 VD12 中，数据类型为实数，要将最终单位厘米的结果保存在 VD20 中，且结果为整数。编写程序实现这一功能。

【解】　要将单位为英寸的长度转化成单位为厘米的长度，必须要用到实数乘法，因此乘数必须为实数，而已知的英寸长度是整数，所以先要将整数转换成双精度整数，再将双精度整数转换成实数，最后将乘积取整就得到结果。梯形图和指令表如图 4-100 所示。

4.4.4.4　数学功能指令

数学功能指令包含正弦（SIN）、余弦（COS）、正切（TAN）、自然对数（LN）、自然指数（EXP）和平方根（SQRT）等。这些指令的使用比较简单，仅以正弦（SIN）为例说明数学功能指令的使用，见表 4-39。

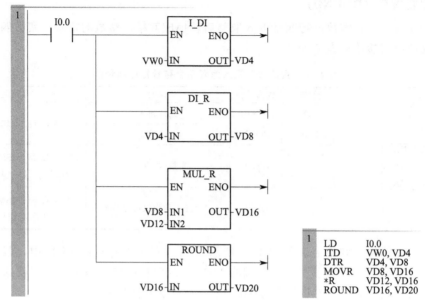

图 4-100　例 4-51 梯形图和指令表

表 4-39　求正弦值（SIN）指令和参数

LAD	参数	数据类型	说明	存储区
SIN EN ENO IN OUT	EN	BOOL	允许输入	V、I、Q、M、S、SM、L
	ENO	BOOL	允许输出	
	IN	REAL	输入值	V、I、Q、M、SM、S、L、AC、常数、* VD、* LD、* AC
	OUT	REAL	输出值（正弦值）	V、I、Q、M、SM、S、L、AC、* VD、* LD、* AC

　　用一个例子来说明求正弦值（SIN）指令，梯形图和指令表如图 4-101 所示。当 I0.0 闭合时，激活求正弦值指令，IN 中的实数存储在 VD0 中，假设这个数为 0.5，实数求正弦的结果存储在 OUT 端的 VD8 中的数是 0.479。

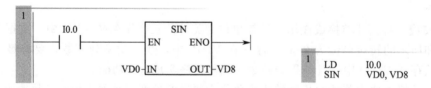

图 4-101　正弦运算指令应用的梯形图和指令表

　　【关键点】　三角函数的输入值是弧度，而不是角度。

　　求余弦（COS）和求正切（TAN）的使用方法与前面的指令用法类似，在此不再赘述。

4.4.4.5　编码和解码指令

　　编码指令（ENCO）将输入字 IN 的最低有效位的位号写入输出字节 OUT 的最低有效"半字节"（4 位）中。解码指令（DECO）根据输入字的 IN 中设置的最低有效位的位编号写入输出字 OUT 的最低有效"半字节"（4 位）中。也有人称解码指令为译码指令。编码和解码指令的格式见表 4-40。

表 4-40　编码和解码指令格式

LAD	参数	数据类型	说明	存储区
ENCO —EN ENO— —IN OUT—	EN	BOOL	允许输入	V、I、Q、M、S、SM、L
	ENO	BOOL	允许输出	
	IN	WORD	输入值	V、I、Q、M、SM、L、S、AQ、T、C、AC、*VD、*AC、*LD
	OUT	BYTE	输出值	V、I、Q、M、SM、S、L、AC、常数、*VD、*LD、*AC
DECO —EN ENO— —IN OUT—	EN	BOOL	允许输入	V、I、Q、M、S、SM、L
	ENO	BOOL	允许输出	
	IN	BYTE	输入值	V、I、Q、M、SM、S、L、AC、常数、*VD、*LD、*AC
	OUT	WORD	输出值	V、I、Q、M、SM、L、S、AQ、T、C、AC、*VD、*AC、*LD

用一个例子说明以上指令的应用，如图 4-102 所示为编码和解码指令程序示例。

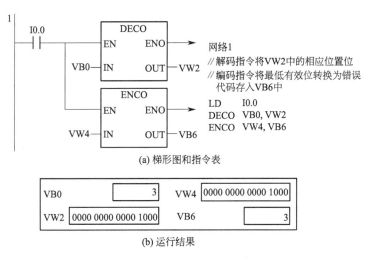

图 4-102　编码和解码指令程序示例

4.4.4.6　时钟指令

（1）读取实时时钟指令

读取实时时钟指令（TODR）从硬件时钟中读当前时间和日期，并把它装载到一个 8 字节、起始地址为 T 的时间缓冲区中。设置实时时钟指令（TODW）将当前时间和日期写入硬件时钟，当前时钟存储在以地址 T 开始的 8 字节时间缓冲区中。必须按照 BCD 码的格式编码所有的日期和时间值（例如，用 16♯97 表示 1997 年）。梯形图如图 4-103 所示。如果 PLC 系统的时间是 2009 年 4 月 8 日 8 时 6 分 5 秒，星期六，则运行的结果如图 4-104 所示。年份存入 VB0 存储单元，月份存入 VB1 单元，日存入 VB2 单元，小时存入 VB3 单元，分钟存入 VB4 单元，秒钟存入 VB5 单元，VB6 单元为 0，星期存入 VB7 单元，可见共占用 8

个存储单元。读实时时钟（TODR）指令和参数见表 4-41。

```
1  读取实时时钟
   Always_On：SM0.0              READ_RTC
   ┤   ├                       EN    ENO ├──►

                    VB0─┤T
```

VB0	VB1	VB2	VB3	VB4	VB5	VB6	VB7
09	04	08	08	06	05	00	07

图 4-103　读取实时时钟指令应用的梯形图　　　　图 4-104　读取实时时钟指令的结果（BCD 码）

表 4-41　读实时时钟（TODR）指令和参数

LAD	参数	数据类型	说明	存储区
READ_RTC ┤EN ENO├ ┤T	EN	BOOL	允许输入	V、I、Q、M、S、SM、L
	ENO	BOOL	允许输出	
	T	BYTE	存储日期的起始地址	V、I、Q、M、SM、S、L、* VD、* AC、* LD

【关键点】　读实时钟（TODR）指令读取出来的日期是用 BCD 码表示的，这点要特别注意。

（2）设置实时时钟指令

设置实时时钟（TODW）指令将当前时间和日期写入用 T 指定的在 8 个字节的时间缓冲区开始的硬件时钟。设置实时时钟指令和参数见表 4-42。

表 4-42　设置实时时钟（TODW）指令和参数

LAD	参数	数据类型	说明	存储区
SET_RTC ┤EN ENO├ ┤T	EN	BOOL	允许输入	V、I、Q、M、S、SM、L
	ENO	BOOL	允许输出	
	T	BYTE	存储日期的起始地址	V、I、Q、M、SM、S、L、* VD、* AC、* LD

用一个例子说明设置实时时钟指令，假设要把 2012 年 9 月 18 日 8 时 6 分 28 秒设置成 PLC 的当前时间，先要做这样的设置：VB0＝16♯12，VB1＝16♯09，VB2＝16♯18，VB3＝16♯08，VB4＝16♯06，VB5＝16♯28，VB6＝16♯00，VB7＝16♯03（星期二），然后运行如图 4-105 所示的程序。

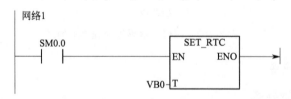

图 4-105　设置实时时钟指令的梯形图

还有一个简单的方法设置时钟，不需要编写程序，只要进行简单设置即可，设置方法如下。

单击菜单栏中的"PLC" → "设置时钟"，如图 4-106 所示，弹出"时钟操作"界面，如图 4-107 所示，单击"读取 PC"按钮，读取计算机的当前时间。

如图 4-108 所示，单击"设置"按钮可以将当前计算机的时间设置到 PLC 中，当然读者也可以设置其他时间。

图 4-106 打开"时钟操作"界面

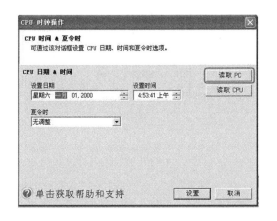

图 4-107 "时钟操作"界面

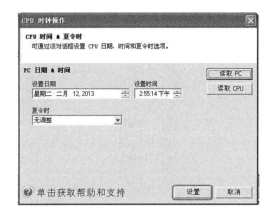

图 4-108 设置实时时钟

【例 4-52】 记录一台设备损坏时的时间，请用 PLC 实现此功能。

【解】 梯形图如图 4-109 所示。

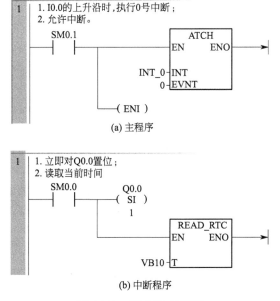

图 4-109 例 4-52 梯形图

【例 4-53】 某实验室的一个房间，要求每天 16：30～18：00 开启一个加热器，用 PLC 实现此功能。

【解】 先用 PLC 读取实时时间，因为读取的时间是 BCD 码格式，所以之后要将 BCD 码转化成整数，如果实时时间在 16：30～18：00，那么则开启加热器，梯形图如图 4-110 所示。

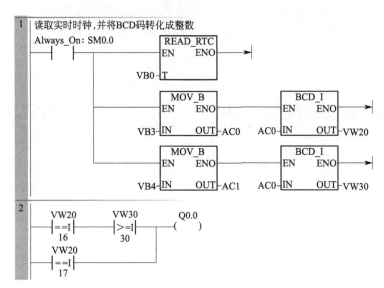

图 4-110　例 4-53 梯形图

4.4.5　功能指令的应用

功能指令主要用于数字运算及处理场合，完成运算、数据的生成、存储以及某些规律的实现任务。功能指令除了能处理以上特殊功能外，也可用于逻辑控制程序中，这为逻辑控制类编程提供了新思路。

【例 4-54】 十字路口的交通灯控制，当合上启动按钮时，东西方向绿灯亮 4s，闪烁 2s 后灭；黄灯亮 2s 后灭；红灯亮 8s 后灭；绿灯亮 4s，如此循环，而对应东西方向绿灯、红灯、黄灯亮时，南北方向红灯亮 8s 后灭；接着绿灯亮 4s，闪烁 2s 后灭；黄灯亮 2s 后灭，红灯又亮，如此循环。设计原理图，并编写 PLC 控制程序。

【解】 首先根据题意画出东西和南北方向三种颜色灯亮灭的时序图，再进行 I/O 分配。

输入：启动—I0.0；停止—I0.1。

输出（南北方向）：红灯—Q0.3，黄灯—Q0.4，绿灯—Q0.5。

输出（东西方向）：红灯—Q0.0，黄灯—Q0.1，绿灯—Q0.2。

东西和南北方向各有三盏，从时序图容易看出，共有 6 个连续的时间段，因此要用到 6 个定时器，这是解题的关键，用这 6 个定时器控制两个方向 6 盏灯的亮或灭，不难设计出梯形图。交通灯时序图和原理图分别如图 4-111 和图 4-112 所示。

梯形图程序如图 4-113 所示。

【例 4-55】 抢答器外形如图 4-114 所示，根据控制要求编写梯形图程序，其控制要求如下。

① 主持人按下"开始抢答"按钮后开始抢答，倒计时数码管倒计时 15s，超过时间抢答按钮按下无效。

② 某一抢答按钮抢按下后，蜂鸣器随按钮动作发出"嘀"的声音，相应抢答位指示灯

亮，倒计时显示器切换显示抢答位，其余按钮无效。

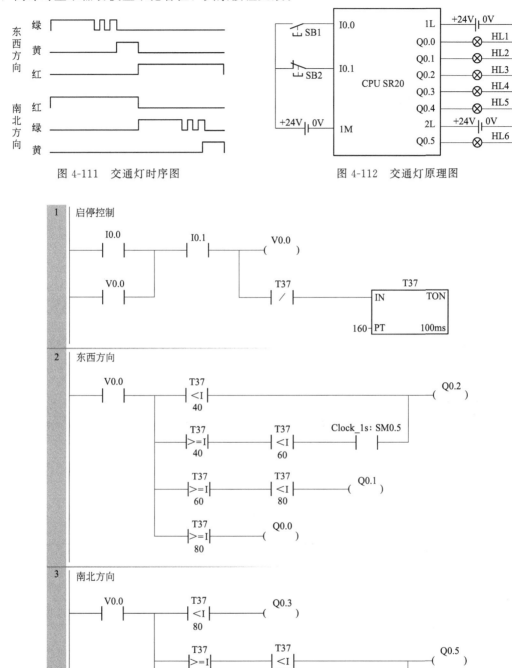

图 4-111　交通灯时序图

图 4-112　交通灯原理图

图 4-113　交通灯梯形图

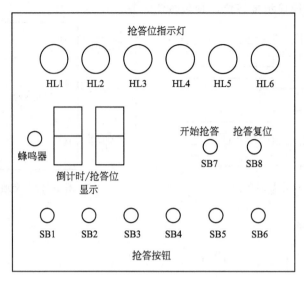

图 4-114　抢答器外形

③ 一轮抢答完毕，主持人按"抢答复位"按钮后，倒计时显示器复位（熄灭），各抢答按钮有效，可以再次抢答。

④ 在主持人按"开始抢答"按钮前抢答属于"违规"抢答，相应抢答位的指示灯闪烁，闪烁周期1s，倒计时显示器显示违规抢答位，其余按钮无效。主持人按下"抢答复位"清除当前状态后可以开始新一轮抢答。

【解】　电气原理图如图 4-115 所示，因为本项目数码管模块自带译码器，所以四个输出点即可显示一个十进制位，如数码管不带译码器，则需要八个输出点显示一个十进制位。

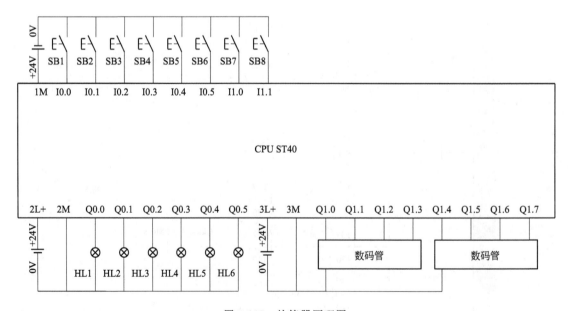

图 4-115　抢答器原理图

梯形图如图 4-116 所示。

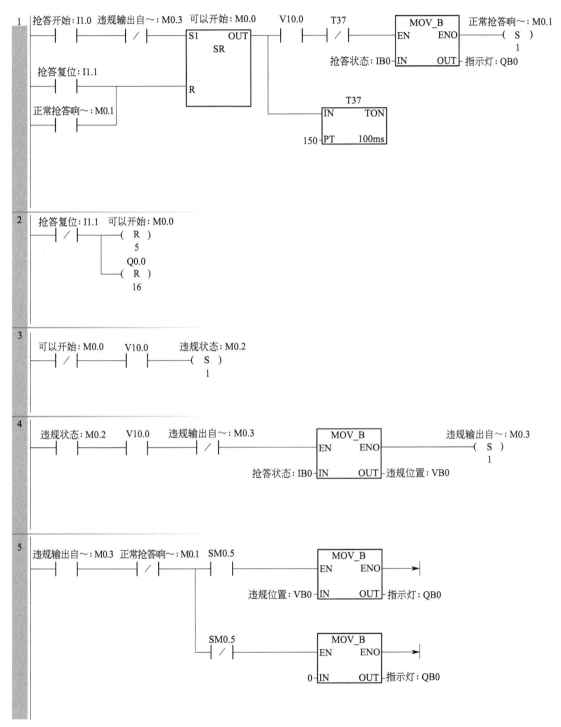

图 4-116

6 SM0.0   Q0.0   ┌─ MOV_B ─┐
   ─┤ ├──┬──┤ ├────────── EN   ENO ──→
        │   VB11─IN OUT─QB1

        │   Q0.1   ┌─ MOV_B ─┐
        ├──┤ ├─────────── EN   ENO ──→
        │   VB11─IN OUT─QB1

        │   Q0.2   ┌─ MOV_B ─┐
        ├──┤ ├─────────── EN   ENO ──→
        │   VB11─IN OUT─QB1

        │   Q0.3   ┌─ MOV_B ─┐
        ├──┤ ├─────────── EN   ENO ──→
        │   VB11─IN OUT─QB1

        │   Q0.4   ┌─ MOV_B ─┐
        ├──┤ ├─────────── EN   ENO ──→
        │   VB11─IN OUT─QB1

        │   Q0.5   ┌─ MOV_B ─┐
        ├──┤ ├─────────── EN   ENO ──→
        │   VB11─IN OUT─QB1

        │ 可以开始：M0.0   ┌─ I_BCD ─┐   ┌─ MOV_B ─┐
        └──┤ ├─────────── EN   ENO ────────── EN   ENO ──→
                          C0─IN OUT─VW10   VB11─IN OUT─QB1

7 可以开始：M0.0 SM0.5   C0
   ─┤ ├──────────┤ ├────── CD   CTD
                           │
   抢答开始：I1.0   │
   ─┤ ├──────────────────── LD
                           │
                        15─PV

8 抢答状态：IB0   M0.4
   ─┤>=B├──────┬──(S)
      1   │   1
               │
   M0.4   │ T38   Q0.6
   ─┤ ├────────┤ ─┤/├──────( )
               │
               │   ┌─ T38 ─┐
               └─────── IN   TON
                        │
                     5─PT   100ms

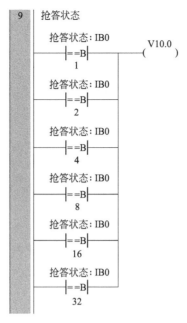

图 4-116 抢答器梯形图

4.5 西门子 S7-200 SMART PLC 的程序控制指令及其应用

程序控制指令包含跳转指令、循环指令、子程序指令、中断指令和顺控继电器指令。程序控制指令用于程序执行流程的控制。对于一个扫描周期而言，跳转指令可以使程序出现跳跃以实现程序段的选择；循环指令可用于一段程序的重复循环执行；子程序指令可调用某些子程序，增强程序的结构化，使程序的可读性增强，使程序更加简洁；中断指令则是用于中断信号引起的子程序调用；顺控继电器指令可形成状态程序段中各状态的激活及隔离。

4.5.1 跳转指令

跳转指令（JMP）和跳转地址标号（LBL）配合实现程序的跳转。使能端输入有效时，程序跳转到指定标号 n 处（同一程序内），跳转标号 n＝0～255；使能端输入无效时，程序顺序执行。跳转指令格式见表 4-43。

表 4-43　跳转指令格式

LAD	功能
n —(JMP)	跳转到标号 n 处(n=0～255)
n LBL	跳转标号 n(n=0～255)

跳转指令的使用要注意以下几点。

① 允许多条跳转指令使用同一标号，但不允许一个跳转指令对应两个标号，同一个指令中不能有两个相同的标号。

② 跳转指令具有程序选择功能，类似于 BASIC 语言的 GOTO 指令。

③ 主程序、子程序和中断服务程序中都可以使用跳转指令，SCR 程序段中也可以使用跳转指令，但要特别注意。

④ 若跳转指令中使用上升沿或者下降沿脉冲指令，跳转只执行一个周期，但若使用 SM0.0 作为跳转条件，跳转则称为无条件跳转。

跳转指令程序示例如图 4-117 所示。

图 4-117　跳转指令程序示例

4.5.2　指针

间接寻址是指用指针来访问存储区数据。指针以双字的形式存储其他存储区的地址。只能用 V 存储器、L 存储器或者累加器寄存器（AC1、AC2、AC3）作为指针。要建立一个指针，必须以双字的形式，将需要间接寻址的存储器地址移动到指针中。指针也可以为子程序传递参数。

S7-200 SMART PLC 允许指针访问以下存储区：I、Q、V、M、S、AI、AQ、SM、T（仅限于当前值）和 C（仅限于当前值）。无法用间接寻址的方式访问位地址，也不能访问 HC 或者 L 存储区。

要使用间接寻址，应该用"&"符号加上要访问的存储区地址来建立一个指针。指令的输入操作数应该以"&"符号开头来表明是存储区的地址，而不是其内容将移动到指令的输出操作数（指针）中。

当指令中的操作数是指针时，应该在操作数前面加上"＊"号。如图 4-118 所示，输入＊AC1 指定 AC1 是一个指针，MOVW 指令决定了指针指向的是一个字长的数据。在本例中，存储在 VB200 和 VB201 中。

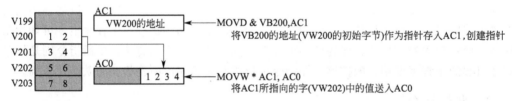

图 4-118　指针的使用

例如：MOVD&VB200，AC1。其含义是将 VB200 的地址（VW200 的初始字节）作为指针存入 AC1 中。MOVW＊AC1，AC0。其含义是将 AC1 指向的字送到 AC0 中去。

4.5.3　循环指令

(1) 指令格式

循环指令包括 FOR 和 NEXT，用于程序执行顺序的控制，其指令格式见表 4-44。

(2) 循环控制指令（FOR）

循环控制指令用于一段程序的重复循环执行，由 FOR 指令和 NEXT 指令构成程序的循环体，FOR 标记循环的开始，NEXT 为循环体的结束指令。FOR 指令的主要参数有使能输入 EN、当前值计数器 INDX、循环次数初始值 INIT、循环计数终值 FINAL。

表 4-44   循环指令格式

LAD	参数	数据类型	说明	存储区
	EN	BOOL	允许输入	V、I、Q、M、S、SM、L
	ENO	BOOL	允许输出	
	INDX	INT	索引值或 当前循环计数	VW、IW、QW、MW、SW、SMW、 LW、T、C、AC、* VD、* LD、* AC
	INIT	INT	起始值	VW、IW、QW、MW、SW、SMW、 T、C、AC、LW、AIW、常数、* VD、* LD、* AC
	FINAL	INT	结束值	VW、IW、QW、MW、SW、SMW、LW、 T、C、AC、AIW、常数、* VD、* LD、* AC
—(NEXT)	无		循环返回	无

当使能输入 EN 有效时，循环体开始执行，执行到 NEXT 指令时返回。每执行一次循环体，当前计数器 INDX 增 1，达到终值 FINAL 时，循环结束。FINAL 为 10，使能有效时，执行循环体，同时 INDX 从 1 开始计数，每执行一次循环体，INDX 当前值加 1，执行到 10 次时，当前值也计到 11，循环结束。

使能输入无效时，循环体程序不执行。FOR 指令和 NEXT 指令必须成对使用，循环可以嵌套，最多为 8 层。

【例 4-56】 循环指令应用程序如图 4-119 所示，单击 2 次按钮 I0.0 后，VW0 和 VB10 中的数值是多少？

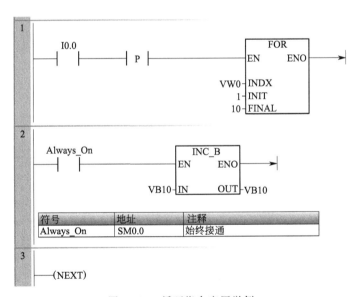

图 4-119   循环指令应用举例

【解】 单击 2 次按钮，执行 2 次循环程序，VB10 执行 20 次加 1 运算，所以 VB10 结果为 20。执行 1 次或者 2 次循环程序，VW0 中的值都为 11。

【关键点】 I0.0 后面要有一个上升沿 "P"（或者 "N"），否则按下一次按钮，运行 INC 指令的次数是不确定数，一般远多于程序中的 10 次。

4.5.4 子程序调用指令

子程序有子程序调用和子程序返回两大类指令，子程序返回又分为条件返回和无条件返回。子程序调用指令（SBR）用在主程序或其他调用子程序的程序中，子程序的无条件返回指令在子程序的最后程序段。子程序结束时，程序执行应返回原调用指令（CALL）的下一条指令处。

建立子程序的方法是：在编程软件的程序窗口的上方有主程序（MAIN）、子程序（SBR_0）、中断服务程序（INT_0）的标签，单击子程序标签即可进入 SBR_0 子程序显示区。添加一个子程序时，可以选择菜单栏中的"编辑"→"对象"→"子程序"命令增加一个子程序，子程序编号 n 从 0 开始自动向上生成。建立子程序最简单的方法是在程序编辑器中的空白处单击鼠标右键，再选择"插入"→"子程序"命令即可，如图 4-120 所示。

通常将具有特定功能并且将能多次使用的程序段作为子程序。子程序可以多次被调用，也可以嵌套（最多 8 层）。子程序调用和返回指令格式见表 4-45。调用和返回指令示例如图 4-121 所示，当首次扫描时，调用子程序，若条件满足（M0.0=1）则返回，否则执行 FILL 指令。

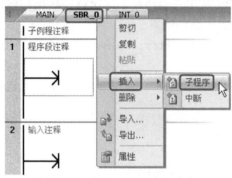

图 4-120　插入"子程序"命令

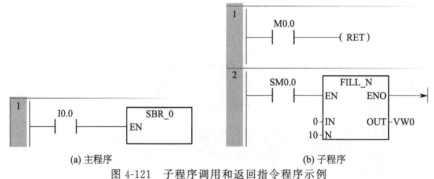

(a) 主程序　　　　　　　　　　　　　　(b) 子程序

图 4-121　子程序调用和返回指令程序示例

表 4-45　子程序调用和返回指令格式

LAD	STL	功能
SBR_0 —EN	CALL　　SBR0	子程序调用
—(RET)	CRET	子程序条件返回

【例 4-57】　设计 V 存储区连续的若干个字的累加和的子程序，在 OB1 中调用它，在 I0.0 的上升沿，求 VW100 开始的 10 个数据字的和，并将运算结果存放在 VD0。

【解】　变量表如图 4-122 所示，主程序如图 4-123 所示，子程序如图 4-124 所示。当

I0.0 的上升沿时，计算 VW100～VW118 中 10 个字的和。调用指定的 POINT 的值“&VB100”是源地址指针的初始值，即数据从 VW100 开始存放，数据字个数 NUM 为常数 10，求和的结果存放在 VD0 中。

	地址	符号	变量类型	数据类型	注释
1		EN	IN	BOOL	
2	LD0	POINT	IN	DWORD	地址指针初值
3	LW4	NUMB	IN	WORD	要求和字数
4			IN_OUT		
5	LD6	RESULT	OUT	DINT	求和结果
6	LD10	TEMP1	TEMP	DINT	存储待累加的数
7	LW14	COUNT	TEMP	INT	循环次数计数器
8			TEMP		

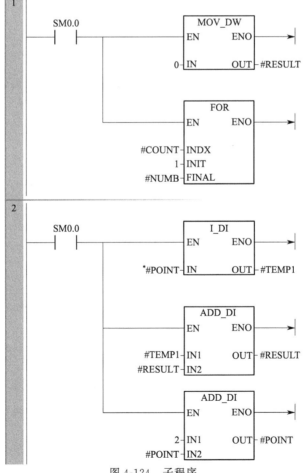

图 4-122　变量表

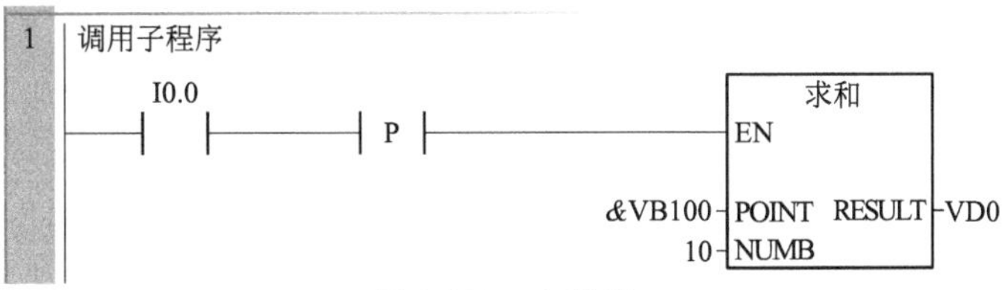

图 4-123　主程序

图 4-124　子程序

4.5.5　中断指令

中断是计算机特有的工作方式，即在主程序的执行过程中中断主程序，执行子程序的过程中中断子程序。中断子程序是为某些特定的控制功能而设定的。与子程序不同，中断是为随机发生的且必须立即响应的时间安排，其响应时间应小于机器周期。引发中断的信号称为中断源，S7-200SMART PLC最多有38个中断源，不同型号的中断源的数量也不一样，早期版本的中断源数量要少一些，中断源的种类见表4-46。

表 4-46　S7-200 SMART PLC 的 38 种中断源

序号	中断描述	CR40	SR20/SR40/ ST40/SR60/ST60	序号	中断描述	CR40	SR20/SR40/ ST40/SR60/ST60
0	上升沿 I0.0	Y	Y	22	定时器 T96 CT=PT （当前时间=预设时间）	Y	Y
1	下降沿 I0.0	Y	Y	23	端口 0 接收消息完成	Y	Y
2	上升沿 I0.1	Y	Y	24	端口 1 接收消息完成	N	Y
3	下降沿 I0.1	Y	Y	25	端口 1 接收字符	N	Y
4	上升沿 I0.2	Y	Y	26	端口 1 发送完成	N	Y
5	下降沿 I0.2	Y	Y	27	HSC0 方向改变	Y	Y
6	上升沿 I0.3	Y	Y	28	HSC0 外部复位	Y	Y
7	下降沿 I0.3	Y	Y	29	HSC4 CV=PV	N	Y
8	端口 0 接收字符	Y	Y	30	HSC4 方向改变	N	Y
9	端口 0 发送完成	Y	Y	31	HSC4 外部复位	N	Y
10	定时中断 0 （SMB34 控制时间间隔）	Y	Y	32	HSC3 CV=PV （当前值=预设值）	Y	Y
11	定时中断 1 （SMB35 控制时间间隔）	Y	Y	33	HSC5 CV=PV	N	Y
12	HSC0 CV=PV （当前值=预设值）	Y	Y	34	PTO2 脉冲计数完成	N	Y
13	HSC1 CV=PV （当前值=预设值）	Y	Y	35	上升沿，信号板输入 0	N	Y
14～15	保留	N	N	36	下降沿，信号板输入 0	N	Y
16	HSC2 CV=PV （当前值=预设值）	Y	Y	37	上升沿，信号板输入 1	N	Y
17	HSC2 方向改变	Y	Y	38	下降沿，信号板输入 1	N	Y
18	HSC2 外部复位	Y	Y	43	HSC5 方向改变	N	Y
19	PTO0 脉冲计数完成	N	Y	44	HSC5 外部复位	N	Y
20	PTO0 脉冲计数完成	N	Y				
21	定时器 T32 CT=PT （当前时间=预设时间）	Y	Y				

注："Y"表明对应的 CPU 有相应的中断功能，"N"表明对应的 CPU 没有相应的中断功能

（1）中断的分类

S7-200 SMART PLC 的 38 个中断事件可分为三大类，即 I/O 口中断、通信口中断和时基中断。

① I/O 口中断　I/O 口中断包括上升沿和下降沿中断、高速计数器中断和脉冲串输出中断。S7-200 SMART PLC 可以利用 I0.0～I0.3 都有上升沿和下降沿这一特性产生中断事件。

【例 4-58】　在 I0.0 的上升沿，通过中断使 Q0.0 立即置位，在 I0.1 的下降沿，通过中断使 Q0.0 立即复位。

【解】 图 4-125 所示为梯形图。

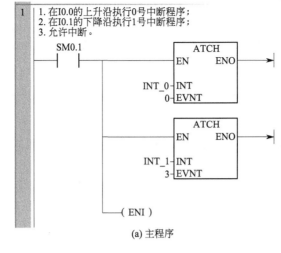

(a) 主程序

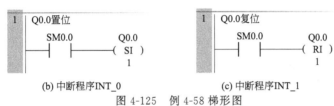

(b) 中断程序INT_0   (c) 中断程序INT_1

图 4-125　例 4-58 梯形图

② 通信口中断　通信口中断包括端口 0（Port0）和端口 1（Port1）接收和发送中断。PLC 的串行通信口可由程序控制，这种模式称为自由口通信模式，在这种模式下通信，接收和发送中断可以简化程序。

③ 时基中断　时基中断包括定时中断及定时器 T32/T96 中断。定时中断可以反复执行，定时中断是非常有用的。

（2）中断指令

中断指令共有 6 条，包括中断连接、中断分离、清除中断事件、中断禁止、中断允许和中断条件返回，见表 4-47。

表 4-47　中断指令

LAD	STL	功能
ATCH EN　ENO INT EVNT	ATCH,INT,EVNT	中断连接
DTCH EN　ENO EVNT	DTCH,EVNT	中断分离
CLR_EVNT EN　ENO EVNT	CENT,EVNT	清除中断事件

LAD	STL	功能
—(DISI)	DISI	中断禁止
—(ENI)	ENI	中断允许
—(RETI)	CRETI	中断条件返回

(3) 使用中断注意事项

① 一个事件只能连接一个中断程序，而多个中断事件可以调用同一个中断程序，但一个中断事件不可能在同一时间建立多个中断程序。

② 在中断子程序中不能使用 DISI、ENI、HDFE、FOR-NEXT 和 END 等指令。

③ 程序中有多个中断子程序时，要分别编号。在建立中断程序时，系统会自动编号，也可以更改编号。

【例 4-59】 设计一段程序，VD0 中的数值每隔 100ms 增加 1。

【解】 图 4-126 所示为梯形图。

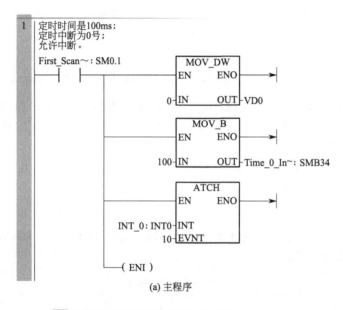

(a) 主程序

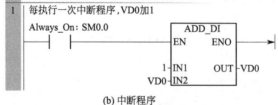

(b) 中断程序

图 4-126　例 4-59 梯形图

【例 4-60】 用定时中断 0，设计一段程序，实现周期为 2s 的精确定时。

【解】 SMB34 是存放定时中断 0 的定时长短的特殊寄存器，其最大定时时间是 255ms，2s 就是 8 次 250ms 的延时。图 4-127 所示为梯形图。

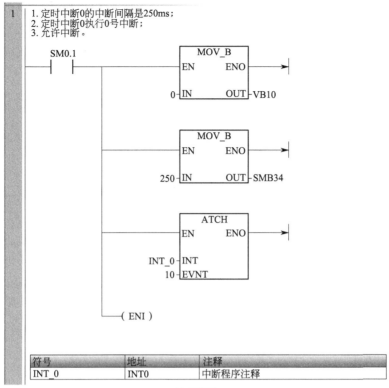

(a) 主程序

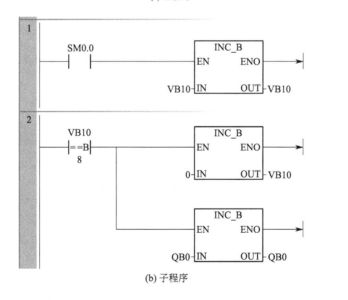

(b) 子程序

图 4-127　例 4-60 梯形图

4.5.6　暂停指令

暂停指令的使能端输入有效时，立即停止程序的执行。指令执行的结果是，CPU 的工作方式由 RUN 切换到 STOP 方式。暂停指令（STOP）格式见表 4-48。

表 4-48　暂停指令格式

LAD	STL	功能
——(STOP)	STOP	暂停程序执行

　　暂停指令应用举例如图 4-128 所示。其含义是当有 I/O 错误时，PLC 从"RUN"运行状态切换到"STOP"状态。

4.5.7　结束指令

　　结束指令（END/MEND）直接连在左侧母线时，为无条件结束指令（MEND），不连在左侧母线时，为条件结束指令。结束指令格式见表 4-49。

表 4-49　结束指令格式

LAD	STL	功能
——(END)	END	条件结束指令
├—(END)	MEND	无条件结束指令

　　条件结束指令在使能端输入有效时，终止用户程序的执行，返回主程序的第一条指令行（循环扫描方式）。结束指令只能在主程序中使用，不能在子程序和中断服务程序中使用。结束指令应用举例如图 4-129 所示。

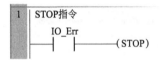

图 4-128　暂停指令应用举例　　　　　图 4-129　结束指令应用举例

　　STEP7-Micro/WIN SMART 编程软件会在主程序的结尾处自动生成无条件结束指令，用户不得输入无条件结束指令，否则编译出错。

4.5.8　顺控继电器指令

　　顺控继电器指令又称 SCR，西门子 S7-200 SMART PLC 有三条顺控继电器指令，指令格式和功能描述见表 4-50。

表 4-50　顺控继电器指令

LAD	STL	功能
n ├—SCR	LSCR,n	装载顺控继电器指令,将 S 位的值装载到 SCR 和逻辑堆栈中,实际是步指令的开始
n —(SCRT)	SCRT,n	使当前激活的 S 位复位,使下一个将要执行的程序段 S 置位,实际上是步转移指令
├—(SCRE)	SCRE	退出一个激活的程序段,实际上是步的结束指令

顺控继电器指令编程时应注意以下几方面。

① 不能把 S 位用于不同的程序中。例如 S0.2 已经在主程序中使用了，就不能在子程序中使用。

② 顺控继电器指令 SCR 只对状态元件 S 有效。

③ 不能在 SCR 段中使用 FOR、NEXT 和 END 指令。

④ 在 SCR 之间不能有跳入和跳出，也就是不能使用 JMP 和 LBL 指令。但应注意，可以在 SCR 程序段附近和 SCR 程序段内使用跳转指令。

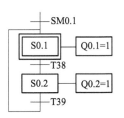

图 4-130　功能图

【例 4-61】　用 PLC 控制一盏灯亮 1s 后熄灭，再控制另一盏灯亮 1s 后熄灭，周而复始重复以上过程，要求根据图 4-130 所示的功能图，使用顺控继电器指令编写程序。

【解】　在已知功能图的情况下，用顺控指令编写程序是很容易的，程序如图 4-131 所示。

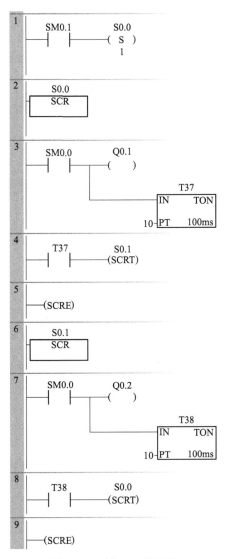

图 4-131　例 4-61 梯形图

4.5.9 程序控制指令的应用

【例 4-62】 某系统测量温度，当温度超过一定数值（保存在 VW10 中）时，报警灯以 1s 为周期闪光，警铃鸣叫，使用 S7-200 SMART PLC 和模块 EM AE04，编写此程序。

【解】 温度是一个变化较慢的量，可每 100ms 从模块 EM AE04 的通道 0 中采样 1 次，并将数值保存在 VW0 中。梯形图如图 4-132 所示。

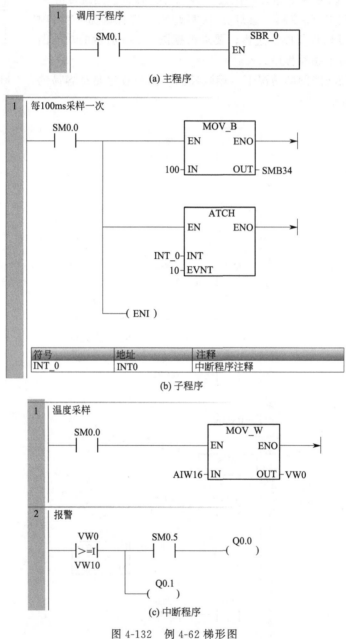

图 4-132 例 4-62 梯形图

第5章 ▶▶▶

逻辑控制编程的编写方法

本章介绍顺序功能图的画法、梯形图的禁忌以及如何根据顺序功能图用基本指令、顺控指令、功能指令和复位/置位指令四种方法编写逻辑控制梯形图。

5.1 顺序功能图

5.1.1 顺序功能图的画法

顺序功能图（Sequential Function Chart，SFC）又叫作状态转移图，它是描述控制系统的控制过程、功能和特性的一种图形，同时也是一种设计 PLC 顺序控制程序的有力工具。它具有简单、直观等特点，不涉及控制功能的具体技术，是一种通用的语言，是 IEC（国际电工委员会）首选的编程语言，近年来在 PLC 的编程中已经得到了普及与推广。在 IEC60848 中称顺序功能图，在我国国家标准 GB6988—2008 中称功能表图。西门子称为图形编程语言 S7-Graph 和 S7-HiGraph。

顺序功能图是设计 PLC 顺序控制程序的一种工具，适合于系统规模较大，程序关系较复杂的场合，特别适合于对顺序操作的控制。在编写复杂的顺序控制程序时，采用 S7-Graph 和 S7-HiGraph 比梯形图更加直观。

顺序功能图的基本思想是：设计者按照生产要求，将被控设备的一个工作周期划分成若干个工作阶段（简称"步"），并明确表示每一步要执行的输出，"步"与"步"之间通过设定的条件进行转换。在程序中，只要通过正确连接进行"步"与"步"之间的转换，就可以完成被控设备的全部动作。

PLC 执行顺序功能图程序的基本过程是：根据转换条件选择工作"步"，进行"步"的逻辑处理。组成顺序功能图程序的基本要素是步、转换条件和有向连线，如图 5-1 所示。

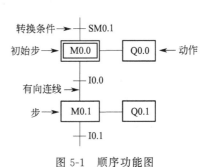

图 5-1　顺序功能图

（1）步

一个顺序控制过程可分为若干个阶段，也称为步或状态。系统初始状态对应的步称为初始步，初始步一般用双线框表示。在每一步中施控系统要发出某些"命令"，而被控系统要完成某些"动作"，"命令"和"动作"都称为动作。当系统处于某一工作阶段时，则该步处于激活状态，称为活动步。

（2）转换条件

使系统由当前步进入下一步的信号称为转换条件。顺序控制设计法用转换条件控制代表各步的编程元件，让它们的状态按一定的顺序变化，然后用代表各步的编程元件去控制输出。不同状态的"转换条件"可以不同，也可以相同。当"转换条件"各不相同时，在顺序功能图程序中每次只能选择其中一种工作状态（称为"选择分支"）；当"转换条件"都相同时，在顺序功能图程序中每次可以选择多个工作状态（称为"选择并行分支"）。只有满足条件状态，才能进行逻辑处理与输出，因此，"转换条件"是顺序功能图程序选择工作状态（步）的"开关"。

（3）有向连线

步与步之间的连接线就是"有向连线"，"有向连线"决定了状态的转换方向与转换途径。在有向连线上有短线，表示转换条件。当条件满足时，转换得以实现，即上一步的动作结束而下一步的动作开始，因而不会出现动作重叠。步与步之间必须要有转换条件。

图 5-1 中的双框为初始步，M0.0 和 M0.1 是步名，I0.0、I0.1 为转换条件，Q0.0、Q0.1 为动作。当 M0.0 有效时，输出指令驱动 Q0.0。步与步之间的连线称为有向连线，它的箭头省略未画。

（4）顺序功能图的结构分类

根据步与步之间的进展情况，顺序功能图分为以下几种结构。

① 单一序列　单一序列动作是一个接一个地完成，完成每步只连接一个转移，每个转移只连接一个步，如图 5-2（a）所示。根据顺序功能图很容易写出代数逻辑表达式，代数逻辑表达式和梯形图有对应关系，由代数逻辑表达式可写出梯形图，如图 5-2（b）所示。

② 选择序列　选择序列是指某一步后有若干个单一序列等待选择，称为分支，一般只允许选择进入一个顺序，转换条件只能标在水平线之下。选择序列的结束称为合并，用一条水平线表示，水平线以下不允许有转换条件，如图 5-3 所示。

③ 并行序列　并行序列是指在某一转换条件下同时启动若干个顺序，也就是说转换条件实现导致几个分支同时激活。并行序列的开始和结束都用双水平线表示，如图 5-4 所示。

④ 选择序列和并行序列的综合　如图 5-5 所示，步 M0.0 之后有一个选择序列的分支，设 M0.0 为活动步，当它的后续步 M0.1 或 M0.2 变为活动步时，M0.0 变为不活动步，即 M0.0 为 0 状态，所以应将 M0.1 和 M0.2 的常闭触点与 M0.0 的线圈串联。

步 M0.2 之前有一个选择序列合并，当步 M0.1 为活动步（即 M0.1 为 1 状态），并且转换条件 I0.1 满足，或者步 M0.0 为活动步，并且转换条件 I0.2 满足，步 M0.2 变为活动步，所以该步的存储器 M0.2 的启保停电路的启动条件为 M0.1·I0.1＋M0.0·I0.2，对应的启动电路由两条并联支路组成。

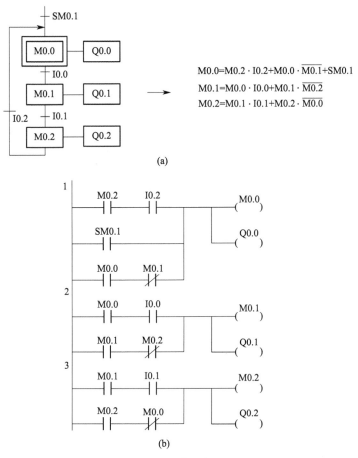

$$M0.0 = M0.2 \cdot I0.2 + M0.0 \cdot \overline{M0.1} + SM0.1$$
$$M0.1 = M0.0 \cdot I0.0 + M0.1 \cdot \overline{M0.2}$$
$$M0.2 = M0.1 \cdot I0.1 + M0.2 \cdot \overline{M0.0}$$

图 5-2　单一序列

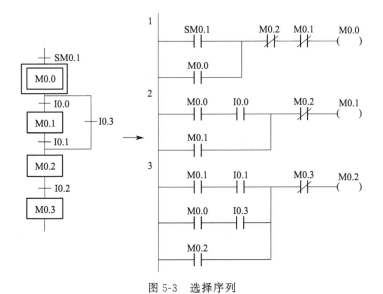

图 5-3　选择序列

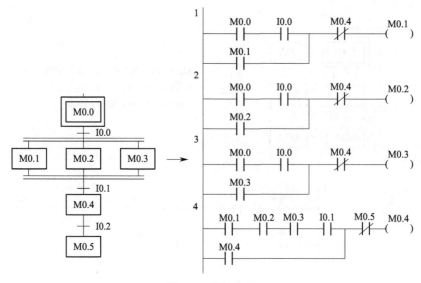

图 5-4　并行序列

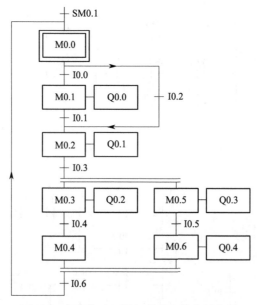

图 5-5　选择序列和并行序列的综合功能图

步 M0.2 之后有一个并行序列分支，当步 M0.2 是活动步并且转换条件 I0.3 满足时，步 M0.3 和步 M0.5 同时变成活动步，这时用 M0.2 和 I0.3 常开触点组成的串联电路，分别作为 M0.3 和 M0.5 的启动电路来实现，与此同时，步 M0.2 变为不活动步。

步 M0.0 之前有一个并行序列的合并，该转换实现的条件是所有的前级步（即 M0.4 和 M0.6）都是活动步且转换条件 I0.6 满足。由此可知，应将 M0.4、M0.6 和 I0.6 的常开触点串联，作为控制 M0.0 的启保停电路的启动电路。图 5-5 所示功能图对应的梯形图如图 5-6 所示。

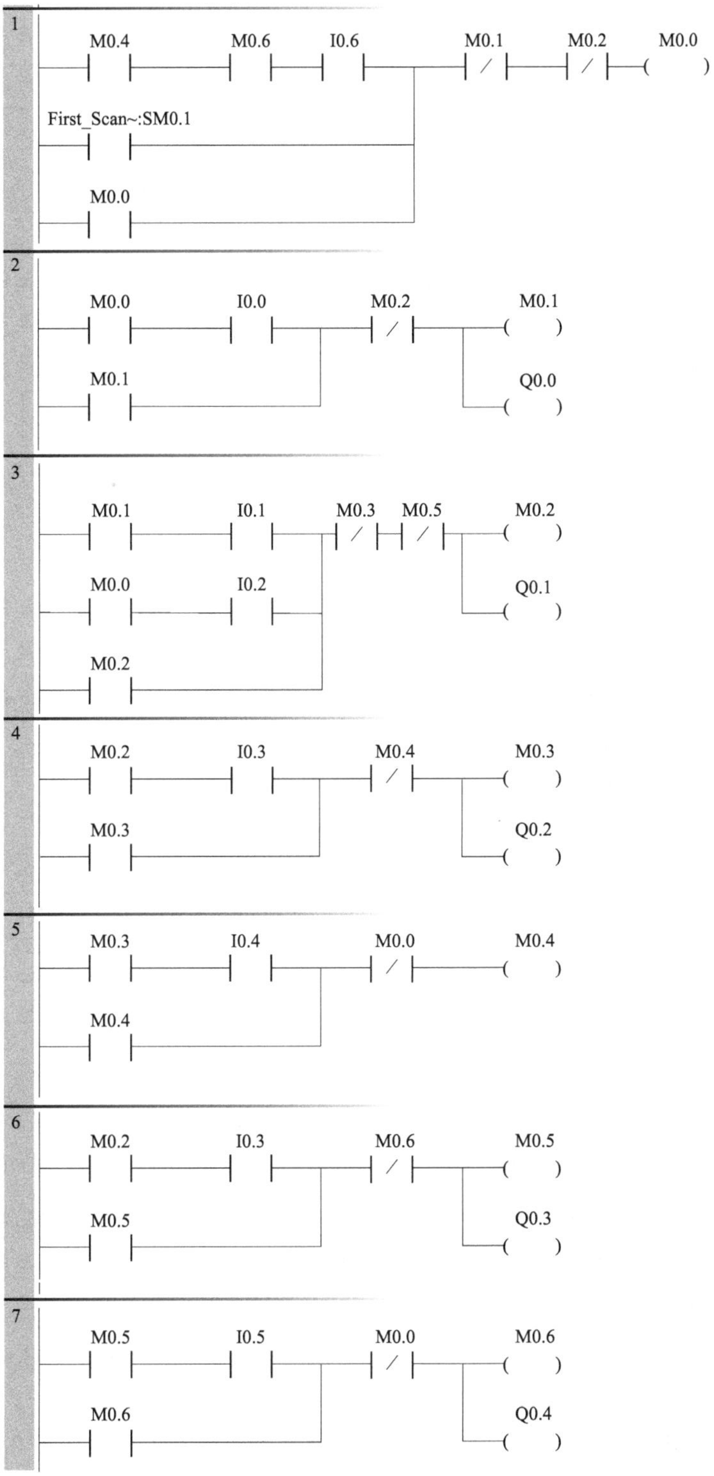

图 5-6 梯形图

（5）顺序功能图设计的注意事项

① 状态之间要有转换条件。如图 5-7 所示，状态之间缺少"转换条件"是不正确的，应改成图 5-8 所示的顺序功能图。必要时转换条件可以简化，如将图 5-9 简化成图 5-10。

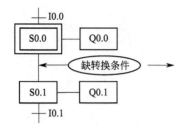

图 5-7 错误的顺序功能图

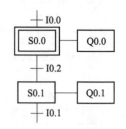

图 5-8 正确的顺序功能图

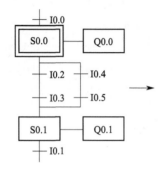

图 5-9 简化前的顺序功能图

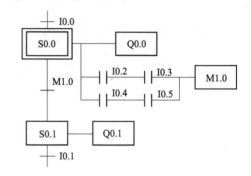

图 5-10 简化后的顺序功能图

② 转换条件之间不能有分支。例如，图 5-11 应该改成图 5-12 所示的合并后的顺序功能图，合并转换条件。

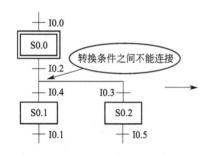

图 5-11 错误的顺序功能图

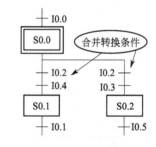

图 5-12 合并后的功能图

③ 顺序功能图中的初始步对应于系统等待启动的初始状态，初始步是必不可少的。

④ 顺序功能图中一般应有步和有向连线组成的闭环。

(6) 应用举例

【例 5-1】 液体混合装置如图 5-13 所示，上限位、下限位和中限位液位传感器被液体淹没时为 1 状态，电磁阀 A、B、C 的线圈通电时，阀门打开，电磁阀 A、B、C 的线圈断电时，阀门关闭。在初始状态时容器是空的，各阀门均关闭，各传感器均为 0 状态。按下启动按钮后，打开电磁阀 A，液体 A 流入容器，中限位开关变为 ON 时，关闭 A，打开阀 B，液体 B 流入容器。液面上升到上限位，关闭阀门 B，电动机 M 开始运行，搅拌液体，30s 后停止搅动，打开电磁阀 C，放出混合液体，当液面下降到下限位之后，过 3s，容器放空，关闭电磁阀 C，打开电磁阀 A，又开始下一个周期的操作。按停止按钮，当前工作周期结束后，才能停止工作，按急停按钮可立即停止工作。要求设计功能图和梯形图。

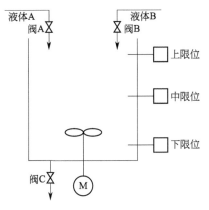

图 5-13 液体混合装置

【解】 液体混合的 PLC 的 I/O 分配见表 5-1。

表 5-1　例 5-1PLC 的 I/O 分配表

输　入			输　出		
名　称	符　号	输 入 点	名　称	符　号	输 出 点
开始按钮	SB1	I0.0	电磁阀 A	YV1	Q0.0
停止按钮	SB2	I0.1	电磁阀 B	YV2	Q0.1
急停按钮	SB3	I0.2	电磁阀 C	YV3	Q0.2
上限位传感器	SQ1	I0.3	继电器	KA1	Q0.3
中限位传感器	SQ2	I0.4			
下限位传感器	SQ3	I0.5			

电气系统的原理图如图 5-14 所示，功能图如图 5-15 所示，梯形图如图 5-16 所示。

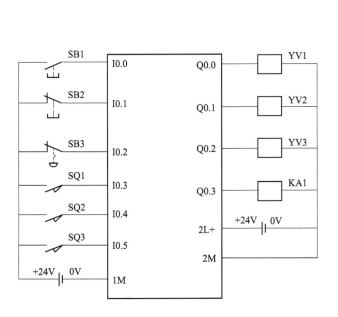

图 5-14　例 5-1 原理图

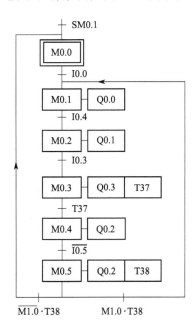

图 5-15　例 5-1 功能图

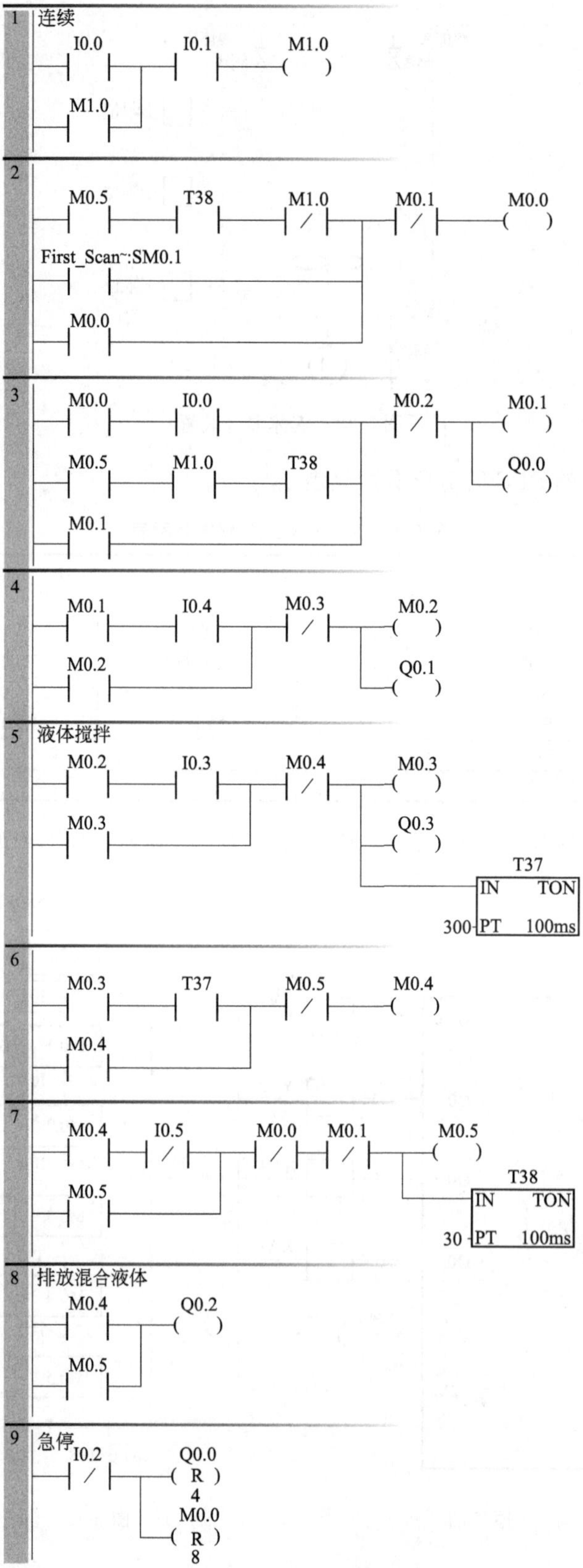
1
连续
I0.0
I0.1
M1.0
M1.0
2
M0.5
T38
M1.0
M0.1
M0.0
First_Scan~:SM0.1
M0.0
3
M0.0
I0.0
M0.2
M0.1
M0.5
M1.0
T38
Q0.0
M0.1
4
M0.1
I0.4
M0.3
M0.2
M0.2
Q0.1
5
液体搅拌
M0.2
I0.3
M0.4
M0.3
M0.3
Q0.3
T37
IN TON
300 PT 100ms
6
M0.3
T37
M0.5
M0.4
M0.4
7
M0.4
I0.5
M0.0
M0.1
M0.5
T38
M0.5
IN TON
30 PT 100ms
8
排放混合液体
M0.4
Q0.2
M0.5
9
急停
I0.2
Q0.0
R
4
M0.0
R
8

图 5-16　例 5-1 梯形图

【**例 5-2**】　某钻床用 2 个钻头同时钻 2 个孔，开始自动运行之前，2 个钻头在最上面，上限位开关 I0.3 和 I0.5 为 ON。操作人员放好工件后，按下启动按钮 I0.0 后。工件被夹紧后，2 个钻头同时开始工作，钻到由限位开关 I0.2 和 I0.4 设定的深度时分别上行，回到由限位开关 I0.3 和 I0.5 设定的起始位置时，分别停止上行。当 2 个钻头都到起始位置后，工件松开，工件松开后，加工结束，系统回到初始状态。钻床的加工示意图如图 5-17 所示，要求设计功能图和梯形图。

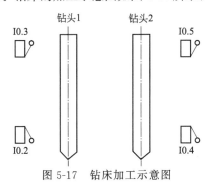

图 5-17　钻床加工示意图

【**解**】　钻床的 PLC 的 I/O 分配见表 5-2。

表 5-2　PLC 的 I/O 分配表

输　入			输　出		
名　称	符　号	输入点	名　称	符　号	输出点
开始按钮	SB1	I0.0	夹具夹紧	KA1	Q0.0
停止按钮	SB2	I0.1	钻头 1 下降	KA2	Q0.1
钻头 1 下限位开关	SQ1	I0.2	钻头 1 上升	KA3	Q0.2
钻头 1 上限位开关	SQ2	I0.3	钻头 2 下降	KA4	Q0.3
钻头 2 下限位开关	SQ3	I0.4	钻头 2 上升	KA5	Q0.4
钻头 2 上限位开关	SQ4	I0.5	夹具松开	KA6	Q0.5
夹紧限位开关	SQ5	I0.6			
松开下限位开关	SQ6	I0.7			

电气系统的原理图如图 5-18 所示，功能图如图 5-19 所示，梯形图如图 5-20 所示。

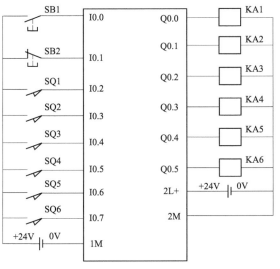

图 5-18　例 5-2 原理图

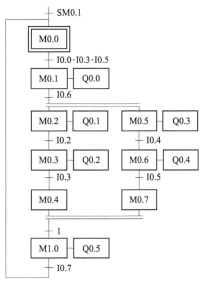

图 5-19　例 5-2 功能图

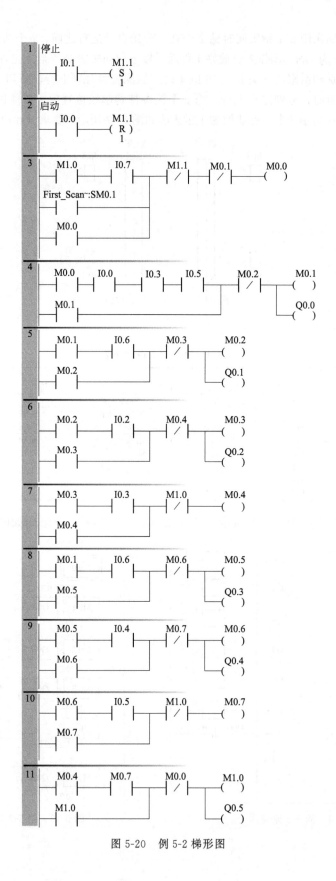

图 5-20　例 5-2 梯形图

5.1.2 梯形图编程的原则

尽管梯形图与继电器电路图在结构形式、元件符号及逻辑控制功能等方面类似，但它们又有许多不同之处，梯形图有自己的编程规则。

① 每一逻辑行总是起于左母线，然后是触点的连接，最后终止于线圈或右母线（右母线可以不画出）。这仅仅是一般原则，S7-200 SMART PLC 的左母线与线圈之间一定要有触点，而线圈与右母线之间则不能有任何触点，如图 5-21 所示。但西门子 S7-300 PLC 与左母线相连的不一定是触点，而且其线圈不一定与右母线相连。

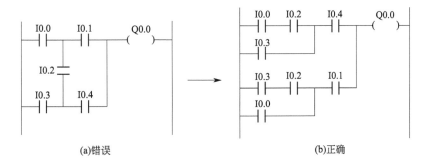

图 5-21　梯形图（1）

② 无论选用哪种机型的 PLC，所用元件的编号必须在该机型的有效范围内。例如 S7-200 SMART PLC 的辅助继电器默认状态下没有 M100.0，若使用就会出错，而 S7-300 PLC 则有 M100.0。

③ 梯形图中的触点可以任意串联或并联，但继电器线圈只能并联而不能串联。

④ 触点的使用次数不受限制，例如，辅助继电器 M0.0 可以在梯形图中出现无限制的次数，而实物继电器的触点一般少于 8 对，只能用有限次。

⑤ 在梯形图中同一线圈只能出现一次。如果在程序中，同一线圈使用了两次或多次，称为"双线圈输出"。对于"双线圈输出"，有些 PLC 将其视为语法错误，是绝对不允许出现的；有些 PLC 则将前面的输出视为无效，只有最后一次输出有效（如西门子 PLC）；而有些 PLC 在含有跳转指令或步进指令的梯形图中允许双线圈输出。

⑥ 对于不可编程梯形图则必须经过等效变换，变成可编程梯形图，如图 5-22 所示。

图 5-22　梯形图（2）

⑦ 当有几个串联电路相并联时，应将串联触点多的回路放在上方，归纳为"上多下少"的原则，如图 5-23 所示。当有几个并联电路相串联时，应将并联触点多的回路放在左方，归纳为"左多右少"的原则，如图 5-24 所示。这样所编制的程序简洁明了，语句较少。但要注意图 5-23（a）和图 5-24（a）的梯形图逻辑上是正确的。

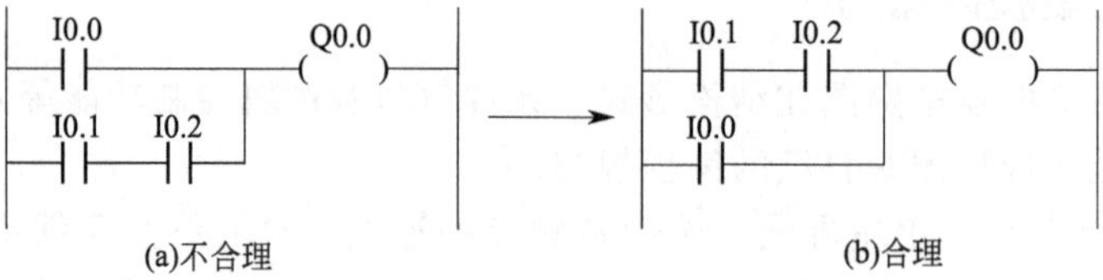

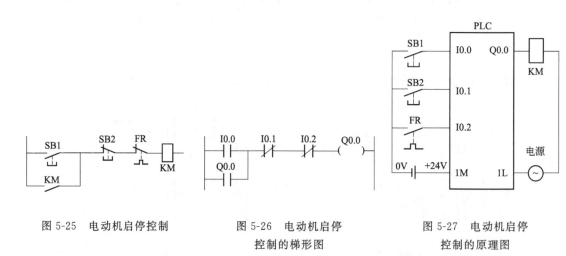

图 5-23 梯形图（3）

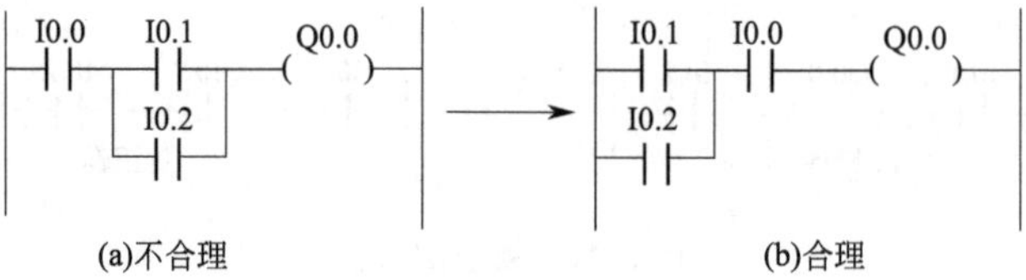

（a）不合理 → （b）合理

图 5-24 梯形图（4）

（a）不合理 → （b）合理

⑧ PLC 的输入端所连的电气元件通常使用常开触点，即使与 PLC 对应的继电器-接触器系统原来使用的是常闭触点，改为 PLC 控制时也应转换为常开触点。图 5-25 所示为继电器-接触器系统控制的电动机启停控制，图 5-26 所示为电动机启停控制的梯形图，图 5-27 所示为电动机启停控制的原理图。从图中可以看出，继电器-接触器系统原来使用常闭触点 SB2 和 FR，改用 PLC 控制时，则在 PLC 的输入端变成了常开触点。

图 5-25 电动机启停控制

图 5-26 电动机启停控制的梯形图

图 5-27 电动机启停控制的原理图

【关键点】 图 5-26 的梯形图中 I0.1 和 I0.2 用常闭触点。否则控制逻辑不正确。若读者一定要让 PLC 的输入端的按钮为常闭触点输入也可以（一般不推荐这样使用），但梯形图中 I0.1 和 I0.2 要用常开触点。对于急停按钮必须使用常闭触头，若一定要使用常开触头，从逻辑上讲是可行的，但在某些情况下，有可能导致急停按钮不起作用而造成事故，这是读者要特别注意的。另外，一般不推荐将热继电器的常开触点接在 PLC 的输入端，因为这样做占用了宝贵的输入点，最好将热继电器的常闭触点接在 PLC 的输出端，与 KM 的线圈串联。

5.2 逻辑控制的梯形图编程方法

对于比较复杂的逻辑控制，用经验设计法就不合适，应选用功能图设计法。功能图设计法是应用最为广泛的设计方法。功能图就是顺序功能图，功能图设计法就是先根据系统的控制要求设计出功能图，再根据功能图编写梯形图，梯形图可以由基本指令编写，也可以由顺控指令和功能指令编写。因此，设计功能图是整个设计过程的关键，也是难点。

5.2.1 利用基本指令编写梯形图

用基本指令编写梯形图是最容易想到的方法，该方法不需要了解较多的指令。采用这种方法编写程序的过程是：先根据控制要求设计正确的功能图，再根据功能图写出正确的布尔表达式，最后根据布尔表达式设计基本指令梯形图。以下用一个例子讲解利用基本指令编写梯形图的方法。

【例 5-3】 某设备有四个线圈，其控制要求如下。

① 按下启动按钮，线圈 A 通电，1s 后线圈 A、B 同时通电；再过 1s，线圈 B 通电，同时线圈 A 失电；再过 1s，线圈 B、C 同时通电……以此类推，其通电过程如图 5-28 所示。

② 有 2 种工作模式。工作模式 1 时，按下停止按钮，完成一个工作循环后，停止工作；工作模式 2 时，具有锁相功能，当压下停止按钮后，停止在通电的线圈上，下次压下启动按钮时，从上次停止的线圈开始通电继续工作。

③ 无论何种工作模式，只要压下急停按钮，系统所有线圈立即断电。

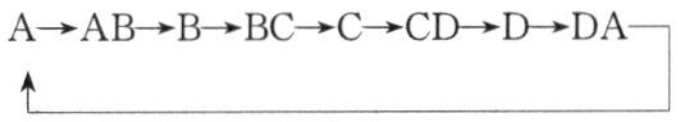

$$A \to AB \to B \to BC \to C \to CD \to D \to DA$$

图 5-28 通电过程

【解】 根据题意设计原理图和功能图，如图 5-29 和图 5-30 所示。根据功能图编写梯形图程序，如图 5-31 所示。

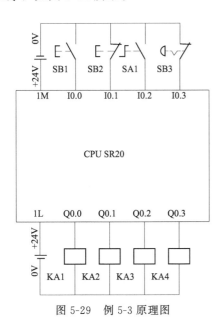

图 5-29 例 5-3 原理图

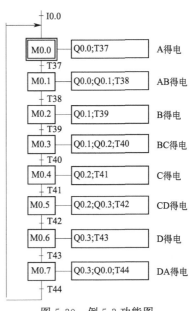

图 5-30 例 5-3 功能图

1 模式1

```
I0.1    I0.0    I0.2    M10.1
─┤/├───┤/├───┤/├───( )
M10.1
─┤ ├─
```

2 模式2

```
I0.1    I0.0    I0.2    M10.0
─┤/├───┤/├───┤ ├───( )
M10.0
─┤ ├─
```

3 急停和转化模式

```
I0.3                M0.0
─┤/├──────────────( R )
                    8
I0.2
─┤ ├──┤ P ├─
I0.2
─┤/├──┤ N ├─
T44     M10.1
─┤ ├───┤ ├─
```

4 开始

```
M0.7    T44     M10.1  M0.1    M0.0
─┤ ├───┤ ├───┤/├───┤ ├───( )
M0.0                         M10.0         T37
─┤ ├─                       ─┤/├───    IN    TON
I0.0    MB0                            10─PT   100ms
─┤ ├───==B
         0
```

5 输入注释

```
M0.0    T37     M0.2    M0.1
─┤ ├───┤ ├───┤/├───( )
M0.1                    M10.0         T38
─┤ ├─                  ─┤/├───    IN    TON
                                  10─PT   100ms
```

6 输入注释

```
M0.1    T38     M0.3    M0.2
─┤ ├───┤ ├───┤/├───( )
M0.2                    M10.0         T39
─┤ ├─                  ─┤/├───    IN    TON
                                  10─PT   100ms
```

7

```
M0.2    T39     M0.4    M0.3
─┤ ├───┤ ├───┤/├───( )
M0.3                    M10.0         T40
─┤ ├─                  ─┤/├───    IN    TON
                                  10─PT   100ms
```

8

```
M0.3    T40     M0.5    M0.4
─┤ ├───┤ ├───┤/├───( )
M0.4                    M10.0         T41
─┤ ├─                  ─┤/├───    IN    TON
                                  10─PT   100ms
```

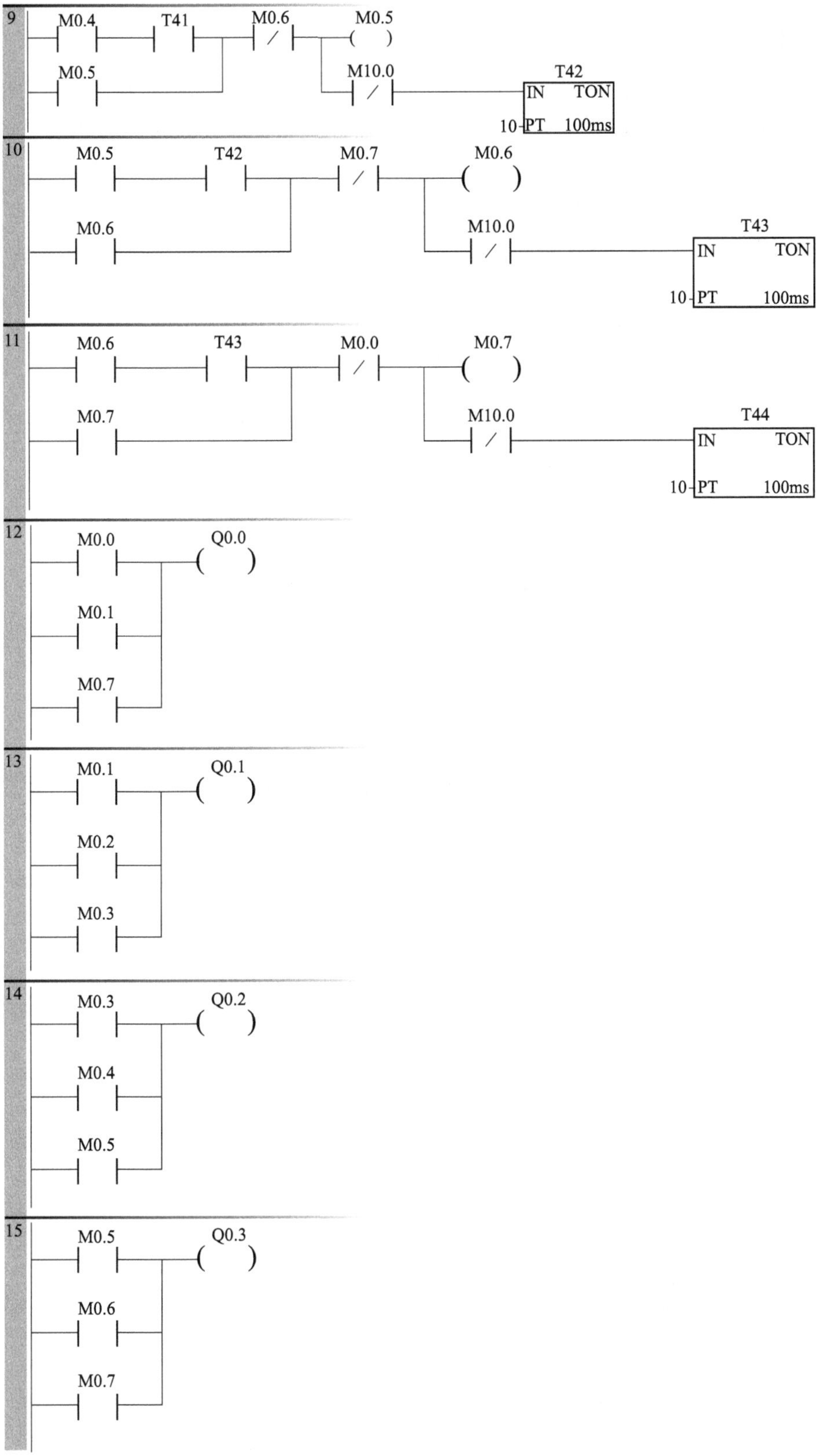

图 5-31　例 5-3 梯形图

5.2.2　利用顺控指令编写逻辑控制程序

功能图和顺控指令梯形图有一一对应关系，利用顺控指令编写逻辑控制程序有固定的模式。顺控指令是专门为逻辑控制设计的指令，利用顺控指令编写逻辑控制程序是非常合适的。以下用一个例子讲解利用顺控指令编写逻辑控制程序。

【例 5-4】　用顺控指令编写例 5-3 的程序。

【解】　功能图如图 5-32 所示，梯形图程序如图 5-33 所示。

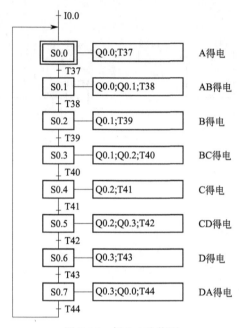

图 5-32　例 5-4 功能图

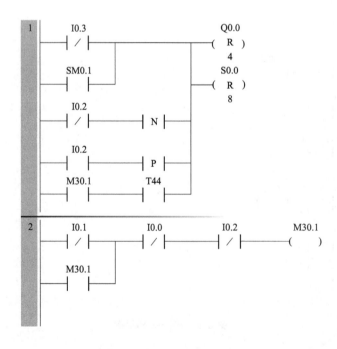

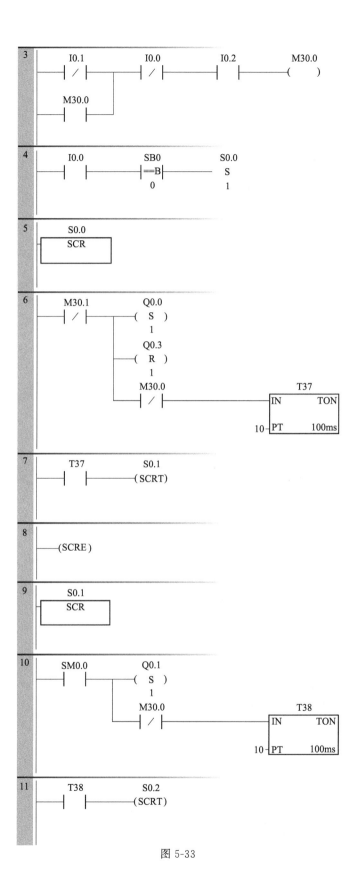

图 5-33

```
12 ─┤
    ─(SCRE)


13 ┤   S0.2
    ┌──────────┐
    │ SCR      │
    └──────────┘


14 ┤  SM0.0           Q0.0
    ──┤ ├──────────┬──( R )
                   │     1
                   │   M30.0                        T39
                   └──┤ / ├──────────────┌──────────────┐
                                          │IN        TON │
                                   10 ────┤PT      100ms │
                                          └──────────────┘


15 ┤   T39           S0.3
    ──┤ ├───────────( SCRT )


16 ┤
    ─(SCRE)


17 ┤   S0.3
    ┌──────────┐
    │ SCR      │
    └──────────┘


18 ┤  SM0.0           Q0.2
    ──┤ ├──────────┬──( S )
                   │     1
                   │   M30.0                        T40
                   └──┤ / ├──────────────┌──────────────┐
                                          │IN        TON │
                                   10 ────┤PT      100ms │
                                          └──────────────┘


19 ┤   T40           S0.4
    ──┤ ├───────────( SCRT )


20 ┤
    ─(SCRE)


21 ┤   S0.4
    ┌──────────┐
    │ SCR      │
    └──────────┘


22 ┤  SM0.0           Q0.1
    ──┤ ├──────────┬──( R )
                   │     1
                   │   M30.0                        T41
                   └──┤ / ├──────────────┌──────────────┐
                                          │IN        TON │
                                   10 ────┤PT      100ms │
                                          └──────────────┘


23 ┤   T41           S0.5
    ──┤ ├───────────( SCRT )
```

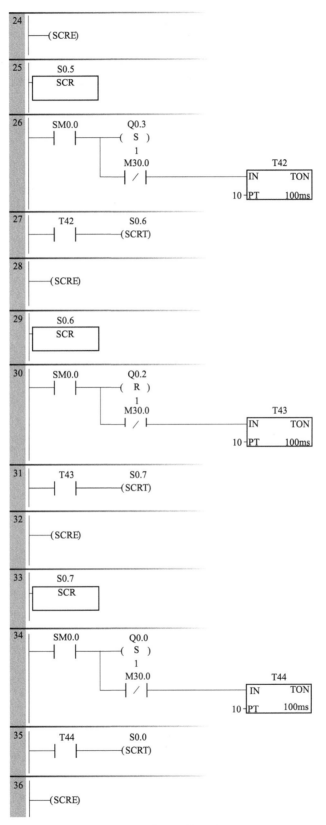

图 5-33　例 5-4 梯形图

5.2.3 利用功能指令编写逻辑控制程序

西门子的功能指令有许多特殊的功能，其中功能指令中的移位指令和循环指令非常适合用于顺序控制，用这些指令编写程序简洁而且可读性强。以下用一个例子讲解利用功能指令编写逻辑控制程序。

【例 5-5】 用功能指令编写例 5-3 的程序。

【解】 梯形图如图 5-34 所示。

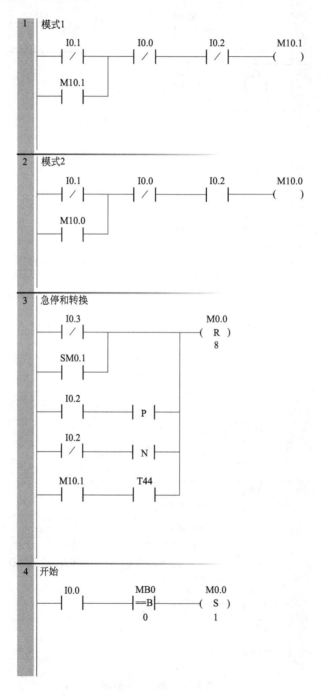

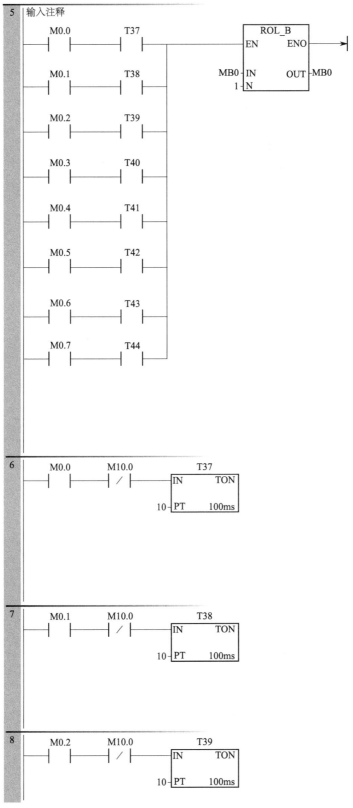

图 5-34

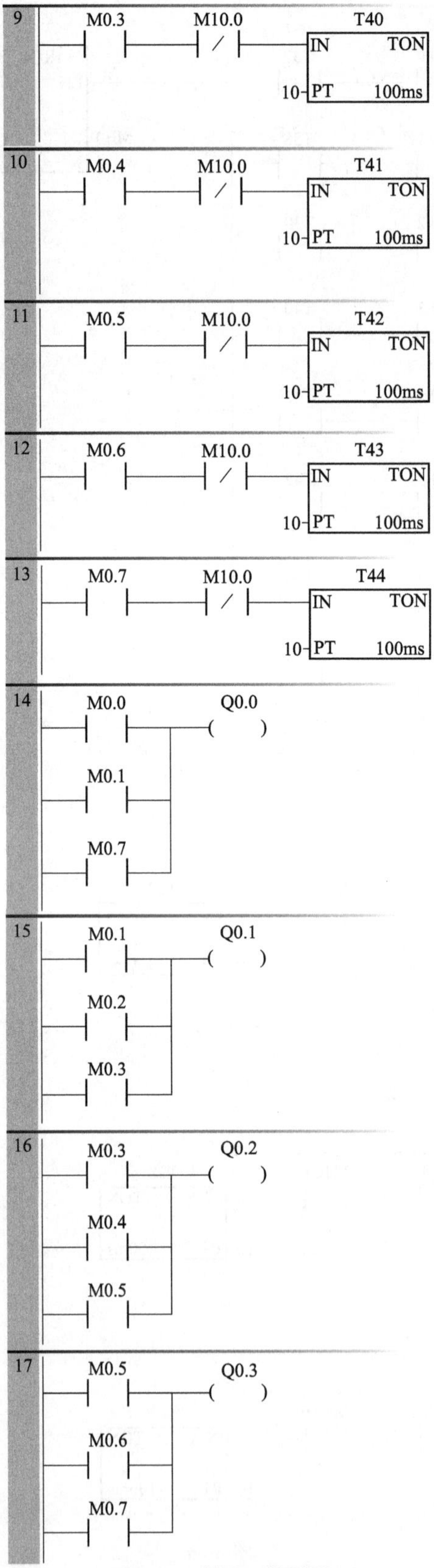

9 | M0.3 M10.0 T40
   ┤├ ┤/├ IN TON
   10-PT 100ms

10 | M0.4 M10.0 T41
   ┤├ ┤/├ IN TON
   10-PT 100ms

11 | M0.5 M10.0 T42
   ┤├ ┤/├ IN TON
   10-PT 100ms

12 | M0.6 M10.0 T43
   ┤├ ┤/├ IN TON
   10-PT 100ms

13 | M0.7 M10.0 T44
   ┤├ ┤/├ IN TON
   10-PT 100ms

14 | M0.0 Q0.0
   ┤├ ( )
   M0.1
   ┤├
   M0.7
   ┤├

15 | M0.1 Q0.1
   ┤├ ( )
   M0.2
   ┤├
   M0.3
   ┤├

16 | M0.3 Q0.2
   ┤├ ( )
   M0.4
   ┤├
   M0.5
   ┤├

17 | M0.5 Q0.3
   ┤├ ( )
   M0.6
   ┤├
   M0.7
   ┤├

图 5-34　例 5-5 梯形图

5.2.4 利用复位和置位指令编写逻辑控制程序

复位和置位指令是常用指令，用复位和置位指令编写程序简洁而且可读性强。以下用一个例子讲解利用复位和置位指令编写逻辑控制程序。

【例 5-6】 用复位和置位指令编写例 5-3 的程序。

【解】 梯形图如图 5-35 所示。

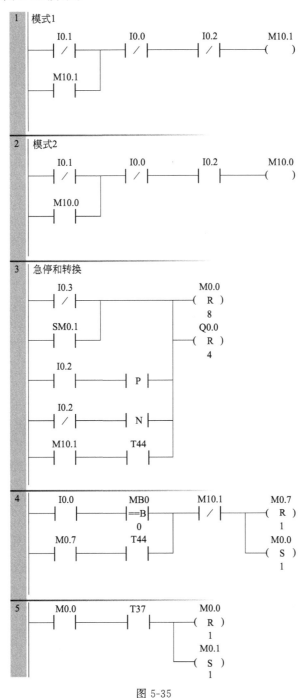

图 5-35

```
6    M0.1        T38           M0.1
     ─┤ ├──────┤ ├───────┤├───( R )
                                 1
                              M0.2
                              ( S )
                                 1

7    M0.2        T39           M0.2
     ─┤ ├──────┤ ├───────┤├───( R )
                                 1
                              M0.3
                              ( S )
                                 1

8    M0.3        T40           M0.3
     ─┤ ├──────┤ ├───────┤├───( R )
                                 1
                              M0.4
                              ( S )
                                 1

9    M0.4        T41           M0.4
     ─┤ ├──────┤ ├───────┤├───( R )
                                 1
                              M0.5
                              ( S )
                                 1

10   M0.5        T42           M0.5
     ─┤ ├──────┤ ├───────┤├───( R )
                                 1
                              M0.6
                              ( S )
                                 1

11   M0.6        T43           M0.6
     ─┤ ├──────┤ ├───────┤├───( R )
                                 1
                              M0.7
                              ( S )
                                 1

12   M0.0        M10.0                  T37
     ─┤ ├──────┤/├──────────────────┤IN      TON
                                  10─┤PT      100ms

13   M0.1        M10.0                  T38
     ─┤ ├──────┤/├──────────────────┤IN      TON
                                  10─┤PT      100ms

14   M0.2        M10.0                  T39
     ─┤ ├──────┤/├──────────────────┤IN      TON
                                  10─┤PT      100ms

15   M0.3        M10.0                  T40
     ─┤ ├──────┤/├──────────────────┤IN      TON
                                  10─┤PT      100ms
```

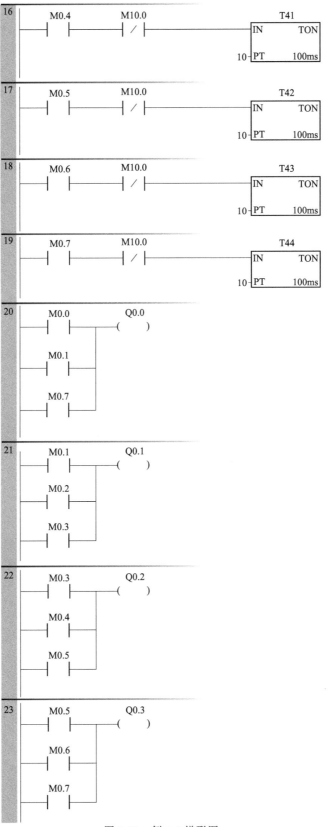

图 5-35　例 5-6 梯形图

至此，同一个顺序控制的问题使用了基本指令、顺控指令（有的 PLC 称为步进梯形图指令）、功能指令和复位/置位指令四种解决方案编写程序。四种解决方案的编程都有各自的特点，但有一点是相同的，那就是首先都要设计功能图。四种解决方案没有优劣之分，读者可以根据自己的编程习惯选用。

第 2 篇

综合应用精通篇

第6章

西门子 S7-200 SMART PLC 的通信及其应用

本章介绍西门子 S7-200 SMART PLC 的通信基础知识，并用实例介绍西门子 S7-200 SMART PLC 自由口、以太网通信和 Modbus 通信。本章的内容既是重点也是难点。

6.1 通信基础知识

PLC 的通信包括 PLC 与 PLC 之间的通信、PLC 与上位计算机之间的通信以及和其他智能设备之间的通信。PLC 与 PLC 之间通信的实质就是计算机的通信，使得众多独立的控制任务构成一个控制工程整体，形成模块控制体系。PLC 与计算机连接组成网络，将 PLC 用于控制工业现场，计算机用于编程、显示和管理等任务，构成"集中管理、分散控制"的分布式控制系统（DCS）。

6.1.1 通信的基本概念

（1）串行通信与并行通信

串行通信和并行通信是两种不同的数据传输方式。

并行通信就是将一个 8 位数据（或 16 位、32 位）的每一个二进制位采用单独的导线进行传输，并将传送方和接收方进行并行连接，一个数据的各个二进制位可以在同一时间内一次传送。例如，老式打印机的打印口和计算机的通信就是并行通信。并行通信的特点是一个周期里可以一次传输多位数据，但其连线的电缆多，因此长距离传送时成本高。

串行通信就是通过一对导线将发送方与接收方进行连接，传输数据的每个二进制位，按照规定顺序在同一导线上依次发送与接收。例如，常用优盘的 USB 接口就是串行通信。串行通信的特点是通信控制复杂，通信电缆少，因此与并行通信相比，成本低。串行通信是一种趋势，随着串行通信速率的提高，以往使用并行通信的场合，现在完全或部分被串行通信取代，如打印机的通信，现在基本被串行通信取代，再如个人计算机硬盘的数据通信，也已经被串行通信取代。

（2）异步通信与同步通信

异步通信与同步通信也称为异步传送与同步传送，这是串行通信的两种基本信息传送方式。从用户的角度上说，两者最主要的区别在于通信方式的"帧"不同。

异步通信方式又称起止方式。它在发送字符时，要先发送起始位，然后是字符本身，最后是停止位，字符之后还可以加入奇偶校验位。异步通信方式具有硬件简单、成本低的特点，主要用于传输速率低于 19.2Kbit/s 以下的数据通信。

同步通信方式在传递数据的同时，也传输时钟同步信号，并始终按照给定的时刻采集数据。其传输数据的效率高，硬件复杂，成本高，一般用于传输速率高于 20Kbit/s 以上的数据通信。

（3）单工、双工与半双工

单工、双工与半双工是通信中描述数据传送方向的专用术语。

① 单工（Simplex）：指数据只能实现单向传送的通信方式，一般用于数据的输出，不可以进行数据交换。

② 全双工（Full Simplex）：也称双工，指数据可以进行双向数据传送，同一时刻既能发送数据，也能接收数据。通常需要两对双绞线连接，通信线路成本高。例如，RS-422 就是全双工通信方式。

③ 半双工（Half Simplex）：指数据可以进行双向数据传送，同一时刻只能发送数据或者接收数据。通常需要一对双绞线连接，与全双工相比，通信线路成本低。例如，RS-485 只用一对双绞线时就是半双工通信方式。

6.1.2 RS-485 标准串行接口

（1）RS-485 接口

RS-485 接口是在 RS-422 基础上发展起来的一种 EIA 标准串行接口，采用"平衡差分驱动"方式。RS-485 接口满足 RS-422 的全部技术规范，可以用于 RS-422 通信。RS-485 接口通常采用 9 针连接器。RS-485 接口的引脚功能参见表 6-1。

表 6-1　RS-485 接口的引脚功能

PLC 引脚	信号代号	信号功能
1	SG 或 GND	机壳接地
2	+24V 返回	逻辑地
3	RXD+ 或 TXD+	RS-485 的 B，数据发送/接收+端
5	+5V 返回	逻辑地
6	+5V	+5V
7	+24V	+24V
8	RXD- 或 TXD-	RS-485 的 A，数据发送/接收-端
9	不适用	10 位协议选择（输入）

（2）西门子的 PLC 连线

西门子 PLC 的 PPI 通信、MPI 通信和 PROFIBUS-DP 现场总线通信的物理层都是 RS-485 通信，而且采用都是相同的通信线缆和专用网络接头。西门子提供两种网络接头，即标准网络接头和编程端口接头，可方便地将多台设备与网络连接，编程端口允许用户将编程站或 HMI 设备与网络连接，且不会干扰任何现有网络连接。编程端口接头通过编程端口传送所有来自 S7-200 SMART PLC 的信号（包括电源针脚），这对于连接由 S7-200 SMART

PLC（例如 SIMATIC 文本显示）供电的设备尤其有用。标准网络接头的编程端口接头均有两套终端螺钉，用于连接输入和输出网络电缆。这两种接头还配有开关，可选择网络偏流和终端。图 6-1 显示了电缆接头的终端状况，将拨钮拨向右侧，电阻设置为"on"，而将拨钮拨向另一侧，则电阻设置为"off"。图中只显示了一个，若有多个也是这样设置。图 6-1 中拨钮在"off"一侧，因此终端电阻未接入电路。

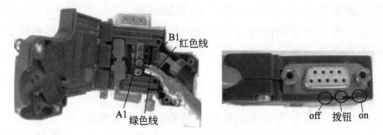

图 6-1　网络接头的终端电阻设置

【关键点】　西门子的专用 PROFIBUS 电缆中有两根线，一根为红色，上标有"B"，一根为绿色，上面标有"A"，这两根线只要与网络接头上相对应的"A"和"B"接线端子相连即可（如"A"线与"A"接线端相连）。网络接头直接插在 PLC 的 PORT 口上即可，不需要其他设备。注意：三菱的 FX 系列 PLC 的 RS-485 通信要加 RS-485 专用通信模块和终端电阻。

6.1.3　PLC 网络的术语解释

PLC 网络中的名词、术语很多，现将常用的予以介绍。

① 站（Station）：在 PLC 网络系统中，将可以进行数据通信、连接外部输入/输出的物理设备称为"站"。例如，由 PLC 组成的网络系统中，每台 PLC 可以是一个"站"。

② 主站（Master Station）：PLC 网络系统中进行数据链接的系统控制站，主站上设置了控制整个网络的参数，每个网络系统只有一个主站，主站号固定为"0"，站号实际就是 PLC 在网络中的地址。

③ 从站（Slave Station）：PLC 网络系统中，除主站外，其他的站称为"从站"。

④ 远程设备站（Remote Device Station）：PLC 网络系统中，能同时处理二进制位、字的从站。

⑤ 本地站（Local Station）：PLC 网络系统中，带有 CPU 模块并可以与主站以及其他本地站进行循环传输的站。

⑥ 站数（Number of Station）：PLC 网络系统中，所有物理设备（站）所占用的内存站数的总和。

⑦ 网关（Gateway）：又称网间连接器、协议转换器。网关在传输层上以实现网络互联，是最复杂的网络互联设备，仅用于两个高层协议不同的网络互联。网关的结构和路由器类似，不同的是互联层。网关既可以用于广域网互联，也可以用于局域网互联。网关是一种充当转换重任的计算机系统或设备。在使用不同的通信协议、数据格式或语言，甚至体系结构完全不同的两种系统之间，网关是一个翻译器。例如 AS-I 网络的信息要传送到由西门子 S7-200 SMART PLC 组成的 PPI 网络，就要通过 CP243-2 通信模块进行转换，这个模块实际上就是网关。

⑧ 中继器（Repeater）：用于网络信号放大、调整的网络互联设备，能有效延长网络的

连接长度。例如，以太网的正常传送距离是 500m，经过中继器放大后，可传输 2500m。

⑨ 网桥（Bridge）：网桥将两个相似的网络连接起来，并对网络数据的流通进行管理。网桥的功能在延长网络跨度上类似于中继器，然而它能提供智能化连接服务，即根据帧的终点地址处于哪一网段来进行转发和滤除。

⑩ 路由器（Router）：所谓路由就是指通过相互连接的网络把信息从源地点移动到目标地点的活动。一般来说，在路由过程中，信息至少会经过一个或多个中间节点。

⑪ 交换机（Switch）：交换机是一种基于 MAC 地址识别，能完成封装转发数据包功能的网络设备。交换机可以"学习" MAC 地址，并把其存放在内部地址表中，通过在数据帧的始发者和目标接收者之间建立临时的交换路径，使数据帧直接由源地址到达目的地址。交换机通过直通式、存储转发和碎片隔离三种方式进行交换。交换机的传输模式有全双工、半双工、全双工/半双工自适应三种。

6.1.4 OSI 参考模型

通信网络的核心是 OSI（Open System Interconnection，开放式系统互联）参考模型。为了理解网络的操作方法，为创建和实现网络标准、设备和网络互联规划提供了一个框架。1984 年，国际标准化组织（ISO）提出了开放式系统互联的七层模型，即 OSI 参考模型。该模型自下而上分为物理层、数据链路层、网络层、传输层、会话层、表示层和应用层。理解 OSI 参考模型比较难，但了解它对掌握后续的以太网通信和 PROFIBUS 通信是很有帮助的。

OSI 参考模型的上三层通常称为应用层，用来处理用户接口、数据格式和应用程序的访问。下四层负责定义数据的物理传输介质和网络设备。OSI 参考模型定义了大多数协议栈共有的基本框架，如图 6-2 所示。

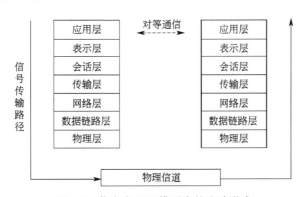

图 6-2 信息在 OSI 模型中的流动形式

① 物理层（Physical Layer）：定义了传输介质、连接器和信号发生器的类型，规定了物理连接的电气、机械功能特性，如电压、传输速率、传输距离等特性。典型的物理层设备有集线器（HUB）和中继器等。

② 数据链路层（Data Link Layer）：确定传输站点物理地址以及将消息传送到协议栈，并提供顺序控制和数据流向控制。该层可以继续分为两个子层：介质访问控制层（Medium Access Control，MAC）和逻辑链路层（Logical Link Control Layer，LLC），即层 2a 和 2b。其中 IEEE802.3（Ethernet，CSMA/CD）就是 MAC 层常用的通信标准。典型的数据链路层设备有交换机和网桥等。

③ 网络层（Network Layer）：定义了设备间通过因特网协议地址（Internet Protocol，IP）传输数据，连接位于不同广播域的设备，常用来组织路由。典型的网络层设备是路由器。

④ 传输层（Transport Layer）：建立会话连接，分配服务访问点（Service Access Point，SAP），允许数据进行可靠传输控制协议（Transmission Control Protocol，TCP）或者不可靠用户数据报协议（User Datagram Protocol，UDP）的传输。可以提供通信质量检测服务（QOS）。网关是互联网设备中最复杂的，它是传输层及以上层的设备。

⑤ 会话层（Session Layer）：负责建立、管理和终止表示层实体间通信会话，处理不同设备应用程序间的服务请求和响应。

⑥ 表示层（Presentation Layer）：提供多种编码用于应用层的数据转化服务。

⑦ 应用层（Application Layer）：定义用户及用户应用程序接口与协议对网络访问的切入点。目前各种应用版本较多，很难建立统一的标准。在工控领域常用的标准是 MMS（Multimedia Messaging Service，多媒体信息服务），用来描述制造业应用的服务和协议。

数据经过封装后通过物理介质传输到网络上，接收设备除去附加信息后，将数据上传到上层堆栈层。

各层的数据单位一般有各自特定的称呼。物理层的单位是比特（bit）；数据链路层的单位是帧（frame）；网络层的单位是分组（packet），有时也称包；传输层的单位是数据报（datagram）或者段（segment）；会话层、表示层和应用层的单位是消息（message）。

6.2 西门子 S7-200 SMART PLC 自由口通信

6.2.1 西门子 S7-200 SMART PLC 自由口通信介绍

西门子 S7-200 SMART PLC 的自由口通信是基于 RS-485 通信基础的半双工通信，西门子 S7-200 SMART PLC 拥有自由口通信功能，即没有标准的通信协议，用户可以自己规定协议。第三方设备大多支持 RS-485 串口通信，西门子 S7-200 SMART PLC 可以通过自由口通信模式控制串口通信。最简单的使用案例就是只用发送指令（XMT）向打印机或者变频器等第三方设备发送信息。任何情况，都通过 S7-200 SMART PLC 编写程序实现。

自由口通信的核心就是发送（XMT）和接收（RCV）两条指令，以及相应的特殊寄存器控制。由于 S7-200 SMART PLC 通信端口是 RS-485 半双工通信口，因此发送和接收不能同时处于激活状态。RS-485 半双工通信串行字符通信的格式可以包括一个起始位、7 位或 8 位字符（数据字节）、一个奇/偶校验位（或者没有校验位）、一个停止位。

标准的 S7-200 SMART PLC 只有一个串口（为 RS-485），为 Port0 口，还可以扩展一个信号板，这个信号板在组态时设定为 RS-485 或者 RS-232，为 Port1 口。

自由口通信波特率可以设置为 1200bit/s、2400bit/s、4800bit/s、9600bit/s、19200bit/s、38400bit/s、57600bit/s 或 115200bit/s。凡是符合这些格式的串行通信设备，理论上都可以和 S7-200 SMART PLC 通信。自由口模式可以灵活应用。STEP 7-Micro/WIN SMART 的两个指令库（USS 和 Modbus RTU）就是使用自由口模式编程实现的。

S7-200 SMART PLC 使用 SMB30（对于 Port0）和 SMB130（对于 Port1）定义通信口的工作模式，控制字节的定义如图 6-3 所示。

图 6-3　控制字节的定义

① 通信模式由控制字的最低的两位"mm"决定。

● mm＝00：PPI 从站模式（默认这个数值）。

● mm＝01：自由口模式。

● mm＝10：保留（默认 PPI 从站模式）。

● mm＝11：保留（默认 PPI 从站模式）。

所以，只要将 SMB30 或 SMB130 赋值为 2♯01，即可将通信口设置为自由口模式。

② 控制位的"pp"是奇偶校验选择。

● pp＝00：无校验。

● pp＝01：偶校验。

● pp＝10：无校验。

● pp＝11：奇校验。

③ 控制位的"d"是每个字符的位数。

● d＝0：每个字符 8 位。

● d＝1：每个字符 7 位。

④ 控制位的"bbb"是波特率选择。

● bbb＝000：38400bit/s。

● bbb＝001：19200bit/s。

● bbb＝010：9600bit/s。

● bbb＝011：4800bit/s。

● bbb＝100：2400bit/s。

● bbb＝101：1200bit/s。

● bbb＝110：115200bit/s。

● bbb＝111：57600bit/s。

（1）发送指令

以字节为单位，XMT 向指定通信口发送一串数据字符，要发送的字符以数据缓冲区指定，一次发送的字符最多为 255 个。

发送完成后，会产生一个中断事件，对于 Port0 口为中断事件 9，而对于 Port1 口为中断事件 26。当然也可以不通过中断，而通过监控 SM4.5（对于 Port0 口）或者 SM4.6（对于 Port1 口）的状态来判断发送是否完成，如果状态为 1，说明完成。XMT 指令缓冲区格式见表 6-2。

表 6-2　XMT 指令缓冲区格式

序号	字节编号	内容	序号	字节编号	内容
1	T＋0	发送字节的个数	⋮	⋮	⋮
2	T＋1	数据字节	256	T＋255	数据字节
3	T＋2	数据字节			

（2）接收指令

以字节为单位，RCV 通过指定通信口接收一串数据字符，接收的字符保存在指定的数据缓冲区，一次接收的字符最多为 255 个。

接收完成后，会产生一个中断事件，对于 Port0 口为中断事件 23，而对于 Port1 口为中断事件 24。当然也可以不通过中断，而通过监控 SMB86（对于 Port0 口）或者 SMB186（对于 Port1 口）的状态来判断发送是否完成，如果状态为非零，说明完成。SMB86 和 SMB186 含义见表 6-3，SMB87 和 SMB187 含义见表 6-4。

表 6-3　SMB86 和 SMB186 含义

对于 Port0 口	对于 Port1 口	控制字节各位的含义
SM86.0	SM186.0	为 1 说明奇偶校验错误而终止接收
SM86.1	SM186.1	为 1 说明接收字符超长而终止接收
SM86.2	SM186.2	为 1 说明接收超时而终止接收
SM86.3	SM186.3	默认为 0
SM86.4	SM186.4	默认为 0
SM86.5	SM186.5	为 1 说明是正常收到结束字符
SM86.6	SM186.6	为 1 说明输入参数错误或者缺少起始和终止条件而结束接收
SM86.7	SM186.7	为 1 说明用户通过禁止命令结束接收

表 6-4　SMB87 和 SMB187 含义

对于 Port0 口	对于 Port1 口	控制字节各位的含义
SM87.0	SM187.0	0
SM87.1	SM187.1	1：使用中断条件 0：不使用中断条件
SM87.2	SM187.2	1：使用 SM92 或者 SM192 时间段结束接收 0：不使用 SM92 或者 SM192 时间段结束接收
SM87.3	SM187.3	1：定时器是消息定时器 0：定时器是内部字符定时器
SM87.4	SM187.4	1：使用 SM90 或者 SM190 检测空闲状态 0：不使用 SM90 或者 SM190 检测空闲状态
SM87.5	SM187.5	1：使用 SM89 或者 SM189 终止符检测终止信息 0：不使用 SM89 或者 SM189 终止符检测终止信息
SM87.6	SM187.6	1：使用 SM88 或者 SM188 起始符检测起始信息 0：不使用 SM88 或者 SM188 起始符检测起始信息
SM87.7	SM187.7	0：禁止接收 1：允许接收

与自由口通信相关的其他重要特殊控制字/字节见表 6-5。

表 6-5　其他重要特殊控制字/字节

对于 Port0 口	对于 Port1 口	控制字节或者控制字的含义
SMB88	SMB188	消息字符的开始
SMB89	SMB189	消息字符的结束
SMW90	SMW190	空闲线时间段，按 ms 设定。空闲线时间用完后接收的第一个字符是新消息的开始
SMW92	SMW192	中间字符/消息定时器溢出值，按 ms 设定。如果超过这个时间段，则终止接收消息
SMW94	SMW194	要接收的最大字符数（1～255 字节）。此范围必须设置为期望的最大缓冲区大小，即是否使用字符计数消息终端

RCV 指令缓冲区格式见表 6-6。

表 6-6　RCV 指令缓冲区格式

序号	字节编号	内容	序号	字节编号	内容
1	T+0	接收字节的个数	4	T+3	数据字节
2	T+1	起始字符（如果有）	⋮	⋮	⋮
3	T+2	数据字节	256	T+255	结束字符（如果有）

6.2.2　西门子 S7-200 SMART PLC 之间的自由口通信

以下以两台 S7-200 SMART PLC 之间的自由口通信为例介绍其编程实施方法。

【例 6-1】　有两台设备，控制器都是 CPU ST40，两者之间为自由口通信，要求实现设备 1 对设备 1 和设备 2 的电动机同时进行启停控制，请设计方案，编写程序。

【解】

(1) 主要软硬件配置

① 1 套 STEP 7-Micro/WIN SMART V2.3。

② 2 台 CPU ST40。

③ 1 根 PROFIBUS 网络电缆（含 2 个网络总线连接器）。

④ 1 根以太网电缆。

自由口通信硬件配置如图 6-4 所示，两台 CPU 的接线原理图如图 6-5 所示。

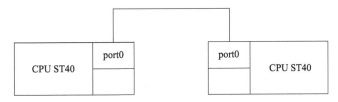

图 6-4　自由口通信硬件配置

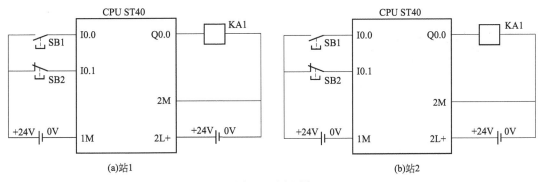

图 6-5　原理图

【关键点】　自由口通信的通信线缆最好使用 PROFIBUS 网络电缆和网络总线连接器，若要求不高，为了节省开支可购买市场上的 DB9 接插件，再将两个接插件的 3 脚和 8 脚对连即可，如图 6-6 所示。

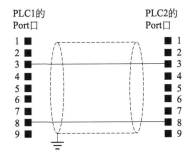

图 6-6　自由口通信连线的另一种方案

（2）方法一

① 编写设备 1 的程序　设备 1 的主程序如图 6-7 所示，设备 1 的中断程序 0 如图 6-8 所示，设备 1 的中断程序 1 如图 6-9 所示。

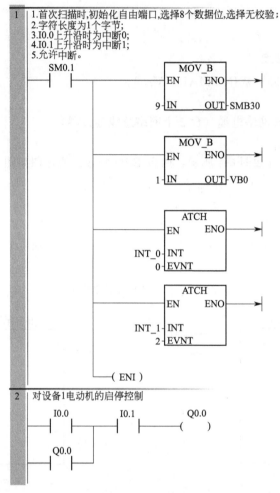

图 6-7　设备 1 的主程序

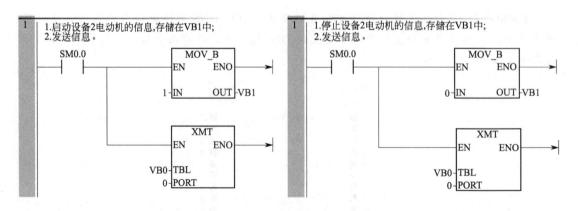

图 6-8　设备 1 的中断程序 0　　　　　　　　图 6-9　设备 1 的中断程序 1

② 编写设备 2 的程序　设备 2 的主程序如图 6-10 所示，设备 2 的中断程序 0 如图 6-11 所示。

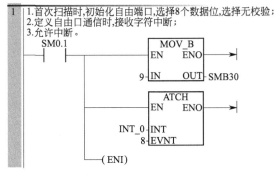

图 6-10　设备 2 的主程序

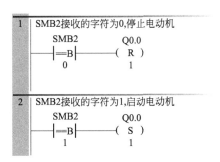

图 6-11　设备 2 的中断程序 0

(3) 方法二

① 设备 1 的程序　设备 1 的主程序如图 6-12 所示，设备 1 的子程序如图 6-13 所示，设备 1 的中断程序如图 6-14 所示。

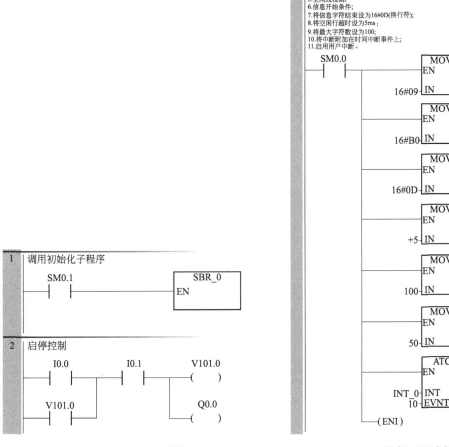

图 6-12　设备 1 的主程序

图 6-13　设备 1 的子程序

② 设备 2 的程序　设备 2 的主程序如图 6-15 所示，设备 2 的中断程序如图 6-16 所示。

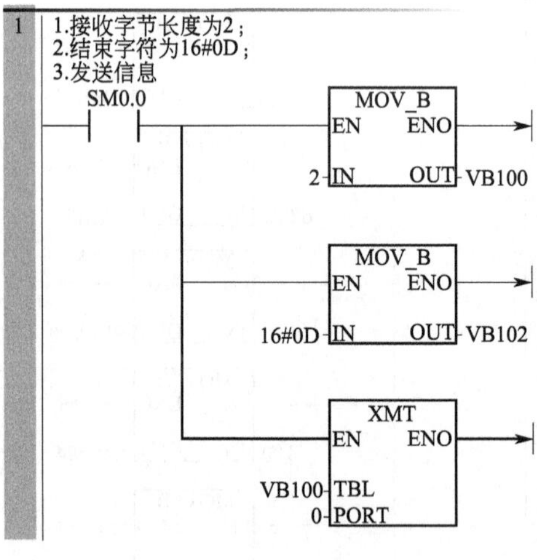

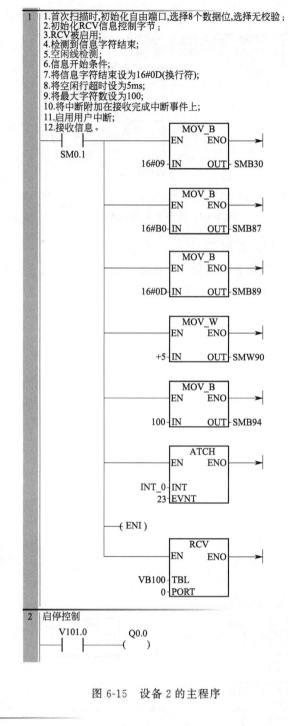

图 6-14 设备 1 的中断程序

图 6-15 设备 2 的主程序

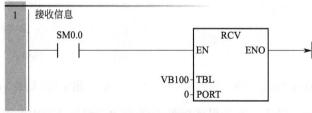

图 6-16 设备 2 的中断程序

6.2.3 西门子S7-200 SMART PLC与个人计算机（自编程序）之间的自由口通信

【例6-2】 用 Visual Basic 编写程序实现个人计算机和 CPU ST40 的自由口通信，并显示 CPU ST40 的 Q1.0～Q1.2 状态以及 QB0、QB1 的数值。

【解】

（1）主要软硬件配置

① 1套 STEP 7-Micro/WIN SMART V2.3。

② 1台 CPU ST40。

③ 1根 PC/PPI 电缆（本例的计算机端为 RS-232C 接口）。

④ 1台计算机。

将 CPU ST40 作为主站，计算机作为从站。

（2）编写 CPU ST40 的程序

CPU ST40 中的梯形图程序如图 6-17 所示。

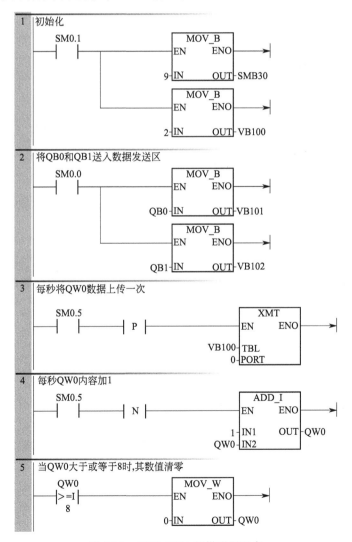

图 6-17 CPU ST40 的梯形图程序

(3) 编写计算机的程序

计算机中的程序用 Visual Basic 编写，程序运行界面如图 6-18 所示。

```
Option Explicit
Dim p () As Byte
Dim a
Private Sub Form _ Load ()
    MSComm1. PortOpen = True              '打开串口
    MSComm1. InputMode = 1                '读入字节
    MSComm1. RThreshold = 2               '最少读入字节数
End Sub
Private Sub MSComm1 _ OnComm ()
    Select Case MSComm1. CommEvent
    Case comEvReceive
      p = MSComm1. Input                  '读入字节到数组 p (0) 和 p (1)
      Text1 = p (1)
      Text2 = p (0)
      a = Val (Text1)
      Select Case a
      Case 0
        Shape1. BackColor = vbBlack       '当 QB0＝0 时，三盏灯都不亮
        Shape2. BackColor = vbBlack
        Shape3. BackColor = vbBlack
      Case 1
        Shape1. BorderColor = vbRed       '当 QB0＝1 时，第一盏灯亮
        Shape2. BackColor = vbBlack
        Shape3. BackColor = vbBlack
      Case 2
        Shape1. BackColor = vbBlack       '当 QB0＝2 时，第二盏灯亮
        Shape2. BackColor = vbRed
        Shape3. BackColor = vbBlack
      Case 3
        Shape1. BackColor = vbRed         '当 QB0＝3 时，第一、二盏灯亮
        Shape2. BackColor = vbRed
        Shape3. BackColor = vbBlack
      Case 4
        Shape1. BackColor = vbBlack       '当 QB0＝4 时，第三盏灯亮
        Shape2. BackColor = vbBlack
        Shape3. BackColor = vbRed
      Case 5
        Shape1. BackColor = vbRed         '当 QB0＝5 时，第一、三盏灯亮
        Shape2. BackColor = vbBlack
```

```
            Shape3. BackColor = vbRed
        Case 6
            Shape1. BackColor = vbBlack        '当 QB0＝6 时，第二、三盏灯亮
            Shape2. BackColor = vbRed
            Shape3. BackColor = vbRed
        Case 7
            Shape1. BackColor = vbRed          '当 QB0＝7 时，第一、二、三盏灯亮
            Shape2. BackColor = vbRed
            Shape3. BackColor = vbRed
        End Select
    End Select
End Sub
```

如图 6-18 所示，当 QB1＝7 时，Q1.0、Q1.1 和 Q1.2 三盏灯亮（显示为红色），而灯灭显示为黑色，具体结果请读者运行本书附带的程序。

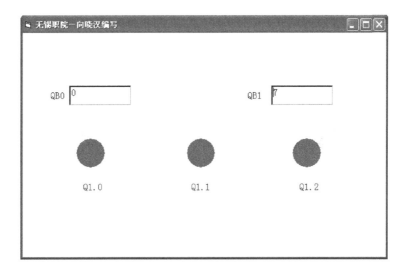

图 6-18　程序运行界面

6.2.4　西门子 S7-200 SMART PLC 与三菱 FX 系列 PLC 之间的自由口通信

除了西门子 S7-200 SMART PLC 之间可以进行自由口通信，S7-200 SMART PLC 还可以与其他品牌的 PLC、变频器、仪表和打印机等进行通信，要完成通信，这些设备应有 RS-232C 或者 RS-485 等形式的串口。西门子 S7-200 SMART PLC 与三菱的 FX 系列通信时，采用自由口通信，但三菱公司称这种通信为"无协议通信"，实际上内涵是一样的。

以下以 CPU ST40 与三菱 FX3U-32MR 自由口通信为例，讲解 S7-200 SMART PLC 与其他品牌 PLC 之间的自由口通信。

【例 6-3】　有两台设备，设备 1 的控制器是 CPU ST40，设备 2 的控制器是 FX3U-

32MR，两者之间为自由口通信，实现设备 1 的 I0.0 启动设备 2 的电动机，设备 1 的 I0.1 停止设备 2 的电动机的转动，请设计解决方案。

【解】

（1）主要软硬件配置

① 1 套 STEP 7-Micro/WIN SMART V2.3 和 GX Developer 8.86。

② 1 台 CPU ST40 和 1 台 FX3U-32MR。

③ 1 根屏蔽双绞电缆（含 1 个网络总线连接器）。

④ 1 台 FX3U-485-BD。

⑤ 1 根网线电缆。

两台 CPU 的接线如图 6-19 所示。

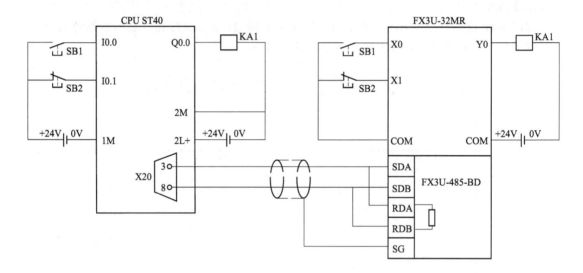

图 6-19　例 6-3 原理图

【关键点】　网络的正确接线至关重要，具体有以下几方面。

① CPU ST40 的 X20 口可以进行自由口通信，其 9 针的接头中，1 号管脚接地，3 号管脚为 RXD＋/TXD＋（发送＋/接收＋）公用，8 号管脚为 RXD-/TXD-（发送-/接收-）公用。

② FX3U-32MR 的编程口不能进行自由口通信，因此本例配置了一块 FX3U-485-BD 模块，此模块可以进行双向 RS-485 通信（可以与两对双绞线相连），但由于 CPU ST40 只能与一对双绞线相连，因此 FX3U-485-BD 模块的 RDA（接收＋）和 SDA（发送＋）短接，RDB（接收-）和 SDB（发送-）短接。

③ 由于本例采用的是 RS-485 通信，所以两端需要接终端电阻，均为 110 Ω，CPU ST40 端未画出（由于和 X20 相连的网络连接器自带终端电阻），若传输距离较近，终端电阻可不接入。

（2）编写 CPU ST40 的程序

CPU ST40 的主程序如图 6-20 所示，子程序如图 6-21 所示，中断程序如图 6-22 所示。

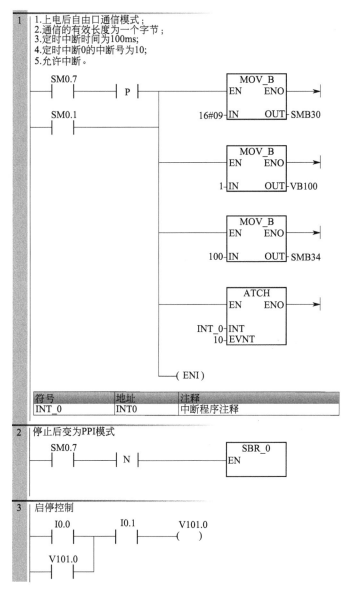

图 6-20 主程序

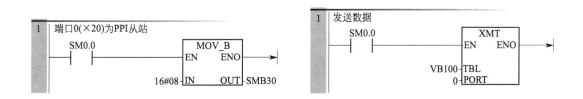

图 6-21 子程序   图 6-22 中断程序

【关键点】 自由口通信每次发送的信息最少是一个字节，本例中将启停信息存储在
VB101 的 V101.0 位发送出去。VB100 存放的是发送有效数据的字节数。

(3) 编写 FX3U-32MR 的程序

1）无协议通信简介

① RS 指令格式如图 6-23 所示。

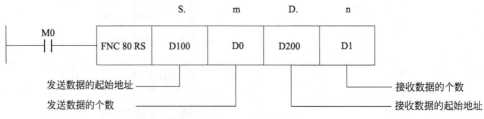

图 6-23　RS 指令格式

② 无协议通信中用到的元件见表 6-7。

表 6-7　无协议通信中用到的软元件

元件编号	名称	内容	属性
M8122	发送请求	置位后,开始发送	读/写
M8123	接收结束标志	接收结束后置位,此时不能再接收数据,需人工复位	读/写
M8161	8 位处理模式	在 16 位和 8 位数据之间切换接收和发送数据,为 ON 时为 8 位模式,为 OFF 时为 16 位模式	写

③ D8120 的通信格式见表 6-8。

表 6-8　D8120 的通信格式

位编号	名称	内容		
		0(位 OFF)		1(位 ON)
b0	数据长度	7 位		8 位
b1b2	奇偶校验	b2,b1 (0,0):无 (0,1):奇校验(ODD) (1,1):偶校验(EVEN)		
b3	停止位	1 位		2 位
b4b5b6b7	波特率 (bit/s)	b7,b6,b5,b4 (0,0,1,1):300 (0,1,0,0):600 (0,1,0,1):1200 (0,1,1,0):2400		b7,b6,b5,b4 (0,1,1,1):4800 (1,0,0,0):9600 (1,0,0,1):19200
b8	报头	无		有
b9	报尾	无		有
b10b11b12	控制线	无协议	b12,b11,b10 (0,0,0):无(RS-232C 接口) (0,0,1):普通模式(RS-232C 接口)　(0,1,0):相互链接模式(RS-232C 接口)	
		计算机链接	(0,1,1):调制解调器模式(RS-232C 接口) (1,1,1):RS-485 通信(RS-485/RS-422 接口)	
b13	和校验	不附加		附加
b14	协议	无协议		专用协议
b15	控制顺序 (CR、LF)	不使用 CR、LF(格式 1)		使用 CR、LF(格式 4)

2）编写程序　FX3U-32MR 中的程序如图 6-24 所示。

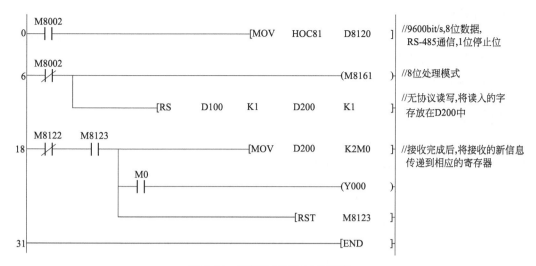

图 6-24　FX3U-32MR 中的程序

实现不同品牌的 PLC 的通信，确实比较麻烦，要求读者对两种品牌的 PLC 的通信都比较熟悉。其中有两个关键点，一是读者一定要把通信线接对，二是与自由口（无协议）通信的相关指令必须要弄清楚，否则通信是很难成功的。

【关键点】　以上的程序是单向传递数据，即数据只从 CPUST40 传向 FX3U-32MR，因此程序相对而言比较简单，若要数据双向传递，则必须注意 RS-485 通信是半双工的，编写程序时要保证在同一时刻同一个站点只能接收或者发送数据。

6.2.5　西门子 S7-1200 PLC 与 S7-200 SMART PLC 之间的自由口通信

S7-200 SMART PLC 的自带串口和通信板的串口都可以进行自由口通信，而 S7-1200 PLC 自身并无串口，要进行自由口通信，必须配置一个通信模块，如 CM1241 或者通信板 CB1241。以下用一个例子介绍 S7-1200 PLC 与 S7-200 SMART PLC 的自由口通信。

【例 6-4】　有两台设备，设备 1 控制器是 CPU 1214C，设备 2 控制器是 CPU ST40，两者之间为自由口通信，实现设备 2 上采集的模拟量传送到设备 1，请设计解决方案。

【解】

(1) 主要软硬件配置

① 1 套 STEP 7-Micro/WIN SMART V2.3 和 1 套 STEP 7 Basic V15.1。

② 1 根 PROFIBUS 电缆（含两个网络总线连接器）和 1 根网线。

③ 1 台 CPU ST40。

④ 1 台 CPU 1214C。

⑤ 1 台 CM1241（RS-485）。

硬件配置如图 6-25 所示。

图 6-25　硬件配置

（2）编写 S7-200 SMART PLC 的程序

有关 S7-200 SMART PLC 自由口通信的内容在前面的章节已经讲解，主程序、中断程序分别如图 6-26、图 6-27 所示。

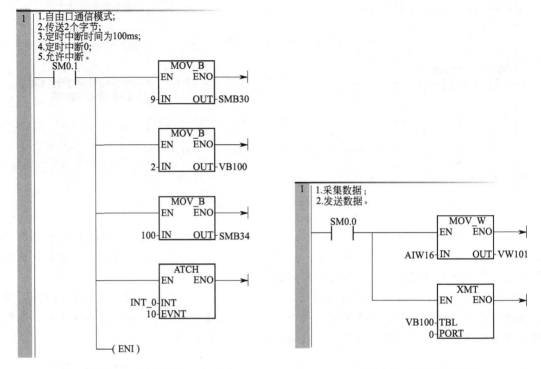

图 6-26　主程序　　　　　　　　　　　　　图 6-27　中断程序

（3）S7-1200 PLC 硬件配置

① 新建项目　新建项目"PtP_s71200"，如图 6-28 所示，添加一台 CPU 1214C 和一台 CM1241（RS-485）通信模块。

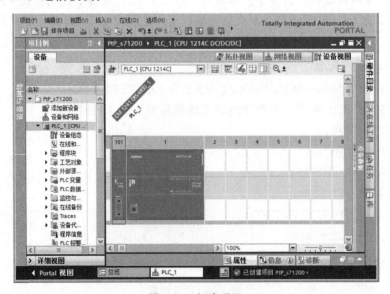

图 6-28　新建项目

② 启用系统时钟　选中 PLC＿1 中的 CPU1214C，再选中"系统和时钟存储器"，勾选"启用系统存储器字节"和"启用时钟存储器字节"，如图 6-29 所示。将 M0.0 设置成 10Hz 的周期脉冲。

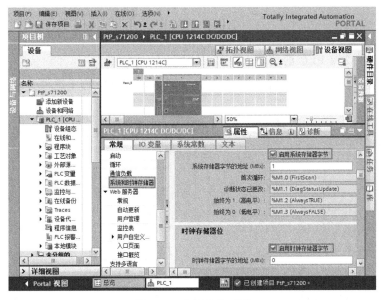

图 6-29　启用系统时钟

③ 添加数据块　在 PLC＿1 的项目树中，展开程序块，单击"添加新块"按钮，弹出界面如图 6-30 所示。选中数据块，命名为"DB1"，再单击"确定"按钮。

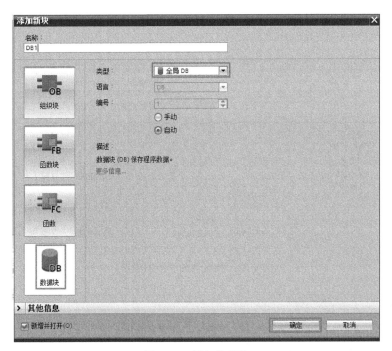

图 6-30　添加数据块

④ 创建数组　打开 PLC＿1 中的数据块，创建数组 A［0..1］，数组中有两个字节 A［0］和 A［1］，如图 6-31 所示。

图 6-31　创建数组

（4）编写 S7-1200 PLC 的程序

① 指令简介　RCV _ PTP 指令用于自由口通信，可启用已发送消息的接收。RCV _ PTP 指令的参数含义见表 6-9。

表 6-9　RCV _ PTP 指令的参数含义

LAD	输入/输出	说明	数据类型
	EN	使能	BOOL
	EN_R	在上升沿启用接收	BOOL
	PORT	通信模块的标识符，有 RS232_1[CM] 和 RS485_1[CM]	PORT
	BUFFER	指向接收缓冲区的起始地址	VARIANT
	ERROR	是否有错	BOOL
	STATUS	错误代码	WORD
	LENGTH	接收的消息中包含字节数	UINT

② 编写程序　接收端的梯形图程序如图 6-32 所示。

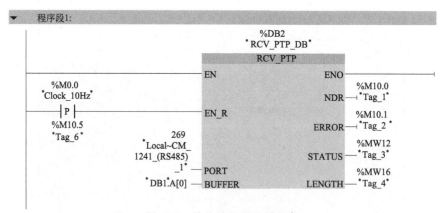

图 6-32　接收端的梯形图程序

6.3　以太网通信

6.3.1　工业以太网通信简介

（1）初识工业以太网

所谓工业以太网，通俗地讲就是应用于工业的以太网，是指其在技术上与商用以太网

（IEEE802.3 标准）兼容，但材质的选用、产品的强度和适用性方面应能满足工业现场的需要。工业以太网技术的优点表现在：以太网技术应用广泛，为所有的编程语言所支持；软硬件资源丰富；易于与 Internet 连接，实现办公自动化网络与工业控制网络的无缝连接；通信速度快；可持续发展的空间大等。

虽然以太网有众多的优点，但作为信息技术基础的以太网是为 IT 领域应用而开发的，在工业自动化领域只得到有限应用，这是由于以下几方面的原因。

① 采用 CSMA/CD 碰撞检测方式，在网络负荷较重时，网络的确定性（Determinism）不能满足工业控制的实时要求。

② 所用的接插件、集线器、交换机和电缆等是为办公室应用而设计，不符合工业现场恶劣环境要求。

③在工程环境中，以太网抗干扰（EMI）性能较差。若用于危险场合，以太网不具备本质安全性能。

④ 以太网还不具备通过信号线向现场仪表供电的性能。

随着信息网络技术的发展，上述问题正在迅速得到解决。为促进以太网在工业领域的应用，国际上成立了工业以太网协会（Industrial Ethernet Association，IEA）。

（2）网络电缆接法

用于 Ethernet 的双绞线有 8 芯和 4 芯两种，双绞线的电缆连线方式也有两种，即正线（标准 568B）和反线（标准 568A），其中正线也称为直通线，反线也称为交叉线。正线接线如图 6-33 所示，两端线序一样，从上至下线序是：白绿，绿，白橙，蓝，白蓝，橙，白棕，棕。反线接线如图 6-34 所示，一端为正线的线序，另一端为反线线序，从上至下线序是：白橙，橙，白绿，蓝，白蓝，绿，白棕，棕。对于千兆以太网，用 8 芯双绞线，但接法不同于以上所述的接法，请参考有关文献。

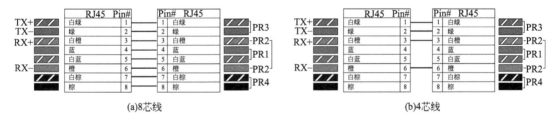

图 6-33 双绞线正线接线

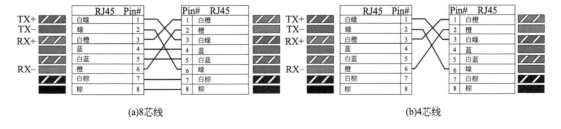

图 6-34 双绞线反线接线

对于 4 芯的双绞线，只用连接头（常称为水晶接头）上的 1、2、3、6 四个引脚。西门子的 PROFINET 工业以太网采用 4 芯的双绞线。

常见的采用正线连接的有：计算机（PC）与集线器（HUB）、计算机（PC）与交换机（SWITCH）、PLC与交换机（SWITCH）、PLC与集线器（HUB）。

常见的采用反线连接的有：计算机（PC）与计算机（PC）、PLC与PLC。

（3）S7-200 SMART PLC支持的以太网通信方式

早期版本的S7-200 SMART PLC的PN口仅支持程序下载和HMI的以太网通信，之后增加了PLC之间的S7通信方式。从V2.2版开始，S7-200 SMART PLC可以支持S7、TCP、TCP_on_ISO和Modbus_TCP等通信方式，这样使得S7-200 SMART PLC的以太网通信变得十分便捷。

6.3.2 西门子S7-200 SMART PLC与HMI之间的以太网通信

西门子S7-200 SMART PLC自身带以太网接口（PN口），西门子的部分HMI也有以太网口，但西门子的大部分带以太网口的HMI价格都比较高，虽然可以与S7-200 SMART PLC建立通信，但很显然高端HMI与低端的S7-200 SMART PLC相配是不合理的。为此，西门子公司设计了低端的SMART LINE系列HMI，其中SMART 700 IE和SMART 1000 IE触摸屏自带以太网接口，可以很方便与S7-200 SMART PLC进行以太网通信。以下用一个例子来介绍通信的实现步骤。

（1）通信举例

【例6-5】 有一台设备上配有1台S7-200 SMART PLC和1台SMART 700 IE触摸屏，要求建立两者之间的通信。

【解】 首先计算机中要安装WinCC Flexible 2008 SP4，因为低版本的WinCC Flexible要安装SMART 700 IE触摸屏的升级包。具体步骤有以下几步。

① 创建新项目 打开软件WinCC Flexible 2008 SP4，弹出如图6-35所示的界面，单击"创建一个空项目"选项，弹出如图6-36所示的界面。

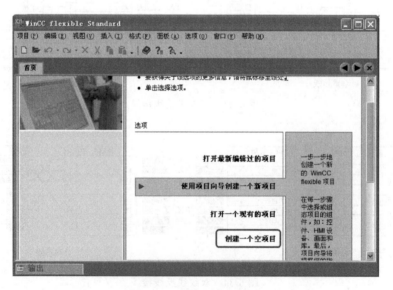

图6-35 创建一个空项目

② 选择设备 选择触摸屏的具体型号，如图6-36所示，选择"Smart 700 IE"，再单击"确定"按钮。

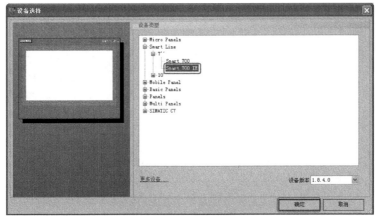

图 6-36　选择设备

③ 新建连接　建立 HMI 与 PLC 的连接。展开项目树，双击"连接"选项，如图 6-37 所示，弹出如图 6-38 所示的界面。先单击"1"处的空白，弹出"连接 _ 1"，再选择"2"处的"SIMATIC S7 200 Smart"（即驱动程序），在"3"处，选择"以太网"连接方式，"4"处的 IP 地址"192.168.2.88"是 HMI 的 IP 地址，这个 IP 地址必须在 HMI 中设置，这点务必注意，"5"处的 IP 地址"192.168.2.1"是 PLC 的 IP 地址，这个 IP 地址必须在 PLC 的编程软件 STEP 7-Micro/WIN SMART 中设置，而且要下载到 PLC 才生效，这点也务必注意。

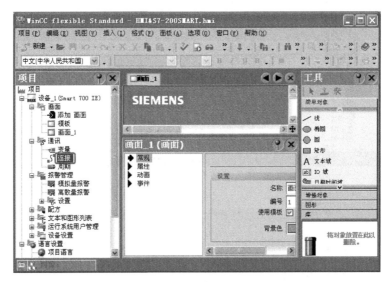

图 6-37　新建连接（1）

保存以上设置即可以建立 HMI 与 PLC 的以太网通信，后续步骤不再赘述。

(2) 修改 PLC 的 IP 地址的方法

① 如图 6-39 所示，双击"项目树"中的"通信"选项，弹出如图 6-40 所示的"通信"界面，图中显示的 IP 地址就是 PLC 的当前 IP 地址（本例为 192.168.2.1），此时的 IP 地址是灰色，不能修改。单击"编辑"按钮，弹出如图 6-41 所示的界面。

② 如图 6-41 所示，此时 IP 地址变为黑色，可以修改，输入新的 IP 地址（本例为 192.168.0.2），再单击"设置"按钮即可，IP 地址修改成功。

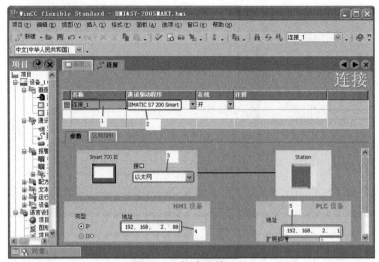

图 6-38　新建连接（2）

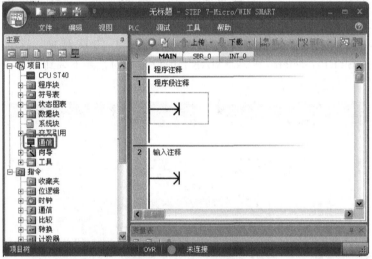

图 6-39　打开通信界面

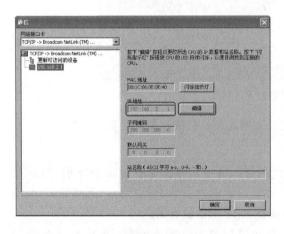

图 6-40　通信界面（1）

图 6-41　通信界面（2）

6.3.3 西门子 S7-200 SMART PLC 之间的以太网通信

早期的 S7-200 SMART PLC 之间不能进行以太网通信，新版本的 PLC 增加了以太网通信功能。S7-200 SMART PLC 之间进行以太网通信可借助指令向导实现，以下用一个例子进行介绍。

【例 6-6】 有两台设备，控制器都是 S7-200 SMART PLC，两者之间为以太网通信，实现从设备 1 的 VB0～VB3 发送信息到设备 2 的 VB0～VB3，设计解决方案。

【解】

(1) 主要软硬件配置

① 1 套 STEP 7-Micro/WIN SMART V2.3。

② 2 台 CPU ST40。

③ 1 根网线电缆。

(2) 硬件配置

① 新建项目，启动指令向导 新建项目"S7 通信"，配置 CPU ST 40，单击"向导"→"GET/PUT"，给"操作"命名为"Send"，单击"下一页"按钮，如图 6-42 所示。

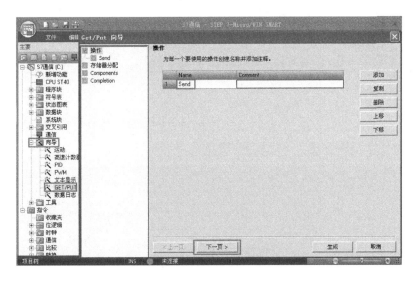

图 6-42 启动指令向导

② 定义 PUT 操作 选择操作类型为 PUT，表示发送数据，传送大小为 4 个字节，远程 IP 为 192.168.0.2（本地 IP 为 192.168.0.1 是在组态时设置的），本地地址从 VB0～VB3 是发送数据区域，远程地址 VB0～VB3 是接收数据区域。这一步是组态最为关键的。单击"下一页"按钮，如图 6-43 所示。

③ 定义 GET/PUT 向导存储器地址分配 单击"建议"按钮，定义 GET/PUT 向导存储器地址分配。注意此地址不能与程序的其他部分的地址冲突。如图 6-44 所示，单击"下一页"按钮，弹出如图 6-45 所示的界面，单击"下一页"按钮，弹出如图 6-46 所示的界面，单击"生成"按钮，指令向导完成。

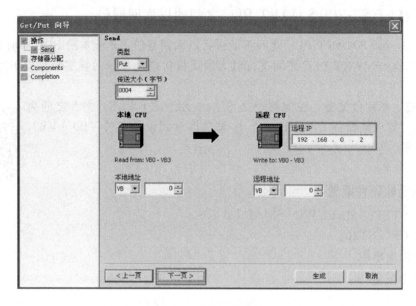

图 6-43 定义 PUT 操作

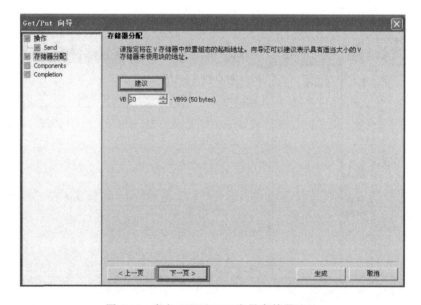

图 6-44 定义 GET/PUT 向导存储器地址

（3）编写程序

客户端编写梯形图程序如图 6-47 所示，服务器端无需编写程序。

6.3.4 西门子 S7-200 SMART PLC 与 S7-300/400 PLC 之间的以太网通信

S7-200 SMART PLC 内置 PROFINET 接口（PN 口）。S7-300/400 与 S7-200 SMART PLC 间的以太网通信，可以利用 S7-200 SMART PLC 内置 PN 口，采用 S7 通信协议。由于

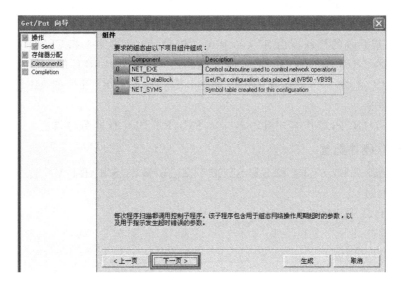

图 6-45　组件

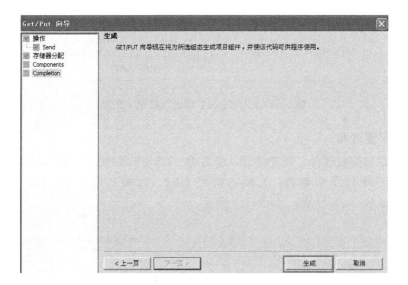

图 6-46　完成

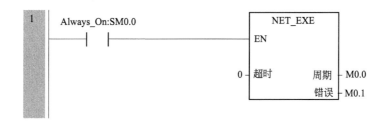

图 6-47　梯形图

S7-300 PLC 和 S7-400 PLC 编程方法类似，以下仅用一个例子介绍 S7-400 PLC 与 S7-200 SMART PLC 间的以太网通信。

【例 6-7】 某系统的控制器由 S7-400 PLC、SM421、CP443-1 和 CPU ST40 组成，要将 S7-400 PLC 上的 2 个字节 MB0 和 MB1 传送到 S7-200 SMART PLC 的 MB0 和 MB1，将 S7-200 SMART PLC 上的 2 个字节 MB10 和 MB11 传送到 S7-400 PLC 的 MB10 和 MB11，组态并编写相关程序。

【解】 以 S7-400 PLC 作客户端，S7-200 SMART PLC 作服务器端。

（1）主要软硬件配置

① 1 套 STEP 7 V5.5 SP4 和 1 套 STEP 7-Micro/WIN SMART V2.3。

② 1 台 CP421-1。

③ 1 台 SM421 和 SM422。

④ 1 台 CP443-1。

⑤ 1 台 CPU ST40。

⑥ 2 根网线。

PROFINET 现场总线硬件配置如图 6-48 所示。

图 6-48　PROFINET 现场总线硬件配置

（2）硬件配置过程

① 新建项目和配置硬件　新建项目，命名为"PN_SMART"，插入站点 CPU 400，双击"硬件"，打开硬件组态界面，先插入机架 UR2，再插入电源 PS 407 4A，然后插入 CP443-1、DO32 和 DI32 模块，如图 6-49 所示。

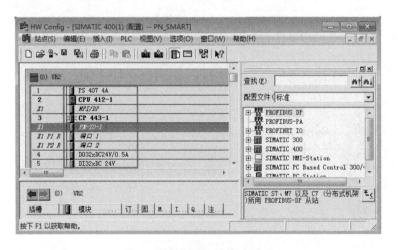

图 6-49　新建项目和硬件组态

② 设置客户端 IP 地址　双击图 6-49 所示的"PN-IO-1"，打开"PN-IO"的属性界面，单击"属性"按钮，如图 6-50 所示。弹出如图 6-51 所示的界面，设置如图所示的 IP 地址，单击"确定"按钮即可。

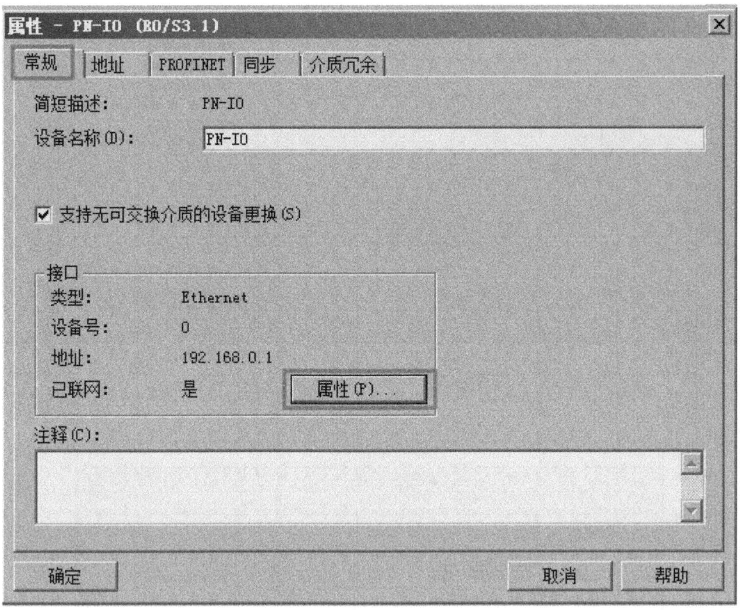

图 6-50　PN-IO 属性

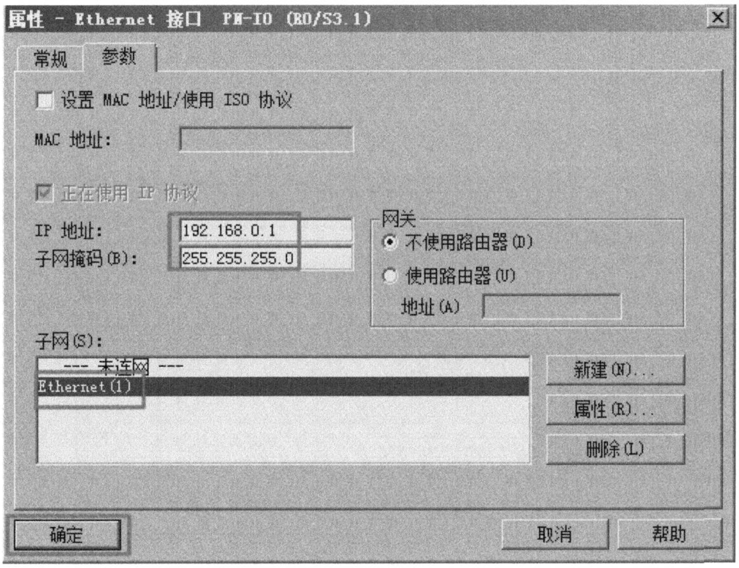

图 6-51　设置客户端 IP 地址

③ 网络组态　选中如图 6-52 所示的"1"处，单击鼠标右键，弹出快捷菜单，单击"插入新连接"选项，弹出如图 6-53 所示的对话框，选中"未指定"选项和"S7 连接"，单击"应用"按钮，弹出如图 6-54 的所示界面。

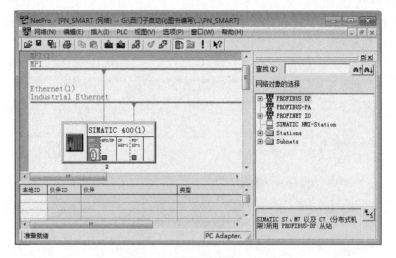

图 6-52 插入新连接（1）

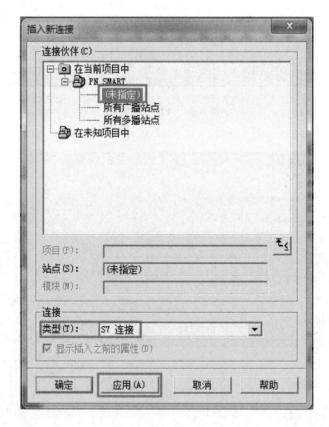

图 6-53 插入新连接（2）

由于 S7-400 是客户端，也就是主控端，本地连接端点勾选"建立主动连接"，如图 6-54 所示；设置伙伴，即服务器端的 IP 地址是"192.168.0.2"；注意，本地 ID 为"1"，这是连接号，在编写程序时要用到；最后，单击"地址详细信息"按钮，弹出如图 6-55 所示的界面。

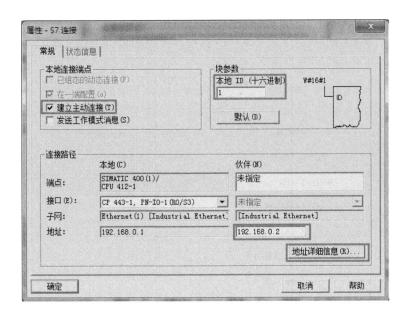

图 6-54 属性-S7 连接

如图 6-55 所示，设置伙伴（S7-200 SMART PLC）的 TSAP 为 "03.01"，S7-400 的 TSAP 不变，这一步容易忽略，单击 "确定" 按钮。最后单击网络组态界面的工具栏的 "保存和编译" 按钮🖳。

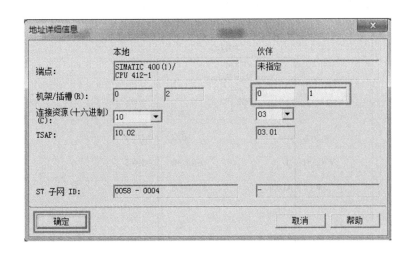

图 6-55 设置详细地址信息

（3）编写梯形图程序

由于 S7-400 作客服端，S7-200 SMART PLC 作服务器端，所以 S7-200 SMART PLC 不需要编写通信程序，只需要在 S7-400 中编写程序，如图 6-56 所示。注意 M20.5 为秒脉冲，在硬件组态中设置。

日 程序段 1:标题:

将S7-400上的MW0传送到CPU ST40上的MW0。

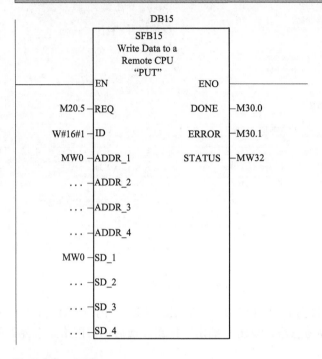

日 程序段 2:标题:

S7-400上的MW10接收来自CPU ST40上的MW10传送来的信息。

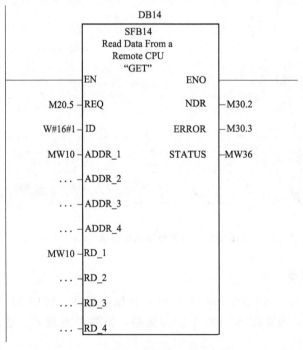

图 6-56 客户端梯形图

6.3.5 西门子 S7-200 SMART PLC 与 S7-1200/1500 PLC 之间的以太网通信

西门子 S7-200 SMART PLC 内置 PROFINET 接口（PN 口）。S7-1200 /1500PLC 与 S7-200 SMART PLC 间的以太网通信，可以利用 S7-200 SMART PLC 内置 PN 口，采用 S7、TCP 和 ISO _ on _ TCP 通信协议。由于 S7-1200 PLC 和 S7-1500 PLC 编程方法类似，以下仅用一个例子介绍 S7-1200 PLC 与 S7-200 SMART PLC 间的以太网通信。

【例 6-8】 某系统的控制器由 S7-1200 PLC 和 CPU ST20 组成，要将 S7-1200 PLC 上的 10 个字节传送到 S7-200 SMART PLC 中，将 S7-200 SMART PLC 上的 10 个字节传送到 S7-1200 PLC 中，组态并编写相关程序。

【解】 本例有四种解决方案，分别采用 S7、TCP、ISO _ on _ TCP 和 Modbus _ TCP 通信协议，以下介绍用前三种通信方式实现通信。

（1）主要软硬件配置

① 1 套 STEP 7 Basic V15.1。

② 1 套 STEP 7-Micro/WIN SMART V2.3。

③ 1 台 CPU1211C。

④ 1 台 CPU ST 20。

⑤ 2 根网线。

（2）用 S7 通信方式实现通信

1）硬件组态

① 新建项目，新建网络。新建项目"S7 _ SMART"，选中 CPU1211C 的 PN 接口，再选择"属性"→"常规"→"以太网地址"，单击"添加新子网"按钮，如图 6-57 所示，并设置 IP 地址，本例为"192.168.0.1"。

图 6-57 新建项目，新建网络

注意：在硬件组态时，一定要选中 CPU 模块，在"设备视图"中，选中"属性"→"防护与安全"→"连接机制"，然后勾选"允许来自远程对象的 PUT/GET 访问"。

② 启用系统和时钟存储器。选中 CPU1211C，再选择"属性"→"常规"→"系统和时钟存储器"，勾选"启用系统存储器字节"和"启用时钟存储器字节"，如图 6-58 所示。

图 6-58　启用系统和时钟存储器

③ 添加新连接。如图 6-59，选中"网络视图"，单击"连接"按钮，在下拉菜单中选择"S7 连接"选项，选中 S7-1200 PLC，单击鼠标右键，弹出快捷菜单，单击"添加新连接（N）"选项，弹出如图 6-60 所示的界面，S7-1200 PLC 的通信伙伴为"未指定"，连接类型选为"S7 连接"，单击"添加"按钮，新连接添加完成。

图 6-59　添加新连接（1）

④ 设置 S7-200 SMART PLC 的 IP 地址。选中"属性"→"常规"→"常规"，设置 S7-200 SMART PLC 的 IP 地址为 192.168.0.2，如图 6-61 所示。注意此 IP 地址要与实际硬件的 IP 地址一致，否则通信不能连接成功。

⑤ 设置 S7-200 SMART PLC 的 TSAP 地址。选中"属性"→"常规"→"地址详细信息"，设置 S7-200 SMART PLC 的 TSAP 地址为"03.01"，如图 6-62 所示。

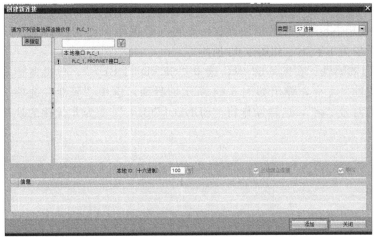

图 6-60　添加新连接（2）

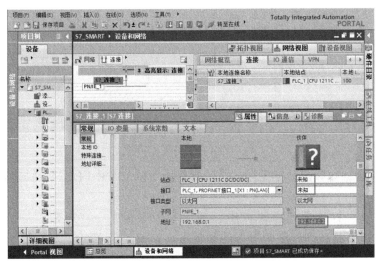

图 6-61　设置 S7-200 SMART PLC 的 IP 地址

图 6-62　设置 S7-200 SMART PLC 的 TSAP 地址

【关键点】这一步初学者容易忽略，注意必须要修改。

⑥ 新建数组 SEND。新建数据块 SEND，再在数据块中创建数组 SEND，数组中有 10 个元素，数据类型为 BYTE，如图 6-63 所示。

⑦ 修改数组的属性。在图 6-63 中，选中"SEND［DB1］"，单击鼠标右键，弹出快捷菜单，单击"属性"命令，弹出如图 6-64 所示的界面，选中"属性"选项，去掉"优化的块访问"前面的对号"✔"，这样操作将"SEND［DB1］"变为非优化的块访问，也就是绝对地址访问。

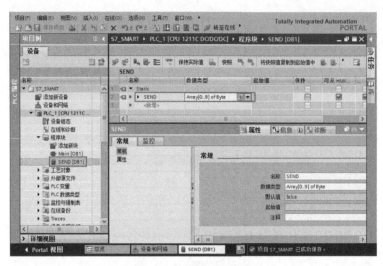

图 6-63　新建数组 SEND

用同样的方法创建数组"RECEIVE"，并修改 RECEIVE［DB2］的属性为"非优化的块访问"。

2）编写程序　打开主程序块 OB1，选中"指令树"→"通信"→"S7 通信"，将"PUT"和"GET"拖拽到程序编辑器的编辑区，如图 6-65 所示。编写梯形图程序如图 6-66 所示。

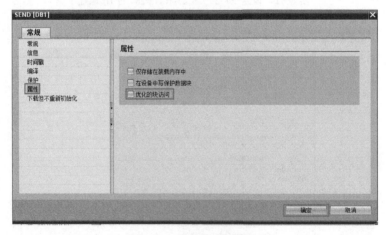

图 6-64　修改数组的属性

Totally Integrated Automation
PORTAL
项目树
设备
S7_SMART
PLC_1 [CPU 1211C DC/DC/DC]
程序块
Main
指令
选项
收藏夹
基本指令
扩展指令
工艺
通信
S7 通信
GET
PUT
开放式用户通信
WEB 服务器
其他
通信处理器
远程服务
PUT
Remote - Variant
EN
ENO
%M0.0
REQ
DONE
%M10.0
16#100
ID
ERROR
%M10.1
STATUS
%MW12
P#DB1.DBX0.0
BYTE 10
ADDR_1
P#DB1.DBX0.0
BYTE 10
SD_1
程序段 2：
%DB3
100%
属性
信息
详细视图
Portal 视图

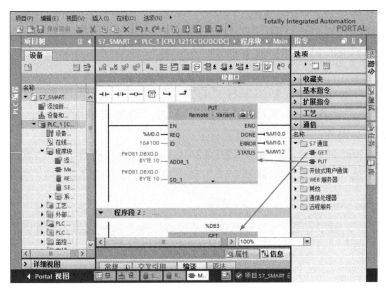

图 6-65　插入指令

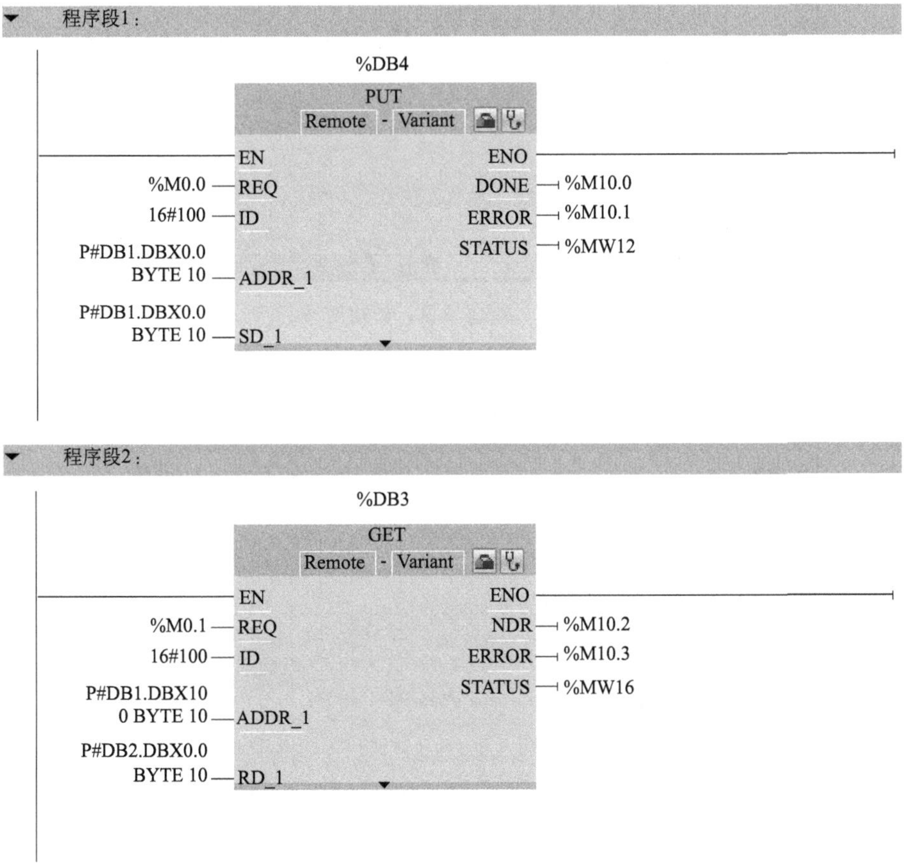

程序段1：
%DB4
PUT
Remote - Variant
EN
ENO
%M0.0
REQ
DONE
%M10.0
16#100
ID
ERROR
%M10.1
STATUS
%MW12
P#DB1.DBX0.0
BYTE 10
ADDR_1
P#DB1.DBX0.0
BYTE 10
SD_1
程序段2：
%DB3
GET
Remote - Variant
EN
ENO
%M0.1
REQ
NDR
%M10.2
16#100
ID
ERROR
%M10.3
STATUS
%MW16
P#DB1.DBX10
0 BYTE 10
ADDR_1
P#DB2.DBX0.0
BYTE 10
RD_1

图 6-66　梯形图

（3）用 TCP 通信方式实现通信

用 TCP 通信方式实现通信时，S7-200 SMART PLC 可以作为客户端和服务器端，本书只讲解 S7-200 SMART PLC 作为服务器端。

1）硬件组态

① 新建项目，新建网络。新建项目"TCP_SMART"，选中 CPU1211C 的 PN 接口，再选择"属性"→"常规"→"以太网地址"，单击"添加新子网"按钮，如图 6-67 所示，并设置 IP 地址，本例为"192.168.0.1"。

② 启用系统和时钟存储器。选中 CPU1211C，再选择"属性"→"常规"→"系统和时钟存储器"，勾选"启用系统存储器字节"和"启用时钟存储器字节"，如图 6-68 所示。

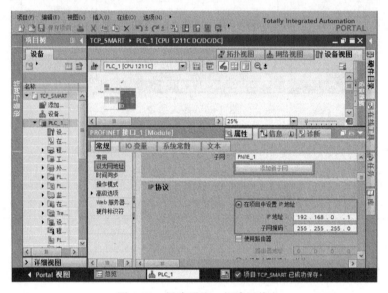

图 6-67　新建项目，新建网络

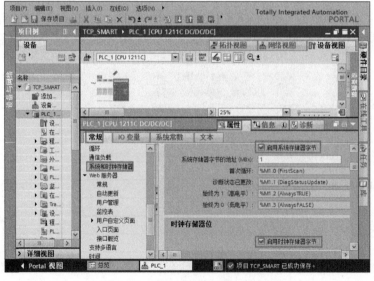

图 6-68　启用系统和时钟存储器

③ 调用 TCON 指令并配置连接参数。在 S7-1200 PLC 中调用建立连接指令，进入"项目树"→" PLC _ 1"→"程序块"→"OB1"主程序中，选中右侧窗口"指令"→"通信"→"开放式用户通信"，把"TCON"指令拖拽到程序编辑器的编辑区，配置连接参数，如图 6-69 所示。

选中"TCON"指令，再选中"属性"→"常规"→"连接参数"，单击"连接数据"项目后面的新建选项，生成数据库，选择连接类型为"TCP"，连接 ID 为 1，本地端口可不设置。将伙伴选为"未指定"，伙伴的 IP 地址为 192.168.0.2，伙伴端口设置为"2000"，如图 6-70 所示。

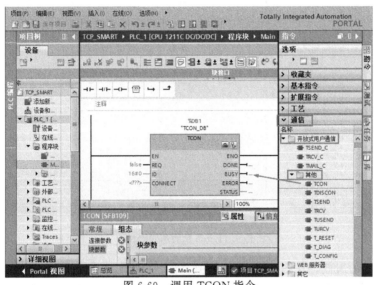

图 6-69 调用 TCON 指令

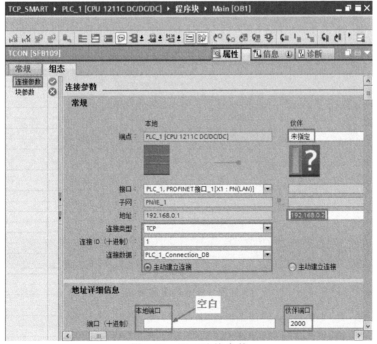

图 6-70 配置连接参数

④ 新建数组 SEND。新建数据块 SEND，再在数据块中创建数组 SEND，数组中有 10 个元素，数据类型为 BYTE，如图 6-71 所示。

用同样的方法创建数组"RECEIVE"，并修改 RECEIVE［DB4］的属性为"非优化的块访问"。

图 6-71　新建数组 SEND

⑤ 修改数组的属性。在图 6-71 中，选中"SEND［DB3］"，单击鼠标右键，弹出快捷菜单，单击"属性"命令，弹出如图 6-72 所示的界面，选中"属性"选项，去掉"优化的块访问"前面的对号"✔"，这样操作将"SEND［DB3］"变为非优化的块访问，也就是绝对地址访问。

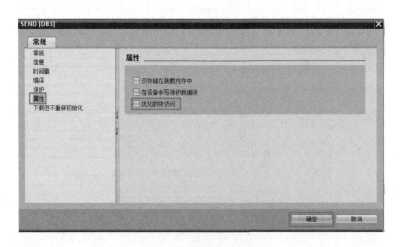

图 6-72　修改数组的属性

2）编写程序

① 编写客户端程序，如图 6-73 所示。

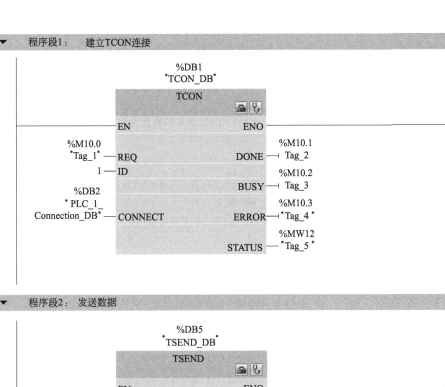

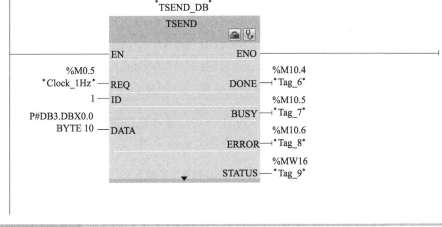

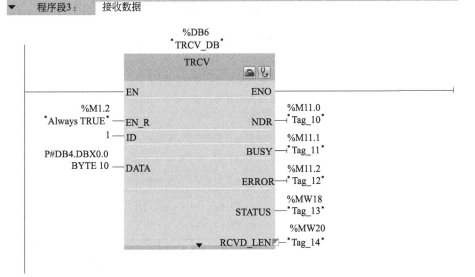

图 6-73　客户端梯形图

② 编写服务器端程序

a. 指令介绍。将程序中用到的三个指令介绍如下。

TCP_CONNECT 指令用于通过 TCP 协议创建到另一设备的连接。TCP_CONNECT 指令的参数含义见表 6-10。

表 6-10　TCP_CONNECT 指令的参数含义

LAD 指令	输入/输出	说明
	EN	使能输入
	Req	如果 Req＝TRUE,CPU 启动连接操作;如果 Req＝FALSE,则输出显示连接的当前状态。上升沿触发
	Active	TRUE:主动连接;FALSE:被动连接
	ConnID	CPU 使用的连接 ID（ConnID）为其他指令标识该连接。ConnID 范围为 0～65534
	IPaddr1～4	IPaddr1 是 IP 地址的最高有效字节,IPaddr4 是 IP 地址的最低有效字节。服务器侧 IP 地址写 0,表示接收所有请求
	RemPort	RemPort 是远程设备上的端口号。远程端口号范围为 1～49151。对于被动连接,则使用 0
	LocPort	LocPort 是本地设备上的端口号。本地端口号范围为 1～49151
	Done	当连接操作完成且没有错误时,指令置位 Done 输出
	Busy	当连接操作正在进行时,指令置位 Busy 输出
	Error	当连接操作完成但发生错误时,指令置位 Error 输出
	Status	如果指令置位 Error 输出,Status 输出

TCP_SEND 指令通过现有连接（ConnID）传输缓冲区位置（DataPtr）的数据,数据的字节数为 DataLen。TCP_SEND 指令的参数含义见表 6-11。

表 6-11　TCP_SEND 指令的参数含义

LAD 指令	输入/输出	说明
	EN	使能输入
	Req	如果 Req＝TRUE,CPU 启动发送操作;如果 Req＝FALSE,则输出显示发送操作的当前状态
	ConnID	连接 ID（ConnID）是此发送操作所用连接的编号。使用 TCP_CONNECT 操作选择的 ConnID
	DataLen	DataLen 是要发送的字节数(1～1024)
	DataPtr	DataPtr 是指向待发送数据的指针。这是指向 I、Q、M 或 V 存储器的 S7-200 SMART 指针(例如 &VB100)
	Done	当发送操作完成且没有错误时,指令置位 Done 输出
	Busy	当发送操作正在进行时,指令置位 Busy 输出
	Error	当发送操作完成但发生错误时,指令置位 Error 输出
	Status	如果指令置位 Error 输出,Status 输出会显示错误代码。如果指令置位 Busy 或 Done 输出,Status 为零(无错误)

TCP_RECV 指令通过现有连接检索数据。TCP_RECV 指令的参数含义见表 6-12。

表 6-12　TCP _ RECV 指令的参数含义

LAD 指令	输入/输出	说明
TCP_RECV EN ConnID　　Done MaxLen　　Busy DataPtr　　Error 　　　　　Status 　　　　　Length	EN	使能输入,常 1 接收
	ConnID	CPU 将连接 ID(ConnID)用于此接收操作(连接过程中定义)
	MaxLen	是要接收的最大字节数(例如 DataPtr 中缓冲区的大小(1~1024))
	DataPtr	是指向接收数据存储位置的指针。这是指向 I、Q、M 或 V 存储器的 S7-200 SMART 指针(例如 &VB100)
	Done	当接收操作完成且没有错误时,指令置位 Done 输出。当指令置位 Done 输出时,Length 输出有效
	Busy	当接收操作正在进行时,指令置位 Busy 输出
	Error	当接收操作完成但发生错误时,指令置位 Error 输出
	Status	如果指令置位 Error 输出,Status 输出会显示错误代码。如果指令置位 Busy 或 Done 输出,Status 为零(无错误)
	Length	是实际接收的字节数

b. 编写程序。编写服务器端的梯形图程序,如图 6-74 所示。

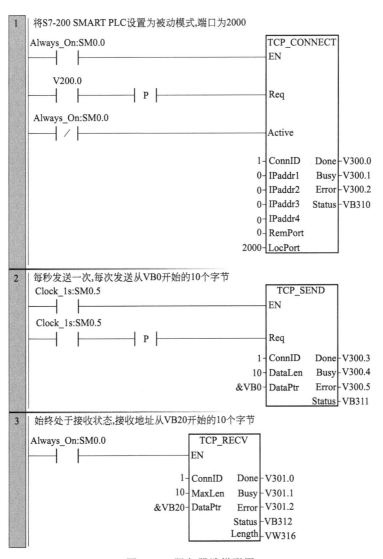

图 6-74　服务器端梯形图

c. 分配库存储区。选中"程序块"→"库",单击鼠标右键,弹出快捷菜单,单击"库存储器"选项,弹出如图 6-75 所示的界面,单击"建议地址"和"确定"按钮即可。或者手动输入地址,但此地址不能与程序中使用的地址冲突。

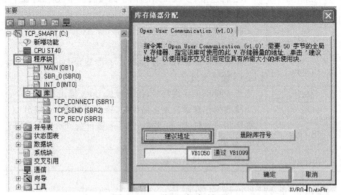

图 6-75　分配库存储区

(4) 用 ISO_on_TCP 通信方式实现通信

用 ISO_on_TCP 通信方式实现通信,与用 TCP 通信方式实现通信十分类似,仅配置连接参数不同,只需把图 6-70 替换成图 6-76 即可。

图 6-76　配置连接参数

6.4　Modbus 通信

6.4.1　Modbus 通信概述

(1) Modbus 协议简介

Modbus 协议是应用于电子控制器上的一种通用语言。通过此协议,控制器相互之间、控制器经由网络（例如以太网）和其他设备之间可以通信。它已经成为一种通用工业标准。有了它，不同厂商生产的控制设备可以连成工业网络，进行集中监控。

此协议定义了一个控制器能认识使用的消息结构，而不管它们是经过何种网络进行通信的。它描述了控制器请求访问其他设备的过程，如回应来自其他设备的请求，以及怎样侦测错误并记录。它制定了消息域格局和内容的公共格式。

当在一个 Modbus 网络上通信时，此协议决定了每个控制器需要知道它们的设备地址，识别按地址发来的消息，决定要产生何种行动。如果需要回应，控制器将生成反馈信息并用 Modbus 协议发出。在其他网络上，包含了 Modbus 协议的消息转换，在此网络上使用的帧或包结构。这种转换也扩展了根据具体的网络解决地址、路由路径及错误校验的方法。

（2）Modbus 通信协议库

STEP 7-Micro/WIN SMART 指令库包括专门为 Modbus 通信设计的预先定义的子程序和中断服务程序，使得与 Modbus 设备的通信变得更简单。通过 Modbus 协议指令，可以将 S7-200 SMART PLC 组态为 Modbus 主站或从站设备。可以在 STEP 7-Micro/WIN SMART 指令树的库文件夹中找到这些指令。当在程序中输入一个 Modbus 指令时，则程序将一个或多个相关的子程序添加到项目中。指令库在安装程序时自动安装，这点不同于 S7-200 的软件，S7-200 的软件需要另外购置指令库并单独安装。

（3）Modbus 的地址

Modbus 地址通常是包含数据类型和偏移量的 5 个字符值。第一个字符确定数据类型，后面四个字符选择数据类型内的正确数值。

① 主站寻址　Modbus 主站指令可将地址映射到正确功能，然后发送至从站设备。Modbus 主站指令支持下列 Modbus 地址：

00001～09999 是离散输出（线圈）；

10001～19999 是离散输入（触点）；

30001～39999 是输入寄存器（通常是模拟量输入）；

40001～49999 是保持寄存器。

所有 Modbus 地址都是基于 1，即从地址 1 开始第一个数据值。有效地址范围取决于从站设备。不同的从站设备将支持不同的数据类型和地址范围。

② 从站寻址　Modbus 主站设备将地址映射到正确功能。Modbus 从站指令支持以下地址：

00001～00256 是映射到 Q0.0～Q31.7 的离散量输出；

10001～10256 是映射到 I0.0～I31.7 的离散量输入；

30001～30056 是映射到 AIW0～AIW110 的模拟量输入寄存器；

40001～49999 和 40000～465535 是映射到 V 存储器的保持寄存器。

所有 Modbus 地址都是从 1 开始编号的。表 6-13 所示为 Modbus 地址与 S7-200 SMART PLC 地址的对应关系。

Modbus 从站协议允许对 Modbus 主站可访问的输入、输出、模拟输入和保持寄存器（V 区）的数量进行限定。例如，若 HoldStart 是 VB0，那么 Modbus 地址 40001 对应 S7-200 SMART PLC 地址的 VB0。

表 6-13　Modbus 地址与 S7-200 SMART PLC 地址的对应关系

序　号	Modbus 地址	S7-200 SMART PLC 地址
1	00001	Q0.0
	00002	Q0.1
	…	…
	00127	Q15.6
	00256	Q31.7
2	10001	I0.0
	10002	I0.1
	…	…
	10127	I15.6
	10256	I31.7
3	30001	AIW0
	30002	AIW1
	…	…
	30056	AIW110
4	40001	HoldStart
	40002	HoldStart＋2
	…	…
	4xxxx	HoldStart＋2×(xxxx−1)

6.4.2　西门子 S7-200 SMART PLC 之间的 Modbus 串行通信

以下以两台 CPU ST40 之间的 Modbus 现场总线通信为例介绍 S7-200 SMART PLC 之间的 Modbus 现场总线通信。

【例 6-9】　某设备的主站为 S7-200 SMART PLC，从站为 S7-200 SMART PLC，主站发出开始信号（开始信号为高电平），从站接收信息，并控制从站电动机的启停。

【解】

(1) 主要软硬件配置

① 1 套 STEP 7-Micro/WIN SMART V2.3。

② 1 根以太网电缆。

③ 2 台 CPU ST40。

④ 1 根 PROFIBUS 网络电缆（含两个网络总线连接器）。

Modbus 现场总线硬件配置如图 6-77 所示。

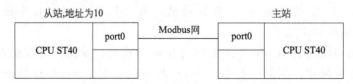

图 6-77　Modbus 现场总线硬件配置

（2）相关指令介绍

① 主设备指令 初始化主设备指令 MBUS_CTRL 用于 S7-200 SMART PLC 端口 0（或用于端口 1 的 MBUS_CTRL_P1 指令）可初始化、监视或禁用 Modbus 通信。在使用 MBUS_MSG 指令之前，必须正确执行 MBUS_CTRL 指令，指令执行完成后，立即设定"完成"位，才能继续执行下一条指令。其各输入/输出参数见表 6-14。

表 6-14　MBUS_CTRL 指令的参数

子程序	输入/输出	说明	数据类型
MBUS_CTRL EN Mode Baud　Done Parity　Error Port Timeout	EN	使能	BOOL
	Mode	为 1 将 CPU 端口分配给 Modbus 协议并启用该协议；为 0 将 CPU 端口分配给 PPI 协议，并禁用 Modbus 协议	BOOL
	Baud	将波特率设为 1200、2400、4800、9600、19200、38400、57600 或 115200	DWORD
	Parity	0：无奇偶校验　1：奇校验　2：偶校验	BYTE
	Port	端口：使用 PLC 集成端口为 0，使用通信板时为 1	BYTE
	Timeout	等待来自从站应答的毫秒时间数	WORD
	Error	出错时返回错误代码	BYTE

MBUS_MSG 指令（或用于端口 1 的 MBUS_MSG_P1）用于启动对 Modbus 从站的请求，并处理应答。当 EN 输入和"首次"输入打开时，MBUS_MSG 指令启动对 Modbus 从站的请求。发送请求，等待应答，并处理应答。EN 输入必须打开，以启用请求的发送，并保持打开，直到"完成"位被置位。此指令在一个程序中可以执行多次。其各输入/输出参数见表 6-15。

表 6-15　MBUS_MSG 指令的参数

子程序	输入/输出	说明	数据类型
MBUS_MSG EN First Slave　Done RW　Error Addr Count DataPtr	EN	使能	BOOL
	First	"首次"参数应该在有新请求要发送时才打开，进行一次扫描。"首次"输入应当通过一个边沿检测元素（例如上升沿）打开，这将保证请求被传送一次	BOOL
	Slave	"从站"参数是 Modbus 从站的地址。允许的范围是 0~247	BYTE
	RW	0：读　1：写	BYTE
	Addr	"地址"参数是 Modbus 的起始地址	DWORD
	Count	"计数"参数，读取或写入的数据元素的数目	INT
	DataPtr	S7-200 SMART PLC 的 V 存储器中与读取或写入请求相关数据的间接地址指针	DWORD
	Error	出错时返回错误代码	BYTE

【关键点】指令 MBUS_CTRL 的 EN 要接通，在程序中只能调用一次，MBUS_MSG 指令可以在程序中多次调用，要特别注意区分 Addr、DataPtr 和 Slave 三个参数。

② 从设备指令 MBUS_INIT 指令用于启用、初始化或禁止 Modbus 通信。在使用

MBUS_SLAVE 指令之前，必须正确执行 MBUS_INIT 指令。指令完成后立即设定"完成"位，才能继续执行下一条指令。其各输入/输出参数见表 6-16。

表 6-16　MBUS_INIT 指令的参数

子程序	输入/输出	说明	数据类型
	EN	使能	BOOL
	Mode	为 1 将 CPU 端口分配给 Modbus 协议并启用该协议；为 0 将 CPU 端口分配给 PPI 协议；并禁用 Modbus 协议	BYTE
	Baud	将波特率设为 1200、2400、4800、9600、19200、38400、57600 或 115200	DWORD
MBUS_INIT	Parity	0：无奇偶校验　1：奇校验　2：偶校验	BYTE
EN	Addr	"地址"参数是 Modbus 的起始地址	BYTE
Mode　　Done	Port	端口：使用 PLC 集成端口为 0，使用通信板时为 1	BYTE
Addr　　Error	Delay	"延时"参数，通过将指定的毫秒数增加至标准 Modbus 信息超时的方法，延长标准 Modbus 信息结束超时条件	WORD
Baud	MaxIQ	参数将 Modbus 地址 0xxxx 和 1xxxx 使用的 I 和 Q 点数设为 0 ~128 之间的数值	WORD
Parity	MaxAI	参数将 Modbus 地址 3xxxx 使用的字输入（AI）寄存器数目设为 0~32 之间的数值	WORD
Port	MaxHold	参数设定 Modbus 地址 4xxxx 使用的 V 存储器中的字保持寄存器数目	WORD
Delay	HoldStart	参数是 V 存储器中保持寄存器的起始地址	DWORD
MaxIQ	Error	出错时返回错误代码	BYTE
MaxAI			
MaxHold			
HoldSt~			

MBUS_SLAVE 指令用于为 Modbus 主设备发出的请求服务，并且必须在每次扫描时执行，以便允许该指令检查和回答 Modbus 请求。在每次扫描且 EN 输入开启时，执行该指令。其各输入/输出参数见表 6-17。

表 6-17　MBUS_SLAVE 指令的参数

子程序	输入/输出	说明	数据类型
MBUS_SLAVE	EN	使能	BOOL
EN	Done	当 MBUS_SLAVE 指令对 Modbus 请求作出应答时，"完成"输出打开。如果没有需要服务的请求时，"完成"输出关闭	BOOL
Done	Error	出错时返回错误代码	BYTE
Error			

【关键点】　MBUS_INIT 指令只在首次扫描时执行一次，MBUS_SLAVE 指令无输入参数。

(3) 编写程序

主站和从站的程序如图 6-78 和图 6-79 所示。

【关键点】　使用 Modbus 指令库（USS 指令库也一样），都要对库存储器的空间进行分配，这样可避免库存储器用了的 V 存储器让用户再次使用，以免出错。方法是选中"库"，单击鼠标右键弹出快捷菜单，单击"库存储器"，如图 6-80 所示，弹出如图 6-81 所示的界面，单击"建议地址"，再单击"确定"按钮。图中的地址 VB570~VB853 被 Modbus 通信占用，编写程序时不能使用。

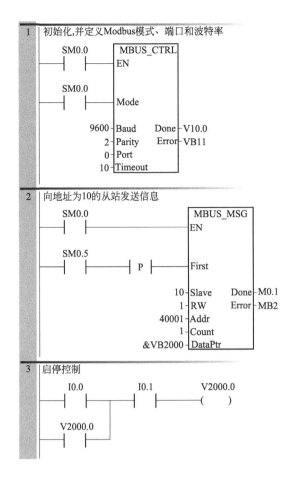

图 6-78 主站程序

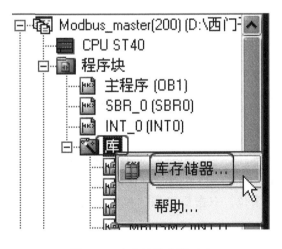

图 6-79 从站程序

图 6-80 库存储器分配（1）

图 6-81 库存储器分配（2）

6.4.3 西门子 S7-200 SMART PLC 与 S7-1200 /1500 PLC 之间的 Modbus 串行通信

S7-200 SMART PLC 与 S7-1200 PLC 之间的 Modbus 通信，S7-200 SMART PLC 的程

序编写的方法与前述的 Modbus 通信的编程方法相似。与 STEP 7-Micro/WIN SMART V2.3 一样，S7-1200 PLC 的编译软件 STEP 7 Basic V14 SP1 中也有 Modbus 库，使用方法也有类似之处，以下用一个例子介绍 S7-200 SMART PLC 与 S7-1200 PLC 之间的 Modbus 通信。

【例 6-10】 有一台 S7-1200 PLC 为 Modbus 主站，另有一台 S7-200 SMART PLC 为从站，要将主站上的两个字（WORD），传送到从站 VW0 和 VW2 中，请编写相关程序。

【解】

(1) 主要软硬件配置

① 1 套 STEP 7-Micro/WIN SMART V2.3。

② 1 套 STEP 7 Basic V15.1。

③ 1 台 CPU ST40。

④ 1 台 CPU 1214C。

⑤ 1 台 CM 1241（RS-485）。

⑥ 1 根 PROFIBUS 网络电缆（含两个网络总线连接器）。

⑦ 1 根网线。

Modbus 现场总线硬件配置如图 6-82 所示。

【关键点】 S7-1200 PLC 只有一个通信口，即 PROFINET 口，因此要进行 Modbus 通信就必须配置 RS-485 模块（如 CM1241 RS-485）或者 RS-232 模块（如 CM1241 RS-232），这两个模块都由 CPU 供电，不需要外接供电电源。

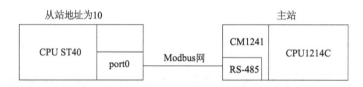

图 6-82　Modbus 现场总线硬件配置

(2) S7-1200 PLC 的硬件组态

① 创建新项目　首先打开 STEP 7 Basic V15.1 软件，选中 "创建新项目"，再在 "项目名称" 中输入读者希望的名称，本例为 "Modbus"，注意项目名称和保存路径最好都是英文，最后单击 "创建" 按钮，如图 6-83 所示。

② 硬件组态　熟悉 S7-200 PLC 的读者都知道，S7-200 PLC 是不需要硬件组态的，但 S7-1200 PLC 需要硬件组态，哪怕只用一台 CPU 也是如此。先选中 "添加新设备"，再双击将要组态的 CPU（图中的 1 处），接着选中 101 槽位，双击要组态的模块（图中的 2 处），如图 6-84 所示。

③ 保存硬件组态　保存硬件组态即完成。

(3) 相关指令介绍

MODBUS_COMM_LOAD 指令的功能是将 CM1241 模块（RS-485 或者 RS-232）的端口配置成 Modbus 通信协议的 RTU 模式。此指令只在程序运行时执行一次。其主要输入/输出参数见表 6-18。

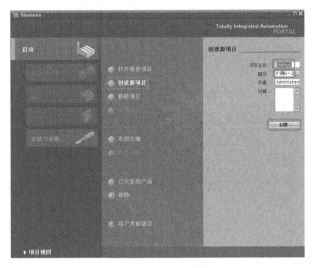

图 6-83　创建新项目

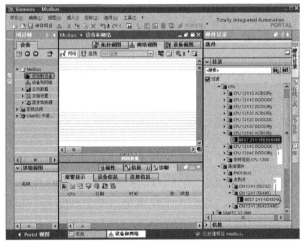

图 6-84　硬件组态

表 6-18　MODBUS _ COMM _ LOAD 指令的参数

指令	输入/输出	说明	数据类型
	EN	使能	BOOL
	PORT	选用的是 RS-485 还是 RS-232 模块,都有不同的代号,这个代号在下拉帮助框中	UDINT
	BAUD	将波特率设为 1200、2400、4800、9600、19200、38400、57600 或 115200	UDINT
	PARITY	0:无奇偶校验　1:奇校验　2:偶校验	UINT
	MB_DB	MB_MASTER 或者 MB_SLAVE 指令的数据块,可以在下拉帮助框中找到	VARIANT
	ERROR	是否出错;0 表示无错误,1 表示有错误	BOOL
	STATUS	端口组态错误代码	WORD

MB _ MASTER 指令的功能是将主站上的 CM1241 模块（RS-485 或者 RS-232）的通信口建立与一个或者多个从站的通信。其各主要输入/输出参数见表 6-19。

表 6-19   MB _ MASTER 指令的参数

指令	输入/输出	说明	数据类型
Modbus_Master EN ENO REQ DONE MB_ADDR BUSY MODE ERROR DATE_ADDR STATUS DATE_LEN DATE_PIR	EN	使能	BOOL
	REQ	通信请求;0 表示无请求;1 表示有请求。上升沿有效	BOOL
	MB_ADDR	从站站地址,有效值为 0～247	USINT
	MODE	读或者写请求;0-读;1-写	USINT
	DATA_ADDR	从站的 Modbus 起始地址	UDINT
	DATA_LEN	发送或者接收数据的长度(位或字节)	UINT
	DATA_PTR	数据指针	VARIANT
	ERROR	是否出错;0 表示无错误;1 表示有错误	BOOL
	STATUS	执行条件代码	WORD

(4) 编写程序

1) 编写主站的程序

① 首先建立数据块 Modbus,并在数据块 Modbus 中创建数组 data,数组的数据类型为字。其中 data [0] 和 data [1] 的初始值为 16♯ffff,如图 6-85 所示。

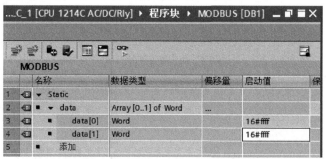

图 6-85   数据块 Modbus 中的数组 data

② 在 OB100 组织块中编写初始化程序,此程序只在启动时运行一次,如图 6-86 所示。此程序如果编写在 OB1 组织块中,则应在 EN 前加一个首次运行扫描触点。

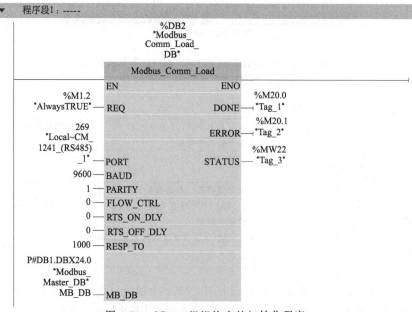

图 6-86   OB100 组织块中的初始化程序

③ 在 OB1 组织块中编写主程序，如图 6-87 所示。此程序的 REQ 要有上升沿才有效，因此，当 M10.1（M10.1 是 5Hz 的方波，设置方法请参考说明书）为上升沿时，主站将数据块"Modbus"中的数组 data 的两个字发送到从站 10 中去。具体发送到从站 10 的 V 存储区哪个位置要由从站程序决定。

2）编写从站程序　从站程序如图 6-88 所示。从站每次接收 2 个字节，即一个字，存放在 VW0 中。编程时取用即可。

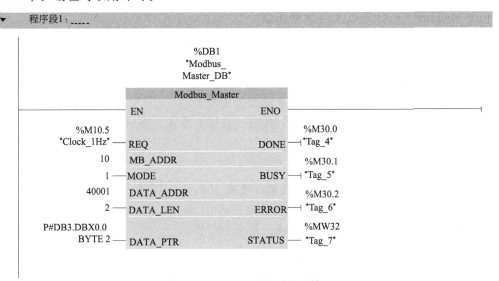

图 6-87　OB1 组织块中的程序

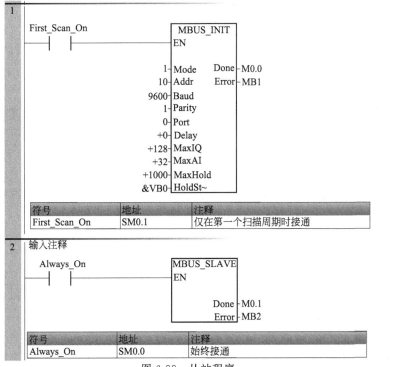

图 6-88　从站程序

6.4.4 西门子 S7-200 SMART PLC 之间的 Modbus_TCP 通信

Modbus_TCP 是简单的、中立厂商的用于管理和控制自动化设备的 Modbus 系列通信协议的派生产品，它覆盖了使用 TCP/IP 协议的"Intranet"和"Internet"环境中 Modbus 报文的用途。协议的最常用用途是为诸如 PLC、I/O 模块以及连接其他简单域总线或 I/O 模块的网关服务。

(1) Modbus_TCP 的以太网参考模型

Modbus_TCP 传输过程中使用了 TCP/IP 以太网参考模型的 5 层。

第一层：物理层，提供设备物理接口，与市售介质/网络适配器相兼容。

第二层：数据链路层，格式化信号到源/目的硬件地址数据帧。

第三层：网络层，实现带有 32 位 IP 地址报文包。

第四层：传输层，实现可靠性连接、传输、查错、重发、端口服务和传输调度。

第五层：应用层，Modbus 协议报文。

(2) Modbus_TCP 数据帧

Modbus 数据在 TCP/IP 以太网上传输，支持 Ethernet II 和 802.3 两种帧格式，Modbus_TCP 数据帧包含报文头、功能代码和数据三部分，MBAP（Modbus Application Protocol，Modbus 应用协议）报文头分 4 个域，共 7 个字节。

(3) Modbus_TCP 使用的通信资源端口号

在 Moodbus 服务器中按缺省协议使用 Port 502 通信端口，在 Modbus 客户机程序中设置任意通信端口，为避免与其他通信协议的冲突一般建议端口号从 2000 开始可以使用。

(4) Modbus TCP 使用的功能代码

按照用途区分，共有三种类型。

① 公共功能代码：已定义的功能码，保证其唯一性，由 Modbus.org 认可。

② 用户自定义功能代码，有两组，分别为 65~72 和 100~110，无需认可，但不保证代码使用唯一性，如变为公共代码，需交 RFC 认可。

③ 保留功能代码，由某些公司使用某些传统设备代码，不可作为公共用途。

按照应用深浅，可分为三个类别。

① 类别 0，客户机/服务器最小许用子集：读多个保持寄存器（fc.3）；写多个保持寄存器（fc.16）。

② 类别 1，可实现基本互易操作常用代码：读线圈（fc.1）；读开关量输入（fc.2）；读输入寄存器（fc.4）；写线圈（fc.5）；写单一寄存器（fc.6）。

③ 类别 2，用于人机界面、监控系统例行操作和数据传送功能：强制多个线圈（fc.15）；读通用寄存器（fc.20）；写通用寄存器（fc.21）；屏蔽写寄存器（fc.22）；读写寄存器（fc.23）。

【例 6-11】 某系统的控制器由两台 S7-200 SMART PLC（CPU ST20 和 CPU ST40）组成，要将 CPU ST40 上的 5 个字传送到 CPU ST20 中，组态并编写相关程序。

【解】 本例有四种解决方案，分别采用 S7、TCP、ISO_on_TCP 和 Modbus_TCP 通信协议，以下介绍用 Modbus_TCP 通信方式实现通信。S7-200 SMART PLC 进行 Modbus_TCP 通信，要在编程软件安装 Modbus_TCP 库，Modbus_TCP 库包含服务器库文件和客户端库文件，都是需要付费使用的。

（1）主要软硬件配置

① 1 套 STEP 7-Micro/WIN SMART V2.3。

② 2 根网线。

③ 1 台 CPU ST40。

④ 1 台 CPU ST20。

（2）客户端的项目创建

① 创建新项目　创建项目，命名为 MODBUS ＿ TCP ＿ C，双击"CPU ST40"，弹出如图 6-89 所示的界面。

图 6-89　新建项目

② 硬件组态　更改 CPU 的型号和版本号，勾选"IP 地址数值固定为下面的值，不能通过其他方式更改"选项，将 IP 地址和子网掩码设置为如图 6-90 所示的值。单击"确定"按钮。

图 6-90　硬件组态

③ 相关指令介绍　MB_Client 指令库包含 MBC_Connect 和 MBC_Msg 两个指令。MBC_Connect 指令用于建立或断开 Modbus_TCP 连接，该指令必须在每次扫描时执行。MBC_Connect 指令的参数含义见表 6-20。

表 6-20　MBC_Connect 指令的参数含义

LAD 指令	输入/输出	说明
	EN	必须保证每一扫描周期都被使能
	Connect	启动 TCP 连接建立操作
	Disconnect	断开 TCP 连接操作
	ConnID	TCP 连接标识
	IPaddr1～IPaddr4	Modbus_TCP 客户端的 IP 地址，IPaddr1 是 IP 地址的最高有效字节，IPaddr4 是 IP 地址的最低有效字节
	RemPort	Modbus TCP 客户端的端口号
	LocPort	本地设备上端口号
	ConnectDone	Modbus_TCP 连接已经成功建立
	Busy	连接操作正在进行时
	Error	建立或断开连接时发生错误
	Status	如果指令置位 "Error" 输出，Status 输出会显示错误代码

LAD 指令列中显示：MBC_Connect_0，EN，Connect，Disconnect，ConnID ConnectDone，IPaddr1 Busy，IPaddr2 Error，IPaddr3 Status，IPaddr4，RemPort，LocPort

MBC_MSG 指令用于启动对 Modbus_TCP 服务器的请求和处理响应。MBC_MSG 指令的 EN 输入参数和 First 输入参数同时接通时，MBC_MSG 指令会向 Modbus 服务器发起 Modbus 客户端的请求；发送请求、等待响应和处理响应通常需要多个 CPU 扫描周期，EN 输入参数必须一直接通直到 Done 位被置 1。MBC_MSG 指令的参数含义见表 6-21。

表 6-21　MBC_MSG 指令的参数含义

LAD 指令	输入/输出	说明
	EN	同一时刻只能有一条 MB_Client_MSG 指令使能，EN 输入参数必须一直接通直到 MB_Client_MSG 指令 Done 位被置 1
	First	读写请求，每一条新的读写请求需要使用信号沿触发
	RW	读写请求，为 0 时，读请求；为 1 时，写请求
	Addr	读写 Modbus 服务器的 Modbus 地址：00001～0xxxx 为开关量输出线圈；10001～1xxxx 为开关量输入触点；30001～3xxxx 为模拟量输入通道；40001～4xxxx 为保持寄存器
	Count	读写数据的个数，对于 Modbus 地址 0xxxx、1xxxx，Count 按位的个数计算；对于 Modbus 地址 3xxxx、4xxxx，Count 按字的个数计算。一个 MB_Client_MSG 指令最多读取或写入 120 个字或 1920 个位数据
	DataPtr	数据指针，参数 DataPtr 是间接地址指针，指向 CPU 中与读/写求相关的数据的 V 存储器地址。对于读请求，DataPtr 应指向用于存储从 Modbus 服务器读取的数据的第一个 CPU 存储单元；对于写请求，DataPtr 应指向要发送到 Modbus 服务器的数据的第一个 CPU 存储单元
	Done	完成位，读写功能完成或者出现错误时，该位会自动置 1
	Error	错误代码，只有在 Done 位为 1 时错误代码有效

LAD 指令列中显示：MBC_MSG_0，EN，First，RW Done，Addr Error，Count，DataPtr

④ 编写客户端程序　编写梯形图程序如图 6-91 所示，发送 5 个字，即 10 个字节到服务器端。

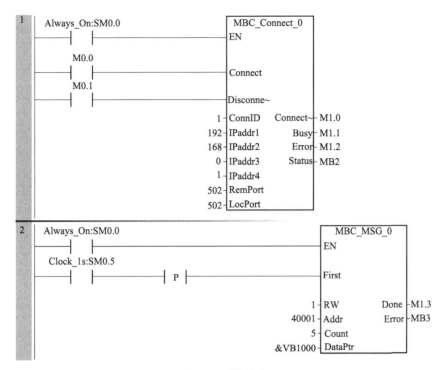

图 6-91　梯形图

⑤ 库存储器分配　在前面例子中已经讲解，在此不再赘述。

(3) 服务器端的项目创建

① 创建新项目　创建项目，命名为 MODBUS _ TCP _ S，双击"CPU ST40"，弹出如图 6-92 所示的界面。

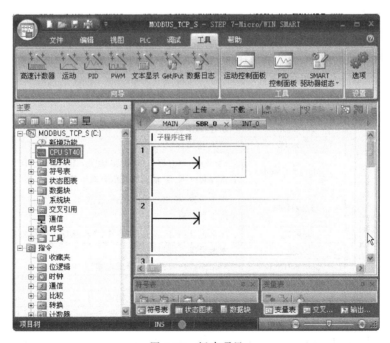

图 6-92　新建项目

② 硬件组态　更改 CPU 的型号和版本号，勾选"IP 地址数值固定为下面的值，不能通过其他方式更改"选项，将 IP 地址和子网掩码设置为如图 6-93 所示的值，单击"确定"按钮。

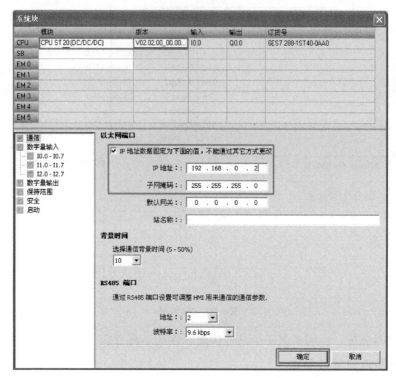

图 6-93　硬件组态

③ 相关指令介绍　MB_Server 指令库包含 MBS_Connect 和 MBS_Slave 两个指令。MBS_Connect 指令用于建立或断开 Modbus_TCP 连接。MBS_Connect 指令的参数含义见表 6-22。

表 6-22　MBS_Connect 指令的参数含义

LAD 指令	输入/输出	说明
MBS_Connect_0 EN Connect Disconnect ConnID　　ConnectDone IPaddr1　　　Busy IPaddr2　　　Error IPaddr3　　　Status IPaddr4 LocPort MaxHold HoldStart	EN	必须保证每一扫描周期都被使能
	Connect	启动 TCP 连接建立操作
	Disconnect	断开 TCP 连接操作
	ConnID	TCP 连接标识
	IPaddr1～IPaddr4	Modbus_TCP 客户端的 IP 地址，IPaddr1 是 IP 地址的最高有效字节，IPaddr4 是 IP 地址的最低有效字节
	MaxHold	用于设置 Modbus 地址 4xxxx 或 4yyyyy 可访问的 V 存储器中的字保持寄存器数
	HoldStart	间接地址指针，指向 CPU 中 V 存储器中保持寄存器的起始地址
	LocPort	本地设备上端口号
	ConnectDone	Modbus_TCP 连接已经成功建立
	Busy	连接操作正在进行时
	Error	建立或断开连接时发生错误
	Status	如果指令置位"Error"输出，Status 输出会显示错误代码

MBS_Slave 指令用于处理来自 Modbus_TCP 客户端的请求，并且该指令必须在每次扫

描时执行，以便检查和响应 Modbus 请求。MBS_Slave 指令的参数含义见表 6-23。

表 6-23 MBS_Slave 指令的参数含义

LAD 指令	输入/输出	说明
MBS_Slave_0 EN Done Error	EN	同一时刻只能有一条 MB_Client_MSG 指令使能
	Done	当 MB_Server 指令响应 Modbus 请求时，Done 完成位在当前扫描周期被设置为 1；如果未处理任何请求，Done 完成位为 0
	Error	错误代码，只有在 Done 位为 1 时错误代码有效

④ 编写服务器端程序 编写梯形图程序如图 6-94 所示。

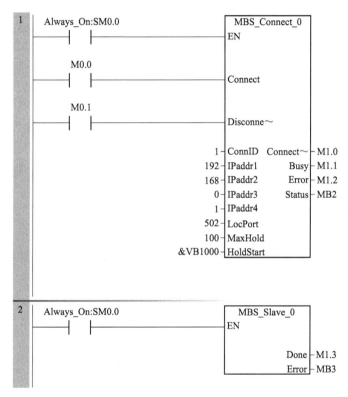

图 6-94 梯形图

⑤ 库存储器分配 在前面例子中已经讲解，在此不再赘述。

6.5 PROFIBUS 通信

6.5.1 PROFIBUS 通信概述

PROFIBUS 是西门子的现场总线通信协议，也是 IEC61158 国际标准中的现场总线标准之一。现场总线 PROFIBUS 满足了生产过程现场级数据可存取性的重要要求，一方面它覆盖了传感器/执行器领域的通信要求，另一方面又具有单元级领域所有网络级通信功能。特别在"分散 I/O"领域，由于有大量的、种类齐全、可连接的现场总线可供选用，因此 PROFIBUS 已成为事实的国际公认的标准。

(1) PROFIBUS 的结构和类型

从用户的角度看，PROFIBUS 提供三种通信协议类型：PROFIBUS-FMS、PROFIBUS-DP 和 PROFIBUS-PA。

① PROFIBUS-FMS（Fieldbus Message Specification，现场总线报文规范），使用了第一层、第二层和第七层。第七层（应用层）包含 FMS 和 LLI（底层接口），主要用于系统级和车间级的不同供应商的自动化系统之间传输数据，处理单元级（PLC 和 PC）的多主站数据通信。目前 PROFIBUS-FMS 已经很少使用。

② PROFIBUS-DP（Decentralized Periphery，分布式外部设备），使用第一层和第二层，这种精简的结构特别适合数据的高速传送，PROFIBUS-DP 用于自动化系统中单元级控制设备与分布式 I/O（例如 ET 200）的通信。主站之间的通信为令牌方式（多主站时，确保只有一个起作用），主站与从站之间为主从方式（MS）以及这两种方式的混合。三种方式中，PROFIBUS-DP 应用最为广泛，全球有超过 3000 万的 PROFIBUS-DP 节点。

③ PROFIBUS-PA（Process Automation，过程自动化）用于过程自动化的现场传感器和执行器的低速数据传输，使用扩展的 PROFIBUS-DP 协议。

此外，对于西门子系统，PROFIBUS 提供了更为优化的通信方式，即 PROFIBUS-S7 通信。

PROFIBUS-S7（PG/OP 通信）使用了第一层、第二层和第七层，特别适合 S7 PLC 与 HMI 和编程器通信，也可以用于 S7-1500 PLC 之间的通信。

(2) PROFIBUS 总线和总线终端器

① 总线终端器　PROFIBUS 总线符合 EIA RS-485 标准，PROFIBUS RS-485 的传输以半双工、异步及无间隙同步为基础。传输介质可以是光缆或者屏蔽双绞线，电气传输每个 RS-485 网段最多 32 个站点，在总线的两端为终端电阻，其结构如图 6-95 所示。

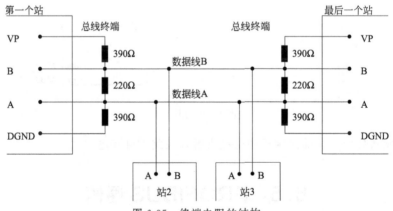

图 6-95　终端电阻的结构

② 最大电缆长度和传输速率的关系　PROFIBUS-DP 段的最大电缆长度和传输速率有关，传输的速率越大，则传输的距离越近，对应关系如图 6-96 所示。一般设置通信波特率不大于 500kbit/s，电气传输距离不大于 400m（不加中继器）。

③ PROFIBUS-DP 电缆　PROFIBUS-DP 电缆是专用的屏蔽双绞线，其结构和功能如图 6-97 所示。外层是紫色绝缘层，编织护套层主要防止低频干扰，金属箔片层为防止高频干扰，最里面是 2 根信号线，红色为信号正，接总线连接器的第 8 脚，绿色为信号负，接总线连接器的第 3 脚。PROFIBUS-DP 电缆的屏蔽层"双端接地"。

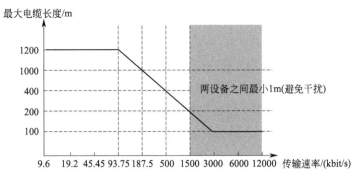

图 6-96 传输距离与波特率的对应关系

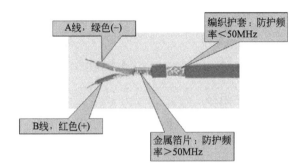

图 6-97 PROFIBUS-DP 电缆的结构和功能

6.5.2 西门子 S7-200 SMART PLC 与 S7-300/400 PLC 之间的 PROFIBUS-DP 通信

以前，S7-200 PLC 与 S7-300/400 PLC 之间的 PROFIBUS-DP 通信在工程中较为常见，随着 S7-200 PLC 的停产，这种解决方案逐渐被 S7-200 SMART PLC 与 S7-300/400 PLC 之间的 PROFIBUS-DP 通信所取代，以下用一个例子介绍这种通信。由于 S7-300/400 PLC 类似，因此仅介绍 S7-300 PLC。

【例 6-12】 某设备的主站为 CPU 314C-2DP，从站为 S7-200 SMART PLC 和 EM DP01 的组合，主站发出开始信号，从站接收信息，并使从站的指示灯以 1s 为周期闪烁。同理，从站发出开始信号（开始信号为高电平），主站接收信息，并使主站的指示灯以 1s 为周期闪烁。

（1）主要软硬件配置

① 1 套 STEP 7-Micro/WIN V2.3。

② 1 套 STEP 7 V5.5 SP4。

③ 1 台 CPU ST20。

④ 1 台 EM DP01。

⑤ 1 台 CPU 314C-2DP。

⑥ 1 根编程电缆。

⑦ 1 根 PROFIBUS 网络电缆（含两个网络总线连接器）。

PROFIBUS 现场总线硬件配置如图 6-98 所示，PROFIBUS 现场总线通信 PLC 接线如图 6-99 所示。

图 6-98　PROFIBUS 现场总线硬件配置

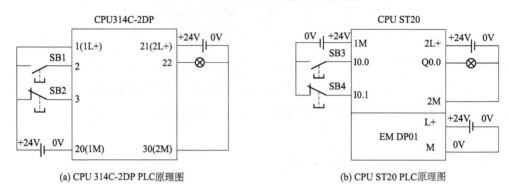

(a) CPU 314C-2DP PLC原理图　　　(b) CPU ST20 PLC原理图

图 6-99　PROFIBUS 现场总线通信 PLC 原理图

（2）CPU 314C-2DP 的硬件组态

① 打开 STEP 7 软件。双击桌面上的快捷键，打开 STEP 7 软件。当然也可以单击"开始"→"所有程序"→"SIMATIC"→"SIMATIC Manager"打开 STEP 7 软件。

② 新建项目。单击"新建"按钮，弹出"新建 项目"对话框，在"命名（M）"中输入一个名称，本例为"DP_SMART"，再单击"确定"按钮，如图 6-100 所示。

图 6-100　新建项目

③ 插入站点。单击菜单栏"插入"菜单，再单击"站点"和"SIMATIC 300 站点"子菜单，如图 6-101 所示，这个步骤的目的主要是为了插入主站。将主站"SIMATIC 300

图 6-101　插入站点

（1）"重命名为"Master"，双击"硬件"，打开硬件组态界面，如图 6-102 所示。

图 6-102 打开硬件组态

④ 插入导轨。展开项目中的"SIMATIC 300"下的"RACK-300"，双击导轨"Rail"，如图 6-103 所示。硬件配置的第一步都是加入导轨，否则下面的步骤不能进行。

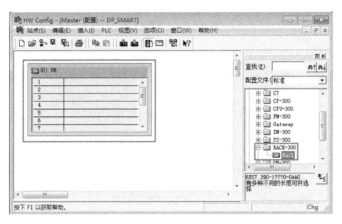

图 6-103 插入导轨

⑤ 插入 CPU。展开项目中的"SIMATIC 300"下的"CPU-300"，再展开"CPU 314C-2DP"下的"6ES7 314-6CG03-0AB0"，将"V2.6"拖入导轨的 2 号槽中，如图 6-104 所示。若选用了西门子的电源，在配置硬件时，应该将电源加入到第一槽，本例中使用的是开关电源，

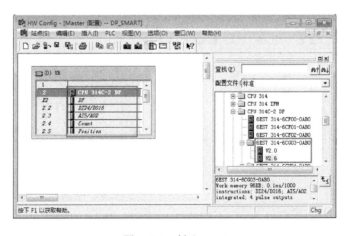

图 6-104 插入 CPU

因此硬件配置时不需要加入电源，但第一槽必须空缺，建议读者最好选用西门子电源。

⑥ 配置网络。双击 2 号槽中的"DP"，弹出"属性-DP"对话框，单击"属性"按钮，弹出"属性-PROFIBUS 接口"对话框，如图 6-105 所示；单击"新建"按钮，弹出"属性-新建子网 PROFIBUS"对话框，如图 6-106 所示；选定传输率为"1.5Mbps"和配置文件为"DP"，单击"确定"按钮，如图 6-107 所示。从站便可以挂在 PROFIBUS 总线上。

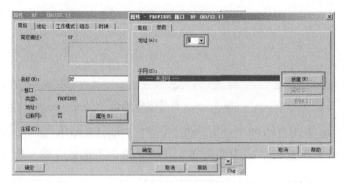

图 6-105　新建网络

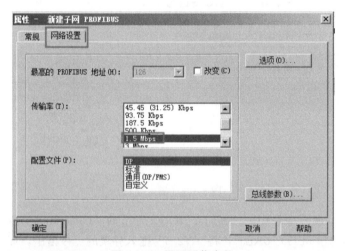

图 6-106　设置通信参数

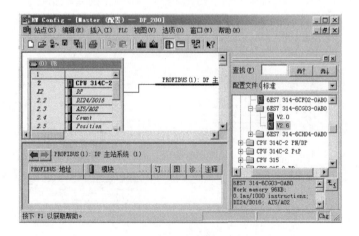

图 6-107　配置网络

⑦ 修改 I/O 起始地址。双击 2 号槽中的"DI24/DO16",弹出"属性-DI24/DO16"对话框,如图 6-108 所示;去掉"系统默认"前的"√",在"输入"和"输出"的"开始"中输入"0",单击"确定"按钮,如图 6-109 所示。这个步骤目的主要是为了使程序中输入和输出的起始地址都从"0"开始,这样更加符合工程习惯,若没有这个步骤,也是可行的,但程序中输入和输出的起始地址都从"124"开始。

图 6-108　修改 I/O 起始地址(1)

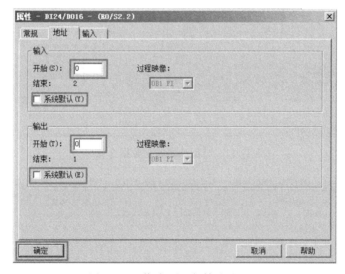

图 6-109　修改 I/O 起始地址(2)

⑧ 配置从站地址。先选中"PROFIBUS",再展开硬件目录,先后展开"PROFIBUS-DP"→"Additional Field Device"→"PLC"→"SIMATIC",再双击"EM DP01 PROFIBUS-DP",弹出"属性-PROFIBUS 接口"对话框,将地址改为"3",最后单击"确定"按钮,如图 6-110 所示。

⑨ 分配从站通信数据存储区。先选中 3 号站,展开项目"EM DP01 PROFIBUS-DP",再双击"4 Bytes In/Out",如图 6-111 所示。当然也可以选其他的选项,这个选项的含义是:每次主站接收信息为 4 个字节,发送的信息也为 4 个字节。

⑩ 设置周期存储器。双击"CPU 214C-2DP",打开属性界面,选中"周期/时钟存储器"选项卡,勾选"时钟存储器",输入"100",单击"确定"按钮即可,如图 6-112 所示。

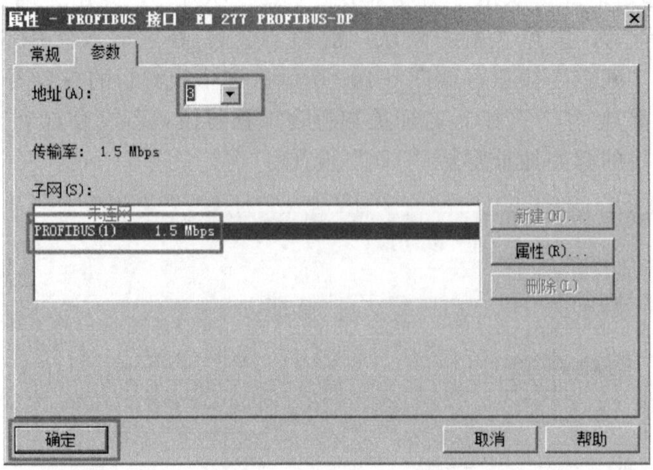

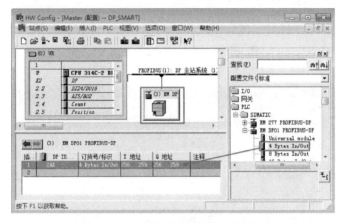

图 6-110　配置从站地址

图 6-111　分配从站通信数据存储区

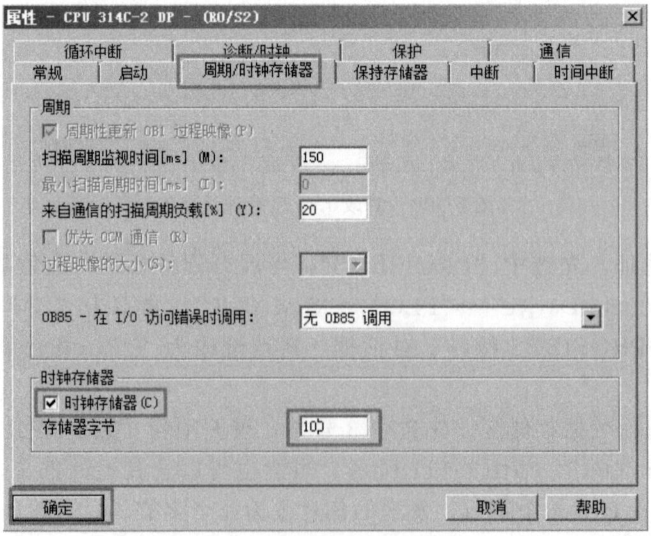

图 6-112　设置周期存储器

（3）编写程序

① 编写主站的程序　按照以上步骤进行硬件组态后，主站和从站的通信数据发送区和接收数据区就可以进行数据通信了，主站和从站的发送区和接收数据区对应关系见表6-24。

表 6-24　主站和从站的发送区和接收数据区对应关系

序　号	主站 S7-300	对应关系	从站 S7-200 SMART
1	QD256	⟶	VD0
2	ID256	⟵	VD4

主站将信息存入 QD256 中，发送到从站的 VD0 数据存储区，那么主站的发送数据区为什么是 QD256 呢？因为 CPU 314C-2DP 自身是 16 点数字输出，占用了 QW0，因此不可能是 QD0（包含 QW0 和 QW2）。注意，务必要将组态后的硬件和编译后程序全部下载到 PLC 中。梯形图程序如图 6-113 所示。

② 编写从站程序　在桌面上双击快捷键 ，打开软件 STEP 7 Micro/WIN SMART，在梯形图中输入如图 6-114 的程序；再将程序下载到从站 PLC 中。

☐ 程序段 1：把Q256.0传送到S7-200SMART的V0.0

☐ 程序段 2：接收S7-200SMART的V4.0的状态到I256.0中

图 6-113　CPU 314C-2DP 的程序

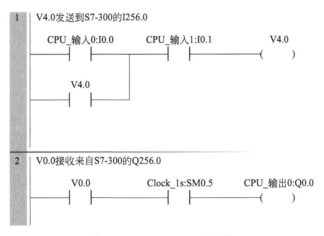

图 6-114　CPU ST20 的程序

（4）硬件连接

主站 CPU 314C-2DP 有两个 DB9 接口：一个是 MPI 接口，它主要用于下载程序（也可作为 MPI 通信使用）；另一个 DB9 接口是 DP 口，PROFIBUS 通信使用这个接口。从站为 CPU ST20＋EM DP01，EM DP01 是 PROFIBUS 专用模块，这个模块上面 DB9 接口为 DP 口。主站的 DP 口和从站的 DP 口用专用的 PROFIBUS 电缆和专用网络接头相连，主站和从站的硬件连线如图 6-98 所示。

PROFIBUS 电缆是二线屏蔽双绞线，两根线为 A 线和 B 线，电线塑料皮上印刷有 A、B 字母，A 线与网络接头上的 A 端子相连，B 线与网络接头上的 B 端子相连即可。B 线实际与 DB9 的第 3 针相连，A 线实际与 DB9 的第 8 针相连。

【关键点】　在前述的硬件组态中已经设定从站为第三站，因此在通信前，必须要将 EM DP01 的"站号"选择旋钮旋转到"3"的位置，否则，通信不能成功。从站网络连接器的终端电阻应置于"on"，如图 6-115 所示。若要置于"off"，只要将拨钮拨向"off"一侧即可。

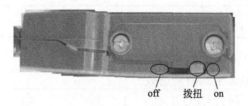

off　拨扭　on

图 6-115　网络连接器的终端电阻置于"on"

第7章

西门子 S7-200 SMART PLC 的工艺功能及应用

本章介绍西门子 S7-200 SMART PLC 在 PID 中的应用以及高速计数器的应用。

7.1 西门子 S7-200 SMART PLC 在 PID 中的应用

7.1.1 PID 控制原理简介

在过程控制中，按偏差的比例（P）、积分（I）和微分（D）进行控制的 PID 控制器（也称 PID 调节器）是应用最广泛的一种自动控制器。它具有原理简单、易于实现、适用面广、控制参数相互独立、参数选定比较简单和调整方便等优点；而且在理论上可以证明，对于过程控制的典型对象——"一阶滞后＋纯滞后"与"二阶滞后＋纯滞后"的控制对象，PID 控制器是一种最优控制。PID 调节是连续系统动态品质校正的一种有效方法，它的参数整定方式简便，结构改变灵活（如可为 PI 调节、PD 调节等）。长期以来，PID 控制器被广大科技人员及现场操作人员所采用，并积累了大量的经验。

PID 控制器根据系统的误差，利用比例、积分、微分计算出控制量来进行控制。当被控对象的结构和参数不能完全掌握，得不到精确的数学模型，或控制理论的其他技术难以采用时，系统控制器的结构和参数必须依靠经验和现场调试来确定，这时应用 PID 控制技术最为恰当。即当不完全了解一个系统和被控对象，或不能通过有效的测量手段来获得系统参数时，最适合采用 PID 控制技术。

（1）比例（P）控制

比例控制是一种最简单、最常用的控制方式，如放大器、减速器和弹簧等。比例控制器能立即成比例地响应输入的变化量。但仅有比例控制时，系统输出存在稳态误差（Steady-state Error）。

（2）积分（I）控制

在积分控制中，控制器的输出量是输入量对时间的积累。对一个自动控制系统，如果在进入稳态后存在稳态误差，则称这个控制系统是有稳态误差的或简称有差系统（System with Steady-state Error）。为了消除稳态误差，在控制器中必须引入"积分项"。积分项对误差的运算取决于时间的积分，随着时间的增加，积分项会增大。所以即便误差很小，积分项也会随着时间的增加而加大，它推动控制器的输出增大，使稳态误差进一步减小，直到等于零。因此，采用比例＋积分（PI）控制器，可以使系统在进入稳态后无稳态误差。

(3) 微分（D）控制

在微分控制中，控制器的输出与输入误差信号的微分（即误差的变化率）成正比关系。自动控制系统在克服误差的调节过程中可能会出现振荡甚至失稳。其原因是存在较大的惯性组件（环节）或滞后组件，这些组件具有抑制误差的作用，其变化总是落后于误差的变化。解决的办法是使抑制误差的作用变化"超前"，即在误差接近零时，抑制误差的作用就应该是零。这就是说，在控制器中仅引入"比例"项往往是不够的，比例项的作用仅是放大误差的幅值，而目前需要增加的是"微分项"，它能预测误差变化的趋势，这样具有比例＋微分的控制器就能够提前使抑制误差的控制作用等于零，甚至为负值，从而避免被控量的严重超调。所以对有较大惯性或滞后的被控对象，比例＋微分（PD）控制器能改善系统在调节过程中的动态特性。

(4) 闭环控制系统特点

控制系统一般包括开环控制系统和闭环控制系统。开环控制系统（Open-loop Control System）是指被控对象的输出（被控制量）对控制器（controller）的输出没有影响，在这种控制系统中不依赖将被控制量反送回来以形成任何闭环回路。闭环控制系统（Closed-loop Control System）的特点是系统被控对象的输出（被控制量）会反送回来影响控制器的输出，形成一个或多个闭环。闭环控制系统有正反馈和负反馈，若反馈信号与系统给定值信号相反，则称为负反馈（Negative Feedback）；若极性相同，则称为正反馈（Positive Feedback）。一般闭环控制系统均采用负反馈，又称负反馈控制系统。可见，闭环控制系统性能远优于开环控制系统。

(5) PID 控制器的参数整定

PID 控制器的参数整定是控制系统设计的核心内容。它是根据被控过程的特性，确定 PID 控制器的比例系数、积分时间和微分时间的大小。PID 控制器参数整定的方法很多，概括起来有如下两大类。

① 理论计算整定法　它主要依据系统的数学模型，经过理论计算确定控制器参数。这种方法所得到的计算数据不可以直接使用，还必须通过工程实际进行调整和修改。

② 工程整定法　它主要依赖于工程经验，直接在控制系统的试验中进行，且方法简单、易于掌握，在工程实际中被广泛采用。PID 控制器参数的工程整定方法，主要有临界比例法、反应曲线法和衰减法。这三种方法各有其特点，其共同点都是通过试验，然后按照工程经验公式对控制器参数进行整定。但无论采用哪一种方法所得到的控制器参数，都需要在实际运行中进行最后的调整与完善。

现在一般采用的是临界比例法。利用该方法进行 PID 控制器参数的整定步骤如下。

a. 首先预选择一个足够短的采样周期让系统工作。

b. 仅加入比例控制环节，直到系统对输入的阶跃响应出现临界振荡，记下这时的比例放大系数和临界振荡周期。

c. 在一定的控制度下通过公式计算得到 PID 控制器的参数。

（6）PID 控制器的主要优点

PID 控制器成为应用最广泛的控制器，它具有以下优点。

① PID 算法蕴含了动态控制过程中过去、现在、将来的主要信息，而且其配置几乎最优。其中，比例（P）代表了当前的信息，起纠正偏差的作用，使过程反应迅速。微分（D）在信号变化时有超前控制作用，代表将来的信息。在过程开始时强迫过程进行，过程结束时减小超调，克服振荡，提高系统的稳定性，加快系统的过渡过程。积分（I）代表了过去积累的信息，它能消除静差，改善系统的静态特性。此三种作用配合得当，可使动态过程快速、平稳、准确，收到良好的效果。

② PID 控制适应性好，有较强的鲁棒性，对各种工业应用场合，都可在不同的程度上应用。特别适于"一阶惯性环节＋纯滞后"和"二阶惯性环节＋纯滞后"的过程控制对象。

③ PID 算法简单明了，各个控制参数相对较为独立，参数的选定较为简单，形成了完整的设计和参数调整方法，很容易为工程技术人员所掌握。

④ PID 控制根据不同的要求，针对自身的缺陷进行了不少改进，形成了一系列改进的PID 算法。例如，为了克服微分带来的高频干扰的滤波 PID 控制，为克服大偏差时出现饱和超调的 PID 积分分离控制，为补偿控制对象非线性因素的可变增益 PID 控制等。这些改进算法在一些应用场合取得了很好的效果。同时当今智能控制理论的发展，又形成了许多智能 PID 控制方法。

（7）PID 的算法

PID 控制器调节输出，保证偏差（e）为零，使系统达到稳定状态，偏差是给定值（SP）和过程变量（PV）的差。PID 控制的原理基于以下公式：

$$M(t) = K_C e + K_C \int_0^1 e \, \mathrm{d}t + M_{\mathrm{initial}} + K_C \frac{\mathrm{d}e}{\mathrm{d}t} \tag{7-1}$$

式中　$M(t)$——PID 回路的输出；

$\quad\quad K_C$——PID 回路的增益；

$\quad\quad e$——PID 回路的偏差（给定值与过程变量的差）；

$\quad M_{\mathrm{initial}}$——PID 回路输出的初始值。

由于以上的算式是连续量，必须将连续量离散化才能在计算机中运算，离散处理后的算式如下：

$$M_n = K_C e_n + K_I \sum_1^n e_x + M_{\mathrm{initial}} + K_D (e_n - e_{n-1}) \tag{7-2}$$

式中　M_n——在采样时刻 n PID 回路输出的计算值；

$\quad\quad K_C$——PID 回路的增益；

$\quad\quad K_I$——积分项的比例常数；

$\quad\quad K_D$——微分项的比例常数；

$\quad\quad e_n$——采样时刻 n 的回路的偏差值；

$\quad e_{n-1}$——采样时刻 $n-1$ 的回路的偏差值；

$\quad\quad e_x$——采样时刻 x 的回路的偏差值；

$\quad M_{\mathrm{initial}}$——PID 回路输出的初始值。

再对以上算式进行改进和简化，得出如下计算 PID 输出的算式：

$$M_n = MP_n + MI_n + MD_n \tag{7-3}$$

式中 M_n——第 n 次采样时刻的计算值；

$\quad\quad MP_n$——第 n 次采样时刻的比例项的值；

$\quad\quad MI_n$——第 n 次采样时刻的积分项的值；

$\quad\quad MD_n$——第 n 次采样时刻的微分项的值。

$$MP_n = K_C(SP_n - PV_n) \tag{7-4}$$

式中 K_C——增益；

$\quad\quad SP_n$——第 n 次采样时刻的给定值；

$\quad\quad PV_n$——第 n 次采样时刻的过程变量值。

很明显，比例项 MP_n 数值的大小和增益 K_C 成正比，增益 K_C 增加可以直接导致比例项 MP_n 的快速增加，从而直接导致 M_n 增加。

$$MI_n = K_C T_S / T_I (SP_n - PV_n) + MX \tag{7-5}$$

式中 K_C——增益；

$\quad\quad T_S$——回路的采样时间；

$\quad\quad T_I$——积分时间；

$\quad\quad SP_n$——第 n 次采样时刻的给定值；

$\quad\quad PV_n$——第 n 次采样时刻的过程变量值；

$\quad\quad MX$——第 $n-1$ 次采样时刻的积分项（也称为积分前项）。

很明显，积分项 MI_n 数值的大小随着积分时间 T_I 的减小而增加，T_I 的减小可以直接导致积分项 MI_n 数值的增加，从而直接导致 M_n 增加。

$$MD_n = K_C(PV_{n-1} - PV_n) T_D / T_S \tag{7-6}$$

式中 K_C——增益；

$\quad\quad T_S$——回路的采样时间；

$\quad\quad T_D$——微分时间；

$\quad\quad PV_n$——第 n 次采样时刻的过程变量值；

$\quad\quad PV_{n-1}$——第 $n-1$ 次采样时刻的过程变量值。

很明显，微分项 MD_n 数值的大小随着微分时间 T_D 的增加而增加，T_D 的增加可以直接导致微分项 MD_n 数值的增加，从而直接导致 M_n 增加。

【关键点】 式(7-3)～式(7-6) 是非常重要的。根据这几个公式，读者必须建立一个概念：增益 K_C 增加可以直接导致比例项 MP_n 的快速增加，T_I 的减小可以直接导致积分项 MI_n 数值的增加，微分项 MD_n 数值的大小随着微分时间 T_D 的增加而增加，从而直接导致 M_n 增加。理解了这一点，对于正确调节 P、I、D 三个参数是至关重要的。

7.1.2 PID 控制器的参数整定

PID 控制器的参数整定是控制系统设计的核心内容。它是根据被控过程的特性，确定 PID 控制器的比例系数、积分时间和微分时间的大小。PID 控制器参数整定的方法很多，概括起来有如下两大类。

一是理论计算整定法。它主要依据系统的数学模型，经过理论计算确定控制器参数。这种方法所得到的计算数据未必可以直接使用，还必须通过工程实际进行调整和修改。

二是工程整定法。它主要依赖于工程经验，直接在控制系统的试验中进行，且方法简单、易于掌握，在工程实际中被广泛采用。PID 控制器参数的工程整定方法，主要有临界比例法、反应曲线法和衰减法。这三种方法各有特点，其共同点都是通过试验，然后按照工程经验公式对控制器参数进行整定。但无论采用哪一种方法所得到的控制器参数，都需要在实际运行中进行最后的调整与完善。

（1）整定的方法和步骤

现在一般采用的是临界比例法。利用该方法进行 PID 控制器参数的整定步骤如下。

① 首先预选择一个足够短的采样周期让系统工作。

② 仅加入比例控制环节，直到系统对输入的阶跃响应出现临界振荡，记下这时的比例放大系数和临界振荡周期。

③ 在一定的控制度下通过公式计算得到 PID 控制器的参数。

（2）PID 参数的经验值

在实际调试中，只能先大致设定一个经验值，然后根据调节效果修改，常见系统的经验值如下。

① 对于温度系统：P（%）20～60，I（min）3～10，D（min）0.5～3。

② 对于流量系统：P（%）40～100，I（min）0.1～1。

③ 对于压力系统：P（%）30～70，I（min）0.4～3。

④ 对于液位系统：P（%）20～80，I（min）1～5。

（3）PID 参数的整定实例

PID 参数的整定对于初学者来说并不容易，不少初学者看到 PID 的曲线往往不知道是什么含义，当然也就不知道如何着手调了，以下用几个简单的例子进行介绍。

【**例 7-1**】 对某系统的电炉进行 PID 参数整定，其输出曲线如图 7-1 所示，设定值和测量值重合（55℃），所以有人认为 PID 参数整定成功，试分析一下，并给出自己的见解。

【**解**】 在 PID 参数整定时，分析曲线图是必不可少的，测量值和设定值基本重合这是基本要求，并非说明 PID 参数整定就一定合理。

分析 PID 运算结果的曲线是至关重要的，如图 7-1 所示，PID 运算结果的曲线很平滑，但过于平坦，这样电炉在运行过程中，其抗干扰能力弱，也就是说，当负载对热量需要稳定

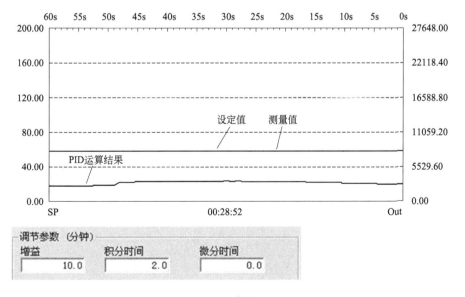

图 7-1　PID 曲线图（1）

时，温度能保持稳定，但当负载热量变化大时，测量值和设定值就未必处于重合状态了。这种 PID 运算结果的曲线过于平坦，说明 P 过小。

　　将 P 的数值设定为 30.0，如图 7-2 所示，整定就比较合理了。

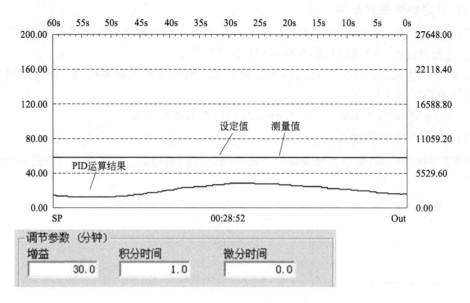

图 7-2　PID 曲线图（2）

　　【例 7-2】　对某系统的电炉进行 PID 参数整定，其输出曲线如图 7-3 所示，设定值和测量值重合（55℃），所以有人认为 PID 参数整定成功，试分析一下，并给出自己的见解。

　　【解】

　　如图 7-3 所示，虽然测量值和设定值基本重合，但 PID 参数整定不合理。

　　这是因为 PID 运算结果的曲线已经超出了设定的范围，实际就是超调，说明比例环节 P过大。

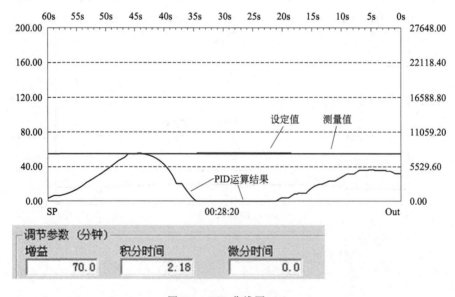

图 7-3　PID 曲线图（3）

7.1.3 利用 S7-200 SMART PLC 进行电炉的温度控制

要求将一台电炉的炉温控制在一定的范围。电炉的工作原理如下。

当设定电炉温度后，S7-200 SMART PLC 经过 PID 运算后由模拟量输出模块 EM AQ02 输出一个电压信号送到控制板，控制板根据电压信号（弱电信号）的大小控制电热丝的加热电压（强电）的大小（甚至断开），温度传感器测量电炉的温度，温度信号经过控制板的处理后输入到模拟量输入模块 EM AE04，再送到 S7-200 SMART PLC 进行 PID 运算，如此循环。整个系统的硬件配置如图 7-4 所示，电气原理图如图 7-5 所示。

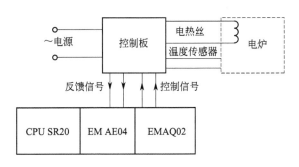

图 7-4　硬件配置

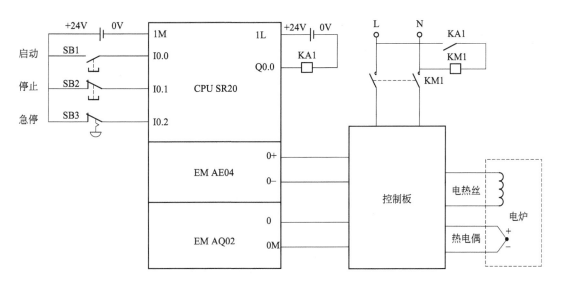

图 7-5　电气原理图

（1）主要软硬件配置

① 1 套 STEP7-Micro/WIN SMART V2.3。

② 1 台 CPU SR20。

③ 1 台 EM AE04。

④ 1 台 EM AQ02。

⑤ 1 根以太网线。

⑥ 1 台电炉（含控制板）。

（2）主要指令介绍

PID 回路（PID）指令，当使能有效时，根据表格（TBL）中的输入和配置信息对引用 LOOP 执行 PID 回路计算。PID 指令的格式见表 7-1。

表 7-1　PID 指令格式

LAD	输入/输出	含　义	数据类型
PID -EN　ENO- -TBL -LOOP	EN	使能	BOOL
	TBL	参数表的起始地址	BYTE
	LOOP	回路号，常数范围 0～7	BYTE

PID 指令使用注意事项如下。

① 程序中最多可以使用 8 条 PID 指令，回路号为 0～7，不能重复使用。

② 必须保证过程变量和给定值积分项前值和过程变量前值在 0.0～1.0 之间。

③ 如果进行 PID 计算的数学运算时遇到错误，将设置 SM1.1（溢出或非法数值）并终止 PID 指令的执行。

在工业生产过程中，模拟信号 PID（由比例、积分和微分构成的闭合回路）调节是常见的控制方法。运行 PID 控制指令，S7-200 SMART PLC 将根据参数表中输入测量值、控制设定值及 PID 参数，进行 PID 运算，求得输出控制值。参数表中有 9 个参数，共占用 36 个字节，全部是 32 位的实数，部分保留给自整定用。PID 控制回路的参数表见表 7-2。

表 7-2　PID 控制回路的参数表

偏移地址	参　数	数据格式	参数类型	描　　述
0	过程变量 PV_n	REAL	输入/输出	必须在 0.0～1.0 之间
4	给定值 SP_n	REAL	输入	必须在 0.0～1.0 之间
8	输出值 M_n	REAL	输出	必须在 0.0～1.0 之间
12	增益 K_C	REAL	输入	增益是比例常数，可正可负
16	采样时间 T_S	REAL	输入	单位为 s，必须是正数
20	积分时间 T_I	REAL	输入	单位为 min，必须是正数
24	微分时间 T_D	REAL	输入	单位为 min，必须是正数
28	上一次积分值 Mx	REAL	输入/输出	必须在 0.0～1.0 之间
32	上一次过程变量值 PV_{n-1}	REAL	输入/输出	最后一次 PID 运算过程变量值
36～76	保留自整定变量			

（3）编写电炉的温度控制程序

① 编写程序前，先要填写 PID 指令的参数表，参数见表 7-3。

表 7-3　电炉温度控制的 PID 参数表

地　址	参　数	描　　述
VD100	过程变量 PV_n	温度经过 A/D 转换后的标准化数值
VD104	给定值 SP_n	0.335（最高温度为 1，调节到 0.335）
VD108	输出值 M_n	PID 回路输出值
VD112	增益 K_C	0.15
VD116	采样时间 T_S	35
VD120	积分时间 T_I	30
VD124	微分时间 T_D	0
VD128	上一次积分值 Mx	根据 PID 运算结果更新
VD132	上一次过程变量值 PV_{n-1}	最后一次 PID 运算过程变量值

② 编写 PLC 控制程序，程序如图 7-6 所示。

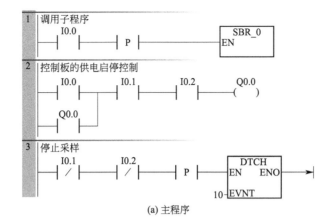

(a) 主程序

(b) 子程序

图 7-6

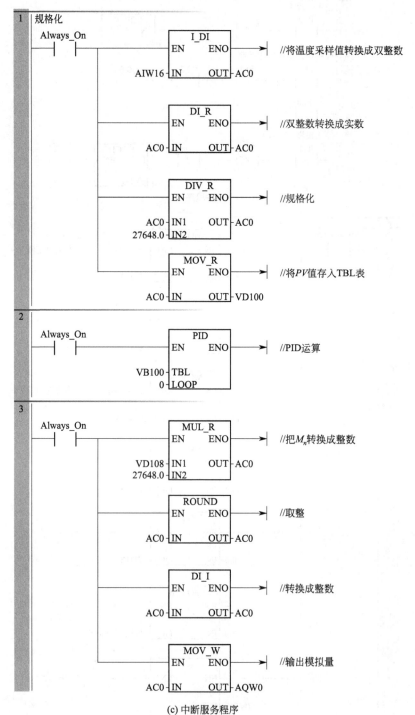

(c) 中断服务程序

图 7-6 电炉 PID 控制程序

【关键点】 编写此程序首先要理解 PID 的参数表各个参数的含义，其次是要理解数据类型的转换。要将整数转化成实数，必须先将整数转化成双整数，因为 S7-200 SMART PLC 中没有直接将整数转化成实数的指令。

7.2 高速计数器的应用

7.2.1 高速计数器的简介

高速计数器对超出 CPU 普通计数器能力的脉冲信号进行测量。S7-200 SMART CPU 提供了多个高速计数器（HSC0～HSC5）以响应快速脉冲输入信号。高速计数器的计数速度比 PLC 的扫描速度要快得多，因此高速计数器可独立于用户程序工作，不受扫描时间的限制。用户通过相关指令，设置相应的特殊存储器控制计数器的工作。高速计数器的一个典型的应用是利用光电编码器测量转速和位移。

（1）高速计数器的工作模式和输入

高速计数器有 8 种工作模式，每个计数器都有时钟、方向控制、复位启动等特定输入。对于双向计数器，两个时钟都可以运行在最高频率上，高速计数器的最高计数频率取决于 CPU 的类型。在正交模式下，可选择 1×（1 倍速）或者 4×（4 倍速）输入脉冲频率的内部计数频率。高速计数器有 8 种 4 类工作模式。

① 无外部方向输入信号的单/减计数器（模式 0 和模式 1） 用高速计数器的控制字的第 3 位控制加减计数，该位为 1 时为加计数，为 0 时为减计数。高速计数器模式 0 和模式 1 工作原理如图 7-7 所示。

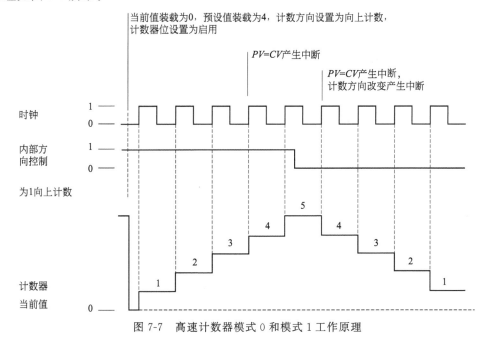

图 7-7 高速计数器模式 0 和模式 1 工作原理

② 有外部方向输入信号的单/减计数器（模式 3 和模式 4） 方向信号为 1 时，为加计数，方向信号为 0 时，为减计数。高速计数器模式 3 和模式 4 工作原理如图 7-8 所示。

③ 有加计数时钟脉冲和减计数时钟脉冲输入的双相计数器（模式 6 和模式 7） 若加计数脉冲和减计数脉冲的上升沿出现的时间间隔短，高速计数器认为这两个事件同时发生，当前值不变，也不会有计数方向的变化的指示，否则高速计数器能捕捉到每一个独立的信号。高速计数器模式 6 和模式 7 工作原理如图 7-9 所示。

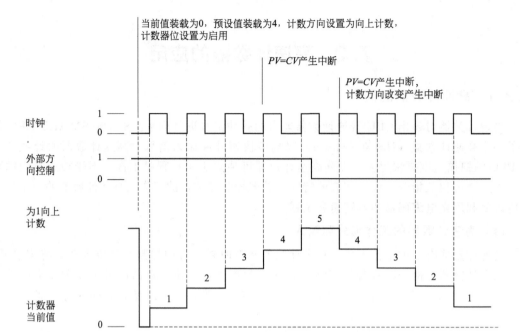

图 7-8　高速计数器模式 3 和模式 4 工作原理

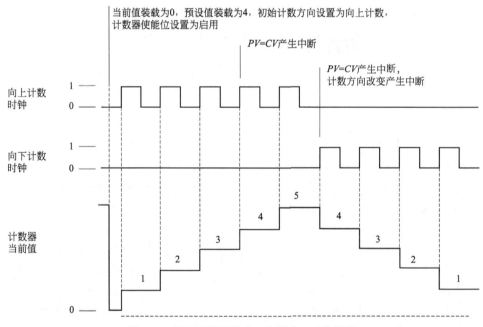

图 7-9　高速计数器模式 6 和模式 7 工作原理

④ A/B 相正交计数器（模式 9 和模式 10）　它的两路计数脉冲的相位相差 90°，正转时 A 相时钟脉冲比 B 相时钟脉冲超前 90°，反转时 A 相时钟脉冲比 B 相时钟脉冲滞后 90°。利用这一特点，正转时加计数，反转时减计数。

高速计数器模式 9 和模式 10 就是 A/B 相正交计数器，又分为一倍频和四倍频，一倍频即高速计数器模式 9 和模式 10（A/B 正交相位 1×）工作原理如图 7-10 所示，四倍频即高速计数器模式 9 和模式 10（A/B 正交相位 4×）工作原理如图 7-11 所示，在相同的条件下，四倍频时的计数值是一倍频的 4 倍。

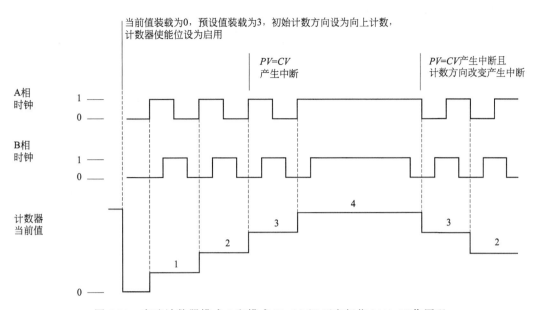

图 7-10　高速计数器模式 9 和模式 10（A/B 正交相位 1×）工作原理

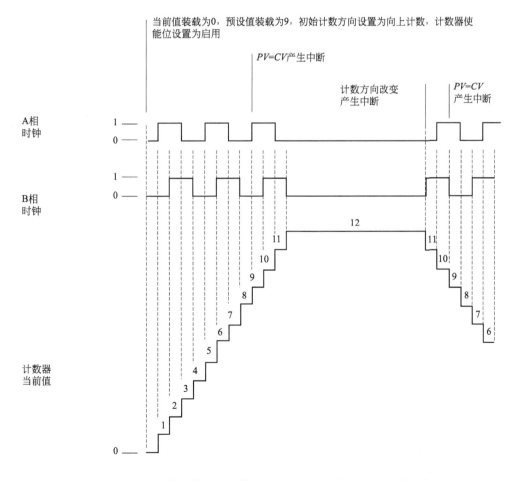

图 7-11　高速计数器模式 9 和模式 10（A/B 正交相位 4×）工作原理

高速计数器的输入分配和功能见表 7-4。

表 7-4 高速计数器的输入分配和功能

计数器	时钟 A	Dir/ 时钟 B	复位	单相最大时钟/输入速率	双相/正交最大时钟/输入速率
HSC0	I0.0	I0.1	I0.4	60kHz(S 型号 CPU) 30kHz(C 型号 CPU)	1.40kHz(S 型号 CPU) 最大 1 倍计数速率=40kHz 最大 4 倍计数速率=160kHz 2.20 kHz(C 型号 CPU) 最大 1 倍计数速率=20kHz 最大 4 倍计数速率=80kHz
HSC1	I0.1			60kHz(S 型号 CPU) 30kHz(C 型号 CPU)	
HSC2	I0.2	I0.3	I0.5	60kHz(S 型号 CPU) 30kHz(C 型号 CPU)	1.40kHz(S 型号 CPU) 最大 1 倍计数速率=40kHz 最大 4 倍计数速率=160kHz 2.20kHz(C 型号 CPU) 最大 1 倍计数速率=20kHz 最大 4 倍计数速率=80kHz
HSC3	I0.3			60kHz(S 型号 CPU) 30kHz(C 型号 CPU)	
HSC4	I0.6	I0.6	I1.6	SR30 和 ST30 型号 CPU: 200kHz SR20、ST20、SR40、ST40、 SR60 和 ST60 型号 CPU:30kHz	SR30 和 ST30 型号 CPU: • 100kHz=最大 1 倍计数速率 • 400kHz=最大 4 倍计数速率
HSC5	I1.0	I1.1	I1.3	30kHz(S 型号 CPU)	S 型号 CPU: 20kHz=最大 1 倍计数速率 80kHz=最大 4 倍计数速率

【关键点】 S 型号 CPU 包括 SR20、SR40、ST40、SR60 和 ST60，C 型号 CPU 主要是 CR40。

高速计数器 HSC0 和 HSC2 支持八种计数模式，分别是模式 0、1、3、4、6、7、9 和 10。HSC1 和 HSC3 只支持一种计数模式，即模式 0。

高速计数器的硬件输入接口与普通数字量接口使用相同的地址。已经定义用于高速计数器的输入点不能再用于其他功能。但某些模式下，没有用到的输入点还可以用作开关量输入点。

S7-200 SMART PLC HSC 模式和输入分配见表 7-5。

表 7-5 S7-200 SMART PLC HSC 模式和输入分配

模 式	中 断 描 述	输 入 点		
	HSC0	I0.0	I0.1	I0.4
	HSC1	I0.1		
	HSC2	I0.2	I0.3	I0.5
	HSC3	I0.3		
0	具有内部方向控制的单相计数器	时钟		
1		时钟		复位
3	具有外部方向控制的单相计数器	时钟	方向	
4		时钟	方向	复位
6	带有 2 个时钟输入的双相计数器	加时钟	减时钟	
7		加时钟	减时钟	复位
9	A/B 正交计数器	时钟 A	时钟 B	
10		时钟 A	时钟 B	复位

(2) 高速计数器的控制字和初始值、预置值

所有的高速计数器在 S7-200 SMART PLC 的特殊存储区中都有各自的控制字。控制字用来定义计数器的计数方式和其他一些设置，以及在用户程序中对计数器的运行进行控制。高速计数器的控制字的位地址分配见表 7-6。

表 7-6　高速计数器的控制字的位地址分配

HSC0	HSC1	HSC2	HSC3	描　述
SM37.0	不支持	SM57.0	不支持	复位有效控制,0=复位高电平有效,1=复位低电平有效
SM37.2	不支持	SM57.2	不支持	正交计数器速率选择,0=4×计数率,1=1×计数率
SM37.3	SM47.3	SM57.3	SM137.3	计数方向控制,0=减计数,1=加计数
SM37.4	SM47.4	SM57.4	SM137.4	向 HSC 中写入计数方向,0=不更新,1=更新
SM37.5	SM47.5	SM57.5	SM137.5	向 HSC 中写入预置值,0=不更新,1=更新
SM37.6	SM47.6	SM57.6	SM137.6	向 HSC 中写入初始值,0=不更新,1=更新
SM37.7	SM47.7	SM57.7	SM137.7	HSC 允许,0=禁止 HSC,1=允许 HSC

　　高速计数器都有初始值和预置值,所谓初始值就是高速计数器的起始值,而预置值就是计数器运行的目标值,当前值(当前计数值)等于预置值时,会引发一个内部中断事件,初始值、预置值和当前值都是 32 位有符号整数。必须先设置控制字以允许装入初始值和预置值,并且初始值和预置值存入特殊存储器中,然后执行 HSC 指令使新的初始值和预置值有效。装载高速计数器的初始值、预置值和当前值的寄存器与计数器的对应关系见表 7-7。

表 7-7　装载初始值、预置值和当前值的寄存器与计数器的对应关系

高速计数器	HSC0	HSC1	HSC2	HSC3	HSC4	HSC5
初始值	SMD38	SMD48	SMD58	SMD138	SMD148	SMD158
预置值	SMD42	SMD52	SMD62	SMD142	SMD152	SMD162
当前值	HC0	HC1	HC2	HC3	HC4	HC5

(3) 指令介绍

　　高速计数器(HSC)指令根据 HSC 特殊内存位的状态配置和控制高速计数器。高速计数器定义(HDEF)指令选择特定的高速计数器(HSCx)的操作模式。模式选择定义高速计数器的时钟、方向、起始和复原功能。高速计数指令格式见表 7-8。

表 7-8　高速计数指令格式

LAD	输入/输出	参数说明	数据类型
HDEF EN　ENO HSC MODE	HSC	高速计数器的号码,取值 0、1、2、3	BYTE
	MODE	模式,取值为 0、1、3、4、6、7、9、10	BYTE
HSC EN　ENO N	N	指定高速计数器的号码,取值 0、1、2、3	WORD

　　以下用一个简单例子说明控制字和高速计数器指令的具体应用,如图 7-12 所示。

(4) 滤波时间

　　S7-200 SMART PLC 的数字量输入的默认滤波时间是 6.4ms,可以测量最大的频率是 78Hz,因此要测量高速输入信号时需要修改滤波时间,否则对于高于 78Hz 的信号,测量会产生较大的误差。HSC 可检测到的各种输入滤波组态的最大输入频率见表 7-9。

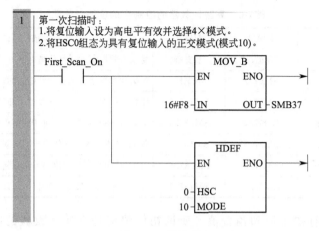

图 7-12 梯形图

表 7-9 HSC 可检测到的各种输入滤波组态的最大输入频率

输入滤波时间	可检测到的最大频率	输入滤波时间	可检测到的最大频率
0.2μs	200kHz(S 型号 CPU) 100kHz(C 型号 CPU)	0.2ms	2.5kHz
0.4μs	200kHz(S 型号 CPU) 100kHz(C 型号 CPU)	0.4ms	1.25kHz
0.8μs	200kHz(S 型号 CPU) 100kHz(C 型号 CPU)	0.8ms	625Hz
1.6μs	200kHz(S 型号 CPU) 100kHz(C 型号 CPU)	1.6ms	312Hz
3.2μs	156kHz(S 型号 CPU) 100kHz(C 型号 CPU)	3.2ms	156Hz
6.4μs	78kHz	6.4ms	78Hz
12.8μs	39kHz	12.8ms	39Hz

  例如,如果要测量 100kHz 的高速输入信号的频率,则应把滤波时间修改为 3.2μs 或者更小。先打开系统块,修改输入点 I0.0 和 I0.1 滤波时间的方法如图 7-13 所示,勾选 I0.0-I0.7 选项,用下拉菜单把 I0.0 和 I0.1 的滤波时间修改成 3.2μs,并勾选"脉冲捕捉"选项,

图 7-13 修改滤波时间

单击"确定"按钮即可。

7.2.2 高速计数器的应用

以下用两个例子说明高速计数器的应用。

【例 7-3】 用高速计数器 HSC0 计数，当计数值达到 500～1000 时报警，报警灯 Q0.0 亮。

【解】 根据题意，报警有上位 1000 和下位 500，因此当高速计数达到计数值时，要两次执行中断程序。主程序如图 7-14 所示，中断程序 0 如图 7-15 所示，中断程序 1 如图 7-16 所示。

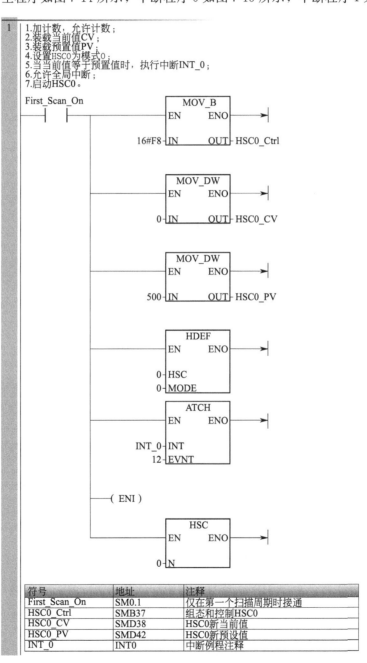

符号	地址	注释
First_Scan_On	SM0.1	仅在第一个扫描周期时接通
HSC0_Ctrl	SMB37	组态和控制HSC0
HSC0_CV	SMD38	HSC0新当前值
HSC0_PV	SMD42	HSC0新预设值
INT_0	INT0	中断例程注释

图 7-14 例 7-3 主程序

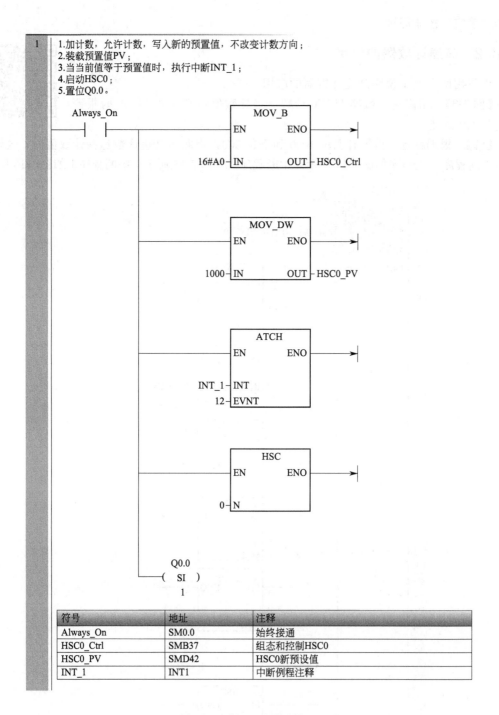

符号	地址	注释
Always_On	SM0.0	始终接通
HSC0_Ctrl	SMB37	组态和控制HSC0
HSC0_PV	SMD42	HSC0新预设值
INT_1	INT1	中断例程注释

图 7-15　例 7-3 中断程序 0

【例 7-4】　用高速计数器 HSC0 计数，开始计数值为 0，并为加计数，当计数值达到 100，开始减计数，达到 0 时，又开始加计数，如此循环，任何时候压下复位按钮，计数值为 0。

【解】　根据题意，可使用 HSC0 的模式 1。主程序如图 7-17 所示，子程序如图 7-18 所示，中断程序 0 如图 7-19 所示，中断程序 1 如图 7-20 所示，中断程序 2 如图 7-21 所示。

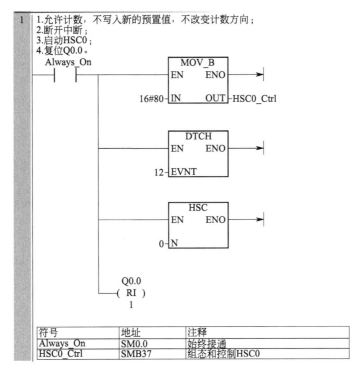

图 7-16　例 7-3 中断程序 1

图 7-17　例 7-4 主程序

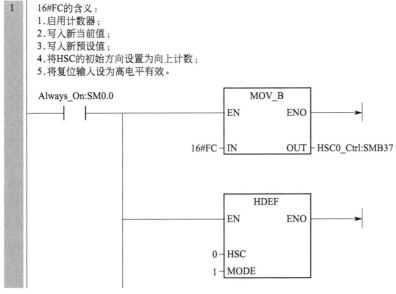

图 7-18

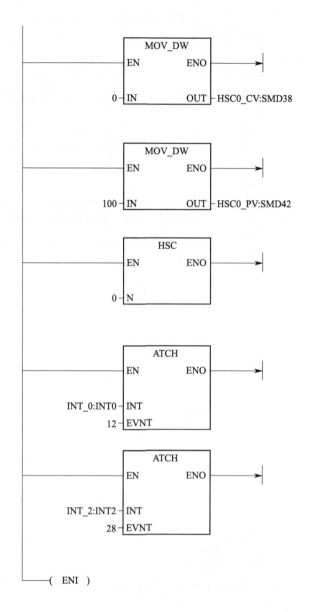

图 7-18 例 7-4 子程序

7.2.3 高速计数器在转速测量中的应用

7.2.3.1 光电编码器简介

利用 PLC 高速计数器测量转速，一般要用到光电编码器。光电编码器是集光、机、电技术于一体的数字化传感器，可以高精度测量被测物的转角或直线位移量。光电编码器通过测量被测物体的旋转角度或者直线距离，并将测量到的旋转角度转化为脉冲电信号输出。控制器（PLC 或者数控系统的 CNC）检测到这个输出的电信号即可得到速度或者位移。

① 光电编码器的分类　按测量方式，可分为旋转编码器、直尺编码器；按编码方式，可分为绝对式编码器、增量式编码器和混合式编码器。

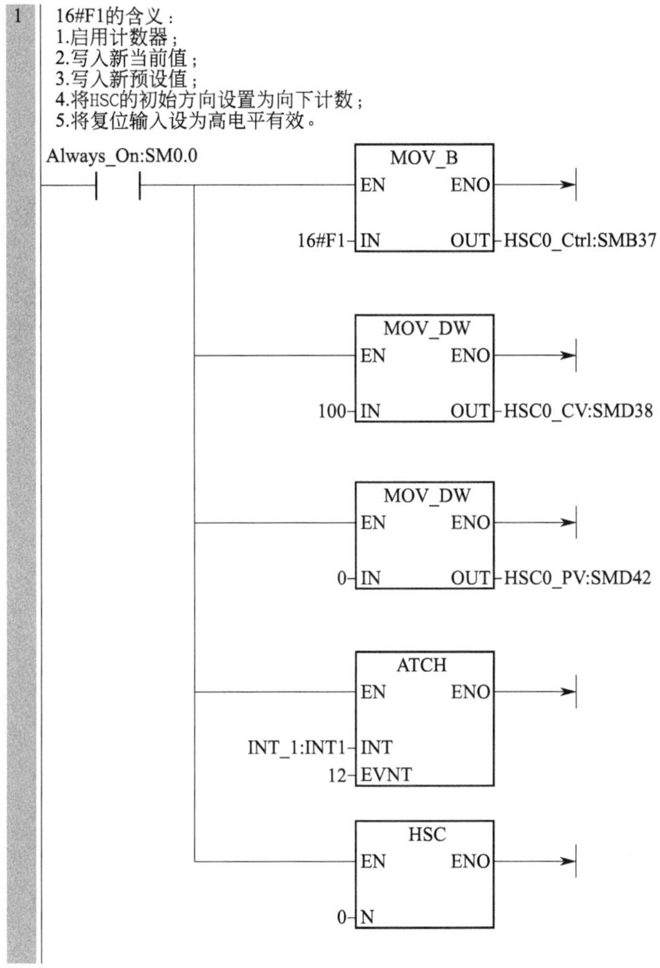

图 7-19　例 7-4 中断程序 0

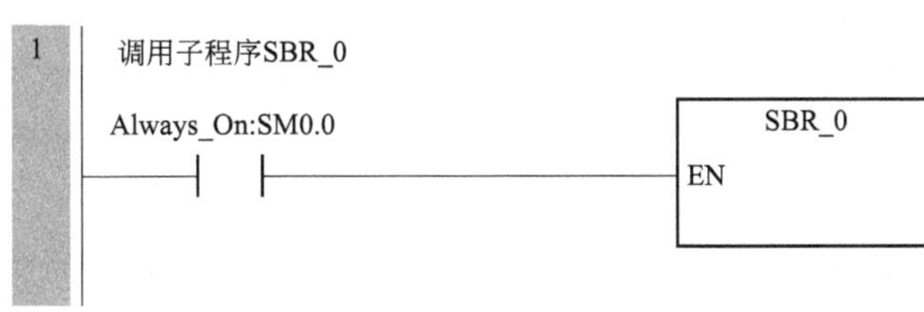

图 7-20　例 7-4 中断程序 1

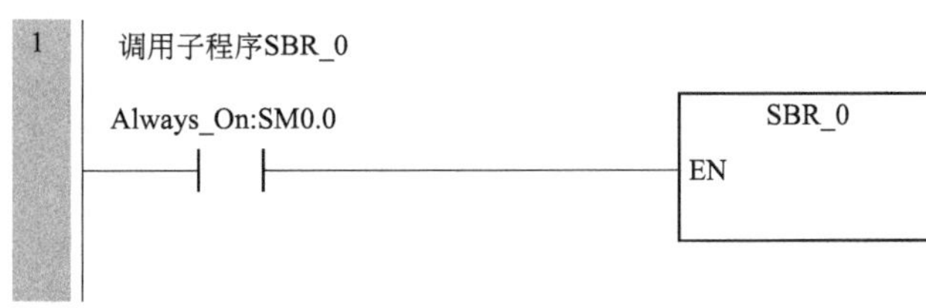

图 7-21　例 7-4 中断程序 2

② 光电编码器的应用场合　光电编码器在机器人、数控机床上得到广泛应用，一般而言，只要用到伺服电动机就可能用到光电编码器。

7.2.3.2　应用实例

以下用一个例子说明高速计数器在转速测量中的应用。

【例 7-5】　一台电动机上配有一台光电编码器（光电编码器与电动机同轴安装），试用 S7-200 SMART PLC 测量电动机的转速，要求正向旋转为正数转速，反向旋转为负数转速。

【解】　由于光电编码器与电动机同轴安装，所以光电编码器的转速就是电动机的转速。用高速计数器 A/B 相正交计数器的模式 9 或者模式 10 测量，可以得到有正负号的转速。

方法一：直接编写程序

(1) 软硬件配置

① 1 套 STEP7-Micro/WIN SMART V2.3。

② 1 台 CPU ST40。

③ 1 台光电编码器（1024 线）。

④ 1 根以太网线。

接线如图 7-22 所示。

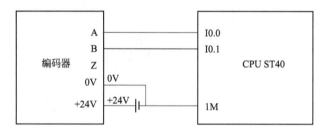

图 7-22　例 7-5 原理图

【关键点】　光电编码器的输出脉冲信号有＋5V 和＋24V（或者＋18V），而多数 S7-200 SMART CPU 的输入端的有效信号是＋24V（PNP 接法时），因此，在选用光电编码器时要注意最好不要选用＋5V 输出的光电编码器。图 7-22 中的编码器是 PNP 型输出，这一点非常重要，涉及程序的初始化，在选型时要注意。此外，编码器的 0V 端子要与 PLC 的 1M 短接，否则不能形成回路。

那么若只有＋5V 输出的光电编码器是否可以直接用于以上回路测量速度呢？答案是不能，但经过晶体管升压后是可行的，具体解决方案读者自行思考。

(2) 设置脉冲捕捉时间

打开系统块，选中"数字量输入"→"I0.0-I0.7"，将 I0.0 和 I0.1 的捕捉时间设置为 $3.2\mu s$，同时勾选"脉冲捕捉"，最后单击"确定"按钮，如图 7-23 所示。

(3) 编写程序

本例的编程思路是先对高速计数器进行初始化，启动高速计数器，在 100ms 内高速计数器计数个数转化成每分钟编码器旋转的圈数，就是光电编码器的转速，也就是电动机的转速。光电编码器为 1024 线，也就是说，高速计数器每收到 1024 个脉冲，电动机就转 1 圈。电动机的转速公式如下：

图 7-23　设置脉冲捕捉时间

$$n=\frac{N\times10\times60}{1024}=\frac{N\times75}{2^7}$$

式中，n 为电动机的转速；N 为 100ms 内高速计数器计数个数（收到脉冲个数）。特殊寄存器 SMB37 各位的含义如图 7-24 所示。梯形图如图 7-25 和图 7-26 所示。

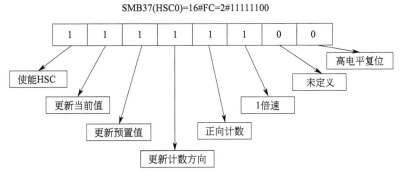

图 7-24　特殊寄存器 SMB37 各位的含义

方法二：使用指令向导编写程序

初学者学习高速计数器是有一定的难度的，STEP7-Micro/WIN SMART 软件内置的指令向导提供了简单方案，能快速生成初始化程序，以下介绍这一方法。

（1）设置脉冲捕捉时间

设置脉冲捕捉时间与方法一相同。

（2）打开指令向导

首先，单击菜单栏中的"工具"→"高速计数器"按钮，如图 7-27 所示，弹出图 7-28 所示的界面。

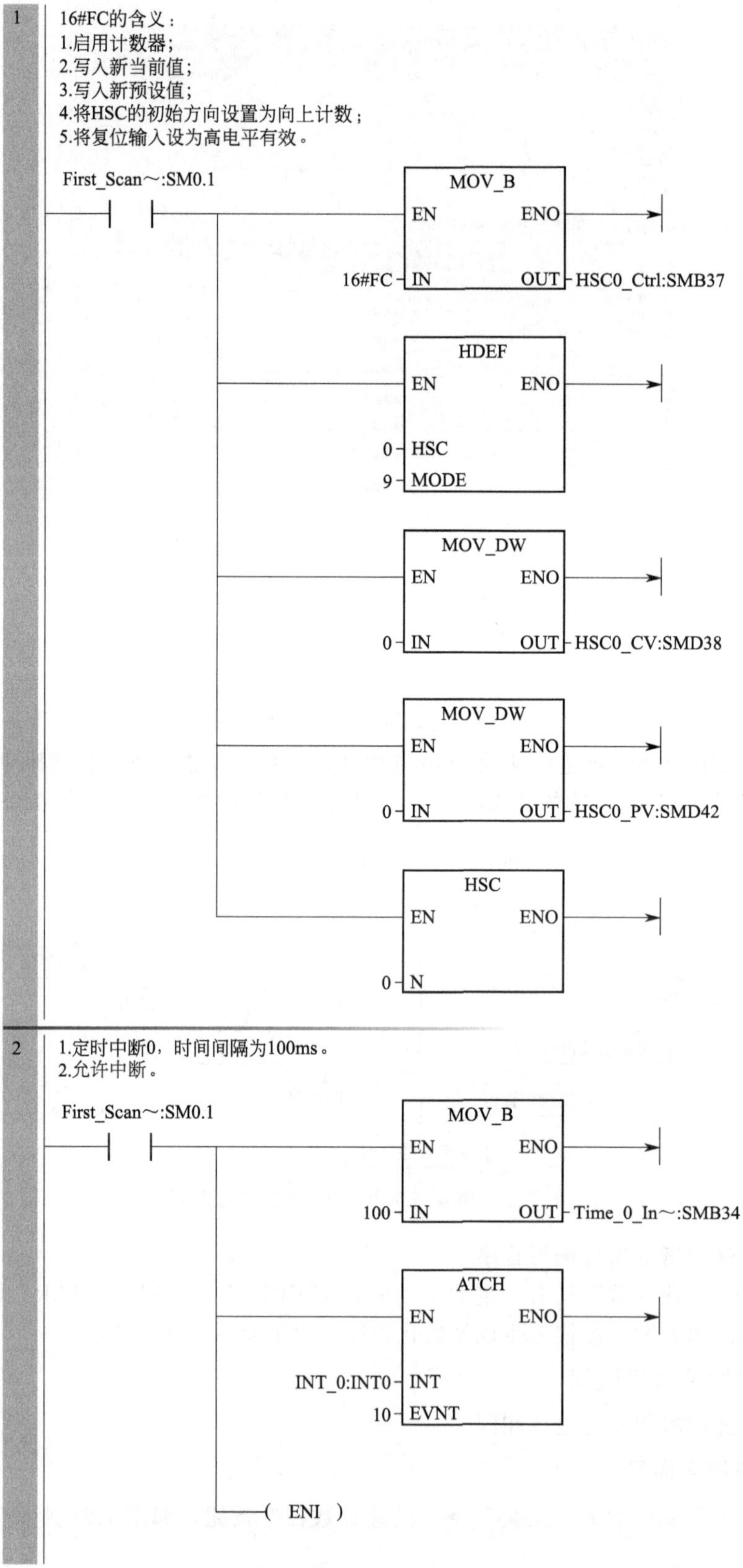

1　16#FC的含义：
1.启用计数器；
2.写入新当前值；
3.写入新预设值；
4.将HSC的初始方向设置为向上计数；
5.将复位输入设为高电平有效。

First_Scan～:SM0.1

```
            ┌─────────────────┐
            │      MOV_B       │
          ──┤ EN          ENO ├──→
            │                 │
    16#FC ──┤ IN          OUT ├── HSC0_Ctrl:SMB37
            └─────────────────┘

            ┌─────────────────┐
            │      HDEF        │
          ──┤ EN          ENO ├──→
            │                 │
        0 ──┤ HSC             │
        9 ──┤ MODE            │
            └─────────────────┘

            ┌─────────────────┐
            │     MOV_DW       │
          ──┤ EN          ENO ├──→
            │                 │
        0 ──┤ IN          OUT ├── HSC0_CV:SMD38
            └─────────────────┘

            ┌─────────────────┐
            │     MOV_DW       │
          ──┤ EN          ENO ├──→
            │                 │
        0 ──┤ IN          OUT ├── HSC0_PV:SMD42
            └─────────────────┘

            ┌─────────────────┐
            │      HSC         │
          ──┤ EN          ENO ├──→
            │                 │
        0 ──┤ N               │
            └─────────────────┘
```

2　1.定时中断0，时间间隔为100ms。
2.允许中断。

First_Scan～:SM0.1

```
            ┌─────────────────┐
            │      MOV_B       │
          ──┤ EN          ENO ├──→
            │                 │
      100 ──┤ IN          OUT ├── Time_0_In～:SMB34
            └─────────────────┘

            ┌─────────────────┐
            │      ATCH        │
          ──┤ EN          ENO ├──→
            │                 │
INT_0:INT0──┤ INT             │
       10 ──┤ EVNT            │
            └─────────────────┘

          ──( ENI )
```

图 7-25　例 7-5 方法一主程序

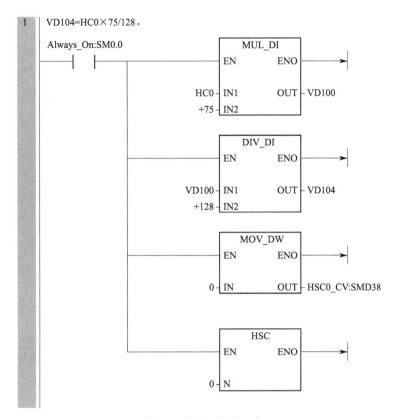

图 7-26 例 7-5 方法一中断程序 INT_0

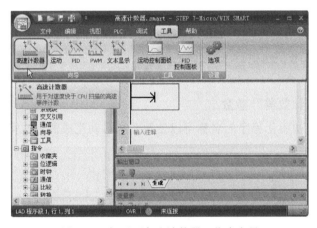

图 7-27 打开"高速计数器"指令向导

（3）选择高速计数器

本例选择高速计数器 0，也就是要勾选"HSC0"，如图 7-28 所示。选择哪个高速计数器由具体情况决定，单击"模式"选项或者单击"下一个"按钮，弹出如图 7-29 所示的界面。

（4）选择高速计数器的工作模式

如图 7-29 所示，在"模式"选项中，选择"模式 9"（A/B 相正交模式），单击"下一个"按钮，弹出如图 7-30 所示的界面。

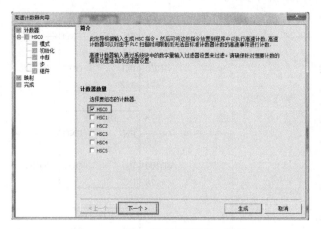

图 7-28 选择"高速计数器"编号

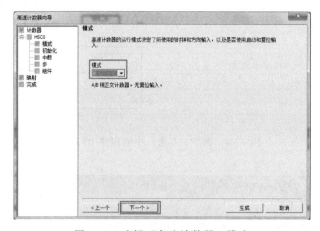

图 7-29 选择"高速计数器"模式

(5) 设置"高速计数器"参数

如图 7-30 所示，初始化程序的名称可以使用系统自动生成的，也可以由读者重新命名，

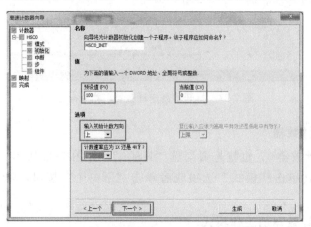

图 7-30 设置"高速计数器"参数

本例的预置值为"100"，当前值为"0"，输入初始计数方向为"上"，计数速率为"1×"。单击"下一个"按钮，弹出如图 7-31 所示的界面。

（6）设置完成

本例不需要设置高速计数器中断、步和组件，因此单击"生成"按钮即可，如图 7-31 所示。

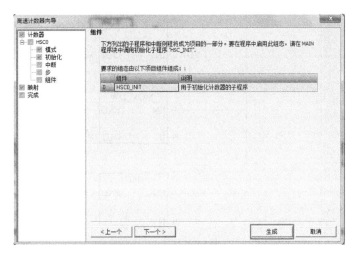

图 7-31　设置"高速计数器"完成

高速计数器设置完成后，可以看到"指令向导"自动生成初始化程序"HSC0_INIT"。编写主程序如图 7-32 所示，中断程序如图 7-33 所示。

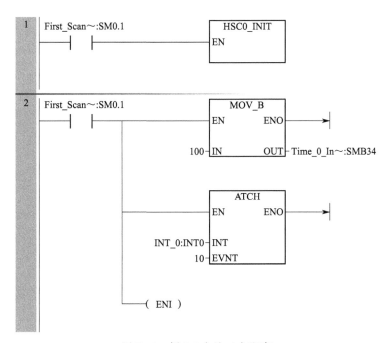

图 7-32　例 7-5 方法二主程序

【关键点】　利用"指令向导"只能生成高速计数器的初始化程序，其余的程序仍然需要读者编写。

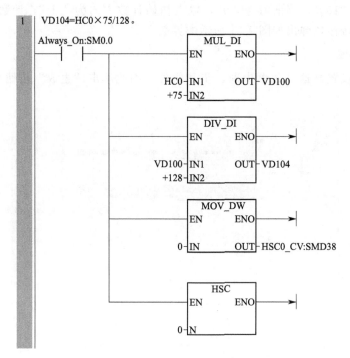

图 7-33 例 7-5 方法二中断程序 INT_0

第8章 ▶▶▶

PLC 在变频器调速系统中的应用

本章介绍 MM440 变频器的基本使用方法、PLC 控制变频器多段频率给定、PLC 控制变频器模拟量频率给定、PROFIBUS 现场总线通信频率给定和 STARTER 软件的使用。

8.1 变频器的概述

8.1.1 变频器的发展

(1) 变频器技术的发展阶段

芬兰瓦萨控制系统有限公司，其前身是瑞典的 STRONGB，于 20 世纪 60 年代成立，并于 1967 年开发出世界上第一台变频器，被称为变频器的鼻祖，开创了世界商用变频器的市场，之后变频器技术不断发展。按照变频器的控制方式，可划分为以下几个阶段。

① 第一阶段：恒压频比 U/f 技术　U/f 控制就是保证输出电压跟频率成正比的控制，这样可以使电动机的磁通保持一定，避免弱磁和磁饱和现象的产生，多用于风机、泵类节能型变频器。日本于 20 世纪 80 年代开发出电压空间矢量控制技术，后引入频率补偿控制。电压空间矢量的频率补偿方法，不仅能消除速度控制的误差，而且可以通过反馈估算磁链幅值，消除低速时定子电阻的影响，将输出电压、电流闭环，以提高动态的精度和稳定度。

② 第二阶段：矢量控制　20 世纪 70 年代，德国人 F. Blaschke 首先提出了矢量控制模型。矢量控制实现的基本原理是通过测量和控制异步电动机定子电流矢量，根据磁场定向原理分别对异步电动机的励磁电流和转矩电流进行控制，从而达到控制异步电动机转矩的目的。1992 年，西门子开发出 6SE70 系列矢量控制的变频器，是矢量控制模型的代表产品。

矢量控制方式又有基于转差频率控制的矢量控制方式、无速度传感器矢量控制方式和有速度传感器的矢量控制方式等。这样就可以将一台三相异步电动机等效为直流电动机来控制，因而获得与直流调速系统同样的静态和动态性能。矢量控制算法已被广泛地应用在 SIEMENS、ABB、GE、FUJI 和 SAJ 等国际化大公司变频器上。

③ 第三阶段：直接转矩控制　直接转矩控制简称 DTC（Direct Torque Control）是在 20 世纪 80 年代中期继矢量控制技术之后发展起来的一种高性能异步电动机变频调速系统。1977 年美国学者 A. B. Plunkett 在 IEEE 杂志上首先提出了直接转矩控制理论。1985 年，德国鲁尔大学的 Depenbrock 教授和日本的 Tankahashi 分别将"直接转矩控制"应用于实践，并取得成功。在 1987 年又把直接转矩控制推广到弱磁调速范围。不同于矢量控制，直接转矩控制具有鲁棒性强、转矩动态响应速度快、控制结构简单等优点，它在很大程度上解决了矢量控制中结构复杂、计算量大、对参数变化敏感等问题。直接转矩控制技术的主要问题是低速时转矩脉动大，其低速性能还是不能达到矢量控制的水平。

1995 年，美国 ABB 公司推出的 ACS600 直接转矩控制系列变频器是直接转矩控制的代表产品。

表 8-1 是 20 世纪 60 年代到 21 世纪初，变频器技术发展的历程。

表 8-1　变频器技术发展的历程

项目	20 世纪 60 年代	20 世纪 70 年代	20 世纪 80 年代	20 世纪 90 年代	21 世纪初
电动机控制算法	U/f 控制		矢量控制	无速度矢量控制	算法优化
功率半导体技术	SCR	GTR	IGBT	IGBT 大容量	更大容量和更高开关频率
计算机技术			单片机 DSP	高速 DSP 专用芯片	更高速率和容量
PWM 技术		PWM 技术	SPWM 技术	空间电压矢量调制技术	PWM 优化新一代开关技术
变频器的特点	大功率传动使用变频器，体积大，价格高	变频器体积缩小，开始在中小功率电动机上使用	超静音变频器开始流行，解决了 GTR 噪声问题，变频器性能大幅提升，大批量使用，取代直流		未来发展方向：完美无谐波，如矩阵式变频器

(2) 我国变频器技术发展现状

20 世纪 80 年代，大量中小型日本品牌的变频器进入我国市场。90 年代后，欧美大容量变频器如西门子、ABB、AB、科比、罗克韦尔等进入我国市场。

目前，国内有超过 100 多家厂家生产变频器，以华为、森兰、英威腾和汇川为代表，技术水平较接近世界先进水平，但总市场份额只有 10% 左右。我国国产变频器的生产，主要是交流 380V 的中小型变频器，且大部分产品为低压，高压大功率则很少，能够研制、生产并提供服务的高压变频器厂商更少。在技术方面，普遍采用 U/f 控制方式，对中、高压电动机进行变频调速改造。我国高压变频器的品种和性能，还处于发展的初步阶段，仍需大量从国外进口，这一现状主要表现在以下方面。

① 国外各大品牌的厂商加快了占领国内市场的步伐并将产品本地化，我国目前变频器市场较大，仍有巨大的发展潜力。

② 多数企业不具有足够资金进行科研和规模化生产，生产工艺相对落后，产品的技术含量低，品质有待提高，但总体上价格低廉。

③ 国内高压变频器尚未形成一套完备的标准，产品差异性大，需要进一步完备、完善高压变频器的标准，同时，国产高压变频器的功率等级较低，一般不超过 3500kW。

④ 高压变频器周边产业少，不够发达，约束了高压变频器的发展速度，很多变频器中

的主要功率器件，无法自行生产，如驱动电路、电解电容等。

⑤ 自主研发能力在逐步提高，与发达国家的技术差距在缩小，自主创新的技术和产品也逐步得到应用。

⑥ 已经研制出具有瞬时掉电再恢复、故障再恢复等性能的变频器，同时正在研发能够进行四象限运行的高压变频器。

(3) 变频器技术存在的问题

变频器在使用中存在的主要问题是干扰问题。电网是一个非常复杂的结构，电网谐波是对变频器产生干扰的主要干扰源。谐波源的产生，主要有各种整流设备、交直流互换设备、电子电压调整设备、非线性负载以及照明设备等。这些设备在启动和工作的时候，产生一些对电网的冲击波（即电磁干涉），使得电网中的电压、电流的波形发生一定的畸变，对电网中的其他设备产生的这种谐波的影响，需要进行简单的处理，即在接入变频器处加装电源滤波器，滤去干扰波，使变频器尽可能少地收到电网中的这些谐波的影响，从而稳定工作。其次，另一种共模干涉，则通过变频器的控制线，对控制信号产生一定的干扰，影响其正常工作。

(4) 变频器的发展趋势

随着节约环保型社会发展模式的提出，人们开始更多地关注生活的环境品质。节能型、低噪声变频器是今后一段时间发展的一个趋势。我国变频器的生产商家虽然不少，但是缺少统一的、具体的规范标准，使得产品差异性较大，且大部分采用了 U/f 控制和电压矢量控制，其精度较低，动态性能也不高，稳定性能较差，这些方面与国外同等产品相比有一定的差距。就变频器设备来说，其发展趋势主要表现在以下方面。

① 变频器将朝着高压大功率和低压小功率、小型化、轻型化的方向发展。

② 工业高压大功率变频器和民用低压中小功率变频器潜力巨大。

③ 目前，IGBT、IGCT、SGCT 仍将扮演着主要的角色，SCR、GTO 将会退出变频器市场。

④ 无速度传感器的矢量控制、磁通控制和直接转矩控制等技术的应用，将趋于成熟。

⑤ 全面实现数字化和自动化、参数自设定技术、过程自优化技术、故障自诊断技术。

⑥ 高性能单片机的应用，优化了变频器的性能，实现了变频器的高精度和多功能。

⑦ 相关配套行业正朝着专业化、规模化发展，分工逐渐明显。

⑧ 伴随着节约型社会的发展，变频器在民用领域会逐步得到推广和应用。

8.1.2 变频器的分类

变频器发展到今天，生产厂家已经研制了多种适合不同用途的变频器，以下详细介绍变频器的分类。

(1) 按变换的环节分类

① 交-直-交变频器　即先把工频交流通过整流器变成直流，然后再把直流变换成频率、电压可调的交流，又称间接式变频器，是目前广泛应用的通用型变频器。

② 交-交变频器　即将工频交流直接变换成频率、电压可调的交流，又称直接式变频器。主要用于大功率（500kW 以上）低速交流传动系统中，目前已经在轧机、鼓风机、破碎机、球磨机和卷扬机等设备中应用。这种变频器既可用于异步电动机，也可用于同步电动机的调速控制。

这两种变频器的比较见表 8-2。

表 8-2 交-直-交变频器和交-交变频器的比较

交-直-交变频器	交-交变频器
①结构简单	①过载能力强
②输出频率变化范围大	②效率高,输出波形好
③功率因数高	③输出频率低
④谐波易于消除	④使用功率器件多
⑤可使用各种新型大功率器件	⑤输入无功功率大
	⑥高次谐波对电网影响大

（2）按直流电源性质分类

① 电压型变频器 电压型变频器的特点是中间直流环节的储能元件采用大电容，负载的无功功率将由它来缓冲，直流电压比较平稳，直流电源内阻较小，相当于电压源，故称电压型变频器，常用于负载电压变化较大的场合。这种变压器应用广泛。

② 电流型变频器 电流型变频器的特点是中间直流环节采用大电感作为储能环节，缓冲无功功率，即扼制电流的变化，使电压接近正弦波，由于该直流内阻较大，故称电流源型变频器（电流型）。电流型变频器的特点（优点）是能扼制负载电流频繁而急剧的变化，常用于负载电流变化较大的场合。

（3）按用途分类

按用途可以分为通用变频器、高性能专用变频器、高频变频器、单相变频器和三相变频器等。此外，变频器还可以按输出电压调节方式分类，按控制方式分类，按主开关元器件分类，按输入电压高低分类。

（4）按变频器调压方法分类

① PAM 变频器 是一种通过改变电压源 U_d 或电流源 I_d 的幅值进行输出控制的变频器。这种变频器现在已很少使用。

② PWM 变频器 是在变频器输出波形的每半个周期分割成许多脉冲，通过调节脉冲宽度和脉冲周期之间的"占空比"调节平均电压，其等值电压为正弦波，波形较平滑。

（5）按控制方式分类

① U/f 控制变频器（VVVF 控制） U/f 控制就是保证输出电压跟频率成正比的控制。低端变频器都采用这种控制原理。

② SF 控制变频器（转差频率控制） 转差频率控制就是通过控制转差频率来控制转矩和电流，是高精度的闭环控制，但通用性差，一般用于车辆控制。与 U/f 控制相比，其加减速特性和限制过电流的能力得到提高。另外，它有速度调节器，利用速度反馈构成闭环控制，速度的静态误差小。

③ VC 控制变频器（Vectory Control，矢量控制） 矢量控制实现的基本原理是通过测量和控制异步电动机定子电流矢量，根据磁场定向原理分别对异步电动机的励磁电流和转矩电流进行控制，从而达到控制异步电动机转矩的目的。一般用在高精度要求的场合。

④ 直接转矩控制 简单地说就是将交流电动机等效为直流电动机进行控制。

（6）按区域分类

① 国产变频器品牌：安邦信、汇川、浙江三科、欧瑞传动、森兰、英威腾、蓝海华腾、迈凯诺、伟创和易泰帝等，另外还有中国香港和台湾的台达、普传、台安、东元和美高。

② 欧美变频器品牌：西门子、科比、伦茨、施耐德、ABB、丹佛斯、ROCKWELL、VACON、AB 和西威。

③ 日本变频器品牌：富士、三菱、安川、三垦、日立、欧姆龙、松下电器、松下电工、东芝和明电舍。

④ 韩国变频器品牌：LG 、现代、三星和收获。

（7）按电压等级分类

① 高压变频器：3kV、6kV 和 10kV 。

② 中压变频器：660V 和 1140V 。

③ 低压变频器：220V 和 380V。

（8）按电压性质分类

① 交流变频器：AC-DC-AC（交-直-交）和 AC-AC（交-交）。

② 直流变频器：DC-AC（直-交）。

8.2　西门子 G120 变频器

8.2.1　认识变频器

（1）初识变频器

变频器一般是利用电力半导体器件的通断作用将工频电源变换为另一频率的电能控制装置。变频器有着"现代工业维生素"之称，在节能方面的效果不容忽视。

变频器产生的最初目的是速度控制，应用于印刷、电梯、纺织、机床和生产流水线等行业及设备，目前相当多的运用是以节能为目的。由于我国是能源消耗大国，而能源储备又相对贫乏，因此国家大力提倡各种节能措施，其中着重推荐变频器调速技术。在水泵、中央空调器等领域，变频器可以取代传统的通过限流阀和回流旁路技术，充分发挥节能效果；在火电、冶金、采矿、建材行业，高压变频调速的交流电动机系统的经济价值得以体现。

图 8-1　西门子变频器外形

变频器是一种高技术含量、高附加值、高效益回报的高科技产品，符合国家产业发展政策。在过去的二十几年，我国变频器行业从起步阶段到目前逐步开始趋于成熟，发展十分迅速。

从产品优势角度看，通过高质量地控制电动机转速，提高制造工艺水准，变频器不但有助于提高制造工艺水平，尤其在精细加工领域，而且可以有效节约电能，是目前最理想、最有前途的电动机节能设备。

西门子变频器外形如图 8-1 所示。

（2）交-直-交变频调速的原理

以图 8-2 说明交-直-交变频调速的原理，交-直-交变频调速就是变频器先将工频交流电整流成直流电，逆变器在微控制器如 DSP 的控制下，将直流电逆变成不同频率的交流电。目前市面上的变频器多是以这种原理工作的。

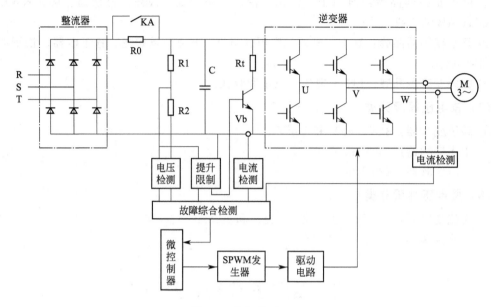

图 8-2 变频器原理图

图中，R0 起限流作用，当 R、S、T 端子上的电源接通时，R0 接入电路，以限制启动电流。延时一段时间后，触点 KA 导通，将 R0 短路，避免造成附加损耗。Rt 为能耗制动电阻，当制动时，异步电动机进入发动机状态，逆变器向电容 C 反向充电，当直流回路的电压，即电阻 R1、R2 上的电压，升高到一定的值时（图中实际上测量的是电阻 R2 的电压），通过泵升电路使开关器件 Vb 导通，这样电容 C 上的电能就消耗在制动电阻 Rt 上。通常为了散热，制动电阻 Rt 安装在变频器外侧。电容 C 除了参与制动外，在电动机运行时，主要起滤波作用。顺便指出，起滤波作用是电容器的变频器，称为电压型变频器，起滤波作用是电感器的变频器，称为电流型变频器，比较多见的是电压型变频器。微控制器经运算输出控制正弦信号后，经过 SPWM（正弦脉宽调制）发生器调制，再由驱动电路放大信号，放大后的信号驱动 6 个功率晶体管，产生三相交流电压驱动电动机运转。

【例 8-1】 如图 8-2 所示，若将变频器的动力线的输入和输出接反，是否可行？若不可行，有什么后果？

【解】 将变频器的动力线的输入和输出接反是不允许的，可能发生爆炸。

8.2.2 西门子低压变频器简介

西门子公司生产的变频器品种较多，以下仅介绍西门子低压变频器的产品系列。

(1) MM4 系列变频器

MM4 系列变频器分为 4 个子系列，具体如下。

① MM410：解决简单驱动问题的解决方案，功率范围小。

② MM420：IO 点数少，不支持矢量控制，无自由功能块使用，功率范围小。

③ MM430：风机水泵专用，不支持矢量控制。

④ MM440：支持矢量控制，有制动单元，有自由功能块使用，功能相对强大。

MM4 系列变频器有一定的市场占有率，将被 SINAMICS G120 系列取代。

（2）SIMOVERT MasterDrives，6SE70 工程型变频器

此系列变频器的控制面板采用 CUVC，可实现变频调速、力矩控制和四象限工作，但有被 SINAMICS S120 系列取代的趋势。

（3）SINAMICS 系列变频器

SINAMICS 系列变频器子系列较多，功能较强大，具体介绍如下。

① SINAMICS G120：MM4 系列的升级版，含 CU（控制单元）和 PM（功率模块）两部分，可四象限工作，功能强大。

② SINAMICS S120：6SE70 系列变频器的升级版，控制面板是 CU320，功能强大，可以驱动交流异步电动机、交流同步电动机和交流伺服电动机。

③ SINAMICS G120D：提高了 SINAMICS G120 系列变频器的防护等级，可以达到 IP65，但功率范围有限。

④ SINAMICS V50：MM4 系列变频器的柜机。

⑤ SINAMICS G150：V50 系列变频器的升级版，功率范围大。

⑥ SINAMICS V60 和 V80：是针对步进电动机而推出的两款产品，也可以驱动伺服电动机，只能接收脉冲信号。有人称其为简易型的伺服驱动器。

⑦ SINAMICS V90：有两大类产品。第一类主要是针对步进电动机而推出的产品，也可以驱动伺服电动机，能接收脉冲信号，也支持 USS 和 Modbus 总线。第二类支持 PROFI-NET 总线，不能接收脉冲信号，也不支持 USS 和 Modbus 总线。运动控制时配合西门子的 S7-200 SMART PLC 使用，性价比较高。

8.2.3　西门子 G120 变频器使用简介

（1）初识西门子 G120 变频器

西门子 G120 变频器由微处理器控制，并采用具有现代先进技术水平的绝缘栅双极型晶体管（IGBT）作为功率输出器件，它具有很高的运行可靠性和功能多样性。脉冲宽度调制的开关频率也是可选的，降低了电动机的运行噪声。

大多 G120 变频器采用模块化设计方案，整机分为控制单元 CU 和功率单元 PM，控制单元 CU 和功率单元 PM 有各自的订货号，分开出售，BOP-2 基本操作面板是可选件。G120C 是一体机，其控制单元 CU 和功率单元 PM 做成一体。

G120 控制单元型号的含义如图 8-3 所示。

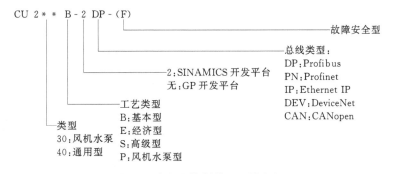

图 8-3　变频器控制单元型号含义

G120 变频器控制单元的框图如图 8-4 所示，控制端子定义见表 8-3。

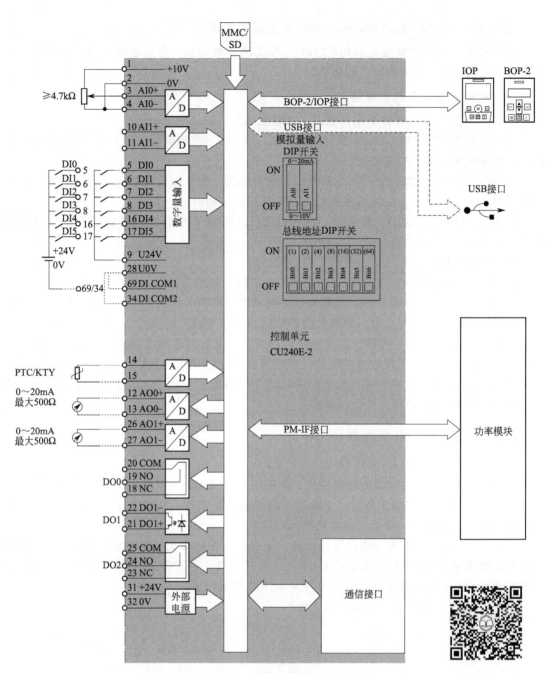

图 8-4　G120 变频器控制单元的框图

表 8-3　G120 控制端子

端子序号	端子名称	功能	端子序号	端子名称	功能
1	+10V OUT	输出+10 V	8	DI3	数字输入 3
2	GND	输出 0 V/GND	9	+24 V OUT	隔离输出+24 V OUT
3	AI0+	模拟输入 0(+)	12	AO0+	模拟输出 0(+)
4	AI0-	模拟输入 0(-)	13	AO0-	GND/模拟输出 0(-)
5	DI0	数字输入 0	14	T1 MOTOR	连接 PTC/KTY84
6	DI1	数字输入 1	15	T1 MOTOR	连接 PTC/KTY84
7	DI2	数字输入 2	16	DI4	数字输入 4

端子序号	端子名称	功　　能	端子序号	端子名称	功　　能
17	DI5	数字输入 5	25	DO2 COM	数字输出 2/公共点
18	DO0 NC	数字输出 0/常闭触点	26	AO1+	模拟输出 1(+)
19	DO0 NO	数字输出 0/常开触点	27	AO1-	模拟输出 1(-)
20	DO0 COM	数字输出 0/公共点	28	GND	GND/max. 100mA
21	DO1 POS	数字输出 1+	31	+24V IN	外部电源
22	DO1 NEG	数字输出 1-	32	GND IN	外部电源
23	DO2 NC	数字输出 2/常闭触点	34	DI COM2	公共端子 2
24	DO2 NO	数字输出 2/常开触点	69	DI COM1	公共端子 1

注意：不同型号的 G120 变频器控制单元其端子数量不一样，例如 CU240B-2 中无 16、17 端子，但 CU240E-2 则有此端子。

图 8-5　BOP-2 基本操作面板的外形

G120 变频器的核心部件是 CPU 单元，根据设定的参数，经过运算输出控制正弦波信号，再经过 SPWM 调制，放大输出正弦交流电驱动三相异步电动机运转。

(2) BOP-2 基本操作面板

① BOP-2 基本操作面板按键和图标　BOP-2 基本操作面板的外形如图 8-5 所示，利用基本操作面板可以改变变频器的参数。BOP-2 可显示 5 位数字，可以显示参数的序号和数值、报警和故障信息以及设定值和实际值。参数的信息不能用 BOP-2 存储。BOP-2 基本操作面板上按钮的功能见表 8-4。

表 8-4　BOP-2 基本操作面板上按钮的功能

按钮	功能的说明
OK	①菜单选择时，表示确认所选的菜单项 ②当参数选择时，表示确认所选的参数和参数值设置，并返回上一级画面 ③在故障诊断画面，使用该按钮可以清除故障信息
▲	①在菜单选择时，表示返回上一级的画面 ②当参数修改时，表示改变参数号或参数值 ③在"HAND"模式下，点动运行方式下，长时间同时按 ▲ 和 ▼ 可以实现以下功能： - 若在正向运行状态下，则将切换到反向状态 - 若在停止状态下，则将切换到运行状态
▼	①在菜单选择时，表示进入下一级的画面 ②当参数修改时，表示改变参数号或参数值

按钮	功能的说明
ESC	①若按该按钮 2s 以下,表示返回上一级菜单,或表示不保存所修改的参数值 ②若按该按钮 3s 以上,将返回监控画面 注意,在参数修改模式下,此按钮表示不保存所修改的参数值,除非之前已经按 OK 按钮
I	①在"AUTO"模式下,该按钮不起作用 ②在"HAND"模式下,表示启动命令
○	①在"AUTO"模式下,该按钮不起作用 ②在"HAND"模式下,若连续按两次,将按照"OFF2"自由停车 ③在"HAND"模式下,若按一次,将按照"OFF1"停车,即按 P1121 的下降时间停车
HAND AUTO	BOP(HAND)与总线或端子(AUTO)的切换按钮 ① 在"HAND"模式下,按下该键,切换到"AUTO"模式。I 和 ○ 按键不起作用。 ②在"AUTO"模式下,按下该键,切换到"HAND"模式。I 和 ○ 按键将起作用。切换到"HAND"模式时,速度设定值保持不变 在电机运行期间可以实现"HAND"和"AUTO"模式的切换

BOP-2 基本操作面板上图标的描述见表 8-5。

表 8-5 BOP-2 基本操作面板上图标的描述

图标	功能	状态	描述
✋	控制源	手动模式	"HAND"模式下会显示,"AUTO"模式下没有
◑	变频器状态	运行状态	表示变频器处于运行状态,该图标是静止的
JOG	"JOG"功能	点动功能激活	
✕	故障和报警	静止表示报警 闪烁表示故障	故障状态下,会闪烁,变频器会自动停止。静止图标表示处于报警状态

② BOP-2 基本操作面板的菜单结构 基本操作面板的菜单结构如图 8-6 所示。菜单功能描述见表 8-6。

表 8-6 基本操作面板的菜单功能描述

菜单	功能描述
MONITOR	监视菜单:运行速度、电压和电流值显示
CONTROL	控制菜单:使用 BOP-2 面板控制变频器
DIAGNOS	诊断菜单:故障报警和控制字、状态字的显示
PARAMS	参数菜单:查看或修改参数
SETUP	调试向导:快速调试
EXTRAS	附加菜单:设备的工厂复位和数据备份

(3) 用 BOP-2 修改参数

用 BOP-2 修改参数的方法是选择参数号,如 P1000;再修改参数值,例如将 P1000 的数值修改成 1。

以下通过将参数 P1000 的第 0 组参数,即设置 P1000[0]=1 的设置过程为例,讲解参数的设置方法。参数的设定方法见表 8-7。

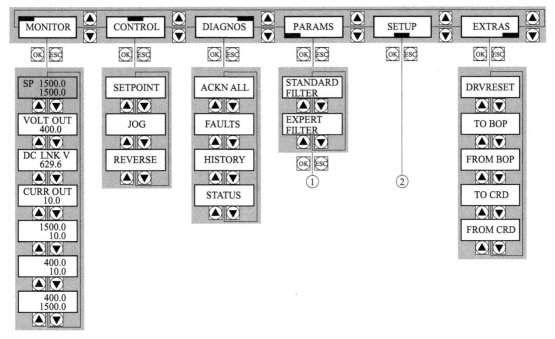

修改参数值：
① 可自由选择参数号
② 基本调试

图 8-6　基本操作面板的菜单结构

表 8-7　参数的设定方法

序　号	操作步骤	BOP-2 显示
1	按 ▲ 或者 ▼ 键将光标移到 "PARAMS"	PARAMS
2	按 OK 键进入 "PARAMS" 菜单	STANDARD FILTEr
3	按 ▲ 或者 ▼ 键将光标移到 "EXPERT FILTER"	EXPERT FILTEr
4	按 OK 键，面板显示 p 或者 r 参数，并且参数号不断闪烁，按 ▲ 或者 ▼ 键选择所需要的参数 P1000	P1000　[00] 6
5	按 OK 键，焦点移到下标 [00]，[00] 不断闪烁，按 ▲ 或者 ▼ 键选择所需要的下标，本例下标为 [00]	P1000　[00] 6
6	按 OK 键，焦点移到参数值，参数值不断闪烁，按 ▲ 或者 ▼ 调整参数值的大小	P1000　[00] 6
7	按 OK 键，保存设置的参数值	P1000　[00] 1

(4) BOP-2 调速过程

以下是完整的设置过程。

BOP-2 面板上的手动/自动切换键 ![GAND AUTO] 可以切换变频器的手动/自动模式。在手动模式下，面板上会显示手动符号 ✋。手动模式有两种操作方式，即启停操作方式和点动操作方式。

① 启停操作：按一下启动键 ![I] 启动变频器，并以 "SETPOINT" 功能中设定的速度运行，按停止键 ![O] 停止变频器。

② 点动操作：长按启动键 ![I] 变频器按照点动速度运行，释放启动键 ![I] 变频器停止运行，点动速度在参数 P1058 中设置。

在 BOP-2 面板 "CONTROL" 菜单下提供了三个功能：

① SETPOINT：设置变频器启停操作的运行速度。

② JOG：使能点动控制。

③ REVERSE：设定值反向。

a. SETPOINT 功能。在 "CONTROL" 菜单下，按 ▲ 或 ▼ 键选择 "SETPOINT" 功能，按 ![OK] 键进入 "SETPOINT" 功能，按 ▲ 或 ▼ 键可以修改 "SP 0.0" 设定值，修改值立即生效，如图 8-7 所示。

b. 激活 JOG 功能。

ⅰ. 在 "CONTROL" 菜单下，按 ▲ 或 ▼ 键，选择 "JOG" 功能。

ⅱ. 按 ![OK] 键进入 "JOG" 功能。

ⅲ. 按 ▲ 或 ▼ 键选择 ON。

ⅳ. 按 ![OK] 键使能点动操作，面板上会显示 ![JOG] 符号，点动功能被激活，如图 8-8 所示。

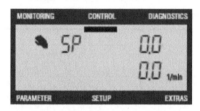

图 8-7 SETPOINT 功能

图 8-8 激活 JOG 功能

c. 激活 REVERSE 功能。

ⅰ. 在 "CONTROL" 菜单下，按 ▲ 或 ▼ 键，选择 "REVERSE" 功能。

ⅱ. 按 ![OK] 键进入 "REVERSE" 功能。

ⅲ. 按 ▲ 或 ▼ 键选择 ON。

ⅳ. 按 ![OK] 键使能设定值反向。激活设定值反向后，变频器会把启停操作方式或点动操作方式的速度设定值反向。激活 REVERSE 功能后的界面如图 8-9 所示。

(5) 恢复参数到工厂设置

初学者在设置参数时，有时进行了错误的设置，但又不知道在什么参数的设置上出错，一般这种情况下可以对变频器进行复位，一般的变频器都有这个功能，复位后变频器的所有的参数变成出厂的设定值，但工程中正在使用的变频器要谨慎使用此功能。西门子 G120 的复位步骤如下。

① 按 ▲ 或 ▼ 键将光标移动到 "EXTRAS" 菜单。

② 按 ![OK] 键进入 "EXTRAS" 菜单，按 ▲ 或 ▼ 键找到 "DRVRESET" 功能。

③ 按 OK 键激活复位出厂设置，按 ESC 取消复位出厂设置。

④ 按 OK 后开始恢复参数，BOP-2 上会显示 BUSY，参数复位完成后，屏幕上显示"DONE"，如图 8-10 所示。

图 8-9　激活 REVERSE 功能

图 8-10　完成恢复参数到工厂设置

⑤ 按 OK 或 ESC 返回到"EXTRAS"菜单。

（6）从变频器上传参数到 BOP-2

① 按 ▲ 或 ▼ 键将光标移动到"EXTRAS"菜单。

② 按 OK 键进入"EXTRAS"菜单。

③ 按 ▲ 或 ▼ 键选择"TO BOP"功能。

④ 按 OK 键进入"TO BOP"功能。

⑤ 按 OK 键开始上传参数，BOP-2 显示上传状态。

⑥ BOP-2 将创建一个所有参数的 zip 压缩文件。

⑦ 在 BOP-2 上会显示备份过程，显示"CLONING"。

⑧ 备份完成后，会有"Done"提示，如图 8-11 所示，按 OK 或 ESC 返回到"EXTRAS"菜单。

（7）从 BOP-2 下载参数到变频器

① 按 ▲ 或 ▼ 键将光标移动到"EXTRAS"菜单。

② 按 OK 键进入"EXTRAS"菜单。

③ 按 ▲ 或 ▼ 键选择"FROM BOP"功能。

④ 按 OK 键进入"FROM BOP"功能。

⑤ 按 OK 键开始下载参数，BOP-2 显示下载状态，显示"CLONING"。

⑥ BOP-2 解压数据文件。

⑦ 下载完成后，会有"Done"提示，如图 8-12 所示，按 OK 或 ESC 返回到"EXTRAS"菜单。

图 8-11　备份参数完成

图 8-12　下载参数完成

8.2.4　西门子 G120 变频器常用参数简介

G120 变频器的参数较多，限于篇幅，本书只介绍常用的几十个参数的部分功能，完整版本的参数表可参考 G120 变频器的手册。

G120 变频器常用参数见表 8-8。

表 8-8　G120 变频器常用参数

序号	参数		说　明		
1	p0003		存取权限级别	3:专家 4:维修	
2	p0010		驱动调试参数筛选	0:就绪 1:快速调试 2:功率单元调试 3:电机调试	
3	p0015		驱动设备宏指令 通过宏指令设置输入/输出端子排		
4	r0018		控制单元固件版本		
5	p0100		电机标准 IEC/NEMA	0:欧洲 50Hz 1:NEMA 电机(60Hz,US 单位) 2:NEMA 电机(60Hz,SI 单位)	
6	p0304		电机额定电压（V）		
7	p0305		电机额定电流（A）		
8	p0307		电机额定功率（kW 或 hp）		
9	p0310		电机额定频率（Hz）		
10	p0311		电机额定转速（RPM）		
11	p0601		电机温度传感器类型		
		端子 14	T1 电机（＋）	0:无传感器(出厂设置) 1:PTC (→p0604)	
		端子 15	T1 电机（－）	2:KTY84 (→p0604) 4:双金属	
12	p0625		调试期间的电机环境温度(℃)		
13	p0640		电流限值(A)		
14	r0722		数字量输入的状态		
		.0	端子 5	DI0	选择允许的设置: p0840 ON/OFF（OFF1）
		.1	端子 6、64	DI1	p0844 无惯性停车（OFF2）
		.2	端子 7	DI2	p0848 无快速停机（OFF3）
		.3	端子 8、65	DI3	p0855 强制打开抱闸
		.4	端子 16	DI4	p1020 转速固定设定值选择,位 0
		.5	端子 17、66	DI5	p1021 转速固定设定值选择,位 1
		.6	端子 67	DI6	p1022 转速固定设定值选择,位 2
		.7	端子 3、4	AI0	p1023 转速固定设定值选择,位 3 p1035 电动电位器设定值升高 p1036 电动电位器设定值降低 p2103 应答故障 p1055 JOG,位 0 p1056 JOG,位 1 p1110 禁止负向 p1111 禁止正向 p1113 设定值取反
		.8	端子 10、11	AI 1	p1122 跨接斜坡函数发生器 p1140 使能/禁用斜坡函数发生器 p1141 激活/冻结斜坡函数发生器 p1142 使能/禁用设定值 p1230 激活直流制动 p2103 应答故障 p2106 外部故障 1 p2112 外部报警 1 p2200 使能工艺控制器

序号	参数		说 明			
15	p730	端子 DO0 的信号源		选择允许的设置：ooo		
		端子 19、20(常开触点)				
		端子 18、20(常闭触点)				
16	p0731	端子 DO 1 的信号源	52.0 接通就绪			
		端子 21、22(常开触点)	52.1 运行就绪			
17	p0732	端子 DO 2 的信号源				
		端子 24、25(常开触点)				
		端子 23、25(常闭触点)				
18	p0755	模拟量输入，当前值［%］				
		［0］	AI0			
		［1］	AI1			
19	p0756	模拟量输入类型	0:单极电压输入(0~10 V)			
		［0］	端子 3、4	AI 0	1:单极电压输入(受监控)(2~10 V)	
					2:单极电流输入(0~20 mA)	
		［1］	端子 10、11	AI 1	3:单极电流输入(受监控)(4~20 mA)	
					4:双极电压输入（−10~10 V）	
20	p0771	模拟量输入类型	选择允许的设置：			
		［0］	端子 12、13	AO 0	0:模拟量输出被封锁	
					21:转速实际值	
		［1］	端子 26、27	AO 1	24:经过滤波的输出频率	
					25:经过滤波的输出电压	
					26:经过滤波的直流母线电压	
					27:经过滤波的电流实际值绝对值	
21	p776	模拟量输出类型	0:电流输出(0~20mA)			
		［0］	端子 12、13	AO 0	1:电压输出(0~10V)	
		［1］	端子 26、27	AO 1	2:电流输出(4~20mA)	
22	p840	设置指令"ON/OFF"的信号源	如设为 r722.0,表示将 DIN0 作为启动信号			
23	p1000	转速设定值选择	0:无主设定值			
			1:电动电位计			
			2:模拟设定值			
			3:转速固定			
			6:现场总线			
24	p1001	转速固定设定值 1				
25	p1002	转速固定设定值 2				
26	p1003	转速固定设定值 3				
27	p1004	转速固定设定值 4				
28	p1058	JOG1 转速设定值				
29	p1020	BI;转速固定设定值选择位 0 。如设为 r722.2,表示将 DIN2 作为固定值 1 的选择信号				
30	p1021	BI;转速固定设定值选择位 1 。如设为 r722.3,表示将 DIN3 作为固定值 2 的选择信号				
31	p1022	BI;转速固定设定值选择位 2。如设为 r722.4,表示将 DIN4 作为固定值 3 的选择信号				
32	p1059	JOG2 转速设定值				
33	p1070	主设定值	选择允许的设置：			
			0:主设定值＝0			
			755［0］:AI0 值			
			1024:固定设定值			
			1050:电动电位器			
			2050［1］:现场总线的 PZD2			
34	p1080	最小转速［RPM］				
35	p1082	最大转速［RPM］				

序号	参数	说　明
36	p1120	斜坡函数发生器的斜坡上升时间［s］
	p1121	斜坡函数发生器的斜坡下降时间［s］
37	p1300	开环/闭环运行方式
38	p1310	恒定启动电流（针对 U/f 控制需升高电压）
39	p1800	脉冲频率设定值
40	p1900	电机数据检测及旋转检测/电机检测和转速测量
41	p2030	现场总线接口的协议选择

说明栏补充（对应各行）：

p1300 开环/闭环运行方式——选择允许的设置：
0：采用线性特性曲线的 U/f 控制
1：采用线性特性曲线和 FCC 的 U/f 控制
2：采用抛物线特性曲线的 U/f 控制
20：无编码器转速控制
21：带编码器转速控制
22：无编码器转矩控制
23：带编码器转矩控制

p1900——设置值：
0：禁用
1：静止电机数据检测，旋转电机数据检测
2：静止电机数据检测
3：旋转电机数据检测

p2030——选择允许的设置：
0：无协议
3：PROFIBUS
7：PROFINET

8.3　G120 变频器的预定义接口宏

8.3.1　预定义接口宏的概念

G120 变频器为满足不同的接口定义，提供了多种预定义的宏，利用预定义的接口宏可以方便地设置变频器的命令源和设定值源。可以通过参数 p0015 修改宏。

在工程实践中，如果预定义的其中一种接口宏完全符合现场应用，那么按照宏的接线方式设计原理图，在调试时，选择相应的宏功能，应用非常方便。

如果所有预定义的宏定义的接口方式都不完全符合现场应用，那么选择与实际布线比较接近的接口宏，然后根据需要调整输入/输出配置。

注意：修改参数 p0015 之前，必须将参数 p0010 修改为 1，然后再修改参数 p0015，变频器运行时，必须设置参数 p0010＝0。

8.3.2　G120C 的预定义接口宏

不同类型的控制单元有相应数量的宏，如 CU240B-2 有 8 种宏，CU240E-2 有 18 种宏，而 G120C PN 也有 18 种宏，见表 8-9。

表 8-9　G120C PN 预定义接口宏

宏编号	宏功能描述	主要端子定义	主要参数设置值
1	双线制控制，两个固定转速	DI0：ON/OFF1 正转 DI1：ON/OFF1 反转 DI2：应答 DI4：固定转速 1 DI5：固定转速 2	p1003：固定转速 1，如 150 p1004：固定转速 2，如 300

宏编号	宏功能描述	主要端子定义	主要参数设置值
2	单方向两个固定转速,带安全功能	DI0:ON/OFF1+固定转速1 DI1:固定转速2 DI2:应答 DI4:预留安全功能 DI5:预留安全功能	p1001:固定转速1 p1002:固定转速2
3	单方向四个固定转速	DI0:ON/OFF1+固定转速1 DI1:固定转速2 DI2:应答 DI4:固定转速3 DI5:固定转速4	p1001:固定转速1 p1002:固定转速2 p1003:固定转速3 p1004:固定转速4
4	现场总线 PROFINET		p0922:352(352 报文)
5	现场总线 PROFINET,带安全功能	DI4:预留安全功能 DI5:预留安全功能	p0922:352(352 报文)
7	现场总线 PROFINET 和点动之间的切换	现场总线模式时: DI2:应答 DI3:低电平 点动模式时: DI0:JOG1 DI1:JOG2 DI2:应答 DI3:高电平	p0922:1(1 报文)
8	电动电位器(MOP),带安全功能	DI0:ON/OFF1 DI1:MOP 升高 DI2:MOP 降低 DI3:应答 DI4:预留安全功能 DI5:预留安全功能	
9	电动电位器(MOP)	DI0:ON/OFF1 DI1:MOP 升高 DI2:MOP 降低 DI3:应答	
12	两线制控制1,模拟量调速	DI0:ON/OFF1 正转 DI1:反转 DI2:应答 AI0+和 AI0-:转速设定	
13	端子启动,模拟量给定,带安全功能	DI0:ON/OFF1 正转 DI1:反转 DI2:应答 AI0+和 AI0-:转速设定 DI4:预留安全功能 DI5:预留安全功能	
14	现场总线 PROFINET 和电动电位器(MOP)切换	现场总线模式时: DI1:外部故障 DI2:应答 电动电位器模式时: DI0:ON/OFF1 DI1:外部故障 DI2:应答 DI4:MOP 升高 DI5:MOP 降低	p0922:20(20 报文) PROFINET 控制字1的第15位为0时处于 PROFINET 通信模式,PROFINET 控制字1的第15位为1时处于电动电位器(MOP)模式

宏编号	宏功能描述	主要端子定义	主要参数设置值
15	模拟量给定和电动电位器(MOP)切换	模拟量设定模式： DI0：ON/OFF1 DI1：外部故障 DI2：应答 DI3：低电平 AI0＋和 AI0－：转速设定 电动电位器设定模式时： DI0：ON/OFF1 DI1：外部故障 DI2：应答 DI3：高电平 DI4：MOP升高 DI5：MOP降低	
17	两线制控制2,模拟量调速	DI0：ON/OFF1 正转 DI1：ON/OFF1 反转 DI2：应答 AI0＋和 AI0－：转速设定	
18	两线制控制3,模拟量调速	DI0：ON/OFF1 正转 DI1：ON/OFF1 反转 DI2：应答 AI0＋和 AI0－：转速设定	
19	三线制控制1,模拟量调速	DI0：Enable/OFF1 DI1：脉冲正转启动 DI2：脉冲反转启动 DI4：应答 AI0＋和 AI0－：转速设定	
20	三线制控制2,模拟量调速	DI0：Enable/OFF1 DI1：脉冲正转启动 DI2：脉冲反转启动 DI4：应答 AI0＋和 AI0－：转速设定	
21	现场总线 USS	DI2：应答	p2020：波特率,如 6 p2021：USS 站地址 p2022：PZD 数量 p2023：PKW 数量
22	现场总线 CAN	DI2：应答	

8.4 变频器多段频率给定

在基本操作面板进行手动频率给定方法简单,对资源消耗少,但这种频率给定方法对于操作者来说比较麻烦,而且不容易实现自动控制,而通过 PLC 控制的多段频率给定和通信频率给定,就容易实现自动控制。

如果预定义的接口宏能满足要求,则直接使用预定义的接口宏,如不能满足要求,则可以修改预定义的接口宏。以下将用几个例题来介绍 G120 变频器的多段频率给定。

【例 8-2】 有一台 G120C 变频器,接线如图 8-13 所示,当接通按钮 SA1 时,三相异步电动机以 180r/min 正转，当接通按钮 SA1 和 SA2 时，三相异步电动机以 360r/min 正转，已知电动机的功率为 0.06kW，额定转速为 1440r/min，额定电压为 380V，额定电流为 0.35A，额定频率为 50Hz，试设计方案。

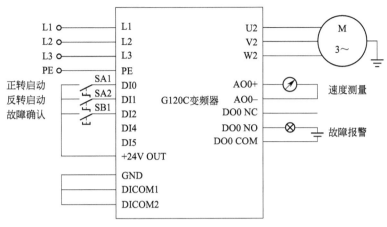

图 8-13　例 8-2 原理图（1）

【解】　多段频率给定时，当接通按钮 SA1 时，DI0 端子与变频器的＋24V OUT（端子9）连接，对应一个速度，速度值设定在 p1001 中；当接通按钮 SA1 和 SA2 时，DI0 和 DI1 端子与变频器的＋24V OUT（端子9）连接时再对应一个速度，速度值设定在 p1001 和 p1002 中转速的和。变频器参数见表 8-10。

表 8-10　变频器参数（1）

序号	变频器参数	设定值	单位	功能说明
1	p0003	3	—	权限级别
2	p0010	1/0	—	驱动调试参数筛选。先设置为1,当把 p0015 和电动机相关参数修改完成后,设置为0
3	p0015	2	—	驱动设备宏指令
4	p0304	380	V	电动机的额定电压
5	p0305	0.35	A	电动机的额定电流
6	p0307	0.06	kW	电动机的额定功率
7	p0310	50.00	Hz	电动机的额定频率
8	p0311	1440	r/min	电动机的额定转速
9	p1001	180	r/min	固定转速 1
10	p1002	180	r/min	固定转速 2
11	p1070	1024	—	固定设定值作为主设定值

本例使用了预定义的接口宏 2，宏 2 规定了变频器的 DI0 为启停控制和固定转速 1，DI1 为固定转速 2。如工程中需要将 DI0 定义为启停控制和固定转速 1，DI2 定义为固定转速 2。则可以在宏 2 的基础上进行修改，变频器参数见表 8-11。

表 8-11　变频器参数（2）

序号	变频器参数	设定值	单位	功能说明
1	p0003	3	—	权限级别
2	p0010	1/0	—	驱动调试参数筛选。先设置为1,当把 p0015 和电动机相关参数修改完成后,设置为0
3	p0015	2	—	驱动设备宏指令
4	p0304	380	V	电动机的额定电压
5	p0305	0.35	A	电动机的额定电流

序号	变频器参数	设定值	单位	功 能 说 明
6	p0307	0.06	kW	电动机的额定功率
7	p0310	50.00	Hz	电动机的额定频率
8	p0311	1440	r/min	电动机的额定转速
9	p1001	180	r/min	固定转速 1
10	p1002	180	r/min	固定转速 2
11	p1070	1024	—	固定设定值作为主设定值
12	p1021	722.2	—	将 DI2 作为固定设定值 2 的选择信号

按照表 8-10 设置参数后，变频器接线也要作相应更改，如图 8-14 所示。

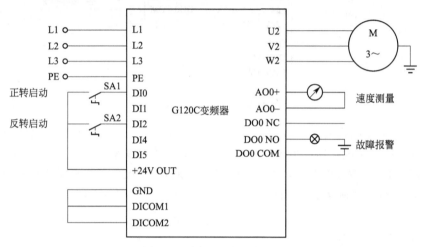

图 8-14　例 8-2 原理图（2）

【例 8-3】　用一台继电器输出 CPU SR20（AC/DC/继电器），控制一台 G120 变频器，当按下按钮 SB1 时，三相异步电动机以 180r/min 正转，当按下按钮 SB2 时，三相异步电动机以 360r/min 正转，当按下按钮 SB3 时，三相异步电动机以 540r/min 反转，已知电动机的功率为 0.06kW，额定转速为 1440r/min，额定电压为 380V，额定电流为 0.35A，额定频率为 50Hz，设计方案，并编写程序。

【解】

（1）主要软硬件配置

① 1 套 STEP7-Micro/WIN SMART V2.3。

② 1 台 G120C 变频器。

③ 1 台 CPU SR20。

④ 1 台电动机。

⑤ 1 根网线。

硬件接线如图 8-15 所示。

（2）参数的设置

多段频率给定时，当 DI0 和 DI4 端子与变频器的＋24V OUT（端子 9）连接，对应一个转速，当 DI0 和 DI5 端子同时与变频器的＋24V OUT（端子 9）连接时再对应一个转速，DI1、DI4 和 DI5 端子与变频器的＋24V OUT 接通时为反转。变频器参数见表 8-12。

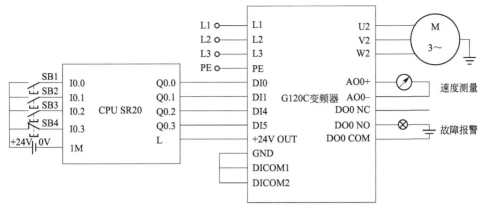

图 8-15　例 8-3 原理图（PLC 为继电器输出）

表 8-12　变频器参数 (3)

序号	变频器参数	设定值	单位	功 能 说 明
1	p0003	3	—	权限级别
2	p0010	1/0	—	驱动调试参数筛选。先设置为1,当把 p0015 和电动机相关参数修改完成后,再设置为 0
3	p0015	1	—	驱动设备宏指令
4	p0304	380	V	电动机的额定电压
5	p0305	0.35	A	电动机的额定电流
6	p0307	0.06	kW	电动机的额定功率
7	p0310	50.00	Hz	电动机的额定频率
8	p0311	1440	r/min	电动机的额定转速
9	p1003	180	r/min	固定转速 3
10	p1004	360	r/min	固定转速 4
11	p1070	1024	—	固定设定值作为主设定值

当 Q0.0 和 Q0.2 为 1 时,变频器的 9 号端子与 DI0 和 DI4 端子连通,电动机以 180r/min（固定转速 1）的转速运行,固定转速 1 设定在参数 p1003 中。当 Q0.0 和 Q0.3 同时为 1 时,DI0 和 DI5 端子同时与变频器的＋24V OUT（端子 9）连接,电动机以 360r/min（固定转速 2）的转速正转运行,固定转速 2 设定在参数 p1004 中。当 Q0.1、Q0.2 和 Q0.3 同时为 1 时,DI1、DI4 和 DI5 端子同时与变频器的＋24V OUT（端子 9）连接,电动机以 540r/min（固定转速 1＋固定转速 2）的转速反转运行。

【关键点】　不管是什么类型 PLC,只要是继电器输出,其原理图都可以参考图 8-15,若增加三个中间继电器则更加可靠,如图 8-16 所示。

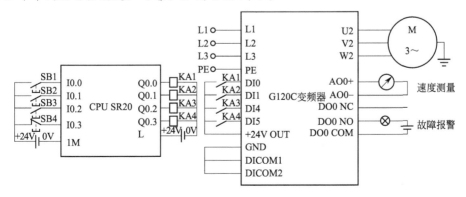

图 8-16　原理图（PLC 为继电器输出）

（3）编写程序

梯形图程序如图 8-17 所示。

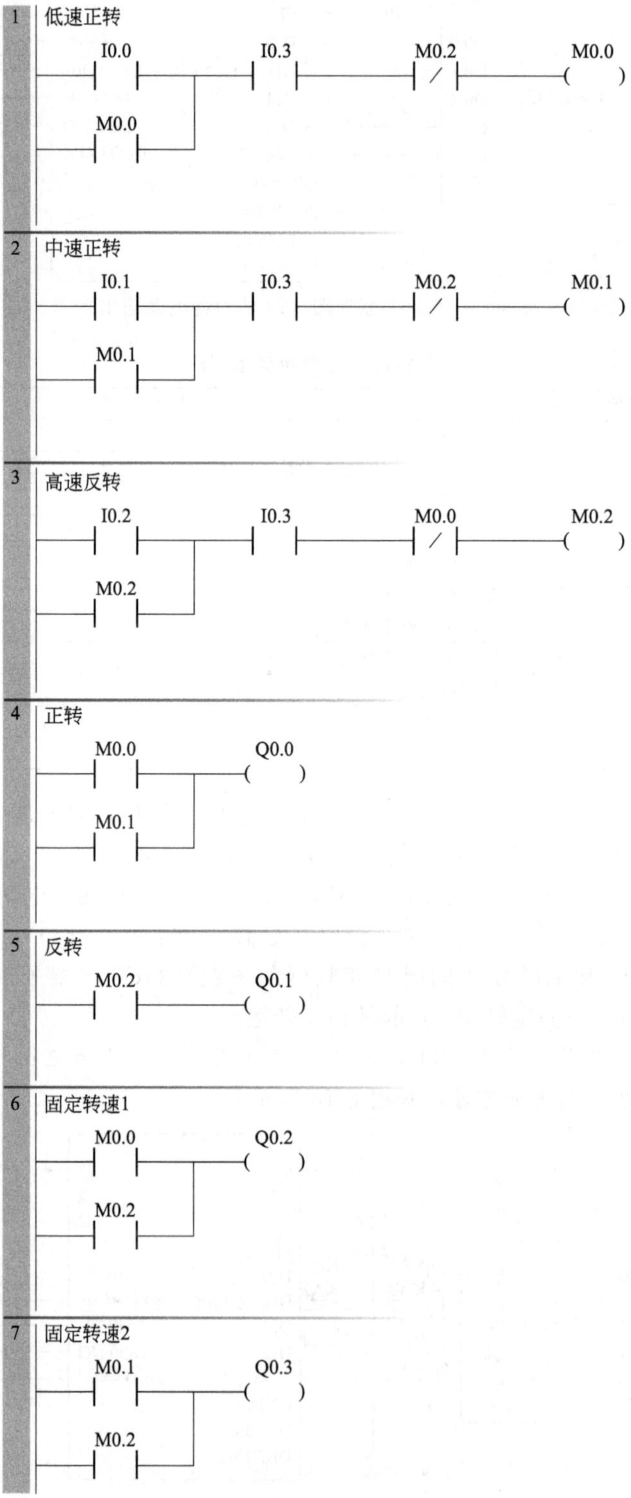

图 8-17　梯形图程序（1）

（4）PLC 为晶体管输出（PNP 型输出）时的控制方案

西门子的 S7-200 SMART PLC 为 PNP 型输出，G120 变频器默认为 PNP 型输入，因此电平是可以兼容的。由于 Q0.0（或者其他输出点输出时）输出 DC 24V 信号，又因为 PLC 与变频器有共同的 0V，所以，当 Q0.0（或者其他输出点）输出时，就等同于 DIN1（或者其他数字输入）与变频器的 9 号端子（+24V OUT）连通，硬件接线如图 8-18 所示，控制程序与图 8-17 相同。

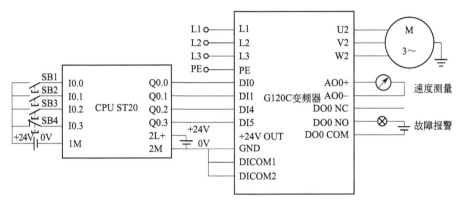

图 8-18　原理图（PLC 为 PNP 型晶体管输出）

【关键点】　PLC 为晶体管输出时，其 2M（0V）必须与变频器的 GND（数字地）短接，否则，PLC 的输出不能形成回路。

（5）PLC 为晶体管输出（NPN 型输出）时的控制方案

日系的 PLC 晶体管输出多为 NPN 型，如三菱的 FX 系列 PLC（新型的 FX3U 也有 PNP 型输出）多为 NPN 型输出，而西门子 G120 变频器只能为 PNP 型输入。G120 变频器（控制单元为 CU240E-2），PLC 为 NPN 型晶体管输出，如图 8-19 所示。

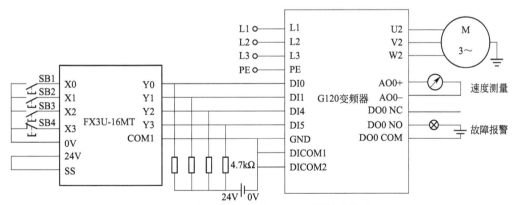

图 8-19　原理图（PLC 为 NPN 型晶体管输出）

（6）S7-200 SMART PLC（晶体管输出）控制三菱变频器的方案

西门子 S7-200 SMART PLC 为 PNP 型输出（目前如此），三菱 A740 变频器默认为 NPN 型输入，因此电平是不兼容的。但三菱变频器的输入电平也是输入和输出可以选择的，与西门子不同的是，需要将电平选择的跳线改换到 PNP 型输入，而不需要改变参数设置。其接线如图 8-20 所示。

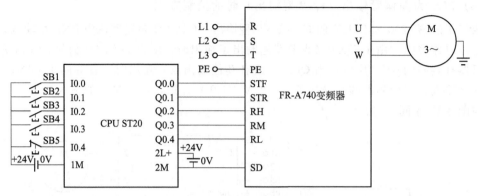

图 8-20　原理图〔S7-200 SMART PLC（晶体管输出），三菱 A740 变频器〕

　　【关键点】　将电平选择的跳线改换到 PNP 型输入（由默认的"SINK"改成"SOURCE"）。此外，接线图要正确。三菱的强电输入接线端子（R、S、T）和强电输出端子（U、V、W）相距很近，接线时，切不可接反。

　　当三菱 A740 变频器的 STF 高电平时，电动机正转；STR 高电平时，电动机反转；RH 高电平时，电动机高速运行（540r/min），RM 高电平时，电动机中速运行（360r/min），RL 高电平时，电动机低速运行（180r/min），梯形图程序如图 8-21 所示，能实现正反两个方向、高速、中速和低速运行。

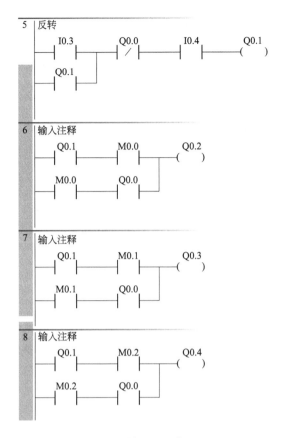

图 8-21　梯形图程序（2）

8.5　变频器模拟量频率给定

8.5.1　模拟量模块的简介

（1）模拟量 I/O 扩展模块的规格

模拟量 I/O 扩展模块包括模拟量输入模块、模拟量输出模块和模拟量输入输出模块。部分模拟量模块的规格见表 8-13。

表 8-13　模拟量 I/O 扩展模块的规格

型　号	输　入　点	输　出　点	电　压	功率	电源要求	
					SM 总线	DC 24V
EM AE04	4	0	DC 24V	1.5W	80mA	40mA
EM AQ02	0	2	DC 24V	1.5W	80mA	50mA
EM AM06	4	2	DC 24V	2W	80mA	60mA

（2）模拟量 I/O 扩展模块的接线

S7-200 SMART PLC 的模拟量模块用于输入和输出电流或者电压信号。模拟量输出模块的接线如图 8-22 所示。

模拟量输入模块有两个参数容易混淆，即模拟量转换的分辨率和模拟量转换的精度（误差）。分辨率是 AD 模拟量转换芯片的转换精度，即用多少位的数值来表示模拟量。若 S7-200 SMART PLC 模拟量模块的转换分辨率是 12 位，则能够反映模拟量变化的最小单位是满量程的 1/4096。模拟量转换的精度除了取决于 AD 转换的分辨率，还受到转换芯片的外围电路的影响。在实际应用中，输入的模拟量信号会有波动、噪声和干扰，内部模拟电路也会产生噪声、漂移，这些都会对转换的最后精度造成影响。这些因素造成的误差要大于 AD 芯片的转换误差。

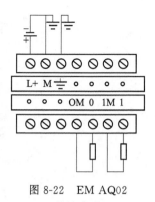

图 8-22　EM AQ02
模块接线

当模拟量的扩展模块的输入点/输出点有信号输入或者输出时，LED 指示灯不会亮，这点与数字量模块不同，因为西门子模拟量模块上的指示灯没有与电路相连。

使用模拟量模块时，要注意以下问题。

① 模拟量模块有专用的插针与 CPU 通信，并通过此电缆由 CPU 向模拟量模块提供 DC 5V 的电源。此外，模拟量模块必须外接 DC 24V 电源。

② 每个模块能同时输入/输出电流或者电压信号。双极性就是信号在变化的过程中要经过"零"，单极性不过"零"。由于模拟量转换为数字量是有符号整数，所以双极性信号对应的数值会有负数。在 S7-200 SMART PLC 中，单极性模拟量输入/输出信号的数值范围是 0～27648；双极性模拟量信号的数值范围是 −27648～+27648。

③ 一般电压信号比电流信号容易受干扰，应优先选用电流信号。电压型的模拟量信号，由于输入端的内阻很高（S7-200 SMART PLC 的模拟量模块为 10MΩ），极易引入干扰。一般电压信号是用在控制设备柜内电位器设置，或者距离非常近、电磁环境好的场合。电流型信号不容易受到传输线沿途的电磁干扰，因而在工业现场获得广泛的应用。电流信号可以传输比电压信号远得多的距离。

④ 对于模拟量输出模块，电压型和电流型信号的输出信号的接线相同，但在硬件组态时，要区分是电流还是电压信号，这一点和 S7-200 PLC 的模拟量模块是不同的。

⑤ 模拟量输出模块总是要占据两个通道的输出地址。即便有些模块（EM AE04）只有一个实际输出通道，它也要占用两个通道的地址。

8.5.2　模拟量频率给定的应用

数字量多段频率给定可以设定速度段数量是有限的，不能做到无级调速，而外部模拟量输入可以做到无级调速，也容易实现自动控制，而且模拟量可以是电压信号或者电流信号，使用比较灵活，因此应用较广。以下用两个例子介绍模拟量信号频率给定。

【例 8-4】　要对一台变频器进行电压信号模拟量频率给定，已知电动机的功率为 0.06kW，额定转速为 1440r/min，额定电压为 380V，额定电流为 0.35A，额定频率为 50Hz。设计电气控制系统，并设定参数。

【解】　电气控制系统接线如图 8-23 所示，只要调节电位器就可以实现对电动机进行无级调速，参数设定见表 8-14。

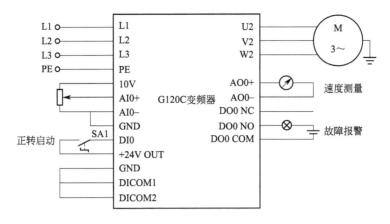

图 8-23 例 8-4 原理图

表 8-14 例 8-4 变频器参数设定

序号	变频器参数	设定值	单位	功 能 说 明
1	p0003	3	—	权限级别
2	p0010	1/0	—	驱动调试参数筛选。先设置为1,当把 p0015 和电动机相关参数修改完成后,再设置为 0
3	p0015	12	—	驱动设备宏指令
4	p0304	380	V	电动机的额定电压
5	p0305	0.35	A	电动机的额定电流
6	p0307	0.06	kW	电动机的额定功率
7	p0310	50.00	Hz	电动机的额定频率
8	p0311	1440	r/min	电动机的额定转速
9	p0756	0	—	模拟量输入类型,0 表示电压范围为 0~10V

【例 8-5】 用一台触摸屏、PLC 对变频器进行调速,已知电动机的技术参数,功率为 0.06kW,额定转速为 1440r/min,额定电压为 380V,额定电流为 0.35A,额定频率为 50Hz。

【解】

(1) 软硬件配置

① 1 套 STEP7-Micro/WIN SMART V2.3。

② 1 台 G120C 变频器。

③ 1 台 CPU ST20。

④ 1 台电动机。

⑤ 1 根网线。

⑥ 1 台 EM AQ02。

⑦ 1 台 HMI。

将 PLC、变频器、模拟量输出模块 EM AQ02 和电动机按照图 8-24 所示接线。

(2) 设定变频器的参数

先查询 G120 变频器的说明书,再依次在变频器中设定表 8-15 中的参数。

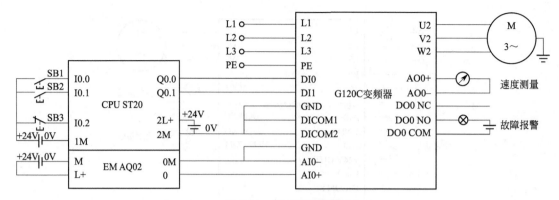

图 8-24 例 8-5 原理图

表 8-15 例 8-5 变频器参数设定

序号	变频器参数	设定值	单位	功 能 说 明
1	p0003	3	—	权限级别
2	p0010	1/0	—	驱动调试参数筛选。先设置为 1,当把 p0015 和电动机相关参数修改完成后,再设置为 0
3	p0015	18	—	驱动设备宏指令,两线制
4	p0304	380	V	电动机的额定电压
5	p0305	0.35	A	电动机的额定电流
6	p0307	0.06	kW	电动机的额定功率
7	p0310	50.00	Hz	电动机的额定频率
8	p0311	1440	r/min	电动机的额定转速
9	p0756	0	—	模拟量输入类型,0 表示电压范围为 0~10V

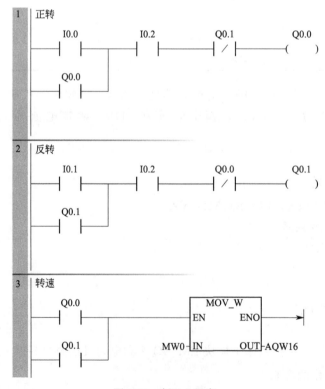

图 8-25 例 8-5 程序

【关键点】 P0756 设定成 0 表示电压信号对变频器调速，这是容易忽略的；此外还要将 I/O 控制板上的 DIP 开关设定为 "ON"。

（3）编写程序，并将程序下载到 PLC 中

梯形图程序如图 8-25 所示。

8.6 变频器的通信频率给定

8.6.1 USS 协议简介

USS 协议（Universal Serial Interface Protocol，通用串行接口协议）是西门子公司所有传动产品的通用通信协议，它是一种基于串行总线进行数据通信的协议。USS 协议是主-从结构的协议，规定了在 USS 总线上可以有一个主站和最多 31 个从站；总线上的每个从站都有一个站地址（在从站参数中设定），主站依靠它识别每个从站；每个从站也只对主站发来的报文作出响应并回送报文，从站之间不能直接进行数据通信。另外，还有一种广播通信方式，主站可以同时给所有从站发送报文，从站在接收到报文并作出相应的响应后，可不回送报文。

（1）使用 USS 协议的优点

① 对硬件设备要求低，减少了设备之间的布线。
② 无需重新连线就可以改变控制功能。
③ 可通过串行接口设置来改变传动装置的参数。
④ 可实时监控传动系统。

（2）USS 通信硬件连接注意要点

① 条件许可的情况下，USS 主站尽量选用直流型的 CPU（针对 S7-200 SMART 系列）。
② 一般情况下，USS 通信电缆采用双绞线即可（如常用的以太网电缆），如果干扰比较大，可采用屏蔽双绞线。
③ 在采用屏蔽双绞线作为通信电缆时，如果把具有不同电位参考点的设备互连，会造成在互连电缆中产生不应有的电流，从而造成通信口的损坏。所以要确保通信电缆连接的所有设备，共用一个公共电路参考点，或是相互隔离的，以防止不应有的电流产生。屏蔽线必须连接到机箱接地点或 9 针连接插头的插针 1。建议将传动装置上的 0V 端子连接到机箱接地点。
④ 尽量采用较高的波特率，通信速率只与通信距离有关，与干扰没有直接关系。
⑤ 终端电阻的作用是用来防止信号反射的，并不用来抗干扰。如果在通信距离很近、波特率较低或点对点的通信的情况下，可不用终端电阻。多点通信的情况下，一般也只需在 USS 主站上加终端电阻就可以取得较好的通信效果。
⑥ 不要带电插拔 USS 通信电缆，尤其是正在通信过程中，这样极易损坏传动装置和 PLC 的通信端口。如果使用大功率传动装置，即使传动装置掉电后，也要等几分钟，让电容放电后，再去插拔通信电缆。

8.6.2 USS 通信的应用

以下用一个例子介绍 USS 通信的应用。

【例 8-6】 用一台 CPU SR20 对变频器拖动的电动机进行 USS 无级调速，

已知电动机的功率为 0.06kW，额定转速为 1440r/min，额定电压为 380V，额定电流为 0.35A，额定频率为 50Hz。要求设计解决方案。

【解】

(1) 软硬件配置

① 1 套 STEP7-Micro/WIN SMART V2.3。

② 1 台 G120C 变频器。

③ 1 台 CPU SR20。

④ 1 台电动机。

⑤ 1 根屏蔽双绞线。

接线如图 8-26 所示。

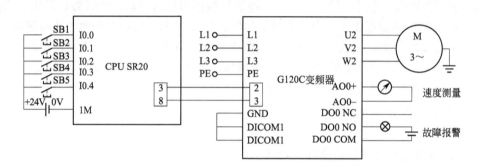

图 8-26 例 8-6 原理图

【关键点】 图 8-26 中，PLC 串口的 3 脚与变频器串口的 2 脚相连，PLC 串口的 8 脚与变频器的 3 脚相连，并不需要占用 PLC 的输出点。图 8-26 的 USS 通信连接是要求不严格时的方案，一般的工程中不宜采用，工程中的 PLC 端应使用专用的网络连接器，且终端电阻要接通，如图 8-27 所示。变频器上有终端电阻，要拨到"ON"一侧。还有一点必须指出：如果有多台变频器，则只有最末端的变频器需要接入终端电阻。

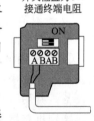

开关位置为ON
接通终端电阻

图 8-27 网络
连接器

(2) 相关指令介绍

① 初始化指令 USS_INIT 指令被用于启用和初始化或禁止驱动器通信。在使用任何其他 USS 协议指令之前，必须执行 USS_INIT 指令，且无错。一旦该指令完成，立即设置"完成"位，才能继续执行下一条指令。

EN 输入打开时，在每次扫描时执行该指令。仅限为通信状态的每次改动执行一次 USS_INIT 指令。使用边缘检测指令，以脉冲方式打开 EN 输入。欲改动初始化参数，执行一条新 USS_INIT 指令。USS 输入数值选择通信协议：输入值 1 将端口 0 分配给 USS 协议，并启用该协议；输入值 0 将端口 0 分配给 PPI，并禁止 USS 协议。Baud（波特率）将波特率设为 1200bit/s、2400bit/s、4800bit/s、9600bit/s、19200bit/s、38400bit/s、57600bit/s 或 115200bit/s。

Active（激活）表示激活驱动器。当 USS_INIT 指令完成时，Done（完成）输出打开。"错误"输出字节包含执行指令的结果。USS_INIT 指令格式见表 8-16。

表 8-16　USS_INIT 指令格式

LAD	输入/输出	含　义	数 据 类 型
USS_INIT EN Mode　Done Baud　Error Port Active	EN	使能	BOOL
	Mode	模式	BYTE
	Baud	通信的波特率	DWORD
	Active	激活驱动器	DWORD
	Port	设置物理通信端口（0：CPU 中集成的 RS485；1：信号板上的 RS485 或 RS232）	BYTE
	Done	完成初始化	BOOL
	Error	错误代码	BYTE

站点号具体计算如下：

D31	D30	D29	D28	…	D19	D18	D17	D16	…	D3	D2	D1	D0
0	0	0	0		0	1	0	0		0	0	0	0

D0～D31 代表 32 台变频器，要激活某一台变频器，就将该位置 1，上面的表格将 18 号变频器激活，其十六进制表示为 16♯00040000。若要将所有 32 台变频器都激活，则 Active 为 16♯FFFFFFFF。

② 控制指令　USS_CTRL 指令被用于控制 Active（激活）驱动器。USS_CTRL 指令将选择的命令放在通信缓冲区中，然后送至编址的驱动器［Drive（驱动器）参数］，条件是已在 USS_INIT 指令的 Active（激活）参数中选择该驱动器。仅限为每台驱动器指定一条 USS_CTRL 指令。USS_CTRL 指令格式见表 8-17。

表 8-17　USS_CTRL 指令格式

LAD	输入/输出	含　义	数 据 类 型
USS_CTRL EN RUN OFF2 OFF3 F_ACK　Resp_R 　　　Error DIR　　Status 　　　Speed Drive　Run_EN Type　D_Dir Speed～　Inhibit 　　　Fault	EN	使能	BOOL
	RUN	运行	BOOL
	OFF2	允许驱动器滑行至停止	BOOL
	OFF3	命令驱动器迅速停止	BOOL
	F_ACK	故障确认	BOOL
	DIR	驱动器应当移动的方向	BOOL
	Drive	驱动器的地址	BYTE
	Type	选择驱动器的类型	BYTE
	Speed_SP	驱动器速度	DWORD
	Resp_R	收到应答	BOOL
	Error	通信请求结果的错误字节	BYTE
	Status	驱动器返回的状态字原始数值	WORD
	Speed	全速百分比	DWORD
	D_Dir	表示驱动器的旋转方向	BOOL
	Inhibit	驱动器上的禁止位状态	BOOL
	Run_EN	驱动器运动时为 1，停止时为 0	BOOL
	Fault	故障位状态	BOOL

USS_CTRL 指令具体描述如下：

EN 位必须打开，才能启用 USS_CTRL 指令。该指令应当始终启用。RUN/STOP（运行/停止）表示驱动器是打开（1）还是关闭（0）。当 RUN（运行）位打开时，驱动器收到一条命令，按指定的速度和方向开始运行。为了使驱动器运行，必须符合三个条件，分别是 Drive（驱动器）在 USS_INIT 中必须被选为 Active（激活）；OFF2 和 OFF3 必须被设为 0；Fault（故障）和 Inhibit（禁止）必须为 0。

当 RUN（运行）关闭时，会向驱动器发出一条命令，将速度降低，直至电动机停止。OFF2 位被用于允许驱动器滑行至停止。OFF3 位被用于命令驱动器迅速停止。Resp_R（收到应答）位确认从驱动器收到应答。对所有的激活驱动器进行轮询，查找最新驱动器状态信息。每次 S7-200 SMART 从驱动器收到应答时，Resp_R 位均会打开，进行一次扫描，所有以下数值均被更新。F_ACK（故障确认）位被用于确认驱动器中的故障。当 F_ACK 从 0 转为 1 时，驱动器清除故障。DIR（方向）位表示驱动器应当移动的方向。Drive（驱动器地址）输入是驱动器的地址，向该地址发送 USS_CTRL 命令。有效地址：0～31。Type（驱动器类型）输入选择驱动器的类型。将 3（或更早版本）驱动器的类型设为 0，将 4 驱动器的类型设为 1。

Speed_SP（速度设定值）是作为全速百分比的驱动器速度。Speed_SP 的负值会使驱动器为反向旋转方向。范围：−200.0％～200.0％。假如在变频器中设定电动机的额定频率为 50Hz，Speed_SP＝20.0，电动机转动的频率为 50Hz×20％＝10Hz。

Error 是一个包含对驱动器最新通信请求结果的错误字节。USS 指令执行错误标题定义可能因执行指令而导致的错误条件。

Status 是驱动器返回的状态字原始数值。

Speed 是作为全速百分比的驱动器速度，范围：−200.0％～200.0％。

Run_EN（运行启用）表示驱动器是运行（1）还是停止（0）。

D_Dir 表示驱动器的旋转方向。

Inhibit 表示驱动器上的禁止位状态（0—不禁止，1—禁止）。欲清除禁止位，"故障"位必须关闭，RUN（运行）、OFF2 和 OFF3 输入也必须关闭。

Fault 表示故障位状态（0—无故障，1—故障）。驱动器显示故障代码。欲清除故障位，纠正引起故障的原因，并打开 F_ACK 位。

（3）设置变频器的参数

先查询 G120 变频器的说明书，再依次在变频器中设定表 8-18 中的参数。

表 8-18　例 8-6 变频器参数设定

序号	变频器参数	设定值	单位	功能说明
1	p0003	3	—	权限级别,3 是专家级
2	p0010	1/0	—	驱动调试参数筛选。先设置为 1,当把 p0015 和电动机相关参数修改完成后,再设置为 0
3	p0015	21	—	驱动设备宏指令,USS 或 Modbus 通信
4	p0304	380	V	电动机的额定电压
5	p0305	0.35	A	电动机的额定电流
6	p0307	0.06	kW	电动机的额定功率
7	p0310	50.00	Hz	电动机的额定频率
8	p0311	1440	r/min	电动机的额定转速
9	p2020	6	—	USS 通信波特率,6 代表 9600bit/s
10	p2021	18	—	USS 地址
11	p2030	1	—	USS 通信协议
12	p2031	0	—	无奇偶校验
13	p2040	100	ms	总线监控时间

【关键点】　p2021 设定值为 18，与程序中的地址一致，p2020 设定值为 6，与程序中的 9600bit/s 也是一致的，所以正确设置变频器的参数是 USS 通信成功的前提。

图 8-28　USS 指令库

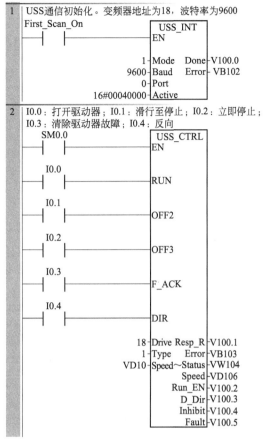

图 8-29　例 8-6 程序

变频器的 USS 通信和 PROFIBUS 通信二者只可选其一，不可同时进行，因此如果进行 USS 通信时，变频器上的 PROFIBUS 模块必须要取下，否则 USS 被封锁，是不能通信成功的。

当有多台变频器时，总线监控时间 100ms 不够，会造成通信不能建立，可将其设置为 0，表示不监控。这点初学者容易忽略，但十分重要。

一般参数设定完成后，需要重新上电使参数生效。

此外，要选用 USS 通信的指令，只要双击图 8-28 所示的库中对应的指令即可。

（4）编写程序

程序如图 8-29 所示。

【关键点】　读者在运行程序时，VD10 中要先赋值，如赋值 10.0。

8.7　电动机的电气制动

SINAMICS G120 有四种制动方式：直流制动、复合制动、电阻制动和再生反馈制动。以下分别介绍这些制动方式。

8.7.1　直流制动

（1）直流制动工作原理

当异步电动机的定子绕组中通入直流电流时，所产生的磁场是空间位置不变的恒定磁场，而转子因为惯性继续以原来的速度旋转，转子的转动切割静止磁场而产生制动转矩。系统因旋转动能转换成电能消耗在电动机的转子回路，进而达到电动机快速制动的效果。

直流制动不适用于向电网回馈能量的应用，如 G120 的 PM250 和 PM260 功率单元。

直流制动的典型应用有：离心机、锯床、磨床和输送机等。

（2）G120 变频器直流制动的主要参数

G120 变频器的直流制动需要设置一系列的参数，见表 8-19。

表 8-19　G120 变频器直流制动的相关参数

参数	含义		
		设定值	说明
p1230	激活直流制动(出厂值:0)	0	失效
		1	生效
p1231	配置直流制动(出厂值:0)	0	无直流制动
		4	直流制动的常规使能
		5	OFF1/OFF3 上的直流制动
		14	低于转速时的直流制动
p1232	直流制动的电流(出厂值:0A)		
p1233	直流制动的持续时间(出厂值:1s)		
p1234	直流制动的初始转速(出厂值:210000r/min)。完成设置 p1232 和 p1233 后,一旦转速低于此阈值,即可进入直流制动		
p0347	电动机的去磁时间由 p0347=1,3 计算得出,一般在快速调试时计算得到		
p2100	设置触发直流制动的故障号(出厂值:0)		
p2101	故障响应设置(出厂值:0)		

（3）G120 变频器直流制动的方式

① 低于预先设置的转速时触发直流制动　设置的参数为 p1230=1，p1231=14，p1234（直流制动时的转速，如 1000r/min）。当电动机的转速低于 p1234 设定的转速开始直流制动。如制动结束，电动机的运行信号还在，继续按照设定的转速运行。

② 故障时触发直流制动　故障号和故障响应通过 p2100 和 p2101 设置，p1231=4。当响应"直流制动"故障时，电动机通过斜坡减速下降，直到直流制动的初速度后激活直流制动。

③ 通过控制指令激活直流制动　设置 p1231=4，p1230 设置成控制指令对应的端子（如设置成 722.0 则对应 DI0 启动直流制动），如直流制动期间撤消直流制动，则变频器中断直流制动。

④ 关闭电动机时激活直流制动　设置的参数为 p1231=5 或 p1230=1 和 p1231=14，当变频器执行 OFF1 或 OFF3 关闭电动机时，电动机通过斜坡减速下降，直到直流制动的初速度后激活直流制动。

8.7.2　复合制动

（1）复合制动介绍

在常规的制动过程中，只有交流转矩或者直流转矩，复合制动直流母线电压有过流趋势的时候（超出母线电压阈值 r1282），变频器在原来的电动机交流电上叠加一个直流电，将能量消耗掉，防止直流母线电压上升过高。

复合制动不适用于向电网回馈能量的应用，如 G120 的 PM250 和 PM260 功率单元。

复合制动的典型应用是一些要求电动机有恒速工作，并且需要长时间才能达到静态的场合，例如离心机、锯床、磨床和输送机等。

复合制动不适合应用的场合如下：

① 捕捉重起；

② 直流制动；

③ 矢量控制。

（2）G120 变频器的复合制动

G120 变频器复合制动的参数见表 8-20。

表 8-20　G120 变频器复合制动的相关参数

参数	含义	具体说明
p3856	复合制动的制动电流（%）	在 V/F 控制中，为加强效果而另外产生的直流电的大小 p3856＝0 禁用复合制动 p3856＝1～250，复合制动的制动电流，为电动机额定电流 p0305 的百分比值 推荐：p3856＜100%×(r0209－r0331)/p0305/2
p3859.0	复合制动状态字	p3859.0＝1 表示复合制动已经启用

8.7.3　电阻制动

（1）电阻制动介绍

电阻制动是最常见的一种制动方式。当直流回路电压有过高趋势时，制动电阻开始工作，使得电能转化成电阻的热能，防止电压过高。

电阻制动不适用于向电网回馈能量的应用，如 G120 的 PM250 和 PM260 功率单元。

复合制动的典型应用是一些要求电动机按照不同的转速工作，而且不断地转换方向的场合，例如起重机和输送机等。

电阻制动除了需要制动电阻外，还需要制动单元，制动单元类似于一个开关，决定制动电阻是否工作。当变频器的直流母线电压升高时，制动单元接通制动电阻，将再生功率转化为制动电阻的内热，达到制动的效果。

（2）G120 变频器的电阻制动

G120 变频器电阻制动的参数见表 8-21。

表 8-21　G120 变频器电阻制动的相关参数

参数	含义	具体说明
p0219	制动电阻功率（出厂设置：0kW）	设置应用中制动电阻消耗的最大功率 在制动功率较低的情况下，会延长电动机的减速时间 在应用中，电动机每 10s 停车一次，此时制动电阻必须每 2s 消耗 1kW 的功率，因此需要持续功率为 1kW×2s/10s＝0.2kW，需要消耗的最大功率为 p0219＝1kW
p0844	无惯性停车/惯性停车（OFF2）信号源 1	p0844＝722.x，通过变频器的某个数字量端子（如 722.1 代表 DI1）来监控电阻是否过热

（3）G120 变频器制动电阻的接线

制动电阻连接到功率模块的 R1 和 R2 接线端子上。制动电阻的接地直接连接到控制柜的接地母排上即可。

如制动电阻上采用温度监控，则有两种接线方式。温度控制方式 1 的接线如图 8-30 所示，一旦温度监控响应，接触器 KM 的线圈断电，从而切断变频器功率模块的供电电源。温度控制方式 2 的接线如图 8-31 所示，电阻的温控监控触点和变频器的一个数字输入连接到一起，将此端子设置为 OFF2 或者外部故障。

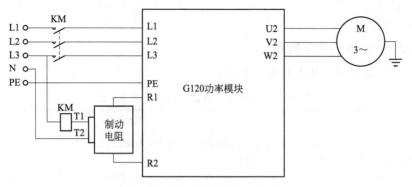

图 8-30　温度控制方式 1 的接线

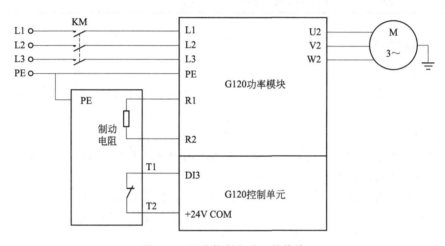

图 8-31　温度控制方式 2 的接线

8.7.4　再生反馈制动

前面讲述的三种制动方式,电动机的能量是消耗在电动机上或者制动电阻上,实际上是能耗制动,对于大功率的电动机采用能耗制动,将会造成比较大的浪费。而再生反馈制动可以将这部分能量反馈到电网,变频器最多能将 100% 的功率反馈给电网,其好处是提高了能源的利用效率,节约了成本,也减少了控制柜的空间。再生反馈制动适用于有回馈功能的功率单元,如 G120 的 PM250 和 PM260 功率单元。

再生反馈制动适用于电动机需要频繁制动、长时间制动或者长时间发电的场合,如提升机、离心机和卷曲机等。

影响再生反馈制动效果的参数见表 8-22。

表 8-22　G120 变频器再生反馈制动的相关参数

参数	具体说明	备注
p0640	电动机电流限幅 在 V/F 控制中,只能通过限制电动机电流,间接限制再生功率 一旦超出限值长达 10s,变频器关闭电动机,输出故障信息 F07806	在 V/F 控制中的再生反馈限制 p1300 <20
p1531	再生功率限制	在矢量控制中的再生反馈限制 p1300 $\geqslant20$

8.8 变频器的外部控制电路

8.8.1 电动机的启停控制

变频器的启停控制原理图如图 8-32 所示，变频器以西门子 G120 为例讲解，DI0 实际是控制端子 5，+24V OUT 是端子 9。当 DI0 和+24V OUT 短接时，变频器启动。

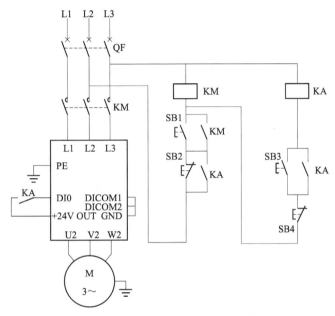

图 8-32 变频器的启停控制原理图

(1) 电路中各元器件的作用

① QF 断路器，主电源通断开关。

② KM 接触器，变频器通断开关。

③ SB1 按钮，变频器通电。

④ SB2 按钮，变频器断电。

⑤ SB3 按钮，变频器正转启动。

⑥ SB4 按钮，变频器停止。

⑦ KA 中间继电器，正转控制。

(2) 设定变频器参数

按照表 8-23 设定变频器的参数。

表 8-23 变频器参数设定 (1)

序号	变频器参数	设定值	单位	功能说明
1	p0003	3	—	权限级别
2	p0010	1/0	—	驱动调试参数筛选。先设置为 1,当把 p0015 和电动机相关参数修改完后,再设置为 0
3	p0015	2	—	驱动设备宏指令
4	p0304	380	V	电动机的额定电压

序号	变频器参数	设定值	单位	功 能 说 明
5	p0305	0.35	A	电动机的额定电流
6	p0307	0.06	kW	电动机的额定功率
7	p0310	50.00	Hz	电动机的额定频率
8	p0311	1440	r/min	电动机的额定转速
9	p1001	180	r/min	固定转速1

(3) 控制过程

① 变频器通断电控制　当按下 SB1 按钮，KM 线圈通电，其触点吸合，变频器通电；按下 SB2 按钮，KM 线圈失电，触点断开，变频器断电。

② 变频器启停控制　按下 SB3 按钮，中间继电器 KA 线圈得电吸合，其触点将变频器的 DI0 与 +24V OUT 短路，电动机正向转动。此时 KA 的另一常开触点封锁 SB2，使其不起作用，这就保证了变频器在正向转动期间不能使用电源开关进行停止操作。

当需要停止时，必须先按下 SB4 按钮，使 KA 线圈失电，其常开触点断开（电动机减速停止），这时才可按下 SB2 按钮，使变频器断电。

8.8.2　电动机的正反转

很多生产机械都要利用变频器的正反转控制，其原理图如图 8-33 所示，以西门子 G120 变频器为例讲解，DI0 实际是控制端子 5，DI1 实际是控制端子 6，+24V OUT 是控制端子 9。当 DI0、DI4 和 +24V OUT 短接时，变频器正转；当 DI1、DI5 与 +24V OUT 短接时，变频器反转。

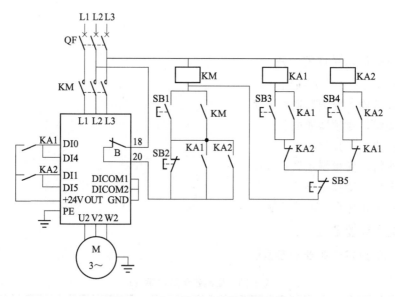

图 8-33　电动机正反转控制原理图

(1) 电路中各元器件的作用

① SB1 按钮，变频器通电。

② SB2 按钮，变频器断电。

③ SB3 按钮, 正转启动。

④ SB4 按钮, 反转启动。

⑤ SB5 按钮, 电动机停止。

⑥ KA1 继电器, 正转控制。

⑦ KA2 继电器, 反转控制。

(2) 电路设计要点

① KM 接触器仍只作为变频器的通、断电控制, 而不作为变频器的运行与停止控制。因此, 断电按钮 SB2 仍由运行继电器 KA1 或 KA2 封锁, 使运行时 SB2 不起作用。

② 控制电路串接报警输出接点 18 和 20, 当变频器故障报警时切断控制电路, KM 断开而停机。

③ 变频器的通、断电, 正、反转运行控制均采用主令按钮。

④ 正反转继电器 KA1 和 KA2 互锁, 正反转切换不能直接进行, 必须先停机再改变转向。

(3) 设定变频器参数

按照表 8-24 设定变频器的参数。

表 8-24 变频器参数设定 (2)

序号	变频器参数	设定值	单位	功能说明
1	p0003	3	—	权限级别
2	p0010	1/0	—	驱动调试参数筛选。先设置为1,当把 p0015 和电动机相关参数修改完成后,再设置为 0
3	p0015	1	—	驱动设备宏指令
4	p0304	380	V	电动机的额定电压
5	p0305	0.35	A	电动机的额定电流
6	p0307	0.06	kW	电动机的额定功率
7	p0310	50.00	Hz	电动机的额定频率
8	p0311	1440	r/min	电动机的额定转速
9	p1003	180	r/min	固定转速 1
10	p1004	360	r/min	固定转速 2
11	p0730	52.3	—	将继电器输出 DO0 功能定义为变频器故障

(4) 变频器的正反转控制

① 正转 当按下 SB1 按钮, KM 线圈得电吸合, 其主触点接通, 变频器通电处于待机状态。与此同时, KM 的辅助常开触点使 SB1 自锁。这时如按下 SB3 按钮, KA1 线圈得电吸合, 其常开触点 KA1 接通变频器的 DI0、DI4 和 +24V OUT 端子, 电动机正转。与此同时, 其另一常开触点闭合使 SB3 自锁, 常闭触点断开, 使 KA2 线圈不能通电。

② 反转 如果要使电动机反转, 先按下 SB5 按钮使电动机停止。然后按下 SB4 按钮, KA2 线圈得电吸合, 其常开触点 KA2 闭合, 接通变频器 DI1、DI5 和 +24V OUT 端子, 电动机反转。与此同时, 其另一常开触点 KA2 闭合使 SB4 自锁, 常闭触点 KA2 断开使 KA1 线圈不能通电。

③ 停止 当需要断电时, 必须先按下 SB5 按钮, 使 KA1 和 KA2 线圈失电, 其常开触点断开 (电动机减速停止), 并解除 SB2 的旁路, 这时才能可按下 SB2 按钮, 使变频器断电。变频器故障报警时, 控制电路被切断, 变频器主电路断电。

(5) 控制电路的特点

① 自锁保持电路状态的持续, KM 自锁, 持续通电; KA1 自锁, 持续正转; KA2 自

锁，持续反转。

② 互锁保持变频器状态的平稳过渡，避免变频器受冲击。KA1、KA2 互锁，正、反转运行不能直接切换；KA1、KA2 对 SB2 的锁定，保证运行过程中不能直接断电停机。

③ 主电路的通断由控制电路控制，操作更安全可靠。

8.9 STARTER 软件的调试应用

G120 变频器标准供货方式时装有状态显示板（SDP），状态显示板的内部没有任何电路，因此要对变频器进行调试，通常采用基本操作面板（BOP-2）、智能操作面板（IOP）和计算机（PC）等方法进行调试。基本操作面板（BOP-2）和智能操作面板（IOP）是可选件，需要单独订货。使用计算机调试时，计算机中需要安装 Drive Monitor、STARTER 或者 SCOUT。SCOUT 功能强大，包含 STARTER 软件。

基本操作面板（BOP-2）调试变频器在前面已经讲解了，以下介绍智能操作面板和 STARTER 软件调试变频器。

8.9.1 智能操作面板（IOP）介绍

（1）智能操作面板（IOP）的特点

使用智能操作面板可以设置变频器参数、启动变频器和监测电动机的当前运行情况以及获取有关故障和报警的重要信息。无需专业知识，即可使用所有这些功能。其主要优点如下。

① 快速调试，无需专业知识。

② 维护时间最少化。

③ 高可用性，操作直观。

④ 使用灵活。

（2）智能操作面板（IOP）的功能

IOP 是一个基于菜单的设备，其外形如图 8-34 所示。IOP 的功能分为三部分。

① Wizards（向导）：帮助设置标准应用。

② Control（控制）：可以更改设定值，旋转方向实时激活点动功能。

③ Menu（菜单）：用于访问所有可能功能。

（3）智能操作面板（IOP）的应用

IOP 主要通过旋钮操作。五个附加按键使其可以显示某些数值或在手动和自动模式之间切换。各按键分别为：ON 键、OFF 键、ESC 键、INFO 键和 HAND/AUTO 键。以下用手动启停电动机介绍智能操作面板的应用。

① 旋转改变选择，按下确认选择。

② 在手动模式下启动电动机。

③ 在手动模式下停止电动机。

④ 返回上一屏幕。

⑤ 显示附加信息。

图 8-34　智能操作面板的外形

⑥ 在 HAND 和 AUTO 模式之间切换命令源。

8.9.2 STARTER 与传动装置常用通信连接方式

STARTER 与传动装置可以通过以下三种常用通信方式建立连接。

（1）RS-232 串口通信（USS 通信协议）

需要使用 PC to G120 组件（订货号：SSE6400-1PC00-0AA0），组件安装在 BOP-2 板的插孔（使用 BOP 链路），使用计算机的 RS-232C 接口即可，如果笔记本电脑没有 RS-232C 接口，也可以在笔记本电脑上使用 USB 转换器。上位机软件使用"Drive Monitor"或者"STARTER"。

（2）RS-485 串口通信（USS 通信协议）

G120 的 2（P＋）和 3（N－）控制接线端子是用于 RS-485 串行通信的通信口（COM 链路）。其连接示意图如图 8-35 所示。采用这种连接方式调试切不可将 2 号接线端子和 3 号接线端子接反，否则将产生烧毁接口的严重后果。上位机软件使用"Drive Monitor"或者"STARTER"。

带 PPOFINET 接口和 PROFIBUS-DP 接口的 G120 变频器没有 USS 通信功能。

图 8-35 采用 RS-485 口进行 PC 调试连接

（3）PROFIBUS 通信

采用 PROFIBUS 通信协议调试 G120 时，变频器上的控制单元上要有 PROFIBUS 接口（如 CU240E-2DP），计算机上需要安装 CP5621（此模块是目前新型号模块）等通信模块或者使用 PC ADAPTER USB A2 适配器。PC ADAPTER USB A2（或 CP5621）与变频器均有 PROFIBUS 接口。

（4）以太网通信

采用以太网通信协议调试 G120 时，变频器控制单元上要有以太网接口（如 CU240E-2PN），计算机上只需要安装普通网卡即可，其连接示意如图 8-36 所示，计算机和 G120 变频器用普通网线连接。

（5）USB 通信

采用 USB 通信协议调试 G120 时，变频器控制单元上要有 USB 接口（G120 变频器均有 USB 接口），计算机上只需要 USB 接口即可，其连接示意如图 8-36 所示。计算机和 G120 变频器用普通 USB 线连接。

图 8-36 采用以太网（USB）通信进行 PC 调试连接

8.9.3 用 STARTER 软件调试 G120 实例

当控制系统使用的变频器数量较大，且很多参数相同时，使用 PC 进行变频器调试，可以大大地节省调试时间，提高工作效率。以下用一个例子介绍用 STARTER 软件调试 G120 变频器。

【例 8-7】 某设备上有一台 G120，要求：对变频器进行参数设置。

【解】

（1）软硬件配置

① 1 套 STARTER 4.5.1（或者 SCOUT）。

② 1 台 G120C-2PN 变频器。

③ 1 根网线。

④ 1 台电动机。

在调试 G120 变频器之前，先把计算机和 G120 变频器进行连接，如图 8-36 所示。

（2）具体调试过程

① 新建项目　打开 STARTER 软件，新建项目，本例为"G120_1"，存储在 D 盘。如图 8-37 所示。

② 设置"PG/PC"接口　单击菜单栏的"Options"→"Set PG/PC Interface…"，如图 8-38 所示，弹出如图 8-39 所示的界面，选择本机所采用的网卡，本例为 Qual comm Atheros AR8161/8165，单击"确定"按钮，"PG/PC"接口设置完成。

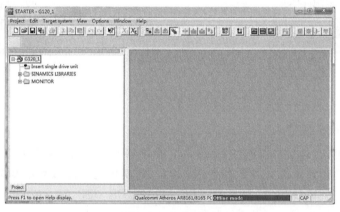

图 8-37　新建项目

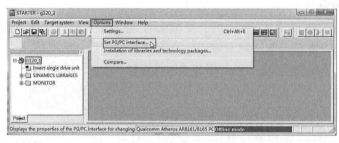

图 8-38　设置"PG/PC"接口（1）

③ 搜索可访问的节点　单击工具栏上的"可访问节点"按钮，STARTER 开始搜索可访问的节点，如图 8-40 所示。

④ 修改变频器 IP 地址　新购置的变频器或者恢复出厂值的变频器，其 IP 地址是"0.0.0.0"，如图 8-41 所示，选中"Bus node…"，单击鼠标右键，弹出快捷菜单，单击"Edit

图 8-39　设置"PC/PG"接口（2）

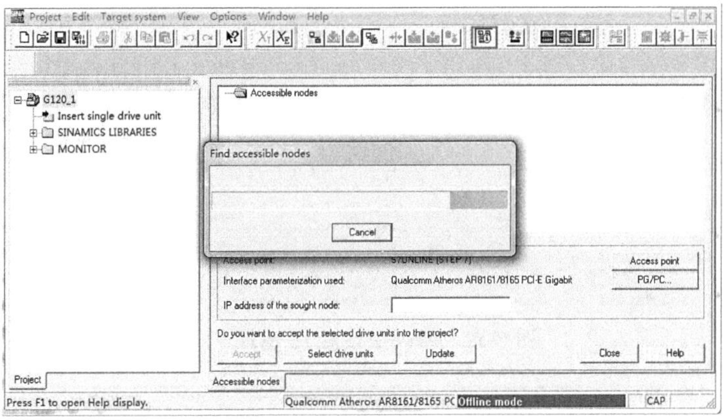

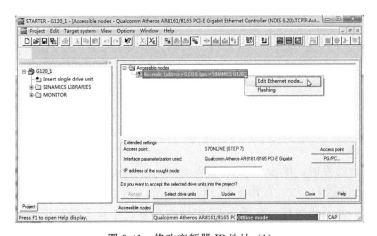

图 8-40　搜索可访问的节点

图 8-41　修改变频器 IP 地址（1）

Ethernet node…"（编辑以太网…），弹出如图 8-42 所示的界面，在"IP address:"（IP 地址）右侧，输入变频器 IP 地址，本例为"192.168.0.2"，在"Subnet mask"（子网掩码）右侧，输

入"255.255.255.0"，单击"Assign IP configuration"（分配 IP 地址）按钮。在"Device name"（设备名称）右侧，输入"G120C"，单击"Assign name"（分配名称）按钮，弹出如图 8-43 所示的界面，表示参数已经成功分配，单击"Close"关闭此界面。

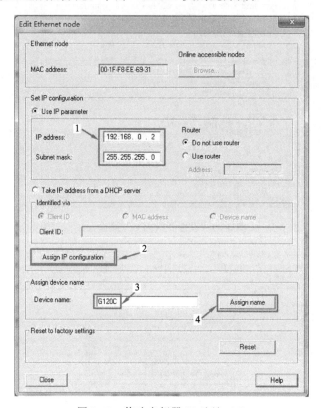

图 8-42　修改变频器 IP 地址（2）

图 8-43　修改变频器 IP 地址（3）

　　⑤ 上传参数到 PG　如图 8-44 所示，勾选"Drive _ uint _ 1…"左侧的方框，单击"Accept"（接收）按钮，如已经建立连接，弹出如图 8-45 所示的界面，单击"Close"关闭此界面。

　　在图 8-46 所示的界面，单击"Load HW configuration to PG"（上传硬件组态到 PG）按钮，硬件组态上传到 PG 后，如图 8-47 所示。

　　⑥ 修改参数，并下载参数　在图 8-47 中修改参数，单击工具栏中的"下载"按钮，参数下载到变频器中，最后单击"Yes"，如图 8-48 所示，参数从变频器的 RAM 传输到 ROM 中。

　　⑦ 调试　如图 8-49 所示，单击"Control _ Uint"→"Commissioning"→"Control panel"，打开控制面板，如图 8-50 所示。单击"Assume Control Priority"（获得控制权）

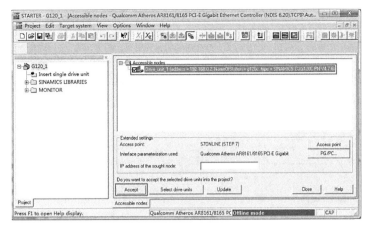

图 8-44　建立 PG 与变频器的通信连接（1）

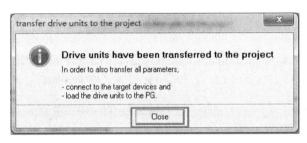

图 8-45　建立 PG 与变频器的通信连接（2）

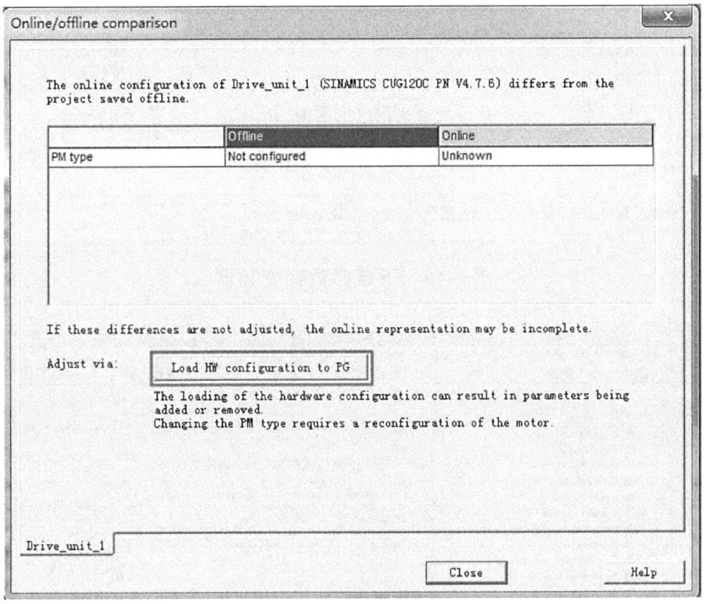

图 8-46　上传硬件组态到 PG

按钮，此按钮名称变成"Give up control priority"（释放控制权），如图 8-51 所示，勾选"Enables"（使能）选项，"启动"按钮 I 被激活，变为绿色，"停止"按钮 0 也被激活，变为红色。在转速输入框中输入转速，本例为 88，压下"启动"按钮 I，电动机开始运行，参数 r22 中是实际转速，也是 88。压下"停止"按钮 0，电动机停止运行。

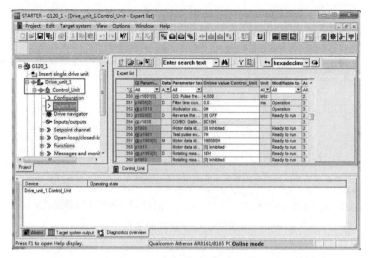

图 8-47　修改变频器的参数

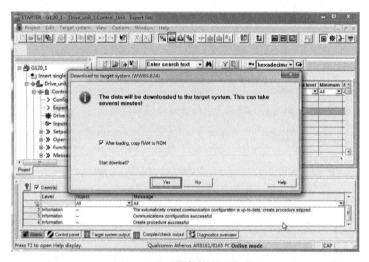

图 8-48　下载参数到变频器

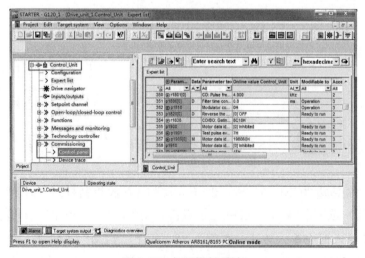

图 8-49　打开控制面板

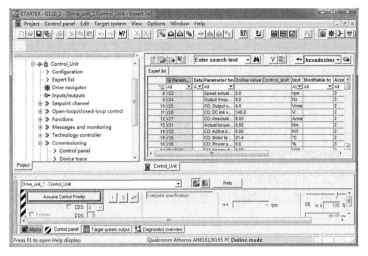

图 8-50　完成硬件组态上传到 PG

图 8-51　电动机启停控制

8.10　工程案例

【例 8-8】　某控制系统由 CPU SR20 与 G120 变频器等组成，主控制柜（主要安装 CPU SR20）离 G120 的距离较远。因为 G120 变频器拖动风机，工艺要求 G120 变频器停机时间不能超过 10min，即使 CPU SR20 处于故障停机状态，也要求风机正常运行，变频器频率为模拟量给定。要求用"远程"和"就地"两种模式控制风机的启停，设计此系统，并编写控制程序。

【解】

（1）系统软硬件配置

① 1 套 STEP7-Micro/WIN SMART V2.3。

② 1 台 CPU SR20。

③ 1 根编程电缆。

④ 1 台 G120 变频器。

远程端的电气原理图如图 8-52 所示，就地端的电气原理图如图 8-53 所示。注意 SA1 是三挡旋钮式按钮，三挡分别是"远程""停止"和"就地"，SA1 安装在就地端的控制柜上。

当系统处于"远程"模式控制时，三挡旋钮式按钮旋转到 SA1-1 位置，KA1 触点闭合，变频器启动运行，变频器的运行频率由电位器设定。

当系统处于"就地"模式控制时，三挡旋钮式按钮旋转到 SA1-3 位置，当压下 SB4 按钮时，KA2 触点闭合自锁，变频器启动运行，变频器的运行频率同样由电位器设定。

当系统处于"停止"模式控制时，三挡旋钮式按钮旋转到 SA1-2 位置，这种情况下无论"远程"还是"就地"模式都不能启动变频器，风机处于停机状态。

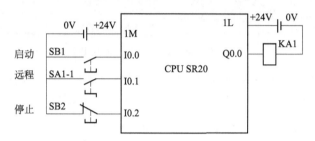

图 8-52　电气原理图（远程端）

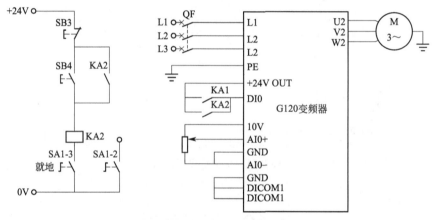

图 8-53　电气原理图（就地端）

（2）变频器参数设定

按照表 8-25 设定参数。

表 8-25　例 8-8 变频器参数设定

序号	变频器参数	设定值	单位	功　能　说　明
1	p0003	3	—	权限级别
2	p0010	1/0	—	驱动调试参数筛选。先设置为 1，当把 p0015 和电动机相关参数修改完成后，再设置为 0
3	p0015	12	—	驱动设备宏指令

（3）编写控制程序

编写梯形图程序如图 8-54 所示。

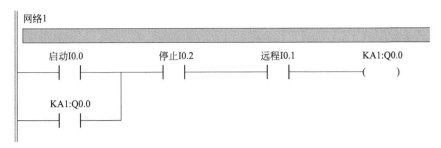

网络1

启动I0.0　　　停止I0.2　　　远程I0.1　　　KA1:Q0.0
　├┤　├　　　├┤　├　　　├┤　├　　　　（　　）

KA1:Q0.0
├┤　├

图 8-54　例 8-8 梯形图程序

【例 8-9】　某生产线上有一台小车，由 CPU SR20 控制一台 G120C 变频器拖动，原始位置有限位开关 SQ1。已知电动机的技术参数，功率为 0.75kW，额定转速为 1440r/min，额定电压为 380V，额定电流为 2.05A，额定频率为 50Hz。系统有两种工作模式。

① 自动模式时，当在原始位置，压下启动按钮 SB1 时，三相异步电动机以 360r/min 正转，驱动小车前进，碰到左限位开关 SQ2 后，三相异步电动机以 540r/min 反转，小车后退，当碰到减速限位开关 SQ3 后，三相异步电动机以 180r/min 反转，小车减速后退，碰到原始位置有限位开关 SQ1，小车停止。压下停止按钮 SB2 时，小车完成一个工作循环后停机。小车工作示意图如图 8-55 所示。

② 手动模式时，有前进和后退点动按钮，点动的转速都是 180r/min。

③ 变频器采用多段速频率给定方式。

④ 任何时候，压下急停 SB5 按钮，系统立即停机，要求设计方案，并编写程序。

图 8-55　小车工作示意图

(1) 系统的软硬件

① 1 套 STEP7-Micro/WIN SMART V2.3。

② 1 台 CPU SR20。

③ 1 根编程电缆。

④ 1 台 G120C 变频器。

(2) PLC 的 I/O 分配

PLC 的 I/O 分配见表 8-26。

表 8-26　PLC 的 I/O 分配

名称	符号	输入点	名称	符号	输出点
启动按钮	SB1	I0.0	正转	DI0	Q0.0
停止按钮	SB2	I0.1	反转	DI1	Q0.1
点动按钮（向左）	SB3	I0.2	低速	DI4	Q0.2
点动按钮（向右）	SB4	I0.3	中速	DI5	Q0.3
原点限位开关	SQ1	I0.4	高速	DI4、DI5	Q0.2、Q0.3

名　称	符号	输入点	名　称	符　号	输出点
左限位开关	SQ2	I0.5			
减速限位开关	SQ3	I0.6			
手/自转换按钮	SA1	I0.7			
急停按钮	SB5	I1.0			

（3）控制系统的接线

控制系统的接线如图 8-56 所示。

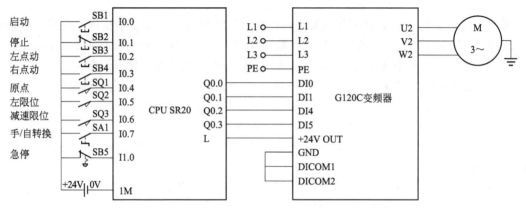

图 8-56　例 8-9 原理图

（4）设定变频器参数

设定变频参数，见表 8-27。

表 8-27　例 8-9 变频器参数设定

序号	变频器参数	设定值	单位	功　能　说　明
1	p0003	3	—	权限级别
2	p0010	1/0	—	驱动调试参数筛选。先设置为1，当把 p0015 和电动机相关参数修改完成后，再设置为0
3	p0015	1	—	驱动设备宏指令
4	p1003	360	r/min	固定转速 1
5	p1004	540	r/min	固定转速 2

（5）编写控制程序

梯形图程序如图 8-57 所示。

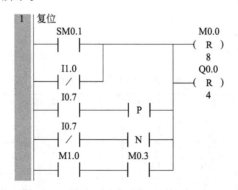

2 停止

```
  I0.1        I0.0          M1.0
 ──┤/├────┬────┤/├──────────( )
          │
  M1.0    │
 ──┤ ├────┘
```

3 自动启动

```
  I0.0       MB0        I0.4       I0.7        M0.1    M0.0
 ──┤ ├───────┤==B├───────┤ ├────────┤ ├────┬───┤/├────( )
             │  0                          │
  M0.0       │                             │
 ──┤ ├───────┘                             │
```

4 停0.5s

```
  M0.0       I0.5       M0.2       M0.1
 ──┤ ├────────┤ ├───┬────┤/├────────( )
                    │              │
  M0.1              │              │
 ──┤ ├──────────────┘              │
                                   │            T37
                                   └──────────┤IN    TON├
                                              │          │
                                          5 ──┤PT   100ms│
```

5 到减速限位

```
  M0.1        T37        M0.3       M0.2
 ──┤ ├────────┤ ├────┬────┤/├────────( )
                     │
  M0.2               │
 ──┤ ├───────────────┘
```

6 返回原点

```
  M0.2        I0.6        I0.4       M0.3
 ──┤ ├────────┤ ├────┬────┤/├────────( )
                     │
  M0.3               │
 ──┤ ├───────────────┘
```

7 正转

```
  M0.0        I0.7                  Q0.0
 ──┤ ├────────┤ ├────┬──────────────( )
                     │
  I0.2        I0.7   │
 ──┤ ├────────┤/├────┘
```

图 8-57

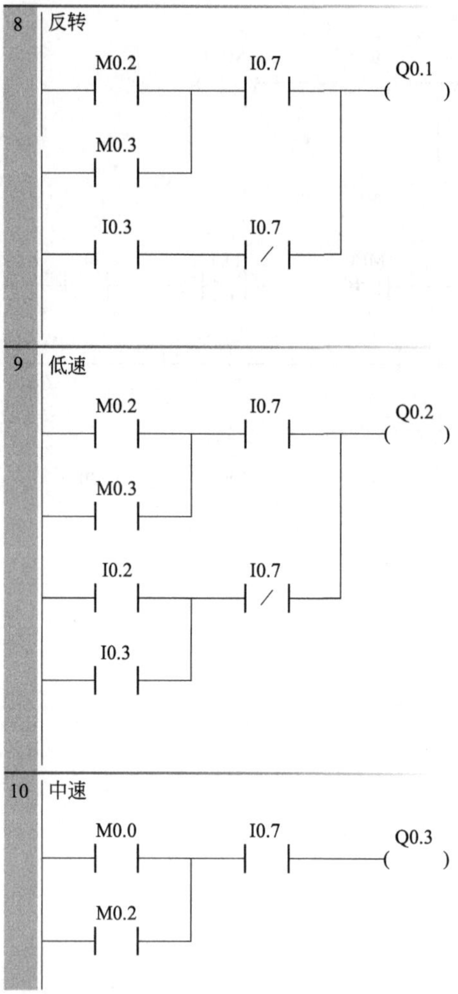

图 8-57 例 8-9 梯形图

第9章 ▶▶▶

西门子 S7-200 SMART PLC 的运动控制及其应用

本章介绍西门子 S7-200 SMART PLC 的高速输出点直接对步进电动机和伺服电动机进行运动控制。

9.1 西门子 S7-200 SMART PLC 的运动控制基础

（1）S7-200 SMART PLC 的开环运动控制介绍

S7-200 SMART PLC 提供两种方式的开环运动控制。

① 脉宽调制（PWM）：内置于 CPU 中，用于速度、位置或占空比的控制。

② 运动轴：内置于 CPU 中，用于速度和位置的控制。

CPU 提供了最多三个数字量输出（Q0.0、Q0.1 和 Q0.3），这三个数字量输出可以通过 PWM 向导组态为 PWM 输出，或者通过运动向导组态为运动控制输出。当作为 PWM 操作组态输出时，输出的周期是固定的，脉宽或脉冲占空比可通过程序进行控制。脉宽的变化可在应用中控制速度或位置。

运动轴提供了带有集成方向控制和禁用输出的单脉冲串输出。运动轴还包括可编程输入，允许将 CPU 组态为包括自动参考点搜索在内的多种操作模式。运动轴为步进电动机或伺服电动机的速度和位置开环控制提供了统一的解决方案。

（2）高速脉冲输出指令介绍

S7-200 SMART PLC 配有 2～3 个 PWM 发生器，它们可以产生一个脉冲调制波形。一个发生器输出点是 Q0.0，另外两个发生器输出点是 Q0.1 和 Q0.3。当 Q0.0、Q0.1 和 Q0.3 作为高速输出点时，其普通输出点被禁用，而当不作为 PWM 发生器时，Q0.0、Q0.1 和 Q0.3 可作为普通输出点使用。一般情况下，PWM 输出负载至少为 10% 的额定负载。经济型的 S7-200 SMART PLC 并没有高速输出点，标准型的 S7-200 SMART PLC 才有高速输出点，目前典型的两个型号是 CPU ST40 和 CPU ST60。CPU ST20 只有两个高速输出通道，即 Q0.0 和 Q0.1。

脉冲输出指令（PLS）配合特殊存储器用于配置高速输出功能，PLS 指令格式见表 9-1。

表 9-1　PLS 指令格式

LAD	说明	数据类型
PLS EN　ENO Q0.X	Q0.X：脉冲输出范围，为 0 时 Q0.0 输出，为 1 时 Q0.1 输出，为 2 时 Q0.3 输出	WORD

PWM 提供三条通道，这些通道允许占空比可变的固定周期时间输出，如图 9-1 所示，PLS 指令可以指定周期时间和脉冲宽度。以 μs 或 ms 为单位指定脉冲宽度和周期。

图 9-1　脉冲串输出

PWM 的周期范围为 10～65 535μs 或者 2～65 535ms，PWM 的脉冲宽度时间范围为 10～65 535μs 或者 2～65 535ms。

（3）与 PLS 指令相关的特殊寄存器的含义

如果要装入新的脉冲宽度（SMW70 或 SMW80）和周期（SMW68 或 SMW78），应该在执行 PLS 指令前装入这些值和控制寄存器，然后 PLS 指令会从特殊存储器 SM 中读取数据，并按照存储数值控制 PWM 发生器。这些特殊寄存器分为三大类：PWM 功能状态字、PWM 功能控制字和 PWM 功能寄存器。这些寄存器的含义见表 9-2～表 9-4。

表 9-2　PWM 控制寄存器的 SM 标志

Q0.0	Q0.1	Q0.3	控 制 字 节
SM67.0	SM77.0	SM567.0	PWM 更新周期值（0＝不更新,1＝更新）
SM67.1	SM77.1	SM567.1	PWM 更新脉冲宽度值（0＝不更新,1＝更新）
SM67.2	SM77.2	SM567.2	保留
SM67.3	SM77.3	SM567.3	PWM 时间基准选择（0＝1μs/格,1＝1ms/格）
SM67.4	SM77.4	SM567.4	保留
SM67.5	SM77.5	SM567.5	保留
SM67.6	SM77.6	SM567.6	保留
SM67.7	SM77.7	SM567.7	PWM 允许（0＝禁止,1＝允许）

表 9-3　其他 PWM 寄存器的 SM 标志

Q0.0	Q0.1	Q0.3	控 制 字 节
SMW68	SMW78	SMW568	PWM 周期值（范围：2～65535）
SMW70	SMW80	SMW570	PWM 脉冲宽度值（范围：0～65535）

表 9-4　PWM 控制字节参考

控制寄存器（十六进制值）	启用	时基	脉冲宽度	周期时间
16#80	是	1 μs/ 周期		
16#81	是	1 μs/ 周期		更新
16#82	是	1μs/ 周期	更新	
16#83	是	1μs/ 周期	更新	更新
16#88	是	1ms/ 周期		

控制寄存器(十六进制值)	启用	时基	脉冲宽度	周期时间
16#89	是	1ms/周期		更新
16#8A	是	1ms/周期	更新	
16#8B	是	1ms/周期	更新	更新

【关键点】 使用 PWM 功能相关的特殊存储器 SM 需要注意以下几点。

① 如果要装入新的脉冲宽度（SMW70 或 SMW80）或者周期（SMW68 或 SMW78），应该在执行 PLS 指令前装入这些数值到控制寄存器。

② 受硬件输出电路响应速度的限制，对于 Q0.0、Q0.1 和 Q0.3，从断开到接通为 $1.0\mu s$，从接通到断开为 $3.0\mu s$，因此最小脉宽不可能小于 $4.0\mu s$。最大频率为 100kHz，因此最小周期为 $10\mu s$。

（4）PLS 高速输出指令应用

以下用一个例子介绍高速输出指令的应用。

【例 9-1】 用 CPU ST40 的 Q0.0 输出一串脉冲，周期为 100ms，脉冲宽度时间为 20ms，要求有启停控制。

【解】梯形图如图 9-2 所示。

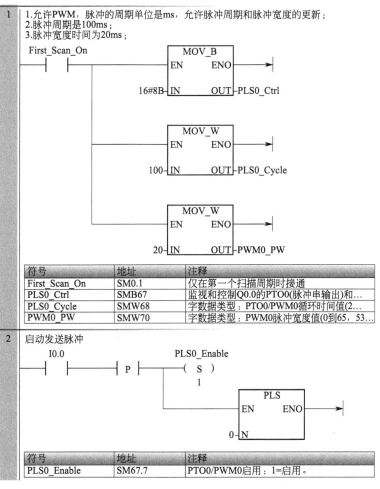

图 9-2

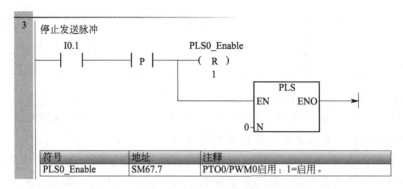

图 9-2　例 9-1 梯形图

初学者往往对于控制字的理解比较困难，但西门子公司设计了指令向导功能，读者只要设置参数即可生成子程序，使得程序的编写变得简单。以下介绍此方法。

① 打开指令向导　单击菜单栏的"工具"→"PWM"，如图 9-3 所示，弹出如图 9-4 所示的界面。

图 9-3　打开指令向导

② 选择输出点　CPU ST40 有三个高速输出点，本例选择 Q0.0 输出，也就是勾选"PWM0"选项。同理，如果要选择 Q0.1 输出，则应勾选"PWM1"选项。单击"下一步"按钮，如图 9-4 所示。

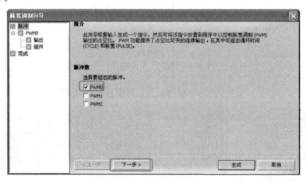

图 9-4　选择输出点

③ 子程序命名　如图 9-5 所示，可对子程序命名，也可以使用默认的名称，单击"下一步"按钮。

④ 选择时间基准　PWM 的时间基准有"毫秒"和"微秒"，本例选择"毫秒"，如图 9-6 所示，单击"下一步"按钮。

⑤ 完成向导　如图 9-7 所示，单击"下一步"按钮，弹出如图 9-8 所示的界面，单击"生成"按钮，完成向导设置，生成子程序"PWM0 _ RUN"，读者可以在"项目树"中的"调用子例程"中找到。

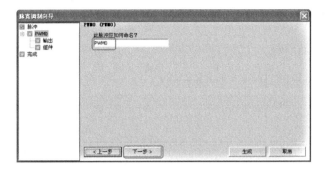

图 9-5 子程序命名

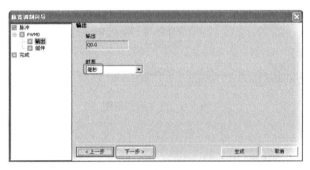

图 9-6 选择时间基准

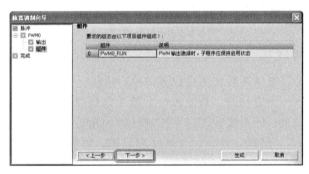

图 9-7 完成向导 (1)

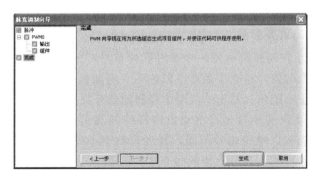

图 9-8 完成向导 (2)

⑥ 编写梯形图程序　梯形图如图 9-9 所示。其功能与图 9-2 的梯形图完全一样，但相比而言此梯形图更加简洁，也更加容易编写。

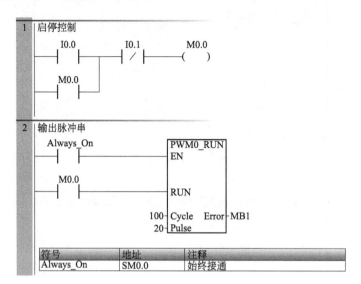

图 9-9　例 9-1 梯形图

【关键点】　如图 9-9 中的子程序"PWM0 _ RUN"中的 Cycle 是指脉冲周期 100ms，Pulse 是指脉冲宽度时间 20ms。

9.2　PLC 控制步进电动机

9.2.1　步进电动机简介

步进电动机是一种将电脉冲转化为角位移的执行机构。一般电动机是连续旋转的，而步进电动机的转动是一步一步进行的。每输入一个脉冲电信号，步进电动机就转动一个角度。通过改变脉冲频率和数量，即可实现调速和控制转动的角位移大小，具有较高的定位精度，其最小步距角可达 0.75°，转动、停止、反转反应灵敏、可靠。该电动机在开环数控系统中得到了广泛的应用。

(1) 步进电动机的分类

步进电动机可分为：永磁式步进电动机、反应式步进电动机和混合式步进电动机。

(2) 步进电动机的重要参数

① 步距角　它表示控制系统每发一个步进脉冲信号，电动机所转动的角度。电动机出厂时给出了一个步距角的值，这个步距角可以称为"电动机固有步距角"，但它不一定是电动机实际工作时的真正步距角，真正的步距角和驱动器有关。

② 相数　步进电动机的相数是指电动机内部的线圈组数，目前常用的有二相、三相、四相、五相等步进电动机。电机相数不同，其步距角也不同，一般二相电动机的步距角为 0.9°/1.8°，三相的为 0.75°/1.5°，五相的为 0.36°/0.72°。在没有细分驱动器时，用户主要靠选择不同相数的步进电动机来满足自己步距角的要求。如果使用细分驱动器，则相数将变得没有意义，用户只需在驱动器上改变细分数，就可以改变步距角。

③ 保持转矩　保持转矩是指步进电动机通电但没有转动时，定子锁住转子的力矩。它是步进电动机最重要的参数之一，通常步进电动机在低速时的力矩接近保持转矩。由于步进电动机的输出力矩随速度的增大而不断衰减，输出功率也随速度的增大而变化，所以保持转矩就成为衡量步进电动机最重要的参数之一。比如，当人们说 2N·m 的步进电动机，在没有特殊说明的情况下是指保持转矩为 2N·m 的步进电动机。

④ 钳制转矩　钳制转矩是指步进电动机没有通电的情况下，定子锁住转子的力矩。由于反应式步进电动机的转子不是永磁材料，所以它没有钳制转矩。

（3）步进电动机主要的特点

① 一般步进电动机的精度为步距角的 3%～5%，且不累积。

② 步进电动机外表允许的最高温度取决于不同电机磁性材料的退磁点。步进电动机温度过高时，会使电动机的磁性材料退磁，从而导致力矩下降以至于失步，因此电动机外表允许的最高温度应取决于不同电机磁性材料的退磁点。一般来讲，磁性材料的退磁点都在 130℃ 以上，有的甚至高达 200℃ 以上，所以步进电动机外表温度在 80～90℃ 完全正常。

③ 步进电动机的力矩会随转速的升高而下降。当步进电动机转动时，电动机各相绕组的电感将形成一个反向电动势；频率越高，反向电动势越大。在它的作用下，电动机随频率（或速度）的增大而相电流减小，从而导致力矩下降。

④ 步进电动机低速时可以正常运转，但若高于一定速度就无法启动，并伴有啸鸣声。步进电动机有一个技术参数——空载启动频率，即步进电动机在空载情况下能够正常启动的脉冲频率，如果脉冲频率高于该值，电动机不能正常启动，可能发生丢步或堵转。在有负载的情况下，启动频率应更低。如果要使电动机达到高速转动，脉冲频率应该有加速过程，即启动频率较低，然后按一定加速度升到所希望的高频（电动机转速从低速升到高速）。

（4）步进电动机的细分

步进电动机的细分控制，从本质上讲是通过对步进电动机的励磁绕组中电流的控制，使步进电动机内部的合成磁场为均匀的圆形旋转磁场，从而实现步进电动机步距角的细分。

一般步进电动机细分为 1、2、4、8、16、64、128 和 256 几种，通常细分数不超过 256。例如当步进电动机的步距角为 1.8°，那么当细分为 2 时，步进电动机收到一个脉冲，只转动 1.8°/2＝0.9°，可见控制精度提高了 1 倍。细分数选择要合理，并非细分越多越好，要根据实际情况而定。细分数一般在步进驱动器上通过拨钮设定。

（5）步进电动机在工业控制领域的主要应用情况

步进电动机作为执行元件，是机电一体化的关键产品之一，广泛应用在各种家电产品中，例如打印机、磁盘驱动器、玩具、雨刷、振动寻呼机、机械手臂和录像机等。另外步进电动机也广泛应用于各种工业自动化系统中。由于通过控制脉冲个数可以很方便地控制步进电动机转过的角位移，且步进电动机的误差不积累，可以达到准确定位的目的。还可以通过控制频率很方便地改变步进电动机的转速和加速度，达到任意调速的目的，因此步进电动机可以广泛地应用于各种开环控制系统中。

9.2.2　西门子 S7-200 SMART PLC 的高速输出点控制步进电动机

【例 9-2】 已知步进电动机的步距角是 1.8°，丝杠螺距为 10mm，速度为 50mm/s，压下正转按钮正转 100mm，压下停止按钮停转，压下反转按钮反转 100mm，设计此方案，画出原理图并编写程序。

【解】

（1）主要软硬件配置

① 1 套 STEP7-Micro/WIN SMART V2.3。

② 1 台步进电动机，型号为 17HS111。

③ 1 台步进驱动器，型号为 SH-2H042Ma。

④ 1 台 CPU ST40。

（2）步进电动机与步进驱动器的接线

本系统选用的步进电动机是两相四线的步进电动机，其型号是 17HS111，这种型号的步进电动机的出线接线如图 9-10 所示。其含义是：步进电动机的 4 根引出线分别是红色、绿色、黄色和蓝色；其中红色引出线应该与步进驱动器的 A＋接线端子相连，绿色引出线应该与步进驱动器的 A—接线端子相连，黄色引出线应该与步进驱动器的 B＋接线端子相连，蓝色引出线应该与步进驱动器的 B—接线端子相联。

（3）PLC 与步进电动机、步进驱动器的接线

步进驱动器有共阴和共阳两种接法，这与控制信号有关系，通常西门子 PLC 输出信号是＋24V 信号（即 PNP 型接法），所以应该采用共阴接法，所谓共阴接法就是步进驱动器的 DIR-和 CP-与电源的负极短接，如图 9-10 所示。而三菱 PLC 输出的是低电位信号（即 NPN型接法），因此应该采用共阳接法。

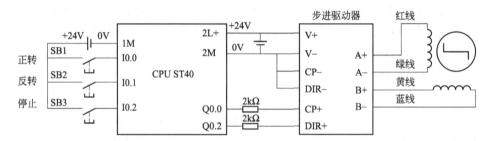

图 9-10　例 9-2 原理图

那么 PLC 能否直接与步进驱动器相连接呢？一般情况下是不能的。这是因为步进驱动器的控制信号通常是＋5V，而西门子 PLC 的输出信号是＋24V，显然是不匹配的。解决问题的办法就是在 PLC 与步进驱动器之间串联一只 2k Ω电阻，起分压作用，因此输入信号近似等于＋5V。有的资料指出串联一只 2k Ω的电阻是为了将输入电流控制在 10mA 左右，也就是起限流作用，在这里电阻的限流或分压作用的含义在本质上是相同的。CP＋（CP－）是脉冲接线端子，DIR＋（DIR－）是方向控制信号接线端子。PLC 接线如图 9-10 所示。有的步进驱动器只能采用共阳接法，如果使用西门子 S7-200 SMART PLC 控制这种类型的步进驱动器，则不能直接连接，必须将 PLC 的输出信号进行反相。另外，读者还要注意，输入端的接线采用的是 PNP 接法，因此两只接近开关是 PNP 型，若读者选用的是 NPN 型接近开关，那么接法就不同了。

【关键点】　步进驱动器的控制信号通常是＋5V，但并不绝对，例如有的工控企业为了使用方便，特意到驱动器的生产厂家定制 24V 控制信号的驱动器。

（4）组态硬件

高速输出有 PWM 模式和运动轴模式，对于较复杂的运动控制显然用运动轴模式控制更加便利。以下将具体介绍这种方法。

① 激活"运动控制向导"　打开 STEP 7软件，在主菜单"工具"栏中单击"运动"选项，弹出装置选择界面，如图 9-11 所示。

图 9-11　激活"运动控制向导"

② 选择需要配置的轴　CPU ST40 系列 PLC 内部有三个轴可以配置，本例选择"轴 0"即可，如图 9-12 所示，再单击"下一步"按钮。

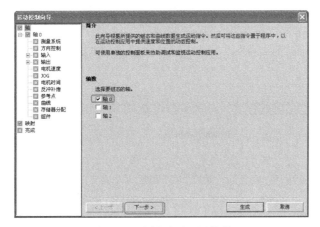

图 9-12　选择需要配置的轴

③ 为所选择的轴命名　本例为默认的"轴 0"，再单击"下一步"按钮，如图 9-13 所示。

图 9-13　为所选择的轴命名

④ 输入系统的测量系统　在"选择测量系统"选项中选择"工程单位"。由于步进电动机的步距角为 1.8°，所以电动机转一圈需要 200 个脉冲，所以"电机一次旋转所需的脉冲数"为"200"；"测量的基本单位"设为"mm"；"电机一次旋转产生多少 mm 的运动"为

"10"。这些参数与实际的机械结构有关，再单击"下一步"按钮，如图 9-14 所示。

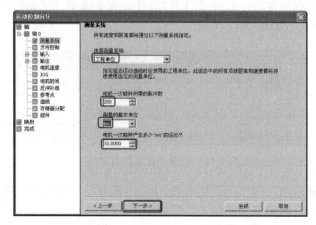

图 9-14　输入系统的测量系统

⑤ 设置脉冲方向输出　设置有几路脉冲输出，其中有单相（1 个输出）、双向（2 个输出）和正交（2 个输出）三个选项，本例选择"单相（1 个输出）"；再单击"下一步"按钮，如图 9-15 所示。

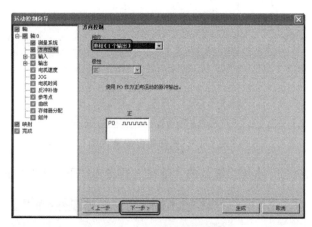

图 9-15　设置脉冲方向输出

⑥ 分配输入点　本例中并不用到 LMT＋（正限位输入点）、LMT-（负限位输入点）、RPS（参考点输入点）和 ZP（零脉冲输入点），所以可以不设置。直接选中"STP"（停止输入点），选择"启用"，停止输入点为"I0.2"，指定相应输入点有效时的响应方式为"减速停止"，指定输入信号有效电平为"高"电平有效，再单击"下一步"按钮，如图 9-16 所示。

⑦ 指定电动机速度

MAX＿SPEED：定义电动机运动的最大速度。

SS＿SPEED：根据定义的最大速度，在运动曲线中可以指定的最小速度。如果 SS＿SPEED 数值过高，电动机可能在启动时失步，并且在尝试停止时，负载可能使电动机不能立即停止而多行走一段。停止速度也为 SS＿SPEED

设置如图 9-17 所示，在 1、2 和 3 处输入最大速度、最小速度、启动/停止速度，再单击"下一步"按钮。

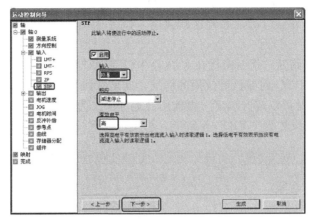

图 9-16　分配输入点

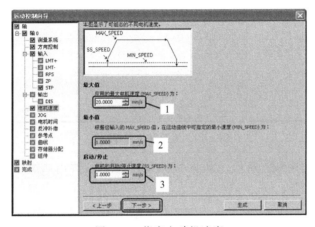

图 9-17　指定电动机速度

⑧ 设置加速和减速时间

ACCEL_TIME（加速时间）：电动机从 SS_SPEED 加速至 MAX_SPEED 所需要的时间，默认值为 1000 ms（1s），本例选默认值，如图 9-18 所示的"1"处。

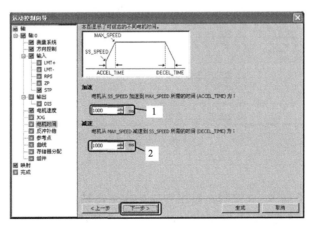

图 9-18　设置加速和减速时间

DECEL ＿ TIME（减速时间）：电动机从 MAX ＿ SPEED 减速至 SS ＿ SPEED 所需要的时间，默认值为 1000 ms（1s），本例选默认值，如图 9-18 所示的"2"处，再单击"下一步"按钮。

⑨ 为配置分配存储区　指令向导在 V 内存中以受保护的数据块页形式生成子程序，在编写程序时不能使用 PTO 向导已经使用的地址，此地址段可以由系统推荐，也可以人为分配，人为分配的好处是可以避开读者习惯使用的地址段。为配置分配存储区的 VB 内存地址如图 9-19 所示，本例设置为"VB0～VB92"，再单击"下一步"按钮。

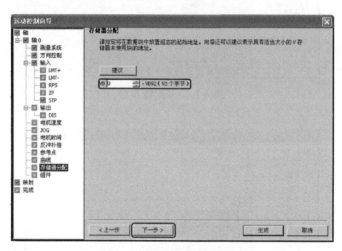

图 9-19　为配置分配存储区

⑩ 完成组态　如图 9-20 所示，单击"下一步"按钮，弹出如图 9-21 所示的界面，单击"生成"按钮，完成组态。

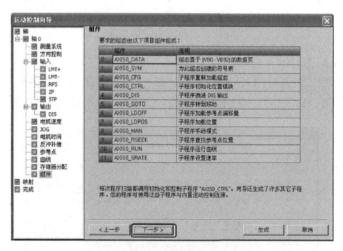

图 9-20　完成组态

（5）子程序简介

AXISx ＿ CTRL 子程序：（控制）启用和初始化运动轴，方法是自动命令运动轴，在每次 CPU 更改为 RUN 模式时，加载组态/包络表，每个运动轴使用此子例程一次，并确保程序会在每次扫描时调用此子例程。AXISx ＿ CTRL 子程序的参数见表 9-5。

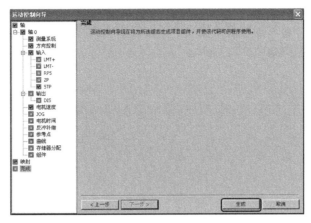

图 9-21　生成程序代码

表 9-5　AXISx _ CTRL 子程序的参数

子程序	各输入/输出参数的含义	数 据 类 型
AXIS0_CTRL EN MOD_EN Done Error C_Pos C_Spe~ C_Dir	EN:使能	BOOL
	MOD_EN:参数必须开启,才能启用其他运动控制子例程向运动轴发送命令	BOOL
	Done:当完成任何一个子程序时,Done 参数会开启	BOOL
	C_Pos:运动轴的当前位置。根据测量单位,该值是脉冲数(DINT)或工程单位数(REAL)	DINT/ REAL
	C_Speed :运动轴的当前速度。如果针对脉冲组态运动轴的测量系统,是一个 DINT 数值,其中包含脉冲数/s。如果针对工程单位组态测量系统,是一个 REAL 数值,其中包含选择的工程单位数/s(REAL)	DINT/ REAL
	C_Dir:电动机的当前方向,0 代表正向,1 代表反向	BOOL
	Error:出错时返回错误代码	BYTE

AXISx _ GOTO:其功能是命令运动轴转到所需位置,这个子程序提供绝对位移和相对位移两种模式。AXISx _ GOTO 子程序的参数见表 9-6。

表 9-6　AXISx _ GOTO 子程序的参数

子程序	各输入/输出参数的含义	数 据 类 型
AXIS0_GOTO EN START Pos　　Done Speed　Error Mode　C_Pos Abort　C_Spe~	EN:使能,开启 EN 位会启用此子程序	BOOL
	START:开启 START 向运动轴发出 GOTO 命令。对于在 START 参数开启且运动轴当前不繁忙时执行的每次扫描,该例程向运动轴发送一个 GOTO 命令。为了确保仅发送一条命令,应以脉冲方式开启 START 参数	BOOL
	Pos :要移动的位置(绝对移动)或要移动的距离(相对移动)。根据所选的测量单位,该值是脉冲数(DINT)或工程单位数(REAL)	DINT/ REAL
	Speed:确定该移动的最高速度。根据所选的测量单位,该值是脉冲数/s(DINT)或工程单位数/s(REAL)	DINT/ REAL
	Mode:选择移动的类型。0 代表绝对位置,1 代表相对位置,2 代表单速连续正向旋转,3 代表单速连续反向旋转	BOOL
	Abort:命令位控模块停止当前轮廓并减速至电动机停止	BYTE
	Done:当完成任何一个子程序时,会开启 Done 参数	BOOL
	Error:出错时返回错误代码	BYTE
	C_Pos:运动轴的当前位置。根据测量单位,该值是脉冲数(DINT)或工程单位数(REAL)	DINT/ REAL
	C_Speed :运动轴的当前速度。如果针对脉冲组态运动轴的测量系统,是一个 DINT 数值,其中包含脉冲数/s(DINT)。如果针对工程单位组态测量系统,是一个 REAL 数值,其中包含选择的工程单位数/s(REAL)	DINT/ REAL

（6）编写程序

使用了运动向导，编写程序就比较简单了，但必须搞清楚两个子程序的使用方法，这是编写程序的关键，梯形图如图 9-22 所示。

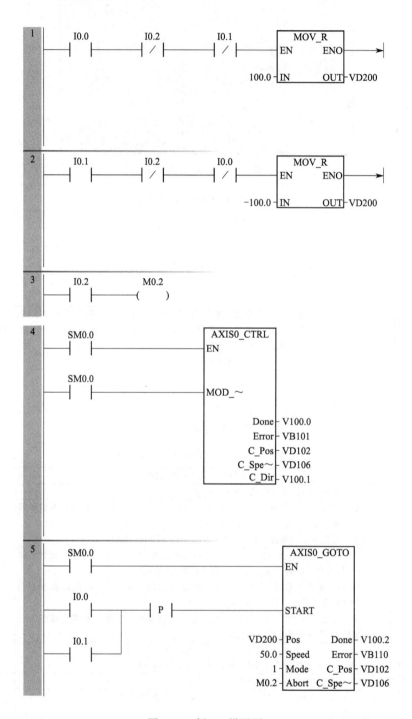

图 9-22　例 9-2 梯形图

9.3 PLC控制伺服系统

9.3.1 伺服系统简介

(1) 伺服电动机与伺服驱动器的接线

伺服系统选用的是台达伺服系统，伺服电动机和伺服驱动器的连线比较简单，伺服电动机后面的编码器与伺服驱动器的连线是由台达公司提供专用电缆，伺服驱动器端的接口是CN2，这根电缆一般不会接错。伺服电动机上的电源线对应连接到伺服驱动器上的接线端子上，原理图如图9-23所示。

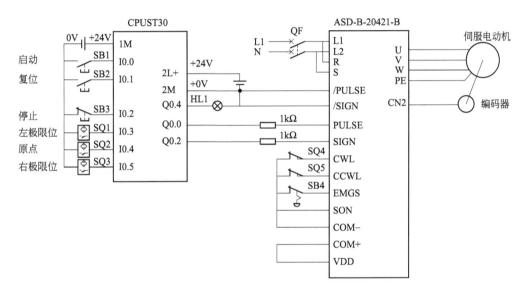

图 9-23　PLC 的高速输出点控制伺服电动机原理图

(2) 伺服电动机的参数设定

① 控制模式　驱动器提供位置、速度、扭矩三种基本操作模式，可以用单一控制模式，即固定在一种模式控制，也可选择用混合模式来进行控制，每一种模式分两种情况，所以总共有 11 种控制模式。

② 参数设置方式操作说明　ASD-B2 伺服驱动器的参数共有 187 个，如 P0-xx、P1-xx、P2-xx、P3-xx 和 P4-xx，可以在驱动器的面板上进行设置。伺服驱动器可采用自动增益调整模式。伺服驱动器参数设置见表 9-7。

表 9-7　伺服驱动器参数设置

序号	参数		设置数值	功能和含义
	参数编号	参数名称		
1	P0-02	LED 初始状态	00	显示电机反馈脉冲数
2	P1-00	外部脉冲列指令输入形式设定	2	2：脉冲列"＋"符号
3	P1-01	控制模式及控制命令输入源设定	00	位置控制模式（相关代码 Pt）

序号	参数		设置数值	功能和含义
	参数编号	参数名称		
4	P1-44	电子齿轮比分子(N)	1	指令脉冲输入比值设定 指令脉冲输入 f_1 → $\boxed{\dfrac{N}{M}}$ → 位置指令 f_2 → $f_2 = f_1 \times \dfrac{N}{M}$ 指令脉冲输入比值范围:$1/50 < N/M < 200$
5	P1-45	电子齿轮比分母(M)	1	当P1-44分子设置为"1",P1-45分母设置为"1"时,脉冲数为10000 一周脉冲数 $=\dfrac{\text{P1-44 分子}=1}{\text{P1-45 分母}=1} \times 10000 = 10000$
6	P2-00	位置控制比例增益	35	位置控制增益值加大时,可提升位置应答性及缩小位置控制误差量。但若设定太大时易产生振动及噪声
7	P2-02	位置控制前馈增益	5000	位置控制命令平滑变动时,增益值加大可改善位置跟随误差量。位置控制命令不平滑变动时,降低增益值可降低机构的运转振动现象
8	P2-08	特殊参数输入	0	10:参数复位

9.3.2 直接使用PLC的高速输出点控制伺服系统

在前面的章节中介绍了直接使用PLC的高速输出点控制步进电动机,直接使用PLC的高速输出点控制伺服电动机的方法与之类似,只不过后者略微复杂一些,下面用一个例子介绍具体的方法。

【例9-3】 某设备上有一套伺服驱动系统,伺服驱动器的型号为ASD-B-20421-B,伺服电动机的型号为ECMA-C30604PS,是三相交流同步伺服电动机,控制要求如下。

① 压下复位按钮SB1时,伺服驱动系统回原点。

② 压下启动按钮SB2时,伺服电动机带动滑块向前,速度为10mm/s,运行50mm,停2s,再运行50mm,停2s,然后返回原点完成一个循环过程。

③ 压下停止按钮SB3时,系统立即停止。

要求设计原理图,并编写控制程序。

【解】

(1) 主要软硬件配置

① 1套STEP7-Micro/WIN SMART V2.3。

② 1台伺服电动机,型号为ECMA-C30604PS。

③ 1台伺服驱动器,型号为台达ASD-B-20421-B。

④ 1台CPU ST30 。

(2) 组态硬件

高速输出有PWM模式和运动轴模式,对于较复杂的运动控制显然用运动轴模式控制更加便利。以下具体介绍这种方法。

① 激活"运动控制向导" 打开STEP7-Micro/WIN SMART软件,在主菜单"工具"栏中单击"运动"选项,弹出装置选择界面,如图9-24所示。

② 选择需要配置的轴 CPU ST30系列PLC内部有三个轴可以配置,本例选择"轴0"即可,如图9-25所示,再单击"下一步"按钮。

图 9-24　激活"运动控制向导"

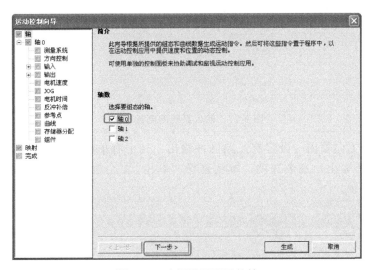

图 9-25　选择需要配置的轴

③ 为所选择的轴命名　本例为默认的"轴 0",再单击"下一步"按钮,如图 9-26 所示。

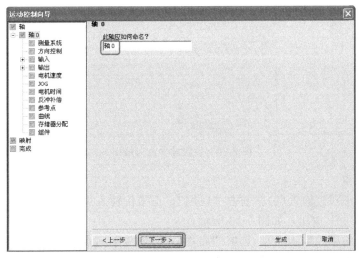

图 9-26　为所选择的轴命名

④ 输入系统的测量系统　将"选择测量系统"选项选择"工程单位"。由于光电编码器为 10000 线,所以电动机转一圈需要 10000 个脉冲,所以"电机一次旋转所需的脉冲"为"10000";"测量的基本单位"设为"mm";"电机一次旋转产生多少 mm 的运动"为 4.0。这些参数与实际的机械结构有关。再单击"下一步"按钮,如图 9-27 所示。

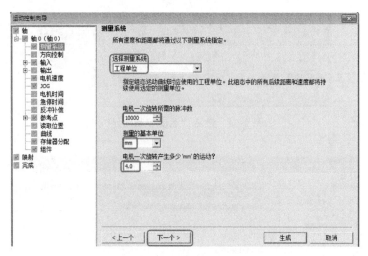

图 9-27 输入系统的测量系统

⑤ 设置脉冲方向输出 设置有几路脉冲输出,其中有单相(1个输出)、双向(2个输出)和正交(2个输出)三个选项,本例选择"单相(1个输出)"。再单击"下一步"按钮,如图 9-28 所示。

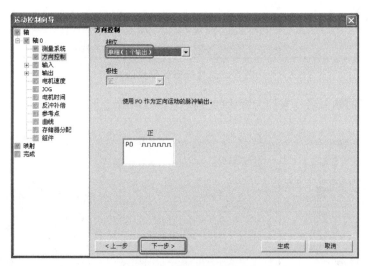

图 9-28 设置脉冲方向输出

⑥ 分配输入点

a. LMT+(正限位输入点)。选中"启用",正限位输入点为"I0.3",有效电平为"上限",单击"下一个"按钮,如图 9-29 所示。

b. LMT-(负限位输入点)。选中"启用",负限位输入点为"I0.5",有效电平为"上限",单击"下一个"按钮,如图 9-30 所示。

c. RPS(回参考点)。选中"启用",参考输入点为"I0.4",有效电平为"上限",单击"下一个"按钮,如图 9-31 所示。

⑦ 指定电机速度 MAX_SPEED:定义电机运动的最大速度。

SS_SPEED:根据定义的最大速度,在运动曲线中可以指定的最小速度。如果 SS_SPEED 数值过高,电机可能在启动时失步,并且在尝试停止时,负载可能使电机不能立即

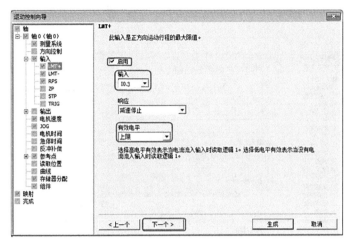

图 9-29　分配输入点——正限位输入点

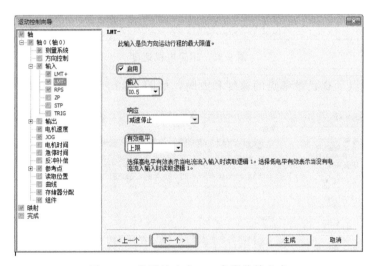

图 9-30　分配输入点——负限位输入点

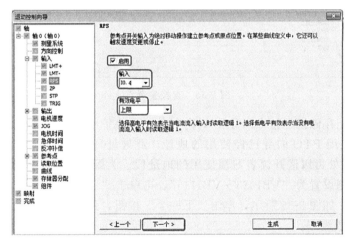

图 9-31　分配输入点——回参考点

停止而多行走一段。停止速度也为 SS _ SPEED，设置如图 9-32 所示，再单击"下一个"按钮。

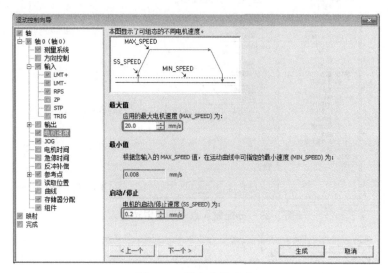

图 9-32　指定电机速度

⑧ 查找参考点　查找参考点的速度和方向，如图 9-33 所示。再单击"下一个"按钮。

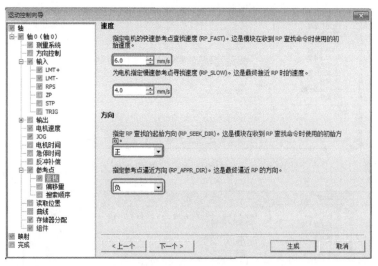

图 9-33　查找参考点

⑨ 为配置分配存储区　指令向导在 V 内存中以受保护的数据块页形式生成子程序，在编写程序时不能使用 PTO 向导已经使用的地址，此地址段可以系统推荐，也可以人为分配，人为分配的好处可以避开读者习惯使用的地址段。为配置分配存储区的 V 内存地址如图 9-34 所示，本例设置为"VB1023～VB1115"，再单击"下一个"按钮。

⑩ 完成组态　如图 9-35 所示，单击"下一个"按钮，弹出如图 9-36 所示的界面，单击"生成"按钮，完成组态。

(3) 控制程序的编写

梯形图如图 9-37 所示。

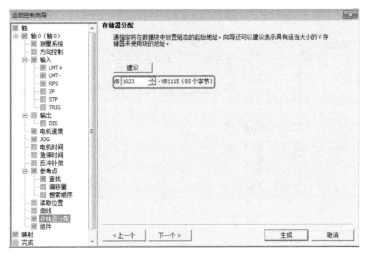

图 9-34　为配置分配存储区

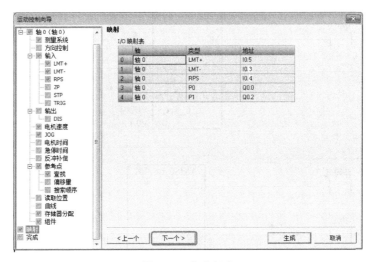

图 9-35　完成组态

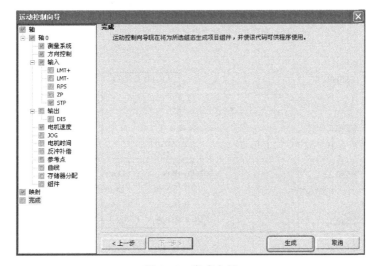

图 9-36　完成向导

1 SM0.1

```
          ┌─────────────┐         ┌─────────────┐
          │    MOV_B     │         │    MOV_R     │
    ──┤├──┬┤EN       ENO├─────────┤EN       ENO├──────►
          ││             │         │             │
       0 ─┤IN       OUT├─VB500 500.0─┤IN     OUT├─VD600
          │└─────────────┘         └─────────────┘
          │
          │   V580.0
          ├──( R )
          │    3
          │   V0.3
          └──( R )
               1
```

2 SM0.0

```
    ──┤├──┐    ┌─────────────────┐
          │    │   AXIS0_CTRL     │
          ├────┤EN                │
    SM0.0 │    │                  │
    ──┤├──┘    │MOD_~             │
               │                  │
               │        Done├─V0.0
               │       Error├─VB100
               │       C_Pos├─VD200
               │      C_Spe~├─VD204
               │       C_Dir├─V0.1
               └─────────────────┘
```

3 SM0.0

```
    ──┤├──┐    ┌─────────────────┐
          │    │  AXIS0_RSEEK     │
          ├────┤EN                │
     I0.1 │    │                  │
    ──┤├──┘    │START             │
               │                  │
               │        Done├─V0.2
               │       Error├─VB101
               └─────────────────┘
```

4 SM0.0

```
    ──┤├──────────────┐   ┌─────────────────┐
                      │   │  AXIS0_GOTO      │
                      ├───┤EN                │
    V580.0            │   │                  │
    ──┤├──┬──┤P├──────┤   │START             │
          │           │   │                  │
    V580.2│           │VD600─┤Pos      Done├─V0.3
    ──┤├──┤           │10.0 ─┤Speed   Error├─VB102
          │           │ 0  ─┤Mode    C_Pos├─VD206
    V580.1│           │V0.4─┤Abort   C_Spe~├─VD210
    ──┤├──┘           └─────────────────┘
```

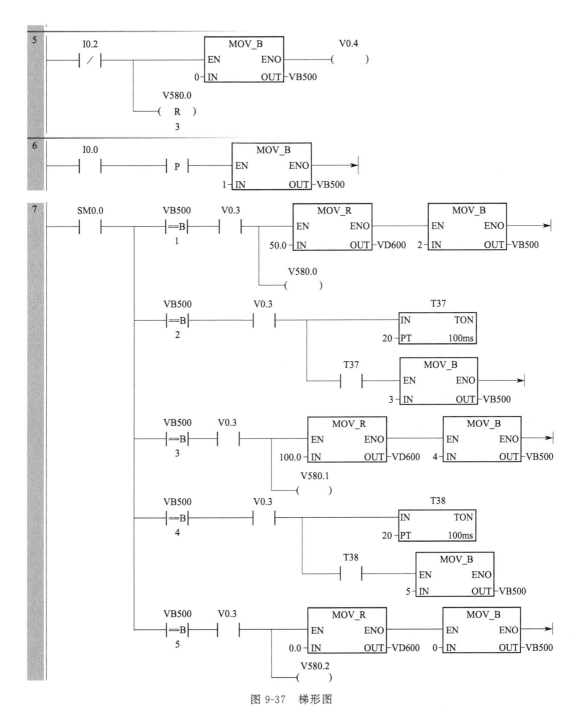

图 9-37 梯形图

【例 9-4】 某设备上有一套伺服驱动系统，伺服驱动器的型号为 ASD-B-20421-B，伺服电动机的型号为 ECMA-C30604PS，是三相交流同步伺服电动机，控制要求如下。

① 压下复位按钮 SB3 时，高速计数器复位，伺服系统回原位。

② 当处于手动模式时，压下启动按钮 SB1，伺服电动机跟随手摇编码器运行，即用手摇编码器设定伺服电动机的旋转速度和方向。当处于自动模式时，压下启动按钮 SB1，按照设定位移和速度运行。

③ 压下停止按钮 SB2 时，系统立即停止，手摇编码器失效。

要求设计原理图，并编写控制程序。

【解】

(1) 主要软硬件配置

① 1 套 STEP7-Micro/WIN SMART V2.3。

② 1 台伺服电动机，型号为 ECMA-C30604PS。

③ 1 台伺服驱动器的型号为达 ASD-B-20421-B。

④ 1 台 CPU ST40。

⑤ 1 台手摇编码器。

设计原理图如图 9-38 所示。

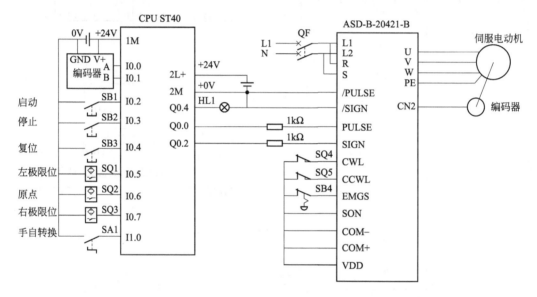

图 9-38 梯形图

(2) 组态硬件

先组态高速计数器，再组态运动控制。

① 打开指令向导 首先，单击菜单栏中的"工具"→"高速计数器"按钮，如图 9-39 所示，弹出如图 9-40 所示的界面。

② 选择高数计数器 本例选择高数计数器 0，也就是要勾选"HSC0"，如图 9-40 所示。选择哪个高速计数器由具体情况决定，单击"模式"选项或者单击"下一个"按钮，弹出如图 9-41 所示的界面。

③ 选择高速计数器的工作模式 如图 9-41 所示，在"模式"选项中，选择"模式 10"（A/B 相正交模式），单击"下一个"按钮，弹出如图 9-42 所示的界面。

④ 设置高速计数器参数 如图 9-42 所示，初始化程序的名称可以使用系统自动生成的，也可以由读者重新命名，本例的预设值为"100"，当前值为"0"，输入初始计数方向为"上"，计数速率为"1x"。单击"下一个"按钮，弹出如图 9-43 所示的界面。

⑤ 设置完成 本例不需要设置高速计数器中断、步和组件，因此单击"生成"按钮即可，如图 9-43 所示。

图 9-39 打开 "高速计数器" 指令向导

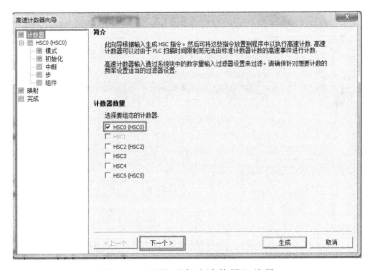

图 9-40 选择 "高速计数器" 编号

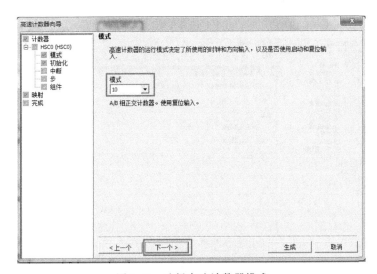

图 9-41 选择高速计数器模式

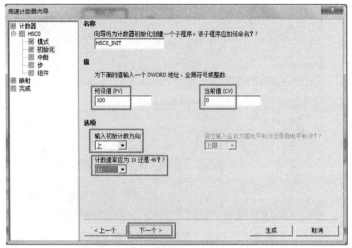

图 9-42 设置高速计数器参数

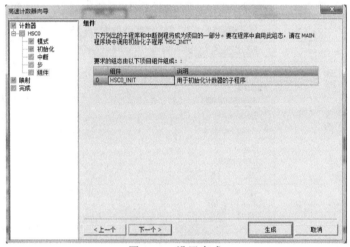

图 9-43 设置完成

⑥ 打开运动控制向导 打开运动控制向导, 勾选 "轴 0", 如图 9-44 所示, 单击 "下一个"按钮。

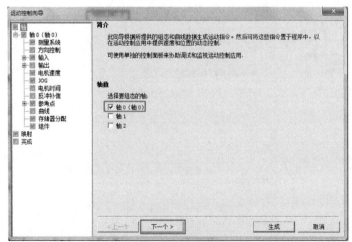

图 9-44 打开运动控制向导

⑦ 设置测量系统参数　测量系统参数主要与伺服系统以及机械系统相关，本例的参数如图 9-45 所示，单击"下一个"按钮。

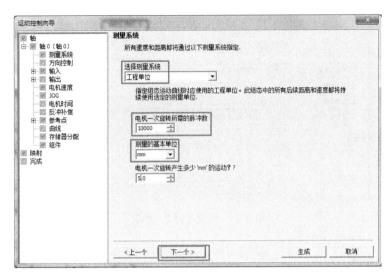

图 9-45　设置测量系统参数

⑧ 设置 LMT＋参数　LMT＋是正限位，因为接近开关是常开型，所以有效电平选择"上限"，如图 9-46 所示，单击"下一个"按钮。

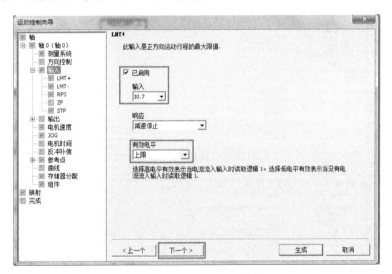

图 9-46　设置 LMT＋参数

⑨ 设置 LMT－参数　LMT－是负限位，因为接近开关是常开型，所以有效电平选择"上限"，如图 9-47 所示，单击"下一个"按钮。

⑩ 设置 RPS 参数　RPS 是参考点，因为接近开关是常开型，所以有效电平选择"上限"，如图 9-48 所示，单击"下一个"按钮。

⑪ 设置 STP 参数　STP 是停止输入，因为接近开关是常闭型，所以有效电平选择"下限"，如图 9-49 所示，单击"下一个"按钮。

⑫ 设置电机速度　设置电机的速度最大值、最小值和启动/停止，如图 9-50 所示，单击"下一个"按钮。

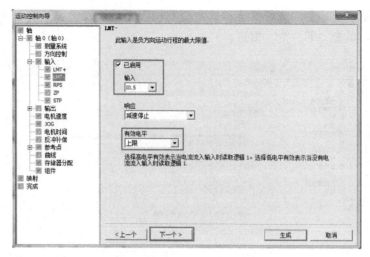

图 9-47　设置 LMT－参数

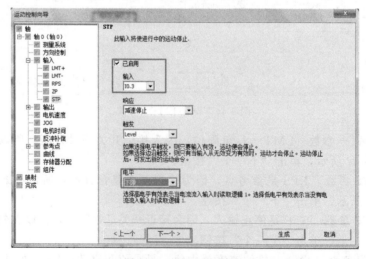

图 9-48　设置 RPS 参数

图 9-49　设置 STP 参数

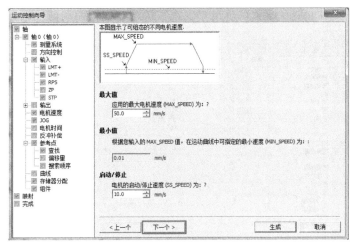

图 9-50　设置电机速度

⑬ 设置参考点搜索顺序　选择"1"，如图 9-51 所示，单击"下一个"按钮。

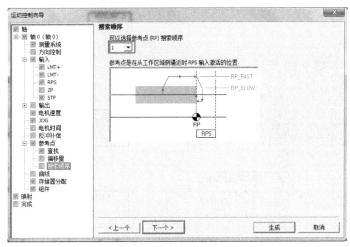

图 9-51　设置参考点搜索顺序

⑭ 存储器分配　如图 9-52 所示，这个存储区是系统使用的，单击"下一个"按钮。

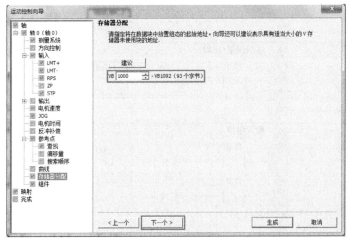

图 9-52　存储器分配

⑮ **完成组态** 如图 9-53 所示，单击"生成"按钮，运动控制向导组态完成。

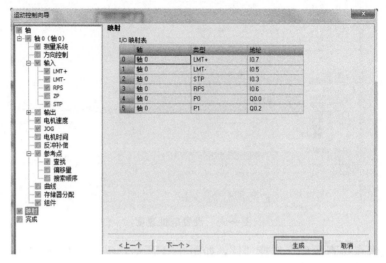

图 9-53　组态完成

（3）编写程序

程序如图 9-54～图 9-59 所示。

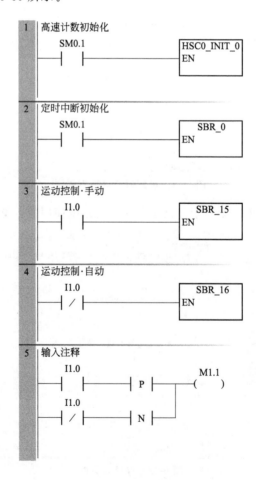

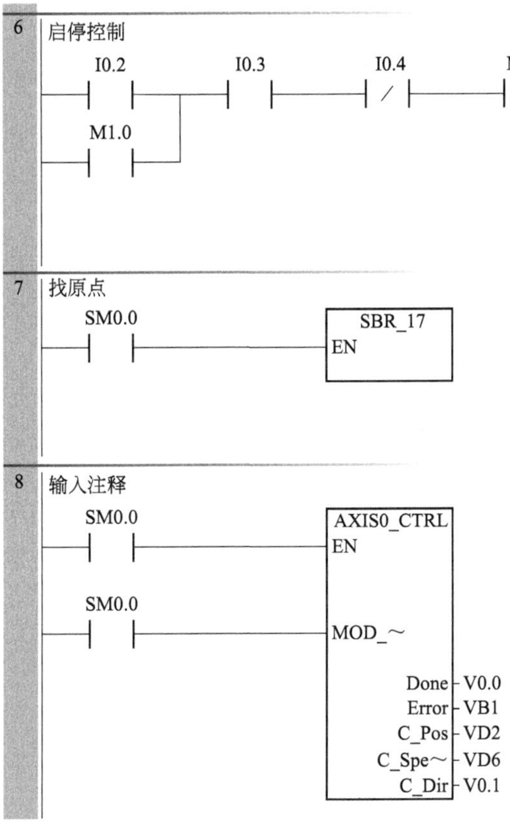

6 启停控制

```
  I0.2        I0.3        I0.4        M1.1         M1.0
 ─┤ ├──┬──────┤ ├────────┤/├────────┤/├──────────( )
  M1.0  │
 ─┤ ├───┘
```

7 找原点

```
  SM0.0        ┌──────────┐
 ─┤ ├──────────┤ SBR_17   │
               │ EN       │
               └──────────┘
```

8 输入注释

```
  SM0.0        ┌─────────────────┐
 ─┤ ├──────────┤ AXIS0_CTRL      │
               │ EN              │
               │                 │
  SM0.0        │                 │
 ─┤ ├──────────┤ MOD_~           │
               │                 │
               │       Done ├ V0.0
               │      Error ├ VB1
               │      C_Pos ├ VD2
               │     C_Spe~ ├ VD6
               │      C_Dir ├ V0.1
               └─────────────────┘
```

图 9-54   主程序

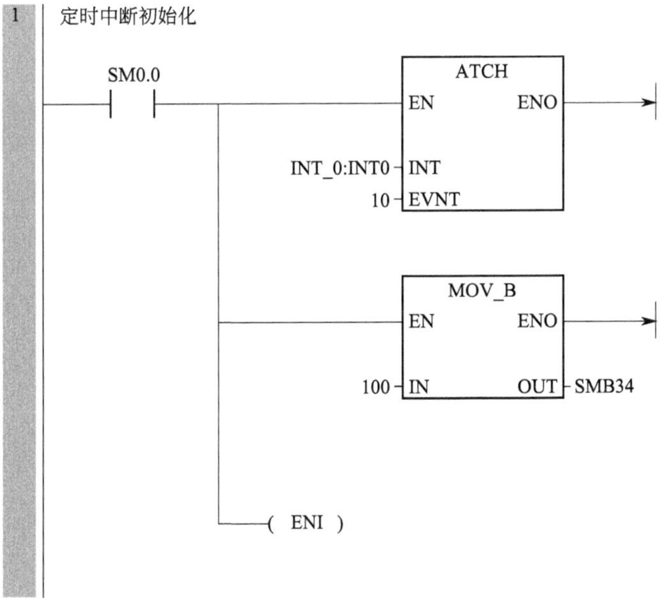

1 定时中断初始化

```
  SM0.0                       ┌──────────────┐
 ─┤ ├───────────┬─────────────┤ ATCH         │
                │             │ EN      ENO  ├──┤►
                │             │              │
                │  INT_0:INT0─┤ INT          │
                │          10─┤ EVNT         │
                │             └──────────────┘
                │
                │             ┌──────────────┐
                ├─────────────┤ MOV_B        │
                │             │ EN      ENO  ├──┤►
                │             │              │
                │         100─┤ IN      OUT  ├ SMB34
                │             └──────────────┘
                │
                └──────────( ENI )
```

图 9-55   子程序 SBR _ 0

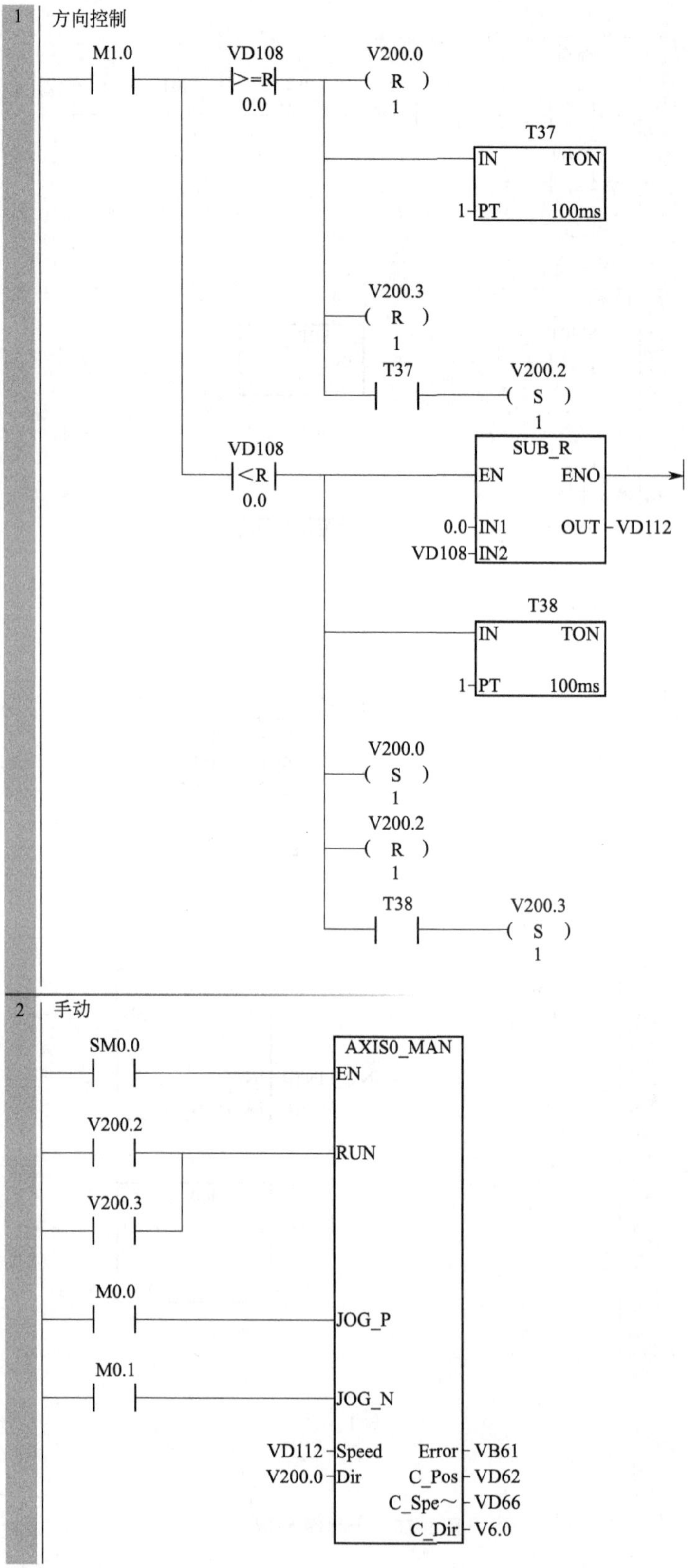

图 9-56 子程序 SBR _ 15

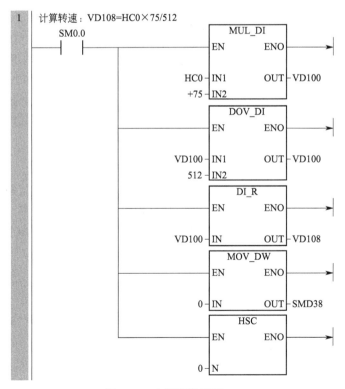

图 9-57　子程序 SBR _ 16

图 9-58　子程序 SBR _ 17

图 9-59　中断程序 INT _ 0

第10章

西门子人机界面（HMI）应用

本章主要介绍人机界面的入门知识，并介绍如何完成一个简单人机界面项目的过程。

10.1 人机界面简介

10.1.1 认识人机界面

人机界面（Human Machine Interface）又称人机接口，简称 HMI，在控制领域，HMI 一般特指用于操作员与控制系统之间进行对话和相互作用的专用设备，中文名称触摸屏。触摸屏技术是起源于 20 纪 70 年代出现的一项新的人机交互作用技术。利用触摸屏技术，用户只需轻轻触碰计算机显示屏上的文字或图符就能实现对主机的操作，部分取代或完全取代键盘和鼠标。它作为一种新的计算机输入设备，是目前最简单、自然和方便的一种人机交互方式。目前，触摸屏已经在消费电子（如手机）、银行、税务、电力、电信和工业控制等部门得到了广泛的应用。

（1）触摸屏的工作原理

触摸屏工作时，用手或其他物体触摸触摸屏，然后系统根据手指触摸的图标或文字的位置来定位选择信息输入。触摸屏由触摸检测器件和触摸屏控制器组成。触摸检测部件安装在显示器的屏幕上，用于检测用户触摸的位置，接收后送至触摸屏控制器，触摸屏控制器将接收到的信息转换成触点坐标，再送给 PLC，它同时接收 PLC 发来的命令，并加以执行。

（2）触摸屏的分类

触摸屏主要有电阻式触摸屏、电容式触摸屏、红外线式触摸屏和表面声波触摸屏等。

10.1.2 触摸屏的通信连接

触摸屏的图形界面是在计算机的专用软件（如 WinCC flexible）上设计和编译的，需要通过通信电缆下载到触摸屏；触摸屏要与 PLC 交换数据，它们之间也需要通信电缆。

（1）计算机与西门子触摸屏之间的通信连接

台式计算机上通常至少有一个 RS-232C 接口，西门子触摸屏有一个 RS-422/485 接口，个人计算机与触摸屏就通过这两个接口进行通信，通常采用 PPI 通信（也可以采用 MPI、PROFIBUS 通信等），市场上有专门的 PC/PPI 电缆（此电缆也用于计算机与 S7-200 系列 PLC 的通信）出售，不必自己制作。当然也有 USB 接口形式的 PC/PPI 电缆出售，效果完全相同。如果读者使用的笔记本计算机上没有 RS-232C 接口，而且手头又没有 USB 接口形式的 PC/PPI 电缆，可以在市场上购置一个 USB-RS232C 转换器即可，但要注意使用 USB-RS232C 转换器前必须安装驱动程序。计算机与西门子触摸屏之间的联机最为简便的方案就是使用 PC/PPI 电缆。计算机与触摸屏通信连接如图 10-1 所示。

图 10-1　计算机与触摸屏通信连接

计算机与西门子触摸屏之间的联机还有其他方式，例如在计算机中安装一块通信卡，通信卡自带一根通信电缆，将两者连接即可。如西门子的 CP6511 通信卡是 PCI 卡，安装在计算机主板的 PCI 插槽中，可以提供 PPI、MPI 和 PROFIBUS 等通信方式。有以太网口的触摸屏，计算机还可通过以太网向触摸屏下载程序。

（2）触摸屏与 PLC 的通信连接

西门子触摸屏有一个 RS-422/485 接口，西门子 S7-300/400 可编程控制器有一个编程口（MPI 口），两者互联实现通信采用的通信电缆，接线如图 10-2 所示。

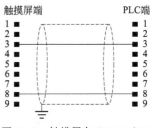

图 10-2　触摸屏与 S7-300/400 的通信连接

10.2　WinCC flexible 软件简介

10.2.1　认识 WinCC flexible

（1）初识 WinCC flexible

西门子的触摸屏过去用 ProTool 组态，WinCC flexible 是在 ProTool 组态软件的基础上发展而来的，并且与 ProTool 保持一致性，多种语言使它可以在全球通用，因而被广泛认可。WinCC flexible 综合了 WinCC 的开放性和可扩展性，以及 ProTool 的易用性。

WinCC flexible 是西门子的全集成自动化的重要组成部分，西门子的全集成自动化（TIA）是指控制系统使用统一的通信协议、统一的数据库和统一的编程工具。WinCC flexible 可以与 STEP7 V5.5、SCOUT 和 iMAP 集成在一起。

WinCC flexible 具有开放、简易的扩展功能，带有 Visual Basic 脚本功能，集成了 ActiveX 控件，可以将人机界面集成到互联网。WinCC flexible 易学易用、功能强大，提供了智能化的工具，例如图形导航和移动的图形化组态。在创建工程时，通过点击鼠标便可以生成触摸屏项目的基本框架结构。基于表格化的编辑器简化了对象（如变量、文本）的生成和编辑。通过图形化的配置，简化了复杂的配置任务。

(2) WinCC flexible 软件的组成

WinCC flexible 软件包含三个组件：WinCC flexible 工程系统、WinCC flexible 运行系统和 WinCC flexible 选件。

① WinCC flexible 工程系统　用于开发组态运行与操作面板的监控管理系统，分为四个版本，分别介绍如下。

a. WinCC flexible 微型版，用于组态微型面板（Micro Panel）。

b. WinCC flexible 压缩版，用于组态 70 和 170 系列面板。

c. WinCC flexible 标准版，用于组态 270 和 370 系列面板。

d. WinCC flexible 高级版，用于组态基于 PC 面板和运行系统。

② WinCC flexible 运行系统　用于过程可视化与自动化系统的通信，操作自动化生产过程，处理维护报警信息和各种数据。WinCC flexible 运行系统（WinCC flexible Runtime）在 Windows 平台上运行用户组态程序，还可以在组态计算机上模拟、测试用户编译完成的组态文件。

③ WinCC flexible 选件　包含 ChangeControl、Archive、Audit、Sm@rtAccess、Sm@rtServices、OPC 和 ProAgent 等。

10.2.2　安装 WinCC flexible

(1) 安装 WinCC flexible 的条件

目前 WinCC flexible 的最新版本是 WinCC flexible 2008 SP4，同时，WinCC flexible 有多种语言版本，相对安装西门子的其他软件，安装 WinCC flexible 软件是比较费时间的。WinCC flexible 软件对计算机的硬件要求较高，推荐安装条件如下。

① 操作系统：Windows XP Professional 或者 Windows 7（专业版或者旗舰版，32 位和 64 位均可）。

② 主内存：1.5GB 或者更大，推荐 2GB 或者更大。

③ 硬盘空间：2GB 或者更大。

④ CPU：Pentium 4 或更强。

⑤ Internet 浏览器：Microsoft Internet Explorer V6.0 SP1。

⑥ PDF 阅览器：Adobe Acrobat 5.0 或者更高。

以上安装要求是最低要求，推荐 i5 以上 CPU 和 4GB 以上 RAM，这样运行程序运行比较流畅，否则会有"卡机"现象。

(2) 安装 WinCC flexible

安装 WinCC flexible 由读者参照说明书自行完成，安装时有以下几个注意事项。

① 安装时最好将监控和杀毒软件关闭，而且源文件和安装目录最好是英文，否则可能不能安装该软件。

② 较早的 Wincc flexible 版本（2007 及以前的版本）与西门子的部分软件冲突，因此建议安装新版的 WinCC flexible。

③ 操作系统是 Windows XP，应选择专业版或者企业版，操作系统是 Windows 7 和 Windows 8.1，应选择专业版或者旗舰版。不能使用家庭版的操作系统。

④ 目前的 WinCC flexible 版本还不能安装在 Windows 10 操作系统中，但可以在 Windows 10 操作系统的虚拟机操作系统中运行此软件。

10.3　变量组态

10.3.1　变量类型

触摸屏中使用的变量类型和选用的控制器的变量是一致的，例如读者若选用西门子的 S7-200 SMART 系列 PLC，那么触摸屏中使用的变量类型就和 S7-200 SMART 系列 PLC 的变量类型基本一致。

10.3.2　函数

西门子的人机界面有很多函数，可分为记录函数、用户管理函数、画面函数、位处理函数、打印函数、设置函数、报警函数、配方函数、系统函数、键盘函数、用于画面对象的热键函数和其他函数。一般而言越高档的人机界面函数越丰富，使用越方便。以下介绍几个常用的函数。

（1）位函数

① InvertBit　其作用是对给定的"Bool"型变量的值取反。如果变量现有值为 1（真），它将被设置为 0（假）；如果变量现有值为 0（假），它将被设置为 1（真）。

② ResetBit　将"Bool"型变量的值设置为 0（假）。

③ SetBit　将"Bool"型变量的值设置为 1（真）。

④ SetBitWhileKeyPressed　只要用户按下已组态的键，给定变量中的位即设置为 1（真）。在改变了给定位之后，系统函数将整个变量传送回 PLC，但是并不检查变量中的其他位是否同时改变。在变量被传送回 PLC 之前，操作员和 PLC 只能读该变量。

（2）计算函数

① IncreaseValue　将给定值添加到变量值上，用方程表示为：$X = X + a$。

系统函数使用同一变量作为输入和输出值。当该系统函数用于转换数值时，必须使用辅助变量。可使用系统函数"SetValue"将变量值分配给辅助变量。

如果在报警事件中组态了函数且变量未在当前画面中使用，则无法确保在 PLC 中使用实际的变量值。通过设置"连续循环"采集模式可以改善这种情况。

② SetValue　将新值赋给给定的变量。该系统函数可用于根据变量类型分配字符串和数字。

（3）画面函数

① ActivateScreen　将画面切换到指定的画面。使用"ActivateScreenByNumber"系统函数可以从根画面切换到永久性窗口，反之亦然。

② ActivatePreviousScreen　将画面切换到在当前画面之前激活的画面。如果先前没有激活任何画面，则画面切换不执行。最近调用的 10 个画面被保存。当切换到不再保存的画面时，会输出一条系统消息。

（4）用户管理

① Logoff　在 HMI 设备上注销当前用户。

② Logon　在 HMI 设备上登录当前用户。

③ GetUserName　在给定的变量中写入当前登录到 HMI 设备用户的用户名。如果给出

的变量具有控制连接，则用户名在 PLC 上也可用。该系统函数将使诸如执行某些功能与用户有关的版本成为可能。

④ GetPassword　在给定的变量中写入当前登录到 HMI 设备的用户的口令，确保给定变量的值未显示在项目中的其他位置。

(5) 报警函数

① EditAlarm　为选择的所有报警触发"编辑"事件。如果要编辑的报警尚未被确认，则在调用该系统函数时自动确认。

② ShowAlarmWindow　隐藏或显示 HMI 设备上的报警窗口。

③ ClearAlarmBuffer　删除 HMI 设备报警缓冲区中的报警。尚未确认的报警也被删除。

④ AcknowledgeAlarm　确认选择的所有报警。该系统函数用于 HMI 设备没有 ACK 键时或报警屏幕的集成键不能使用时。

10.4　画面组态

10.4.1　按钮组态

按钮的主要功能是在点击它的时候执行事先组态好的系统函数，使用按钮可以完成很多不同的任务。

(1) 用按钮增减变量值

先新建一个工程，打开画面，选中"工具箱"中的"简单对象组"，将其中的"按钮"拖入到画面的工作区，选中按钮。在按钮的属性视图的"常规"对话中，设置按钮模式为"文本"。设置"OFF"状态为"＋10"，如图 10-3 所示。如果未选中"ON"复选框，按钮在按下时和弹起时的文本相同。如果选中它，按钮在按下时和弹起时，文本的设置可以不相同。

图 10-3　按钮的属性组态

打开按钮属性视图的"事件"内的"单击"对话框，如图 10-4 所示，单击按钮时，执行系统函数列表"计算"文件夹中的系统函数"IncreaseValue"，被增加的整型变量是"X"，增加值是 10。

在按钮的上方生成一个 3 位整数的输出 IO 域，如图 10-5 所示，连接变量的类型为"X"。当按下工具栏的"　"，处于模拟运行状态，开始离线模拟运行。每单击一次按钮，IO 域中的数值增加 10。

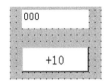

图 10-4　按钮触发事件组态 (1)　　　　图 10-5　按钮和 IO 域的画面 (1)

(2) 用按钮设定变量的值

先新建一个工程,打开画面,选中"工具箱"中的"简单对象组",将其中的"按钮"拖入到画面的工作区,选中按钮。在按钮的属性视图的"常规"对话中,设置按钮模式为"文本"。设置"OFF"状态为"1",方法与以上例子相同。

打开按钮属性视图"事件"内的"单击"对话框,如图 10-6 所示,单击按钮时执行系统函数列表"计算"文件夹中的系统函数"SetValue",被设置的整型变量是"Y",Y 数值变成 20。

在按钮的上方生成一个 3 位整数的输出 IO 域,如图 10-7 所示,连接变量的类型为"Y"。当按下工具栏的"![icon]",处于模拟运行状态,开始离线模拟运行。每次单击按钮,IO 域中的数值均为 20。

图 10-6　按钮触发事件组态 (2)　　　　图 10-7　按钮和 IO 域的画面 (2)

10.4.2　IO 域组态

I 是输入 (Input) 的简称,O 是输出 (Output) 的简称,输入域和输出域统称 IO 域。IO 域应用在触摸屏中比较常见。

(1) IO 域的分类

① 输入域:用于操作员输入要传送到 PLC 的数字、字母或符号,将输入的数值保存到变量中。

② 输出域:只显示变量数据。

③ 输入输出域:同时具有输入和输出功能,操作员可以用它来修改变量的数值,并将修改后的数值显示出来。

(2) IO 域的组态

先建立"连接 1",再在变量表中建立整型 (Int) 变量"MW0""MW2"和"MW4",

如图 10-8 所示。再生成和打开"IO 域"画面，选中工具箱中的"简单对象"，将"IO 域"对象拖到画面编辑器的工作区。在画面上建立 3 个 IO 域对象，如图 10-9 所示。分别在 3 个 IO 域的属性视图的"常规"对话框中，设置模式为"输入""输出"和"输入/输出"，如图 10-10 所示。

	名称 ▲	连接	数据类型	地址	数组计数	采集周期
☰	MW0	连接_1	Int	MW 0	1	100 ms
☰	MW2	连接_1	Int	MW 2	1	100 ms
☰	MW4	连接_1 ▼	Int ▼	MW 4 ▼	1	100 ms ▼

图 10-8　新建变量

图 10-9　IO 域组态

输入域显示 3 位整数，为此组态"移动小数点"（小数部分的位数），"格式样式"为"999"，表示整数为 3 位，变量的更新周期为 100ms。

图 10-10　输入域的常规属性组态

10.4.3　开关组态

开关是一种用于布尔（Bool）变量输入、输出的对象，它有两项基本功能：一是用图形或者文本显示布尔变量的值（0 或者 1）；二是点击开关时，切换连接的布尔变量的状态，如果原来是 1 则变为 0，如果原来是 0 则变为 1，这一功能集成在对象中，不需要用户组态，发生"单击"事件时执行函数。

（1）切换模式的开关组态

将"工具箱"中的"简单对象"组中的"开关"拖放到画面的编辑器中。切换模式开关如图 10-11 所示，方框的上部是文字标签，下部是带滑块的推拉式开关，中间是打开和关闭对应的文本。

图 10-11　开关画面

在开关属性视图的"常规"对话框中，选择开关模式为"切换"，如图 10-12 所示，开关与变量"启停"连接，将标签"Switch"改为"变频器"，ON 和 OFF 状态的文本由"1"和"0"改为"启"和"停"。

当按下工具栏的"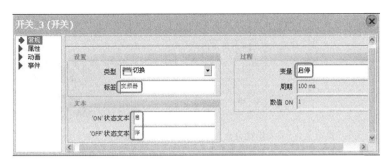"，处于模拟运行状态，开始离线模拟运行。

图 10-12　开关常规属性

(2) 通过图形切换模式的开关组态

WinCC flexible 的图形库中有大量的控件可供用户使用。在工具栏的"图形"组中，打开 WinCC flexible 图形文件夹→Symbol Factory Graphics→ Symbol Factory Type Color→3-D Push-buttons Etc，如图 10-13 所示。读者可以在安装 WinCC flexible 的文件目录找到图形文件。

将工具箱的"简单对象"中的"开关"拖放到画面编辑器中，如图 10-11 所示。在常规视图的对话框中，将组态开关的类型设置成"通过图形切换"，过程变量与"启停"连接，选择"1"处，如图 10-14 所示。这样两个开关就组态完成。

(3) 通过文本切换模式的开关组态

将工具箱的"简单对象"中的"开关"拖放到画面编辑器中，如图 10-11 所示。在常规视图的对话框中，将组态开关的类型设置成"通过文本切换"，过程变量与"启停"连接，将 ON 状态设置"启动"，将 OFF 状态设置为"停止"，如图 10-15 所示。当按下工具栏的"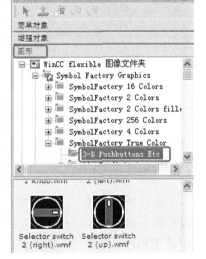"时，处于模拟运行状态，开始离线模拟运行。文本在启动和停止之间切换时，灯随之亮或灭。

图 10-13　图形库路径

10.4.4　图形输入输出对象组态

(1) 棒图的组态

棒图以带刻度的棒图形式表示控制器的值。通过 HMI 设备，操作员可以立即看到当前值与组态的限制值相差多少或者是否已经达到参考值。棒图可以显示诸如填充量（水池的水量、温度数值）或批处理数量等值。

在变量表中创建整型（INT）变量"温度"，只要单击工具栏中"简单对象"中的"棒图"，用鼠标拖动即可得到如图 10-16 所示的棒图（图的左边是拖动过程中，图的右边是拖动完成的棒图）。

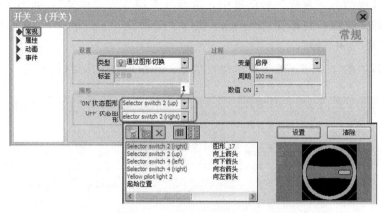

图 10-14　图形切换开关组态

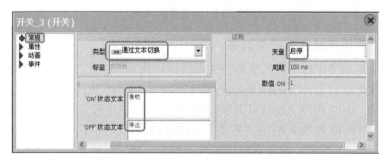

图 10-15　开关常规属性

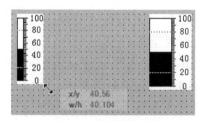

图 10-16　棒图画面

　　在属性的"常规"对话框中,设置棒图连接的整型变量为"温度",如图 10-17 所示,温度的最大值和最小值分别是 100 和 0,这两个数值是可以修改的。当温度变化时,棒图画面中的填充色随之变化,就像温度计一样。

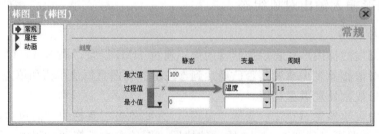

图 10-17　棒图常规属性组态

（2）量表的组态

量表是一种动态显示对象。量表通过指针显示模拟量数值。例如，通过 HMI 设备，操作员一眼就能看出锅炉压力是否处于正常范围之内。以下是量表的组态方法。

生成和打开"量表"画面，如图 10-18 所示，将工具箱的"增强对象"中的"量表"图标拖到画面中，在量表的属性视图的"常规"对话框中，可以设置显示物理量的单位，本例为"km"，"标签"在量表圆形表盘的下部显示，可以选择是否显示峰值（一条沿半径方向的红线，本例在刻度 0 处），如图 10-19 所示。读者还可以自定义背景图形和表盘图形。

图 10-18　量表画面组态

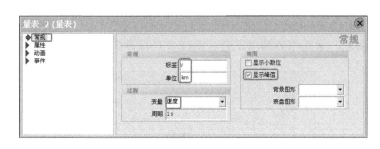

图 10-19　量表常规属性组态

量表的"刻度"属性如图 10-20 所示，读者可以设置刻度的最大值和最小值、表盘圆弧的起始角度和终止角度。"分度"是指相邻的两个刻度之间的数值，可以修改。量表可以用几种不同的颜色来表示正常范围、警告范围和危险范围。

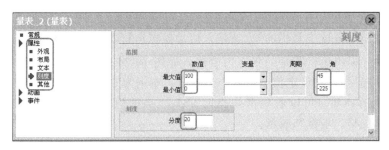

图 10-20　量表刻度属性组态

量表除了有"常规"属性和"刻度"属性外，还有"外观"属性（主要设置背景颜色、钟表颜色和表盘样式等），"文字"属性（主要设置字体大小和颜色等），"布局"属性（主要是表盘画面的位置和尺寸），这些属性都比较简单，在此不再赘述。

（3）滚动条组态

滚动条控件用于操作员输入和监控变量的数字值。用来显示数字值时，滚动条的滑块位置用来指示控件输出的过程值。操作员通过改变滑块的位置来输入数字值。滚动条的画面组态，如图 10-21 所示。

将工具栏的"增强对象"组中的"滚动条"图标拖入图形画面中。滚动条属性视图的"常规"窗口与棒图的"常规"窗口相同。

在"图样"窗口的"标签"中，可以输入滚动条的物理量的单位，它显示在滚动条的上方，如图 10-22 所示。

在"边框"窗口中，可以用图形形象地说明各个参数的含义，如图

图 10-21　滚动条控件画面组态

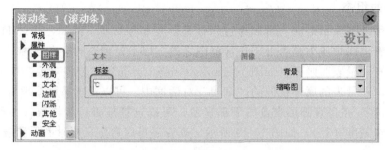

图 10-22　滚动条的图样组态

10-23 所示。属性中的其他设置，由读者自行设定。

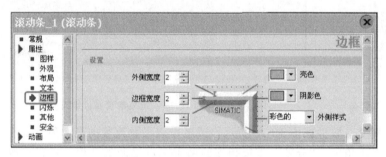

图 10-23　滚动条的边框组态

(4) 离线模拟运行

单击 WinCC flexible 工具栏的 按钮，启动模拟运行器的运行系统，开始离线模拟运行。首次运行时，模拟运行器是一张空白表格，如图 10-24 所示。可以看到滑块在最下面，将变量选定为"温度"，在设定值中输入一个数值，本例为 58，按计算机的回车键后，弹出如图 10-25 所示的界面。可以看到滑块指向 58℃，当前值为 58℃。模拟的类型还有 Sine（正弦）、随机、位移、增量和减量。

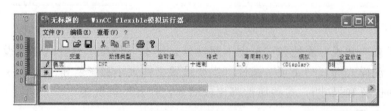

图 10-24　空白模拟器

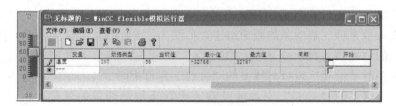

图 10-25　模拟运行器

10.4.5　时钟和日期的组态

生成和打开"日期时间"的画面，如图 10-26 所示，将工具箱中的"简单视图"组中的
"日期时间域"图标和"增强视图"中的"时钟"拖至画
面中。有的触摸屏没有时钟对象（如 TP-177B）。

选中"日期时间"域，作如图 10-27 所示的设置，当
按下工具栏的""时，处于模拟运行状态，开始离线
模拟运行，日期时间域中显示系统的当前时间，并不需
要设置任何参数。

图 10-26　"日期时间"的画面组态

图 10-27　"日期时间"的常规组态

10.4.6　间接寻址和符号 IO 域组态

(1) 双状态符号 IO 域

双状态符号 IO 域用位变量切换两个不同的文本。如图 10-28 所示，符号 IO 域与位变量
电动机的"开/关"关联，用于显示系统的工作模式。

图 10-28　"符号 IO 域"的常规组态

要在运行系统中控制电机，操作员从文本列表中选择文本"电机开"或"电机关"。根
据选择，随后将启动或关闭电机。符号 IO 域显示电机的相应状态。

(2) 多状态符号 IO 域

多状态符号域相对要麻烦些，以下用一个例子来说明多状态符号 IO 域的用法。

某设备有三个测温点，用 HMI 的多状态符号域来显示这三个点的温度。

先新建一个工程，并新建 3 个过程变量"温度 1""温度 2"和"温度 3"以及内部变量
"温度值"和"温度指针"，如图 10-29 所示。

在工具栏中将"符号 IO 域"拖入画面，并选中"符号 IO 域"，在"常规"中新建名

名称	连接	数据类型	地址	数组计数	采集周期	注释
启停	连接_1	Bool	M 0.0	1	1 s	
温度1	连接_1	Int	MW 0	1	1 s	
温度2	连接_1	Int	MW 2	1	1 s	
温度3	连接_1	Int	MW 4	1	1 s	
温度值	<内部变量>	Int	<没有地址>	1	1 s	
温度指针	<内部变量>	Int	<没有地址>	1	1 s	

图 10-29　新建参数

称为"温度值"的文本列表，它的三个项目分别为"温度 1""温度 2"和"温度 3"，如图 10-30 所示，三个温度值对应三个索引。

名称	选择	注释
温度值	范围 (0 - ...)	

数值	条目
0	温度1
1	温度2
2	温度3

图 10-30　文本列表

先选中"常规"→"变量"→"温度指针"，再选定"温度值"，单击"2"处的图标，如图 10-31 所示。此时弹出如图 10-32 所示的界面，选中"指针化"，再选择"温度指针"，接着在变量栏中选择"温度 1""温度 2"和"温度 3"，最后单击"确定"按钮即可。

图 10-31　变量的间接地址（1）

在画面中，将输出域与变量"温度值"连接，输出域的常规组态如图 10-33 所示。

单击 WinCC flexible 工具栏的　按钮，启动模拟运行器的运行系统，开始离线模拟运行，如图 10-34 所示。把表格中的"温度 1""温度 2"和"温度 3"设定为不同大小的数值，当在"温度值"中选择不同的温度选项，"温度显示"中对应显示不同的温度值，如本例中温度 3 的数值为 88。当温度测量点较多时（如 5 个或者更多），使用这种方法的优势就十分明显。

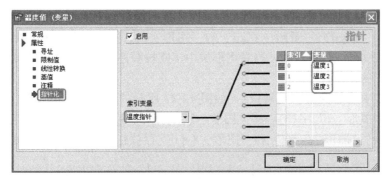

图 10-32　变量的间接地址（2）

图 10-33　输出域的常规组态

图 10-34　模拟运行器

10.4.7　图形 IO 域组态

前面的文本 IO 域可以用位变量实现文本的切换，而图形 IO 域和图形列表的功能是切换多幅图形，从而实现丰富多彩的动画效果。图形 IO 域有输入、输出、输入/输出和双状态四种。以下用一个例子（完成叶片转动效果的动画）来讲解图形 IO 域的使用方法。

先新建一个 HMI 工程，并将工具栏的"简单对象"中的"图形 IO 域"拖入画面，如图 10-35 所示。再在"变量"表中创建变量"电动机指针"，如图 10-36 所示。

图 10-35　模拟运行器　　　　　　　　　　　图 10-36　新建变量

在其他的绘图工具（如 Visio 或者 AutoCAD 等）中绘制叶片转动时的三个状态，并将其保存为"图形 _ 1.gif"、"图形 _ 2.gif"和"图形 _ 3.gif"，存放到计算机的某个空间上。这三个图形外观如图 10-37 所示，当在图形域中不断按顺序装载这三幅图片时，就产生动画效果（类似电影的原理）。

在图形列表中创建变量"电动机"，如图 10-37 所示的"1"处，再单击"2"处（单击之前，并没有"图形 _ 1"字样），将"图形 _ 1"装载到位，装载图形时，读者要明确事先将"图形 _ 1.gif""图形 _ 2.gif"和"图形 _ 3.gif"存放在计算机中的确切的位置。

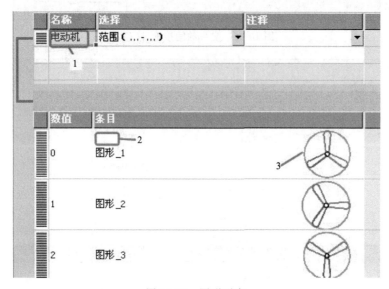

图 10-37　图形列表

在画面中选中"图形 IO 域"，设置如图 10-38 所示。

图 10-38　图形 IO 域常规属性组态

在画面中拖入两个按钮，一个按钮命名为"加 1"，组态时，事件为"单击"，函数为"IncreaseValue"，变量为"电动机指针"；一个按钮命名为"减 1"，组态时，事件为"单击"，函数为"DecreaseValue"，变量为"电动机指针"。画面如图 10-39 所示。这样当单击"加 1"按钮时，换一幅画面，产生动画效果。

单击 WinCC flexible 工具栏的 按钮，启动模拟运行器的运行系统，开始离线模拟运行。当单击"加 1"按钮一次，换一幅画面，产生动画效果是逆时针旋转。当单击"减 1"按钮一次，换一幅画面，产生动画效果是顺时针旋转。如图 10-40 的位置，是按两次"加 1"按钮时的图面。

【**关键点**】 当"电动机指针"的数值大于等于 3 时，会出错。这是因为，本例图片的索引值最大为 2。同理，当"电动机指针"的数值小于等于-1 时，也会出错。

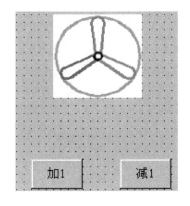

图 10-39　图形 IO 域画面

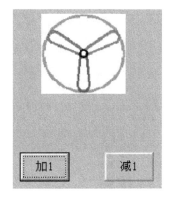

图 10-40　图形 IO 域运行画面

10.4.8　画面的切换

双击"项目管理器"下的"新建 画面"，新建"画面 2"和"画面 3"，"画面 1"不需要新建，新建项目时就存在，如图 10-41 所示。选中"画面 1"，拖入三个按钮，分别命名为"画面 2""画面 3"和"停止系统运行"。

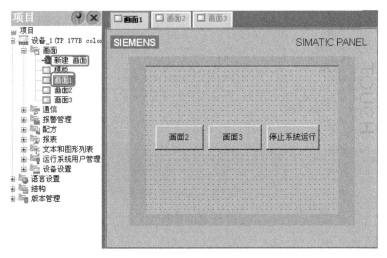

图 10-41　新建画面

在画面 1 中，选中按钮"画面 2"，再选中事件中的"单击"，选中函数中的"Activate-Screen"（激活画面），选择激活画面函数的参数为"画面 2"，如图 10-42 所示。这样做的目的是当单击按钮"画面 2"时，从当前画面（画面 1）转到画面 2。如图 10-43 所示，其含义是退出运行在 HMI 设备上的项目。

选中"画面 3"，拖入三个按钮，分别命名为"画面 2""前一画面"和"返回父画面"，如图 10-44 所示。

在图 10-44 中，选中按钮"前一画面"，再选中事件中的"单击"，选中函数中的"ActivatePreviousScreen"（激活前一画面），无参数，如图 10-45 所示。这样做的目的是当单击

图 10-42　按钮"单击"事件组态（1）

图 10-43　按钮"单击"事件组态（2）

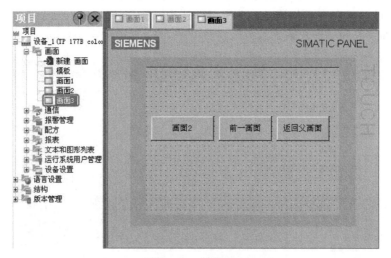

图 10-44　画面 3

按钮"前一画面"时，从当前画面（画面 3）转到前一个画面。

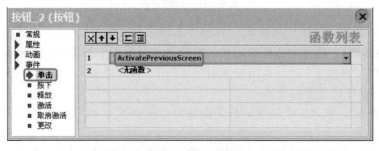

图 10-45　按钮"单击"事件组态（3）

在图 10-44 中，选中按钮"返回父画面"，再选中事件中的"单击"，选中函数中的"ActivateParentScreen"（激活父画面），无参数，如图 10-46 所示。这样做的目的是当单击按钮"返回父画面"时，从当前画面（画面 3）转到"返回父画面"。

图 10-46　按钮"单击"事件组态（4）

10.5　用户管理

10.5.1　用户管理的基本概念

（1）应用领域

控制系统在运行时，有时需要修改某些重要的参数，例如修改温度、压力和时间等参数，修改 PID 控制器的参数值等。很显然这些重要的参数只允许某些指定的人员才能操作，必须防止某些未授权的人员对这些重要数据的访问和修改，而造成某些不必要的损失。通常操作工只能访问指定输入域和功能键，权限最低，而调试工程师则可以不受限制地访问所有的变量，其权限较高。

（2）用户组和用户

用户管理主要涉及两类对象：用户组和用户。

用户组主要设置某一类用户的组具有的特定的权限。用户属于某一个特定的用户组，一个用户只能分配给一个用户组。

在用户管理中，访问权限不能直接分配给用户，而是分配给特定的用户组，某一特定用户被分配到特定的用户组以获得权限，这样，对待特定用户的管理就和对权限的组态分离开来了，方便编程人员组态。

10.5.2　用户管理编辑器

（1）添加用户组

在"项目视图"中展开"运行系统用户管理"条目，双击"组"选项，创建新的项目组，如图 10-47 所示。系统默认情况下，已经预定义操作员组和管理员组两类用户组。而"经理""工程师"和"组长"用户组则是添加的用户组。新创建的组的名称一般从"组_1"开始编号，这个名称不符合实际，因此要重命名，只要选中该条目，并在常规属性下的名称中输入所需的名称即可，如图 10-48 所示。

（2）添加用户

在"项目视图"中展开"运行系统用户管理"条目，双击"用户"选项，创建新的用

图 10-47　添加用户组

图 10-48　更改用户组名称

户，设置口令，并将其分配给特定的用户组，如图 10-49 所示。选中如图 10-50 中的用户名（如 Xixiaowang），并在常规属性下的名称中输入所需的用户名称，在口令中输入口令（本例设置的口令为 123），如图 10-50 所示。

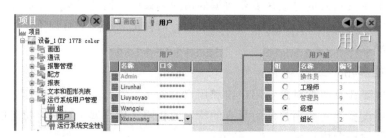

图 10-49　添加用户

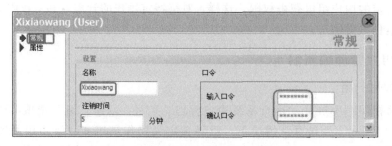

图 10-50　更改用户名称、设置密码

10.5.3　访问保护

在工程系统中创建用户和用户组，并为它们分配权限后，可以为画面中的对象组态权限。访问保护用于对控制数据和函数的访问。将组态传送到 HMI 后，所有组态了权限的画面对象会得到保护，以避免在运行时受到未经授权的访问。以下用一个例子介绍访问保护问题。触摸屏工程有两个画面，主画面如图 10-51 所示，参数设定画面需要有权限才能进入。

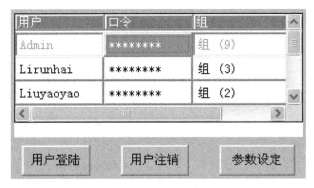

图 10-51 运行时用户视图

先将工具栏的"增强对象"中的"用户视图"拖入主画面，再向主画面中拖入三个按钮，如图 10-51 所示。将第一个按钮命名为"用户登陆"，与按钮相连的事件为"单击"，函数为"ShowLogonDialog"；将第二个按钮命名为"用户注销"，与按钮相连的事件为"单击"，函数为"Logoff"；将第三个按钮命名为"参数设定"，与按钮相连的事件为"单击"，函数为"ActivateScreen"，画面为 2，并选中属性条目下的"安全"，将权限中的选项定为"管理"，如图 10-52 所示，这样要访问"参数设定"画面，至少需要"管理"权限。

图 10-52 安全属性组态

10.6 创建一个简单的触摸屏的项目

利用一台西门子 SMART 700 IE 触摸屏控制一台西门子 CPU SR20 上的一盏灯的开/关，并在触摸屏上显示灯的明暗状态。详细创建项目过程如下。

① PC 与 HMI 通信连接 用一根 PC/PPI 编程电缆，将个人计算机与触摸屏相连在一起，参考图 10-1。

② 新建项目 启动计算机中的软件 WinCC flexible，初始界面如图 10-53 所示。

双击"创建一个空项目"，弹出"设备选择"界面，如图 10-54 所示。展开"Smart Line"选中设备"Smart 700 IE"，再单击"确定"按钮。

③ 新建连接 展开左边"项目窗口"中的"通信"项，双击"连接"，再双击"名称"下面的空白，自动生成"连接_1"，接着在"通信驱动程序"中选择 SIMATIC S7 200 Smart。单击"保存"按钮 ■，将项目保存一个名称，本例为"LAMP.hmi"。连接编辑器

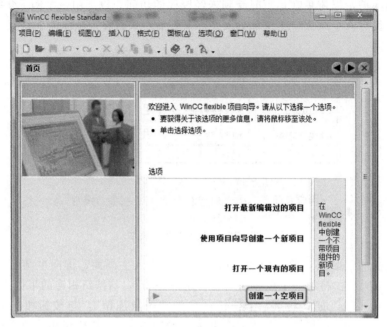

图 10-53　初始界面

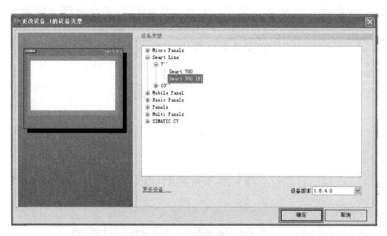

图 10-54　"设备选择"界面

（1）如图 10-55 所示。

选择通信的波特率为"9600"，这个数据与 S7-200 SMART PLC 的默认波特率一致。选择网络配置文为"PPI"，即通信协议，由于只有一台 PLC，因此其默认地址为"2"，通常不需要改变，但注意这个地址必须与 PLC 的地址一致。连接编辑器（2）如图 10-56 所示。

④ 变量的生成与属性的设置　双击"变量"自动生成"变量编辑器"，如图 10-57 所示。双击"名称"下面的空白，自动生成变量，将"变量 1"重命名为"M00"，将"变量 2"重命名为"Q00"，将两者数据类型都改为"Bool"，将"M00"的地址改为"M0.0"，将"Q00"的地址改为"Q0.0"，保存以上设置。

⑤ 创建画面　双击"项目窗口"下的"画面_1"，弹出画面编辑器，在右侧的"工具栏"中单击"按钮"，在画面编辑区拖拽出"按钮"，同样在"工具栏"中单击"圆"，在画面编辑区拖拽出"圆"，画面编辑器如图 10-58 所示。

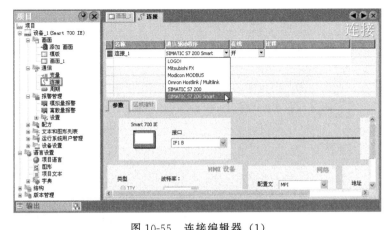

图 10-55 连接编辑器 (1)

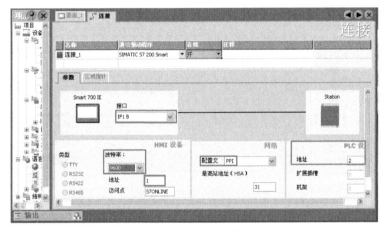

图 10-56 连接编辑器 (2)

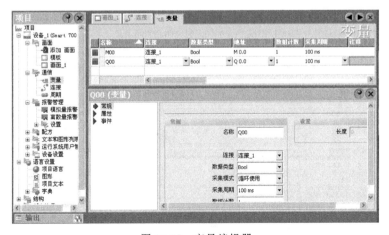

图 10-57 变量编辑器

⑥ 图形对象与变量链接

a. 按钮的组态。选中"按钮",再选中属性窗口中的"常规",把"状态文本"中的"Text"改为"启停"。按钮组态(1)如图 10-59 所示。

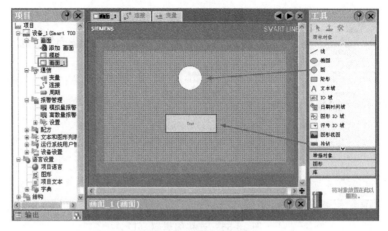

图 10-58　画面编辑器

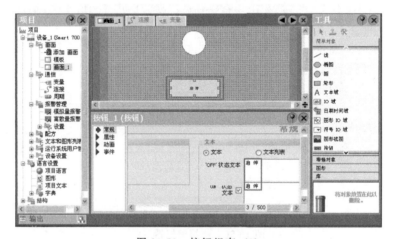

图 10-59　按钮组态（1）

b. 选中"按钮",再选中属性窗口中的"事件"下的"单击",再把函数选定为"编辑位"函数中的"InvertBit"。按钮组态（2）如图 10-60 所示。

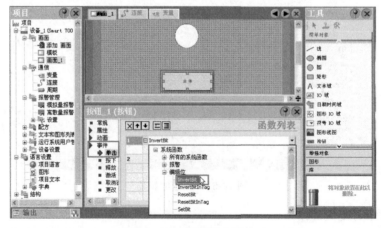

图 10-60　按钮组态（2）

c. 组态变量。建立了事件，但没有变量，仍然不能产生动作，因此在"变量"中，选定 M0.0，这样单击按钮"开关"就可以产生变量 M0.0 的变化。函数"InvertBit"的作用是每次单击"按钮"时改变位"M0.0"的状态，例如当 M0.0＝1 时，单击按钮后 M0.0＝0。按钮组态（3）如图 10-61 所示。

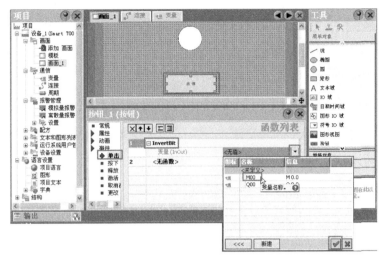

图 10-61　按钮组态（3）

d. 灯的组态。选中"圆"，将属性窗口中"属性"的"外观"中的"填充颜色"改为"红色"。灯的组态（1）如图 10-62 所示。

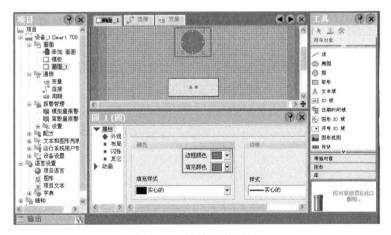

图 10-62　灯的组态（1）

e. 选中"动画"中的"可见性"选项，将其变量定义为"Q00"。这样做的含义是：当 Q00 的状态改变时，灯的可见性随之改变。灯的组态（2）如图 10-63 所示。

f. 将对象的状态选定为"可见"。保存以上设置。灯的组态（3）如图 10-64 所所示。

⑦ 下载项目　选择设备进行传送。在工具栏上单击传送设置按钮" "，弹出"选择设备进行传送"界面，如图 10-65 所示。本例中的"模式"选定为"串行"，选定端口为"COM1"。单击"传送"按钮，工程即可下载到触摸屏中。

计算机向触摸屏传送数据时的界面如图 10-66 所示。传送数据完成时，计算机上有"传送成功"的提示，若传送不成功也有相关提示。

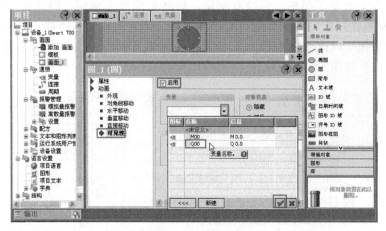

图 10-63　灯的组态（2）

图 10-64　灯的组态（3）

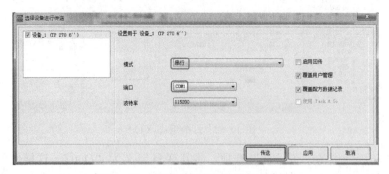

图 10-65　"选择设备进行传送"界面

　　再向 CPU SR20 中下载程序，如图 10-67 所示。

　　⑧ 运行系统　接通触摸屏和 PLC 的电源，触摸屏中弹出运行界面，如图 10-68 所示。当手触摸触摸屏上的"启停"按钮时，触摸屏上的灯变亮（白色），而且 PLC 的 Q0.0 闭合（PLC 上的 Q0.0 指示灯亮），当再次手触摸触摸屏上的"启停"按钮时，触摸屏上的灯变暗（黑色），而且 PLC 的 Q0.0 断开（PLC 上的 Q0.0 指示灯灭）。

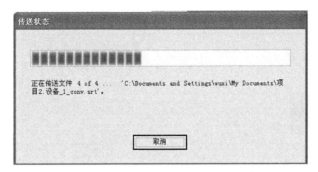

图 10-66　传送数据界面

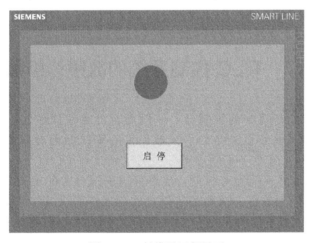

图 10-67　PLC 中的程序

图 10-68　触摸屏运行界面

第11章 ▶▶▶

故障诊断技术

本章介绍 PLC 的故障诊断方法，重点介绍西门子 S7-200 SMART PLC 常用故障诊断方法，同时兼顾其他 PLC 和 HMI。最后介绍故障实例。

11.1　PLC 控制系统的故障诊断概述

PLC 是运行在工业环境中的控制器，一般而言可靠性比较高，出现故障的概率较低，但是，出现故障也是难以避免的。一般引发故障的原因有很多，故障的后果也有很多种。

引发故障的原因虽然不能完全控制，但是可以通过日常的检查和定期的维护来消除多种隐患，把故障率降到最低。故障的后果轻的可能造成设备停机，影响生产；重的可能造成财产损失和人员伤亡，如果是一些特殊的控制对象，一旦出现故障可能会引发更严重的后果。

故障发生后，对于维护人员来说最重要的是找到故障的原因，迅速排除故障，尽快恢复系统的运行。对于系统设计人员来说，在设计时要考虑到出现故障后系统的自我保护措施，力争使故障的停机时间最短，故障产生的损失最小。

一般 PLC 的故障主要是由外部故障或内部错误造成。外部故障是由外部传感器或执行机构故障等引发 PLC 产生故障，可能会使整个系统停机，甚至烧坏 PLC。

而内部错误是 PLC 内部的功能性错误或编程错误造成的，可以使系统停机。西门子的 PLC 具有很强的错误（或称故障）检测和处理能力，CPU 检测到某种错误后，操作系统调用对应的组织块，用户可以在组织块中编程，对发生的错误采取相应的措施。对于大多数错误，如果没有给组织块编程，出现错误时 CPU 将进入 STOP 模式。

11.1.1　引发 PLC 故障的外部因素

(1) 外部电磁感应干扰

PLC 外部存在干扰源，通过辐射或者电源线侵入 PLC 内部，引发 PLC 误动作，或者造成 PLC 不能正常工作而停机，严重时，甚至烧毁 PLC。常见的措施如下。

① PLC 周围有接触器等感性负载，可加冲击电压吸收装置，如 RC 灭弧器。

② 缩短输入和输出线的距离，并与动力线分开。

③ 模拟量和通信线等信号应采用屏蔽线。线路较长时，可以采用中继方式。

④ PLC 的接地端子不能和动力线混用接地。

⑤ PLC 的输入端可以接入滤波器，避免从输入端引入干扰。

(2) 外部环境

① 对于振动大的设备，安装电柜需要加橡胶垫等防振垫。

② 潮湿、腐蚀和多尘的场合容易造成生锈、接触不良、绝缘性能降低和短路等故障。这种情况应使用密封控制柜，有时还要采用户外型电器等特殊电器。

③ 对于温度高的场合，应加装排风扇，温度过高的场合则要加装空调，温度过低的场合则要加装加热器。

(3) 电源异常

主要有缺相、电压波动和停电等，这些故障多半由风、雪和雷电造成。常见的解决措施如下。

① 直接启动电机而造成回路电压下降，PLC 回路应尽量与其分离。

② PLC 的供电回路采用独立的供电回路。

③ 选用 UPS 供电电源，提高供电可靠性和供电质量。

(4) 雷击和感应电

雷击和感应电形成的冲击电压有时也会造成 PLC 损毁。常见措施如下。

① 在 PLC 的输入端加压敏电阻等吸收元件。

② 加装浪涌吸收器或者氧化锌避雷器。

11.1.2　PLC 的故障类型和故障信息

(1) PLC 故障类型

PLC 控制系统的硬件包括电源模块、I/O 模块和现场输入/输出元器件，以及一些导线、接线端子和接线盒。

PLC 控制系统的故障是 PLC 故障和外围故障的总和。外围故障也会造成 PLC 故障。PLC 控制系统的故障也可分为软件故障和硬件故障，其中硬件故障占 80%。

PLC 控制系统的故障分布如下：

CPU 模块故障占 5%；

单元故障占 15%；

系统布线故障占 5%；

输出设备故障占 30%；

输入设备故障占 45%。

控制系统故障中，20% 是由恶劣环境造成，80% 是由用户使用不当造成的。

(2) PLC 控制系统故障的分布与分层

PLC 的外设故障占 95%，外设故障主要是继电器、接触器、接近开关、阀门、安全保护、接线盒、接线端子、螺纹连接、传感器、电源、电线和地线等。

PLC 自身故障占 5%，其中 90% 为 I/O 模块的故障，仅有 10% 是 CPU 模块的故障。首先将故障分为三个层次，第一层（是外部还是内部故障），第二层（是 I/O 模块还是控制器内部），第三层（是软件还是硬件故障）。

① 第一层　利用 PLC 输入和输出 LED 灯判断是否为第一层故障。

② 第二层　利用上位监控系统判断第二层次的故障，例如：I0.0 是输入，显示为 ON，Q0.0 显示为 ON，表示输入和输出都有信号，但 PLC 无输出，则判断 PLC 的外围有故障。

③ 第三层　例如清空 PLC 中的程序，下载一个最简单的程序到 PLC 中，如 PLC 正常运行，则大致判断 PLC 正常。

(3) PLC 控制系统最易发生故障的部分

① 电源和通信系统　PLC 的电源是连续工作的，电压和电流的波动造成冲击是不可避免的，据 IBM 统计大约有 70% 以上的故障，归根结底源自工作电源。

外部的干扰是造成通信故障的主要原因，此外经常插拔模块、印刷电路板的老化和各种环境因素都会影响内部总线通信。

② PLC 的 I/O 端口　I/O 模块的损坏是 PLC 控制系统中较为常见的，减少 I/O 模块的损坏首先要正确设计外部电路，不可随意减少外部保护设备，其次对外部干扰因素进行有效隔离。

③ 现场设备　现场设备的故障比较复杂，不在本书讲解范围。

11.1.3　PLC 故障诊断方法

(1) PLC 故障的分析方法

通常全局性的故障一般会在上位机上显示多处元件不正常，这通常是 CPU、存储器、通信模块和公共电源等发生故障。PLC 故障分析方法如下。

① 根据上位机的故障信息查找，准确而且及时。

② 根据动作顺序诊断故障，比较正常和不正常动作顺序，分析和发现可疑点。

③ 根据 PLC 的输入/输出口状态诊断故障。如果是 PLC 自身故障，则不必查看程序即可查询到故障。

④ 通过程序查找故障。

(2) 电源故障的分析方法

PLC 的电源为 DC24V，范围是 24V(1±5%)，而电源是 AC220V，范围是 220V(1±10%)。

当主机接上电源，指示灯不亮，可能的原因有：如拔出 +24V 端子，指示灯亮，表明 DC 负载过大，这种情况，不要使用内部 24V 电源；如拔出 +24V 端子，指示灯不亮，则可能熔体已经烧毁，或者内部有断开的地方。

当主机接上电源，指示灯 POWER 闪亮，则说明 +24V 和 COM 短路了。

BATF 灯亮表明锂电池寿命结束，要尽快更换电池。

(3) PLC 电源的抗干扰

PLC 电源的抗干扰处理的方法如下。

① 控制器、I/O 电源和其他设备电源分别用不同的隔离变压器供电会更好。

② 控制器的 CPU 用一个开关电源，外部负载用一个开关电源。

PLC 电源的抗干扰处理的典型例子如图 11-1 所示。

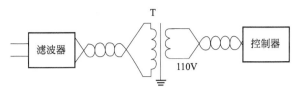

图 11-1　PLC 电源的抗干扰

11.1.4　PLC 外部故障诊断方法

(1) 输入给 PLC 信号出错的原因

① 信号线的短路或者断路，主要原因是老化、拉扯、压砸线路和振动。

② 机械触头抖动。机械抖动压下一次，PLC 可能认为抖动了几次，硬件虽然加了滤波或者软件增加了微分，但由于 PLC 扫描周期短，仍然会影响计数和移位等。

③ 现场传感器和继电器等损坏。

(2) 执行机构出错的可能原因

① 输出负载没有可靠工作，如 PLC 已经发出信号，但继电器没有工作。

② PLC 自身故障，因此负载不动作。

③ 电动阀该动作没动作，或者没到位。

(3) PLC 控制系统布线抗干扰措施

1) 电源的接线和接地

① 电源隔离器两端尽量采用双绞线，或者屏蔽电缆；电源线和 I/O 线要尽量分开布置。

② 交流和直流线要分别使用不同的电缆，分开捆扎，最好分槽走线。

③ 共同接地是传播干扰的常见措施。应将动力线的接地和控制接地分开，动力线的接地应接在地线上，PLC 的接地接在机柜壳体上。要保证 PLC 控制系统的接地线和动力线的屏蔽线尽量等电位。

2) 输入和输出布线　PLC 的输入线指外部传感器和按钮等与 PLC 的输入接口的接线。开关量信号一般采用普通电缆，如距离较远则要采用屏蔽电缆。高速信号和模拟量信号应采用屏蔽电缆。不同的信号线，最好不要共用同一接插件，以减少相互干扰。

尽量减少配线回路的距离。输入和输出信号电缆穿入专用的电缆管，或者独立的线槽中敷设。当信号距离较远时，如 300m，可以采用中间继电器转接信号。通常布线要注意以下几点。

① 输入线的长度一般不长于 30m。良好的工作环境，距离可以适当加长。

② 输入线和输出线不能使用同一电缆，应分开走线，开关量和模拟量要分开敷设。

③ 输入和输出回路配线时，如使用多股线，则必须压接线端子，多股线与 PLC 端子直接压接时，容易产生火花。

(4) 外部故障的排除方法详细说明和处理

PLC 有很强的自诊断能力，当 PLC 自身故障或外围设备发生故障，都可用 PLC 上具有诊断指示功能的发光二极管的亮灭来诊断。

① 故障查找　根据总体检查流程图找出故障点的大方向，逐渐细化，以找出具体故障，如图 11-2 所示。

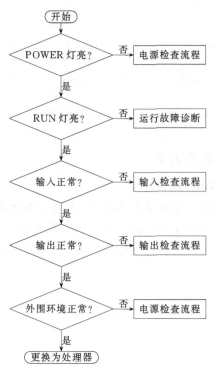

图 11-2　总体检查流程

②故障的处理　不同故障产生的原因不同，它们也有不同的处理方法，CPU 装置和 I/O 扩展装置故障处理见表 11-1。

表 11-1　CPU 装置和 I/O 扩展装置故障处理

序号	异常现象	可能原因	处理
1	[POWER]LED 灯不亮	①电压切换端子设定不良 ②保险丝熔断	①正确设定切换端子 ②更换保险丝
2	保险丝多次熔断	①电压切换端子设定不良 ②线路短路或烧坏	①正确设定切换端子 ②更换电源单元
3	[RUN]LED 灯不亮	①程序错误 ②电源线路不良 ③I/O 单元号重复 ④电源断开	①修改程序 ②更换 CPU 单元 ③修改 I/O 单元号 ④接通电源
4	运行中输出端没闭合（[POWER]灯亮）	电源回路不良	更换 CPU 单元
5	编号以后的继电器不动作	I/O 总线不良	更换基板单元
6	特定的继电器编号的输出（入）接通	I/O 总线不良	更换基板单元
7	特定单元的所有继电器不接通	I/O 总线不良	更换基板单元

输入单元故障处理见表 11-2。

表 11-2　输入单元故障处理

序号	异常现象	可能原因	处理
1	输入全部不接通 （动作指示灯也灭）	①未加外部输入电压 ②外部输入电压低 ③端子螺钉松动 ④端子板连接器接触不良	①供电 ②加额定电源电压 ③拧紧 ④把端子板重新插入、锁紧。更换端子板连接器
2	输入全部断开 （输入指示灯也灭）	输入回路不良	更换单元

序号	异常现象	可能原因	处理
3	输入全部不关断	输入回路不良	更换单元
4	特定继电器编号的输入不接通	①输入器件不良 ②输入配线断线 ③端子螺钉松弛 ④端子板连接器接触不良 ⑤外部输入接触时间短 ⑥输入回路不良 ⑦程序的 OUT 指令中用了输入继电器编号	①更换输入器件 ②检查输入配线 ③拧紧 ④把端子板重新插入、锁紧。更换端子板连接器 ⑤调整输入组件 ⑥更换单元 ⑦修改程序
5	特定继电器编号的输入不关断	①输入回路不良 ②程序的 OUT 指令中用了输入继电器编号	①更换组件 ②修改程序
6	输入出现 ON/OFF 动作不规则现象	①外部输入电压低 ②噪声引起的误动作 ③端子螺钉松动 ④端子板连接器接触不良	①使外部输入电压在额定值范围 ②抗干扰措施：安装绝缘变压器、安装尖峰抑制器和用屏蔽线配线等 ③拧紧 ④把端子板重新插入、锁紧。更换端子板连接器
7	异常动作的继电器编号为 8 点单位	①COM 端螺钉松动 ②端子板连接器接触不良 ③CPU 不良	①拧紧 ②把端子板重新插入、锁紧。更换端子板连接器 ③更换 CPU 单元
8	输入动作指示灯不亮（动作正常）	LED 灯坏	更换单元

输出单元故障处理见表 11-3。

表 11-3　输出单元故障处理

序号	异常现象	可能原因	处理
1	输出全部不接通	①未加负载电源 ②负载电源电压低 ③端子螺钉松动 ④端子板连接器接触不良 ⑤保险丝熔断 ⑥I/O 总线接触不良 ⑦输出回路不良 ⑧输出点烧毁	①加电源 ②使电源电压为额定值 ③拧紧 ④把端子板重新插入、锁紧。更换端子板连接器 ⑤更换保险丝 ⑥更换单元 ⑦更换单元 ⑧更换输出模块
2	输出全部不关断	输出回路不良	更换单元
3	特定继电器编号的输出不接通（动作指示灯灭）	①输出接通时间短 ②程序中指令的继电器编号重复 ③输出回路不良	①更换单元 ②修改程序 ③更换单元
4	特定继电器编号的输出不接通（动作指示灯亮）	①输出器件不良 ②输出配线断线 ③端子螺钉松动 ④端子接触不良 ⑤继电器输出不良 ⑥输出回路不良	①更换输出器件 ②检查输出线 ③拧紧 ④端子充分插入、拧紧 ⑤更换继电器 ⑥更换单元
5	特定继电器编号的输出不关断（动作指示灯灭）	①输出继电器不良 ②由于漏电流或残余电压而不能关断	①更换继电器 ②更换负载或加负载电阻
6	特定继电器编号的输出不关断（动作指示灯亮）	①程序 OUT 指令的继电器编号重复 ②输出回路不良	①修改程序 ②更换单元

序号	异常现象	可能原因	处理
7	输出出现不规则的 ON/OFF 现象	①电源电压低 ②程序 OUT 指令的继电器编号重复 ③噪声引起的误动作 ④端子螺钉松动 ⑤端子接触不良	①调整电压 ②修改程序 ③抗噪声措施：装抑制器、装绝缘变压器、用屏蔽线配线等 ④拧紧 ⑤端子充分插入、拧紧
8	异常动作的继电器编号为 8 点单位	①COM 端子螺钉松动 ②端子接触不良 ③保险丝熔断 ④CPU 不良	①拧紧 ②端子充分插入、拧紧 ③更换保险丝 ④更换 CPU 单元
9	输出指示灯不亮（动作正常）	LED 灯坏	更换单元

11.2　PLC 的故障诊断

11.2.1　通过 CPU 模块的 LED 灯诊断故障

　　与 SIMATIC S7-300/400 PLC 相比，S7-200 SMART PLC 的 LED 灯较少，只有三盏 LED 灯，用于指示当前模块的工作状态。模块无故障时，运行 LED 为绿色，其余指示灯熄灭。以 CPU ST40 模块为例，其顶部的三盏 LED 灯，分别是 RUN（运行）、STOP（停止）和 ERROR（错误），这三盏 LED 灯不同组合对应不同含义，见表 11-4。

表 11-4　CPU ST40 模块的故障对照

问题	可能的原因	可能的解决方案
输出停止工作	受控设备产生的浪涌损坏了输出	连接到感性负载（例如电机或继电器）时，应使用相应的抑制电路
	接线松动或不正确	检查接线并更正
	负载过大	检查负载是否超出触点额定值
	输出点受到强制	检查 CPU 是否有强制 I/O
ERROR 指示灯红色	电噪声	控制面板必须与良好的接地点相连，并且高压接线不能与低压接线并行走线 将 24V DC 传感器电源的 M 端子接地
	组件损坏	进行维修或更换
CPU LED 指示灯全部不亮	保险丝熔断	使用线路分析器并监视输入电源，以检查过压尖峰的幅值和持续时间 根据此信息向电源接线添加类型正确的避雷器设备
	24V 电源线接反	按照规范接线
	电压不正常	
与高能量设备相关的间歇操作	接地不正确	按照规范接线
	在控制柜内布线	控制面板良好接地以及高压与低压不并行引线 将 24V DC 传感器电源的 M 端子接地
	输入滤波器的延时太短	增加系统数据块中输入滤波器的延时

11.2.2　用 BT200 PROFIBUS 总线物理测试工具诊断故障

（1）BT200 的功能

　　利用 RS-485 电气总线电缆，BT200 提供用于 PROFIBUS-DP 系统的诊断选项，而且无需额外的测量工具。BT200 外形如图 11-3 所示。

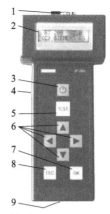

图 11-3　BT200 外形

1—PROFIBUS-DP 连接口；2—显示界面；3—开关机按钮；4—充电电缆连接口；
5—测试按钮（开始测）；6—箭头指示按钮；7—确认按钮；8—退出按钮；9—充电触点

BT200 的结构紧凑，容易操作，可供安装人员、调试人员和维修工程师使用。具体功能如下。

1）测试 PROFIBUS 电缆

① 电缆断线/屏蔽故障。

② 电缆之间或者电缆和屏蔽层之间短路。

③ 在数据电缆断线或短路情况下的故障定位。

④ 导致故障的反射的检测。

⑤ 电缆更换。

⑥ 已安装电缆的长度。

2）检查从站的可访问性

① 可访问从站的列表。

② 单个从站的特定寻址。

③ 检查主站和从站的 RS-485 接口。

④ 显示 PROFIBUS-DP 的站地址。

（2）BT200 的使用

1）总体说明　通常情况下，BT200 通过 ON/OFF 键开关机，开机时必须长按下此键，直到看到显示屏上出现响应。几种常见显示状态如下。

待机：开机后此画面大约显示 2s 左右，如图 11-4 所示。

电池：待机后，电池充电指示器显示大约 2s，如图 11-5 所示。

启动状态：电池充电指示器关闭后，BT200 就切换到正常模式，并且显示布线测试的开始窗口，如图 11-6 所示。

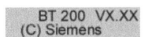

图 11-4　BT200 待机显示

图 11-5　BT200 电池显示

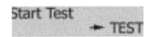

图 11-6　BT200 启动

2）普通线路测试　测试是在 BT200 和测试插头之间的总线网段完成的，如图 11-7 所示。在安装阶段，可以测试插头之间的路径测试插头始终连接到总线网段的一端。此时还可以检测到测试路径外部的短路。总线网段的起始端和末端必须连接一个终端电阻。

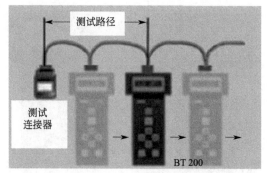

图 11-7　用 BT200 测试线路

3）测试步骤

① 确认有站点连接到总线电缆。

② 测试插头必须连接到要测试的总线电缆的一端。

③ 测试插头末端上的终端电阻或者 BT200 的连接点上的终端电阻至少有一端激活。

④ 按下 Test 按钮来启动测试。

⑤ 如果测试正常进行，会显示如图 11-8（表示 1 端安装了终端电阻，表示安装没有完成）和图 11-9（表示 2 端安装了终端电阻，表示安装完成）两个界面中的一个。

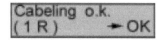

图 11-8　BT200 测试显示-1R

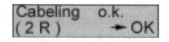

图 11-9　用 BT200 测试显示-2R

4）测试过程中的错误显示

① 站点测试。需要检查是否所有的连接器都已经从站点上移开（不能带电测量），或者检查所有站点是否都已断电，如图 11-10 所示。

② 交换线芯。在相应的连接器中交换线芯，交换 RS-485 的 A、B 线芯，即绿线和红线交换接线孔，如图 11-11 所示。

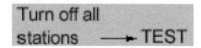

图 11-10　BT200 测试显示——关闭电源

图 11-11　BT200 测试显示——交换线芯

③ 短路。总线的短路分为三种情况：RS-485 的 A、B 线短路、RS-485 的 A 线与屏蔽层短路和 RS-485 的 B 线与屏蔽层短路，如图 11-12 所示。

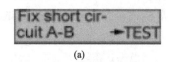

(a)

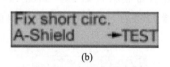

(b)

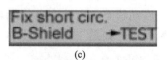

(c)

图 11-12　BT200 测试显示——短路

④ 没有接入终端电阻或接入超过两个终端电阻。在总线网段的起始端或末端分别接入一个终端电阻（至少一端被激活），除这两个终端电阻之外，必须移除或禁止所有总线网段上的其他终端电阻。

如图 11-13 所示，分别显示接通末端的终端电阻和接通两端的终端电阻。

(a)   (b)

图 11-13　BT200 测试显示——接入电阻

如图 11-14 所示，分别显示移除末端的终端电阻和移除两端的终端电阻。

(a)   (b)

图 11-14　BT200 测试显示——移除电阻

⑤ 断线。如果多根芯线或至少一根芯线与屏蔽层断开或未连接，那么 BT200 不能确定故障的确切位置。

如图 11-15 所示，显示的断线的 4 种情况，分别是芯线和屏蔽层断开、测试器未连接好 [图 11-15(a)]，A 芯线断开 [图 11-15(b)]，B 芯线断开 [图 11-15(c)]，屏蔽层断开 [图 11-15(d)]。

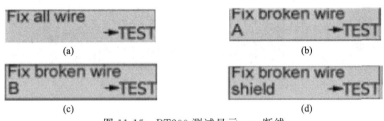

(a)   (b)

(c)   (d)

图 11-15　BT200 测试显示——断线

（3）测试连线示意图

BT200 测试连线示意图如图 11-16 所示。

11.2.3　用 PC 网卡/CP443-1/CP343-1 等通信处理器诊断以太网故障

用 CP343-1、CP443-1 和 CP1613 A2 等通信处理器（甚至 PC 的网卡），进行以太网的故障诊断简单易行，在通信的故障诊断中较为常用，但应用的前提是系统中安装有以上通信处理器的一种或者几种。以下介绍用 PC 网卡（或者 CP1613 A2）诊断以太网故障。

用 PC 网卡（或者 CP1613 A2）可以非常便捷地检测网络是否已经联通，具体使用"PING"功能进行测试，方法如下。

① 先点击 Windows 系统的"开始"按钮 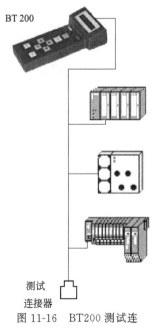，在 Windows 窗口的左下方弹出一个方框，输入 PING+IP 地址，这里的 IP 地址就是试图联通的目标的 IP 地址（例如本例是 192.168.0.2），如图 11-17 所示，单击计算机的回车键，这时计算机试图和 IP 地址为 192.168.0.2 的对象连接。

② PING 运行结果解读。如图 11-18 所示，表示计算机的 IP 地址是 192.168.0.188，而目标地址是 192.168.0.2，无法建

BT 200

测试
连接器

图 11-16　BT200 测试连
线示意图

图 11-17　PING 目标对象

立连接。无法建立连接的原因大致有如下几种。

a. IP 地址设置不正确，例如 PC 的 IP 地址与目标地址不在同一网段，本例中计算机的 IP 地址是"192.168.0.188"，而目标地址是"192.168.0.2"，显然在一个网段。

b. 子网掩码一般设置相同，一般设为"255.255.255.0"。

c. 网线断开，如网线断裂，网络接头松动，特别是 RJ45 接头容易松动等。

d. 试图连接的目标站点断电。

图 11-18　PING 运行结果——未联通

检查发现，目标地址是 192.168.0.2 的 CP343-1 模块断电，通电后，再作"PING"操作，如图 11-19 所示。表明：目标地址是 192.168.0.2 的 CP343-1 模块，在 1ms 内作出响应，说明 CP343-1 模块到交换机是联通的。

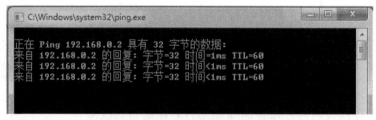

图 11-19　PING 运行结果——联通

11.2.4　用模拟现场方法诊断故障

在实际工程中，有的疑难故障难以找出确切原因，因此在实验室模拟现场方法，使故障重现，从而查找到故障的根源。以下用两个工程实例进行说明。

【例 11-1】　某高速冲床由 PLC 控制，用于生产电动机转子和定子，转子和定子由一定数量硅钢片叠压而成，用户反馈每过一段时间，有几个定子和转子的硅钢片的片数不正确，之后又正常，现场跟踪不易查找故障原因。

分析：初步判定这种周期性的故障原因可能来源于程序的错误。

解决方案：由于程序较长，短期找不到程序的错误点，因此返回公司，在实验室模拟现场，以便跟踪到错误发生时的状态。

在实验室，经过数日的模拟，发现每生产到 32767 片时就会产生故障，而且是周期性地发生。32767 是 PLC 整数的最大值，很容易推测出，程序中数据类型有错误，经过查找，找到故障原因。

【例 11-2】 某设备的控制系统中的伺服电机，自带绝对值编码器，使用过程中发现，不断电时工作正常，断电后记录数据与断电前不符。在现场跟踪，未查找到故障。

分析：初步判定这种故障原因可能来源于程序的错误，而且错误在运动控制部分。

解决方案：由于程序较长，短期找不到程序的错误点，因此返回公司，在实验室模拟现场，以便跟踪到错误发生时的状态。

在实验室，模拟了现场的真实情况，将硬件组态保持与现场设备一致，如图 11-20 所示，同样选择了 5/9 通信报文。

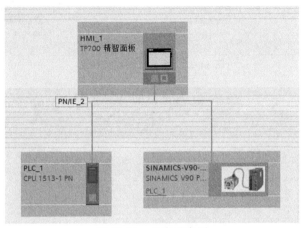

图 11-20　组态示意图

首先，在工艺对象里添加一个版本号为 3.0 的定位轴，在"编码器"中，选择"编码器类型"→"循环绝对编码器"选项，如图 11-21 所示。

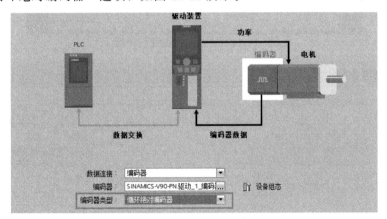

图 11-21　选择编码器类型

接着，在工艺对象里添加一个版本号为 2.0 的定位轴，在"编码器类型"中，选择"绝对值旋转式"选项，如图 11-22 所示。

最后，在工艺对象里添加一个版本号为 2.0 的定位轴，在"编码器类型"中，选择"绝对值循环旋转式"选项，如图 11-23 所示。

为了方便验证上面三种情况，设计了一个触摸屏画面，用来监视和控制，如图 11-24 所示。编写往返和点动程序，设置左右往返运动 1000mm，如图 11-25 所示。

图 11-22　绝对值旋转式

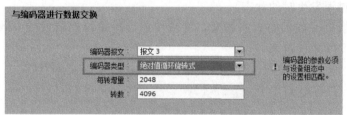

图 11-23　绝对值循环旋转式

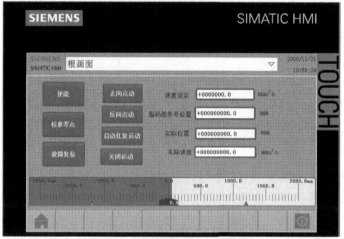

图 11-24　触摸屏监视控制画面

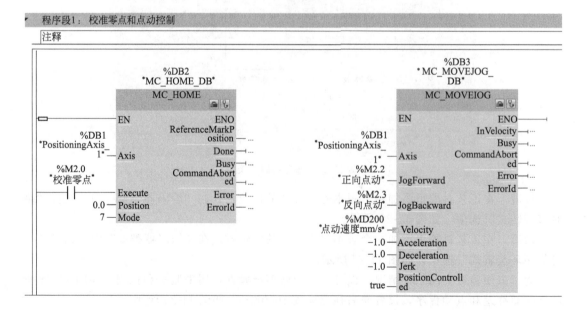

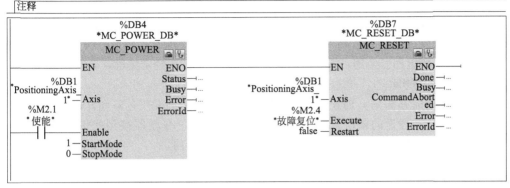

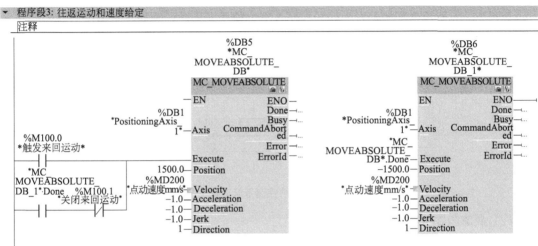

图 11-25　运动控制程序

实验结果：第一种组态方案正确，后面两种组态方案错误。对现场设备的组态按照第一方案进行修改后，问题得到解决。

11.3　工程常见调试和故障诊断 42 例

以下有 42 个故障诊断实例，故障涉及 PLC、变频器、伺服驱动和通信，是作者在调试和维修设备时碰到的典型问题，具有代表性。

【案例 1】

（1）故障现象

某冲压设备，控制系统由 PLC、伺服和变频器组成，运料小车由伺服驱动同步带驱动。使用一段时间后，发现同步带松弛，张紧同步带后发现，定位不准。

（2）故障检查与排除

① 这是正常现象，同步带松弛，张紧后，同步带的节距变长，导致定位不准。

② 解决方案：需要重新定位。使用伺服系统和同步带定位时，必须要设计重新定位的程序和操作界面。

【案例2】

(1) 故障现象

某钻杆热处理设备,控制系统由 PLC 和变频器组成,变频器和电动机驱动丝杠旋转,从而使运料小车作往复运动。工艺要求送料小车前进时慢速(20Hz),后退时快速(90Hz),且要求前进到位后尽快返回。使用一段时间后,发现返程时,小车经常超程,导致损害设备。

(2) 故障检查与排除

① 最容易采用的办法是:加长停机时的减速时间,但本例的工艺不允许修改启停时间。

② 解决方案:在后退的限位开关前,加一个限位开关,变频器接到此信号后,减速到(20Hz),然后停下,问题解决。很显然,这是系统设计的问题。

【案例3】

(1) 故障现象

如图 11-26 所示为某初学者设计的控制系统,使用几天后,变频器电源烧毁。

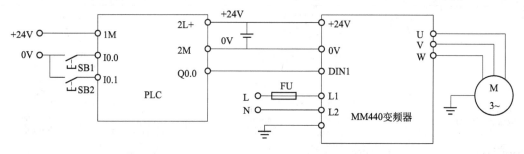

图 11-26 某控制系统原理图

(2) 故障检查与排除

① 图 11-26 所示的原理图错误。错误在于变频器的 DIN1 有两个供电电源,一个是外部电源,一个是变频器内部电源,通常这是不允许的。

② 解决方案:方案 1,只要把变频器的内部电源不接入即可,只用一个电源,这是最佳办法;方案 2,可以使用双电源供电,改进后的电源如图 11-27 所示。

【案例4】

(1) 故障现象

某设备的电磁阀额定功率为 20W,额定电压为+24V,电磁阀上电,系统工作正常,但断电时,会造成直流电源跳闸。

(2) 故障检查与排除

这个跳闸应与短路无关。由于电磁阀的功率较大,断电后产生较大的感应电动势,对直流电源产生较大的干扰,因此直流电源跳闸。

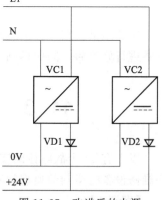

图 11-27 改进后的电源

解决方法 1:加续流二极管即可解决,如图 11-28 所示,这是最容易想到的方法。

解决方法 2:单独给冲击性负载供电。

【案例5】

(1) 故障现象

某设备的主回路有变频器,电源开关为剩余电保护器,运行时经常跳闸。

(2) 故障检查与排除

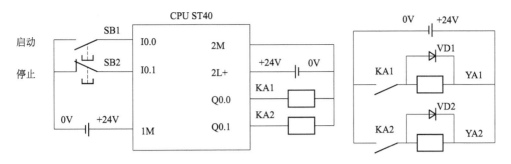

图 11-28 原理图

一般不能在变频器前使用剩余电保护器，因为变频器的大功率器件是 IGBT，容易造成剩余电保护器跳闸，通常使用一般断路器。

如一定要使用剩余电保护器，则选用剩余电较大的剩余电保护器。

【案例 6】

（1）故障现象

某纺织机械，配丹佛斯变频器，正常转速为 10000r/min，正常启动和运行时无故障，但在停机阶段，数次烧坏变频器的电容。

（2）故障检查与排除

① 启动和运行阶段无故障，表明变频器的功率足够。

② 设备转速高，停机时巨大的动能转换成电能反冲到变频器的电容，过量的电量致使电容烧毁。

③ 在直流回路中添加制动电阻后，问题解决，再无烧电容现象。

④ 还有一种解决办法是在直流回路中加充放电电容，好处是在制动时存储电能，在运行时释放电能，可以节省能源。

【案例 7】

某人按图 11-29 所示接线，之后学生发现压下 SB1、SB2 和 SB3 按钮，输入端的指示灯没有显示，PLC 中没有程序，但灯 HL 常亮，接线没有错误，+24V 电源也正常。学生分析是输入和输出接口烧毁，判断学生的分析是否正确。

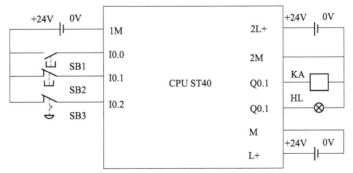

图 11-29 案例 7 原理图

分析如下。

① 实验设备的输入接口不会烧毁，因为输入接口电路有光电隔离电路保护，除非有较大电压（如交流 220V）的误接入，而且烧毁输入接口一般也不会所有的接口同时烧毁。经过检查，发现接线端子 1M 是"虚接"，压紧此接线端子后，输入端恢复正常。

② 错误接线容易造成晶体管输出回路的器件烧毁，晶体管的击穿会造成回路导通，从而造成 HL 灯常亮。

【案例 8】

某设备的控制系统由 PLC 和 5 台 G120 变频器组成，操作工反映每天晚上有 1～2 次变频器停机，上电后可正常使用，白天正常。

（1）故障现象

维修检查发现：报警信息为 "F06310"，晚上的电压偏高，为 420V，而白天电压基本正常，为 390V。晚上为过压报警。

（2）故障检查与排除

安装了 20kW 的自耦变压器，将电压调整到 370～400V，问题得到解决。

【案例 9】

（1）故障现象

某设备的控制系统由 S7-300、数字量和模拟量模块组成，通电后发现模拟量模块的通道烧毁（系统并无短路和过电压故障）。

（2）故障检查与排除

维修检查发现：接线电工疏忽，把地线和零线接错，由于模拟量通道无光电隔离，所以容易烧毁。

把接错的线更正，问题得到解决。

【案例 10】

（1）故障现象

某自动化设备上配有 PLC，最后一道工序是打标机，打标信号由 PLC 的继电器的触点送给打标机，发现：90% 的情况打标机能正常工作，而 10% 不能打标，请分析原因。原理图如图 11-30 所示。

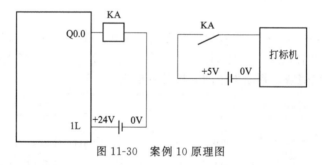

图 11-30　案例 10 原理图

（2）故障检查与排除

经过检查，打标机无故障，自动化设备的前端也没有问题，分析原因是继电器触点闭合瞬间产生较大干扰，导致打标机不工作，加滤波后，工作正常，改进后的原理图如图 11-31 所示。

【案例 11】

（1）故障现象

某初学者，下载程序到 S7-300 后，SF 灯亮，但不知是硬件故障还是程序错误。

（2）故障检查与排除

删除下载的程序，只下载正确的硬件组态，检查 SF 指示灯是否亮，如不亮，则程序错误。

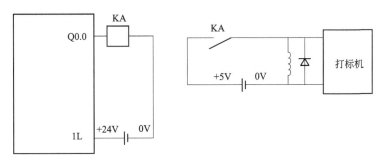

图 11-31　改进后的原理图

【案例 12】

（1）故障现象

某设备的控制器为 S7-300 和 CP343-1，发现 CPU 的 STOP 和 SF 灯亮，而 CP343-1 的灯都不亮。

（2）故障检查与排除

① 首先检查接线是否正确，有无断线、短路和接错线，DC24V 供电电压是否正常；

② 系统断电，检查模块是否安装牢固；

③ 排除以上问题基本可以得出，CP343-1 模块故障，需要拆下，更换新的模块，问题得以解决。

【案例 13】

（1）故障现象

如图 11-32 所示伺服系统，橙色为电源线，绿色为编码器线，使用时，偶尔有干扰现象。

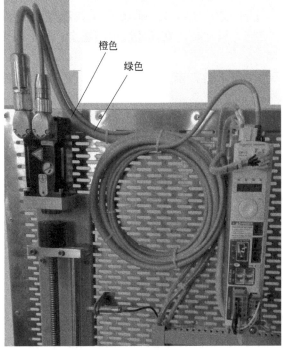

图 11-32　伺服系统

（2）故障检查与排除

① 强电和弱电要分开，电源线和编码器线不能捆扎在一起；

② 电源线最好不要环绕，间距最好大于 20cm。

【案例 14】

（1）故障现象

维修人员发现 S7-200 SMART（继电器型输出）的 Q0.3 烧毁，应怎样解决？

（2）故障检查与排除

① 办法 1：拆开主板，更换继电器，这种办法对维修人员要求高。

② 办法 2：此 PLC 还有备用点 Q3.3，将 Q0.3 上的硬接线改到 Q3.3 上，再把程序中的 Q0.3 全部替换成 Q3.3，这种办法容易实现，但必须要源代码。

【案例 15】

（1）故障现象

某钢厂设备的控制系统由 1 台 CPU315-2DP、3 台 MM440 和 2 台 ET200M 以及 I/O 模块组成。其中一台变频器安装在一台移动小车上。经常出现小车变频器接头松动而造成系统崩溃，生产厂家一直未能解决。

（2）故障检查与排除

① 移动小车造成 PROFIBUS-DP 通信接头松动，这是很正常的事情，也很难防止其再次松动。

② 解决方案：小车上的变频器和 CPU 不采用 PROFIBUS-DP 通信，而直接用 ET200M 上的模拟量调速，启停等信息用 ET200M 上的 I/O 端子。

③ 做此改进后，系统一直稳定运行。

【案例 16】

（1）故障现象

某设备的控制系统由 1 台 CPU315-2DP 和 10 个从站组成，采用 PROFIBUS-DP 通信。站间通信距离最远约为 200m。调试时，发现系统很不稳定，通信频繁出错。

（2）故障检查与排除

① 厂家的此设备已经出售多台，未发现类似问题，可排除设备设计和程序上的重大缺陷。

② 检查 DP 接头和所有屏蔽线都接线正常。

③ 把波特率从 500kbps 降至 9.6kbps，也无明显改善。

④ 后检查现场发现有多台大功率变频器和中频淬火炉，启停频繁，且现场的设备较多，后停止运行附近所有设备，通信正常，故判断通信故障为干扰所致。

⑤ 解决方案：将 DP 通信电缆改为光纤通信电缆，问题得以解决，因为光纤抗干扰能力强。

【案例 17】

（1）故障现象

S7-300 AI 模块，输入信号为 4～20mA 电流信号，接线与程序均正确，但是在程序监控中显示接收的数据不稳定，"跳动"很大，地线和屏蔽接线良好。

（2）故障检查与排除

① 方法 1：将信号负 AI- 与 AI 模块的电源负短接，这种解决办法简单易行。

② 方法 2：在模拟量模块和传感器之间安装模拟信号隔离器。

【案例18】

（1）故障现象

WinCC 通过 CP5621 通信卡与 PLC 进行 MPI 通信，所有组态、设置均正确，但是连接时通信时断时续，通过软件检测硬件，结果正常，但是通信就是一直存在问题。

（2）故障检查与排除

将通信所用的 DP 电缆与 DP 接头全部拆下，发现 DP 电缆的屏蔽层与 DP 接头内的接地没有连接，重新制作，再测试，通信正常。

【案例19】

（1）故障现象

现场一台 CPU315-2DP 采用 PID 输出调节变频器的频率，发现 PID 输出到 100%（也就是 AO 模块输出最大 20mA 电流信号），但是变频器的频率没有到最大的 50Hz，检测电流只有 16mA。

（2）故障检查与排除

查找问题，发现 AO 模块后面有隔离器，将隔离器拆除，AO 模块直接输出到变频器，问题解决。

【案例20】

（1）故障现象

检查时，发现 CPU315-2DP 的信号线与动力线布放在同一个桥架内，且现场设备信号没有传送到 PLC；所有的接线正确，但是 PLC 的一个 DI 模块上的 LED 指示灯，一直处于点亮状态。

（2）故障检查与排除

用万用表测量电压，竟然达到 110V。

原因：强电的感应电。

解决方案：强电和弱电布线分开。可见，强电和弱电分开布置是非常重要的。

【案例21】

（1）故障现象

某钢厂改造一套输灰设备，原控制系统方案为：CPU414 带 ET200M 远程站，改造后，增加了硬件模块，所以程序要重新下载。改造时，业主允许进行程序调试，造成的停机时间是半个小时，问是否合理。

（2）故障检查与排除

先把组态和程序进行模拟仿真，确保程序正确。下载硬件组态 CPU 会停机重启，但下载软件 CPU 不会停机，因此，半小时停机时间是足够的，即使程序不正确，也可以重新下载，但必须保证硬件组态正确。

【案例22】

（1）故障现象

某设备的控制系统由 1 台 CPU315-2DP，1 台 MM420（控制风机），3 台软启动器（控制风机）和 3 台 ET200M 组成，ET200M 与 CPU315-2DP 为 DP 通信。MM420 模拟量速度给定，端子排启停控制，软启动器为直接端子排启停控制。

某日发现 2 台风机不能在远程中控室中用 HMI 控制运行，变频器控制不能就地启动，而软启动的可以就地启动。其他设备均可中控室控制。

（2）故障检查与排除

在中控室发出软启动器启停信号，PLC 上有灯指示，表明信号到达 PLC，说明通信正常；接着查找，发现中间继电器不吸合，更换中间继电器即可。

变频器处，用信号发生器给模拟量信号和端子排启停信号，也不能启动，表明变频器故障，需要维修。

【案例 23】

（1）故障现象

洗衣机不锈钢内筒生产线上的液压专机发生故障，油缸下行后无法上行，一直停留在下极限位置。手动进行上行操作无效。

（2）故障检查与排除

此液压专机电气控制系统为 PLC 控制，检查液压系统，无故障。此油缸由二位五通电磁阀控制，直接用螺丝刀按压电磁阀换向阀芯，也无法换向，而此时发现电磁阀线圈有吸力。后测量发现电磁阀线圈有电压，但 PLC 信号输出指示灯显示无输出。再次检查发现 PLC 输出触点粘连，造成下降线圈一直得电。

故障排除：更换 PLC 输出触点，故障排除（此故障为电气系统设计不合理，PLC 输出点直接控制电磁阀线圈，而未经过中间继电器转接）。

【案例 24】

（1）故障现象

洗衣机装配生产线上的搬运机械手在工件到位后无夹紧动作，检测工件到位信号是对射式光电传感器，根据 I/O 接线图，先检查 PLC 输入端信号是否正常，结果发现流水线有工件，但输入端无信号。

（2）故障检查

根据经验先重点检查红外线传感器及相关线路。经过现场测试工作正常，再检查相关信号线路，没有发现断线等故障。短接信号输入端与公共端，PLC 输入端也没有信号，故障为 PLC 输入端内部光耦损坏。

（3）故障排除

更换到备用的 PLC 输入端，故障排除。故障分析：此红外线传感器信号由继电器输出，通过接线端子送到控制柜，安装接线端子的接线盒的在设备的下面，由于接线盒锈蚀，线路凌乱，外部的潮气进入接线盒，致使信号端子附近强电窜入弱电回路，烧毁 PLC 光耦。

【案例 25】

（1）故障现象

洗衣机离合器生产线的轴承压入机在运行中突然发生故障，无自动运行，尝试手动操作进行复位，手动也无动作。

（2）故障检查

首先检查电气控制系统（三菱 FX3U），发现 PLC 面板上电源指示灯闪烁，运行指示灯不亮，根据此现象，推断为 PLC 故障，但更换 PLC 故障未排除。后查阅图纸发现，外接的 2 只三线式传感器使用的是 PLC 内部的 24V 电源（厂家为节约成本）。后将 PLC 上的 24V 电源的正极接线断开，PLC 恢复正常。

（3）故障排除

经检查，发现一只传感器的线缆破损，传感器电源的正负极短路，从而造成 PLC 短路保护。经询问操作工人，故障发生前有一箱零件倾倒下来，故分析此故障的原因是倾倒下来的零件砸伤了传感器的线缆造成短路故障。

建议不要使用 PLC 的内部电源向传感器供电，而要使用外部开关电源供电。

【案例 26】

（1）故障现象

一台 FR-E700 变频器，刚启动时，E.0C1 报警，试分析故障原因。

（2）故障检查与排除

① 先查手册，E.0C1 为加速过流报警，最简单的方案是把加减速时间都延长，但仍然报警。

② 把电动机脱开，也就是不加负载，看有无报警，若无，则很可能是负载卡死或者过大，若仍然报警，则可能是变频器故障。

③ 后发现是变频器故障，送厂家维修。

【案例 27】

（1）故障现象

某系统配有 2 套伺服系统，伺服系统拖动小车快速送料，调试时发现振动较大，影响生产。

（2）故障检查与排除

① 先检查机械结构，对机械结构紧固，振动有所改善。

② 后来将伺服驱动器的加速和减速时间加大，问题最终解决。

【案例 28】

（1）故障现象

某设备的运料翻斗，控制系统由 PLC 和变频器组成，翻斗从低处取料，再到高处，再下移后卸料，运行时，变频器经常在下移过程中报警。系统有制动电阻。

（2）查找原因

翻斗在下降过程中，翻斗带动电动机转动，电动机变成发电机，多余的电力使泵升电压升高，致使变频器过压报警。

（3）解决方案

把制动电阻的功率调大，问题得以解决；也可采用增加回馈单元或者共直流母线的方法加以解决。

【案例 29】

（1）故障现象

某设备的控制系统由 1 台 CPU314C-2DP 和 2 个从站（3 号和 4 号从站）组成，采用 PROFIBUS-DP 通信。某日早上，发现设备不能正常开机，且 CPU 的 SF 和 BF 灯亮。请进行故障诊断。

（2）故障检查与排除

① 首先判断通信故障，采用诊断视图诊断，如图 11-33 所示。

② 仔细检查后发现，第 3 站 DP 接头上的终端电阻置于"ON"，将其拨到"OFF"故障排除。

【案例 30】

（1）故障现象

在安装 STEP 7-Micro/WIN SMART 和 WinCC flexible SMART 两个软件时，弹出如图 11-34 和图 11-35 所示的报错对话框，软件不能正常安装。

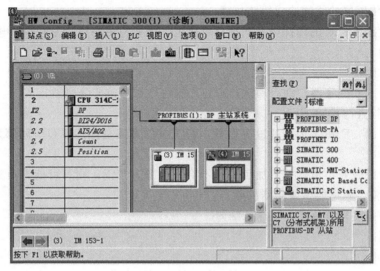

图 11-33　硬件组态

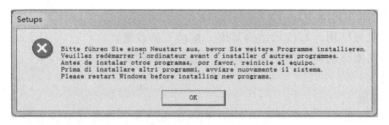

图 11-34　报错对话框（1）

图 11-35　报错对话框（2）

（2）解决方案

① 检查软件是否为正版软件，解压名称中是否有中文或者特殊字符，经过检查判断软件为正版，解压名称中无特殊字符和汉字。

② 在 Windows 开始菜单栏的搜索框内输入"regedit"，打开注册表。单击"HKEY_LOCAL_MACHINE"→"SYSTEM"→"CurrentControlSet"→"Control"→"Session Manager"，在注册表中，选择并删除"PendingFileRenameOperations"选项，如图 11-36 所示。

③ 删除注册表后，重启计算机，重新安装软件即可。

④ 目前 STEP 7-Micro/WIN SMART 和 WinCC flexible SMART V3 还不能与 Windows 10 操作系统兼容。如读者的计算机安装的是 Windows 10 操作系统，处理方式为安装虚拟机，在虚拟机的 Windows 7 系统中，安装以上两款软件。

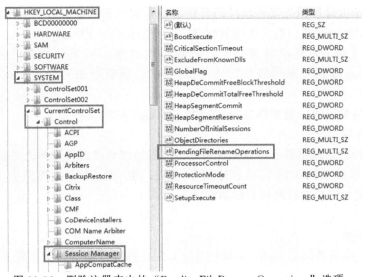

图 11-36 删除注册表中的"PendingFileRenameOperations"选项

【案例 31】

（1）故障现象

计算机中安装的是 Windows 10 操作系统，虚拟机的 Windows 7 系统中安装了 STEP 7-Micro/WIN SMART 软件。使用虚拟机中的 STEP 7-Micro/WIN SMART 软件，在通信连接时，搜索不到 S7-200 SMART CPU，而换一台计算机可以搜索到 S7-200 SMART CPU。

（2）解决方案

① 换一台计算机，可以搜索到 S7-200 SMART CPU，说明 PLC 是完好的。

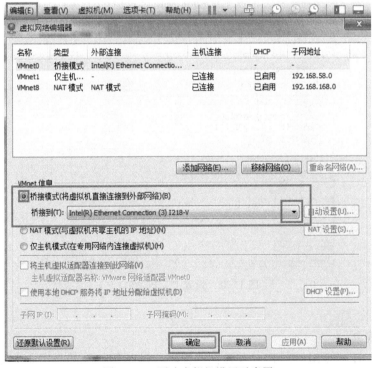

图 11-37 更改虚拟机设置示意图

② 初步判断故障原因为安装软件的时候出现错误，于是卸载软件，在虚拟机里的另一个路径下安装软件，发现仍然无法搜索到 S7-200 SMART CPU。

③ 排除以上两个可能故障原因。打开虚拟机的虚拟网络编辑器，选择"桥接模式（将虚拟机直接连接到外部网络）"→"桥接到"，最后单击"确定"按钮，如图 11-37 所示。

④ 更改设置后，可以搜索连接到 S7-200 SMART CPU。

（3）特别提醒

① 如果同样的问题出现在博途软件中，也可以通过更改此设置解决问题。

② 如果计算机上网卡的驱动程序过于老旧，也会导致不能搜索到 S7-200 SMART CPU，解决方法为安装新版的网卡驱动程序。

【案例 32】

（1）故障现象

某计算机上安装 STEP 7-Micro/WIN V4.0 SP9 软件，通信时找不到 PC/PPI 驱动，导致不能下载程序。操作系统是 Windows 7 旗舰版。

（2）解决方案

① 目前，STEP 7-Micro/WIN V4.0 SP9 软件可以安装在 Windows XP、Windows 7 和 Windows 8 操作系统中，而不支持 Windows 10 操作系统安装。

② 初步判定此计算机没有安装"Simatic PGPC Update"驱动程序，此程序可以在西门子官方网站上下载。驱动程序安装完成后，选择"PC/PPI cable.PPI.1"即可，如图 11-38 所示。程序可以正常下载。

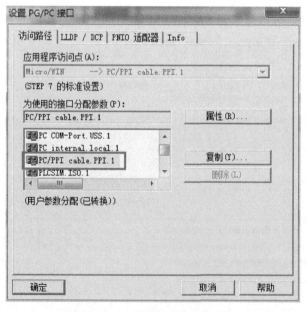

图 11-38　设置 PG/PC 接口

【案例 33】

（1）故障现象

在调试时，有一批 S7-200 PLC 使用同一程序，每台 PLC 下载程序非常耽误时间。

（2）解决方案

最佳的方案是使用 SIEMENS S7-200 Cartridge 256k Memory 存储卡作种子。虽然 S7-200 PLC 已经停产，但是其简单的批量下载程序功能得到广泛的应用。同理，S7-200 SMART PLC、S7-300 PLC、S7-1200 PLC 和 S7-1500 PLC，也继承了此功能，只是后者要使用 SD 卡。具体操作步骤如下。

① 在 PLC 断电状态下，插入存储卡。

② 将 PLC 上电，把需要的程序下载到 PLC 中。

③ 在 STEP 7-Micro/WIN V4.0 SP9 软件的菜单栏中，单击"PLC（P）"→"存储卡编程"→"编程"，编程完成界面如图 11-39 所示。

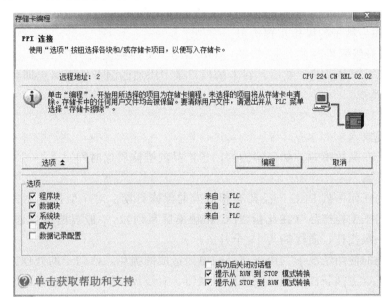

图 11-39　存储卡编程

④ 测试程序是否写入存储卡。将 PLC 断电，之后拔下存储卡，重新上电清除 PLC 中的程序，用上载程序的方法来确认是否把 PLC 程序清除完成。程序清除完成后，再次断电后，重新插上存储卡。观察 PLC 的 STOP 和 RUN 指示灯的状态，如 STOP 指示灯亮大约 3s，之后熄灭，而 RUN 指示灯绿色常亮，则表明存储卡里的程序已经写入 PLC。

注意：插拔存储卡一定要在断电的情况下进行。此外，制作种子对应的版本号和制作种子所用的 PLC 是同一个版本号。如遇到种子不能下载到 PLC 中的情况，一般先检查 PLC 的版本号是否一致。这种方法对于批量下载程序特别实用。

【案例 34】

（1）故障现象

有一台旧 S7-200 SMART PLC，不知其固件版本，而用户需要使用新版本中的新功能，怎样解决此问题。

（2）解决方案

通常先把 S7-200 SMART PLC 恢复出厂设置。为了方便现场使用，可以在没有计算机的情况下，使用普通的 SD 卡对 S7-200 SMART PLC 进行固件升级，恢复出厂设置，下载程序。以下介绍使用 SD 卡还原 PLC 的过程。

① 首先准备一张正版的 4GB 以上的 Micro SD（即手机内存卡）。

② 先格式化 SD 卡，防止 SD 卡中有隐藏文件。

③ 在 SD 卡中，将"S7_JOB.S7S"文本文件用记事本打开的方式打开，并输入"RESET_TO_FACTORY"关键字。

④ 将 S7-200 SMART PLC 断电后，再把存储卡插入 CPU 的卡槽，上电复位完成后，STOP 指示灯闪烁，说明已经完成程序清理。

⑤ 将 S7-200 SMART PLC 重新断电后，拔出存储卡，RUN、STOP 和 ERROR 三盏指示灯均不再闪烁。此时已将 CPU 的内容（包括密码、系统块和程序块等）清除完成。

注意：插拔存储卡一定要在断电时进行，否则有时候 PLC 会报系统故障，遇到这种情况，只能交给西门子公司进行底层固件维护，这会极大影响工程效率。

同样，也可以使用 SD 卡作为种子，下载程序与使用 S7-200 PLC 的 S7-200 Cartridge 256k Memory 作为种子的操作步骤类似。

使用 SD 卡升级固件时候，将"S7_JOB.S7S"文件夹里的"RESET_TO_FACTORY"改成"FWUPDATE"，然后，在卡的根目录下添加西门子的更新包即可，基本操作步骤与还原 PLC 类似。

【案例 35】

（1）故障现象

遇到西门子产品故障时，如何解读西门子产品的维修质保时间。

（2）解决方案

用户购买的任何一款 PLC 产品都有相对应的保修日期。对一般用户而言，只要从正规渠道购买的西门子工控产品（在此指 PLC 和触摸屏系列），一般自购买日起，质保期为 12 个月，但对于一级代理，质保期为 18 个月。

用户在正确的使用情况下，由于产品的原因造成的损坏，西门子的处理方式是：在外观无损坏的情况下，更换新件处理。在外观有划痕，有裂纹，影响二次销售的情况下，给予免费维修，如果是由于外力造成内部元器件损坏，则需要用户付费维修。

当用户的工控产品超过质保期损坏时，正确的做法如下。

① 千万不要自己擅自拆开 PLC。

无论是质保期内的还是质保期外的，只要有拆动痕迹，西门子公司一律不维修。

② 检查外观。西门子公司对于外观破损的质保期外产品一律拒绝维修，质保期内视情况而定，维修费一般较高，有时会拒绝维修。

③ 查看订货号，查看产品的出厂日期。

每一种产品都有唯一的订货号，而对应的每一个产品也有唯一的序列号（身份证），而且每一个序列号都对应唯一的包装外壳，所以在外观损坏的情况下是拒保的。

通过序列号能读出一些有用的信息（如此产品是否在质保期内），在此用上一个产品的序列号为例介绍，序列号为 SC-JOR73600，其具体含义如图 11-40 所示。

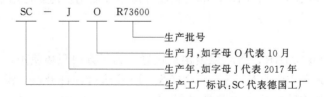

图 11-40　产品序列号的含义

产品序列号的字母含义见表 11-5。

表 11-5　产品序列号的字母含义

生产年字母	年份	生产月字母	月份
W	2008	J	1(January)
X	2009	F	2(February)
A	2010	M	3(March)
B	2011	A	4(April)
C	2012	M	5(May)
D	2013	J	6(June)
E	2014	J	7(July)
F	2015	A	8(August)
H	2016	S	9(September)
J	2017	O	10(October)
K	2018	N	11(November)
L	2019	D	12(December)

【案例 36】

(1) 故障现象

某设备的控制系统是一套新型的 V90 伺服系统和型号为 CPU1513-1PN（2.1 版本）的 PLC。之前用户使用老版本的 GSD 文件进行组态，现在换成 HSP 文件组态后，不能正常使用。

(2) 解决方案

① 在博途软件的菜单栏中，单击"帮助（H）"→"已安装软件"→"检查更新"→"支持包"→"选择需要安装的文件"→"下载"→"安装"，如图 11-41 所示，安装所需的 HSP 文件。也可在西门子官网上直接下载此文件，HSP 安装包地址如下。

https：//support. industry. siemens. com/cs/document/72341852

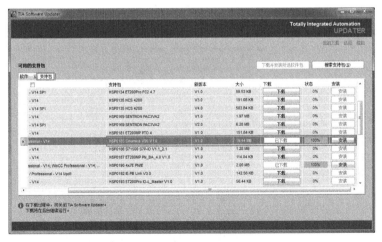

图 11-41　下载 HSP 文件并安装

② 在弹出窗口，如图 11-42 所示，单击"继续"按钮。

③ 安装完成后单击"重新启动"按钮，如图 11-43 所示，重新启动计算机。

④ 安装完成后，再进行组态，选择相对应的电动机即可，如图 11-44 所示。

⑤ 如果使用的是第三方的 GSD 文件，则在菜单栏中，单击"项目"→"支持包"→

图 11-42 弹出窗口

图 11-43 单击重新启动

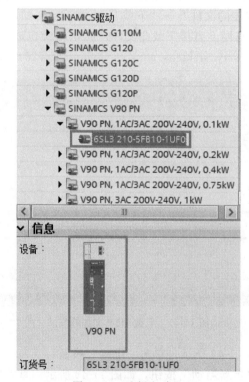

图 11-44 选择电动机

"从文件系统添加" → "对应的文件"。之后的步骤与以上步骤相同。

【案例 37】

（1）故障现象

某用户在通风控制系统中，使用西门子触摸屏，出现白屏和黑屏故障现象。

（2）解决方案

在一般工程人员的常识中，如果遇到触摸屏出现白屏（图 11-45）或者黑屏现象时，通常可判定此触摸屏已经报废，应更换新的触摸屏。

如果触摸屏状况比较好，更换液晶面板一般可以恢复功能。如更换液晶面板仍然不能恢复功能，只能再更换主板，但更换主板的价格和购买一个新触摸屏的价格相当，因此更换主板的方案很少被采用。

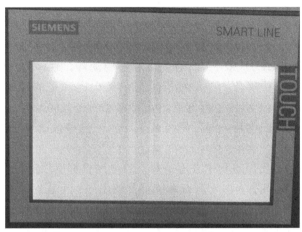

图 11-45　出现白屏现象

【案例 38】

（1）故障现象

西门子触摸屏在户外使用，出现白屏和黑屏故障现象。

图 11-46　出现腐蚀部分

（2）解决方案

① 拆开后盖发现：主板上一些金属元件上有明显的水渍痕迹，在液晶面板和主板连接

的排线铜制接触头上有比较明显的腐蚀现象，如图 11-46 所示。

② 因此初步判断是金属接线头腐蚀造成本应该单独控制每一路部分变成并联，引起液晶里的正负离子紊乱，出现白屏。

③ 使用酒精擦拭腐蚀部分，清理锈斑和灰尘，使用放大镜确认无并联现象。

④ 风干后，通电检测，触摸屏无雪花，触摸灵敏，设置和连接均正常。触摸屏持续通电 8 小时，一切均正常，故障排除。

（3）特别提醒

除了一些特殊触摸屏，常见的触摸屏的正面防水防尘等级是 IP60，其他部分等级是 IP20。

【案例 39】

（1）故障现象

某用户使用订货号为 1FL6044-1AF61-0LB1（带多圈绝对值编码器和带抱闸）的伺服电动机和 6SL3210-5FF10-8UF0（带 PN）的 V90 伺服驱动器，软件为 TIA Portal V14 SP1。

在使用过程中出现一种现象：在触摸屏上显示编码器测量的距离，满量程是 274000。在小车行走到 1～500 的位置时，断电后，重新读数是－260000～－274000，或者行走到－260000～－274000 时，断电后，显示距离是 500～1，这些数据与断电前记录数据不符。

（2）解决方案

① 询问用户发现，在使用过程中并不是每一台电动机都出现这种情况，故障率在 2％左右，故排除是产品的质量问题，由于所有系统都是使用同一个程序，故排除程序的错误。

② 在实验室按照用户的使用方法还原问题。结果发现，在靠近绝对值编码器的零点（零点既是最小开始，又是量程最大的终点）附近设置原点，在断电后重新读数后发现编码器的读数出现大幅度跳动。如果在量程范围靠中间的位置设置终点就不会出现这种情况。

③ 查阅资料发现：带绝对值编码器的电动机在出厂时，存在原点不在量程靠中间位置的情形，且这种现象较为常见。因此将原点重新设置在量程靠中间位置。

④ 经过与现场工程师沟通，还发现用户运行的程序经过了两次移植，即从 TIA Portal V13 移植到 TIA Portal V14，再移植到 TIA Portal V14 SP1，但程序中的工艺轴并没有重新设置，用户升级后的程序中创建的工艺轴为默认 V2.0 版本，而使用 TIA Portal V14 SP1 默认为 V3.0 版本，如图 11-47 所示。修改工艺轴为 V3.0，问题得到解决。

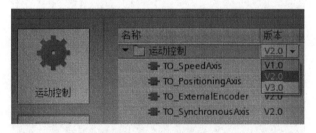

图 11-47　版本选择

⑤ 因此，在移植新的 TIA Portal 程序后，一定要重新核实组态参数，是否有新的选项，如组态参数选项有差异时，应特别注意。

【案例 40】

（1）故障现象

某用户使用软件 WinCC flexible SMART V3 SP1，无法对 SMART V3 IE 触摸屏下载

程序，而且在下载程序时一直提示"OS 更新"，在软件菜单中，单击"OS 更新"命令，进度条无进展标识。

（2）解决方案

① 检测后发现，触摸屏和软件版本不兼容，软件版本高，而触摸屏版本低。

② 由于触摸屏版本低于软件，所以在下载时提示"OS 更新"，又因用户没有装 Pro-Save 软件，所以在 OS 更新时，进度条不前进。

③ 用户安装新版 ProSave 软件后，进行"OS 更新"操作，选择最新的更新镜像进行更新后，重新设置 IP 地址等参数，触摸屏程序可以下载，问题解决。

④ 注意：ProSave 软件可以单独安装。在安装 TIA Portal 软件时，不同 TIA Portal 软件版本对应不同的 ProSave 软件版本。如用户使用的是老版本的 ProSave 软件，即使更新也不能升级到最新软件版本，可在西门子的官方网站上下载最新的 OS 更新镜像文件，即可升级到最新软件版本。

【案例 41】

（1）故障现象

某用户使用软件 STEP7-Micro/WIN SMART V2.3 向 S7-200 SMART PLC 下载程序，但无法建立上位计算机与 PLC 的通信。

（2）分析问题

上位机与 PLC 不能建立通信有多种原因，常见的有如下几种。

① 计算机的操作系统虽然能安装软件 STEP7-Micro/WIN SMART V2.3，但此软件的某些功能不能正常使用，这种情况下必须重新安装正版操作系统。

② 硬件故障。如 PLC 的通信接口烧毁或者下载电缆损坏（如断线、接口磨损等）。

③ 没有安装编程电缆的驱动程序或者计算机的网卡驱动程序过于老旧。

（3）解决方案

① 调换一台安装了软件 STEP7-Micro/WIN SMART V2.3 的计算机，使用前述的下载电缆和 PLC 进行下载程序操作，可以正常下载程序，这表明下载电缆和 PLC 都完好。

② 更新网卡的驱动程序，再进行下载程序操作，可以正常下载程序，表明故障原因是网卡驱动程序过于老旧。

【案例 42】

（1）故障现象

某用户新购买一根正版 PC ADAPTER USB A2 下载通信电缆，无法用此电缆建立上位计算机与 PLC 的通信。

（2）解决方案

① 首先判断编程电缆和 PLC 是否有故障，如有更换故障设备。

② 通常正版 PC ADAPTER USB A2 下载通信电缆是即插即用的，无需手动安装驱动程序（自动安装驱动程序，与优盘类似）。但实际工作中，有的计算机的 USB 接口磨损严重，造成接触不良，一般改换计算机的其他通信接口，如计算机的右下角弹出 USB 设备安装的信息，说明此 PC ADAPTER USB A2 下载通信电缆的驱动程序已经正确安装，后续通信是可以进行的。如计算机的右下角没弹出 USB 设备安装的信息，说明此 PC ADAPTER USB A2 下载通信电缆的驱动程序可能没有正确安装，后续通信可能无法进行。这种情况下，需要在计算机的"设备管理器"中，手动安装驱动程序。

第12章

西门子 S7-200 SMART PLC、SMART LINE 触摸屏和 G120 变频器工程应用

本章介绍几个典型可编程序控制器系统的集成过程，供读者模仿学习，本章是前面章节内容的综合应用，因此本章的例题都有一定的难度。

12.1 行车呼叫系统 PLC 控制

【例 12-1】 图 12-1 所示为行车呼叫系统示意图。一部电动运输车提供 8 个工位使用，系统共有 12 个按钮。图中，SB1～SB8 为每一工位的呼车按钮；SB9、SB10 为电动小车点动左行、点动右行按钮；SB11、SB12 为启动和停止按钮，系统上电后，可以按下这两个按钮调整小车位置，使小车停于工位位置。SQ1～SQ8 为每一工位信号。

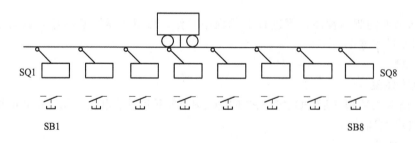

图 12-1　行车呼叫系统示意图

正常工作流程：小车在某一工位，若无呼车信号，除本工位指示灯不亮外，其余指示灯亮，表示允许呼车。当某工位呼车按钮按下，各工位指示灯全部熄灭，行车运动至该车位，运动期间呼车按钮失效。呼车工位号大于停车位时，小车右行，反之则左行。当小车停在某一工位后，停车时间为 30s，以便处理该工位工作流程。在此段时间内，其他呼车信号无效。从安全角度考虑，停电来电后，小车不允许运行。要求：

① 列出该系统的 I/O 配置表；

② 编写 PLC 程序并进行调试。

12.1.1 软硬件配置

（1）系统的软硬件配置

① 1 台 CPU SR60。

② 1 套 STEP7-Micro/WIN SMART V2.3。

③ 1 根网线。

（2）PLC 的 I/O 分配

PLC 的 I/O 分配见表 12-1。

表 12-1 PLC 的 I/O 分配表

名称	符号	输入点	名称	符号	输出点
1 号位置呼叫按钮	SB1	I0.0	电动机正转	KA1	Q0.0
2 号位置呼叫按钮	SB2	I0.1	电动机反转	KA2	Q0.1
3 号位置呼叫按钮	SB3	I0.2	指示灯	HL1	Q0.2
4 号位置呼叫按钮	SB4	I0.3			
5 号位置呼叫按钮	SB5	I0.4			
6 号位置呼叫按钮	SB6	I0.5			
7 号位置呼叫按钮	SB7	I0.6			
8 号位置呼叫按钮	SB8	I0.7			
行车位于 1 号位置	SQ1	I1.0			
行车位于 2 号位置	SQ2	I1.1			
行车位于 3 号位置	SQ3	I1.2			
行车位于 4 号位置	SQ4	I1.3			
行车位于 5 号位置	SQ5	I1.4			
行车位于 6 号位置	SQ6	I1.5			
行车位于 7 号位置	SQ7	I1.6			
行车位于 8 号位置	SQ8	I1.7			
点动按钮（正）	SB9	I2.0			
点动按钮（反）	SB10	I2.1			
启动按钮	SB11	I2.2			
停止按钮	SB12	I2.3			

（3）控制系统的接线

控制系统的原理图如图 12-2 所示。

12.1.2 编写程序

系统的主程序如图 12-3 所示，子程序如图 12-4 所示。

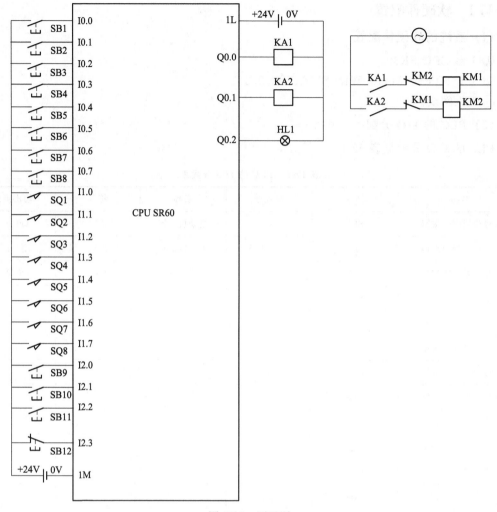

图 12-2　原理图

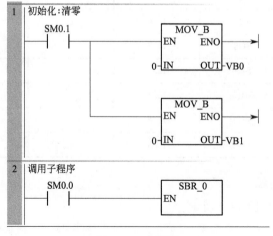

图 12-3　主程序

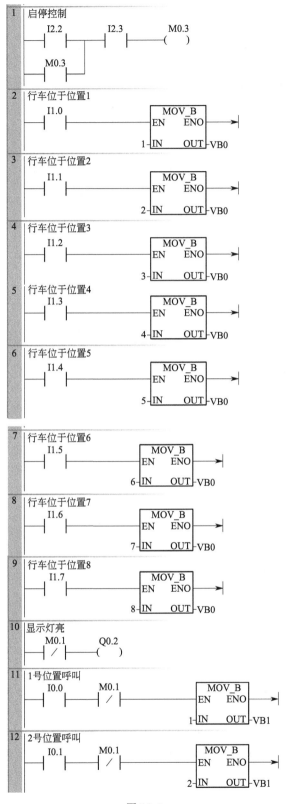

图 12-4

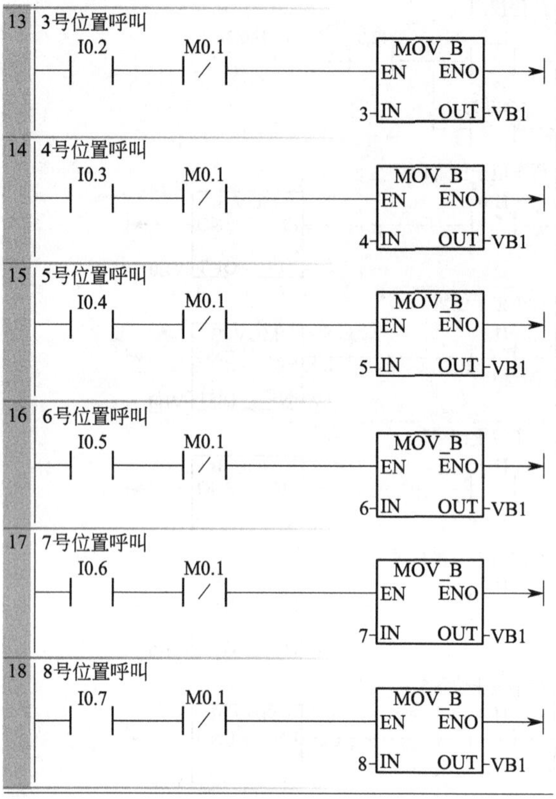
13 3号位置呼叫
I0.2
M0.1
MOV_B
EN ENO
3-IN OUT-VB1
14 4号位置呼叫
I0.3
M0.1
MOV_B
EN ENO
4-IN OUT-VB1
15 5号位置呼叫
I0.4
M0.1
MOV_B
EN ENO
5-IN OUT-VB1
16 6号位置呼叫
I0.5
M0.1
MOV_B
EN ENO
6-IN OUT-VB1
17 7号位置呼叫
I0.6
M0.1
MOV_B
EN ENO
7-IN OUT-VB1
18 8号位置呼叫
I0.7
M0.1
MOV_B
EN ENO
8-IN OUT-VB1

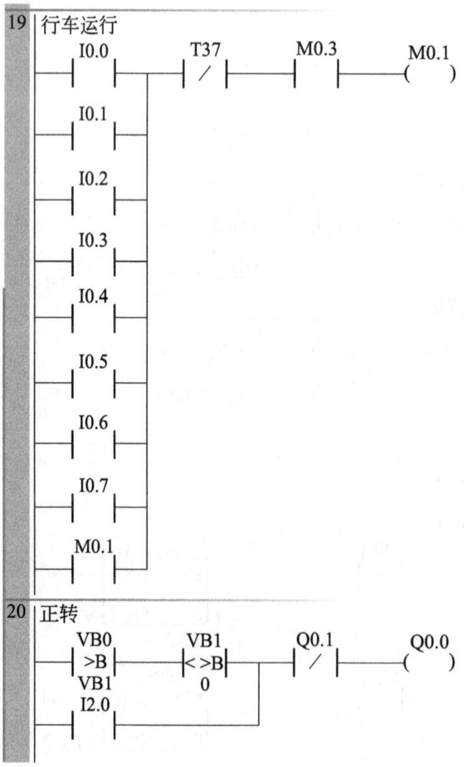
19 行车运行
I0.0
T37
M0.3
M0.1
I0.1
I0.2
I0.3
I0.4
I0.5
I0.6
I0.7
M0.1
20 正转
VB0
>B
VB1
VB1
< >B
0
Q0.1
Q0.0
I2.0

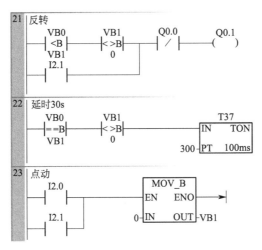

图 12-4 子程序

12.2 送料小车自动往复运动的 PLC 控制

【例 12-2】 现有一套送料小车系统，分别在工位 1、工位 2、工位 3 这三个地方来回自动送料，小车的运动由一台交流电动机进行控制。在三个工位处，分别装置了三个传感器 SQ1、SQ2、SQ3，用于检测小车的位置。在小车运行的左端和右端分别安装了两个行程开关 SQ4、SQ5，用于定位小车的原点和右极限位点。

其结构示意图如图 12-5 所示。控制要求如下。

① 当系统上电时，无论小车处于何种状态，首先回到原点准备装料，等待系统的启动。

② 当系统的手动/自动转换开关打开自动运行挡时，按下启动按钮 SB1，小车首先正向运行到工位 1 的位置，等待 10s 卸料完成后正向运行到工位 2 的位置，等待 10s 卸料完成后正向运行到工位 3 的位置，停止 5s 后接着反向运行到工位 2 的位置，停止 5s 后再反向运行到工位 1 的位置，停止 5s 后再反向运行到原点位置，等待下一轮的启动运行。

③ 当按下停止按钮 SB2 时系统停止运行，如果电动机停止在某一工位，则小车继续停止等待；当小车正运行在去往某一工位的途中，则当小车到达目的地后再停止运行。再次按下启动按钮 SB1 后，设备按剩下的流程继续运行。

④ 当按下急停按钮 SB5 时，小车立即停止工作，直到急停按钮取消时，系统恢复到当前状态。

⑤ 当系统的手动/自动转换开关 SA1 打到手动运行挡时，可以通过手动按钮 SB3、SB4 控制小车的正/反向运行。

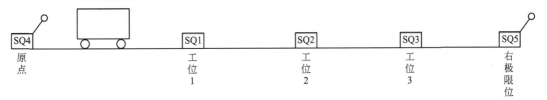

图 12-5 结构示意图

12.2.1 软硬件配置

(1) 系统的软硬件配置

① 1 台 CPU SR20。

② 1 套 STEP7-Micro/WIN SMART V2.3。

③ 1 根 PC/PPI 电缆。

(2) PLC 的 I/O 分配

PLC 的 I/O 分配见表 12-2。

表 12-2　PLC 的 I/O 分配表

名称	符号	输入点	名称	符号	输出点
启动	SB1	I0.0	电动机正转	KA1	Q0.0
停止	SB2	I0.1	电动机反转	KA2	Q0.1
左点动	SB3	I0.2			
右点动	SB4	I0.3			
工位 1	SQ1	I0.4			
工位 2	SQ2	I0.5			
工位 3	SQ3	I0.6			
原点	SQ4	I0.7			
右限位	SQ5	I1.0			
手/自转换	SA1	I1.1			
急停	SB5	I1.2			

(3) 控制系统的接线

原理图如图 12-6 所示。

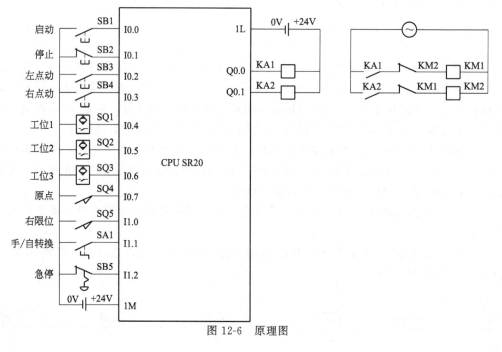

图 12-6　原理图

12.2.2 编写控制程序

控制程序如图 12-7 所示。

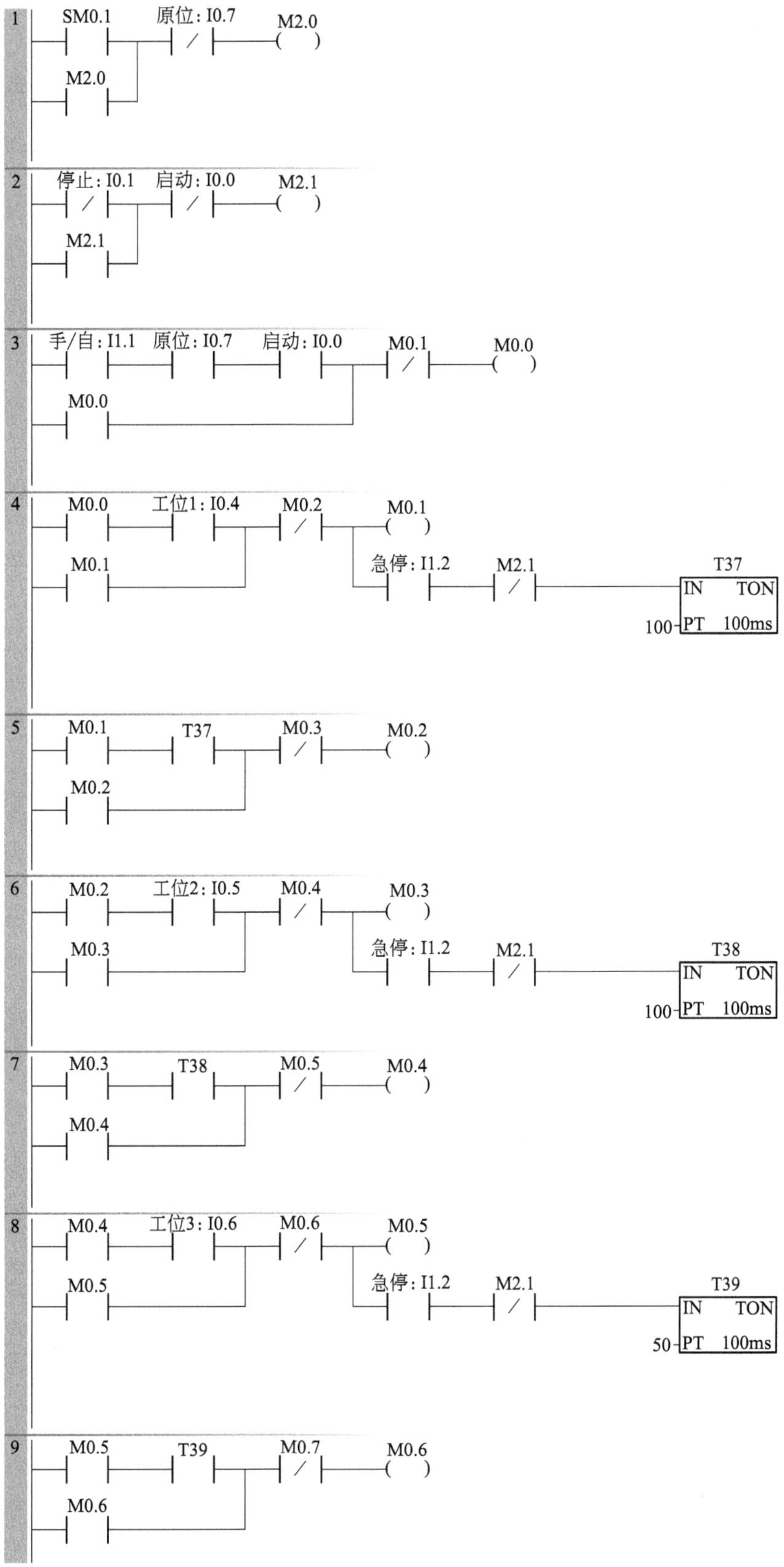

1
SM0.1
原位: I0.7
M2.0
M2.0
2
停止: I0.1
启动: I0.0
M2.1
M2.1
3
手/自: I1.1
原位: I0.7
启动: I0.0
M0.1
M0.0
M0.0
4
M0.0
工位1: I0.4
M0.2
M0.1
M0.1
急停: I1.2
M2.1
T37
IN TON
100 PT 100ms
5
M0.1
T37
M0.3
M0.2
M0.2
6
M0.2
工位2: I0.5
M0.4
M0.3
M0.3
急停: I1.2
M2.1
T38
IN TON
100 PT 100ms
7
M0.3
T38
M0.5
M0.4
M0.4
8
M0.4
工位3: I0.6
M0.6
M0.5
M0.5
急停: I1.2
M2.1
T39
IN TON
50 PT 100ms
9
M0.5
T39
M0.7
M0.6
M0.6

图 12-7

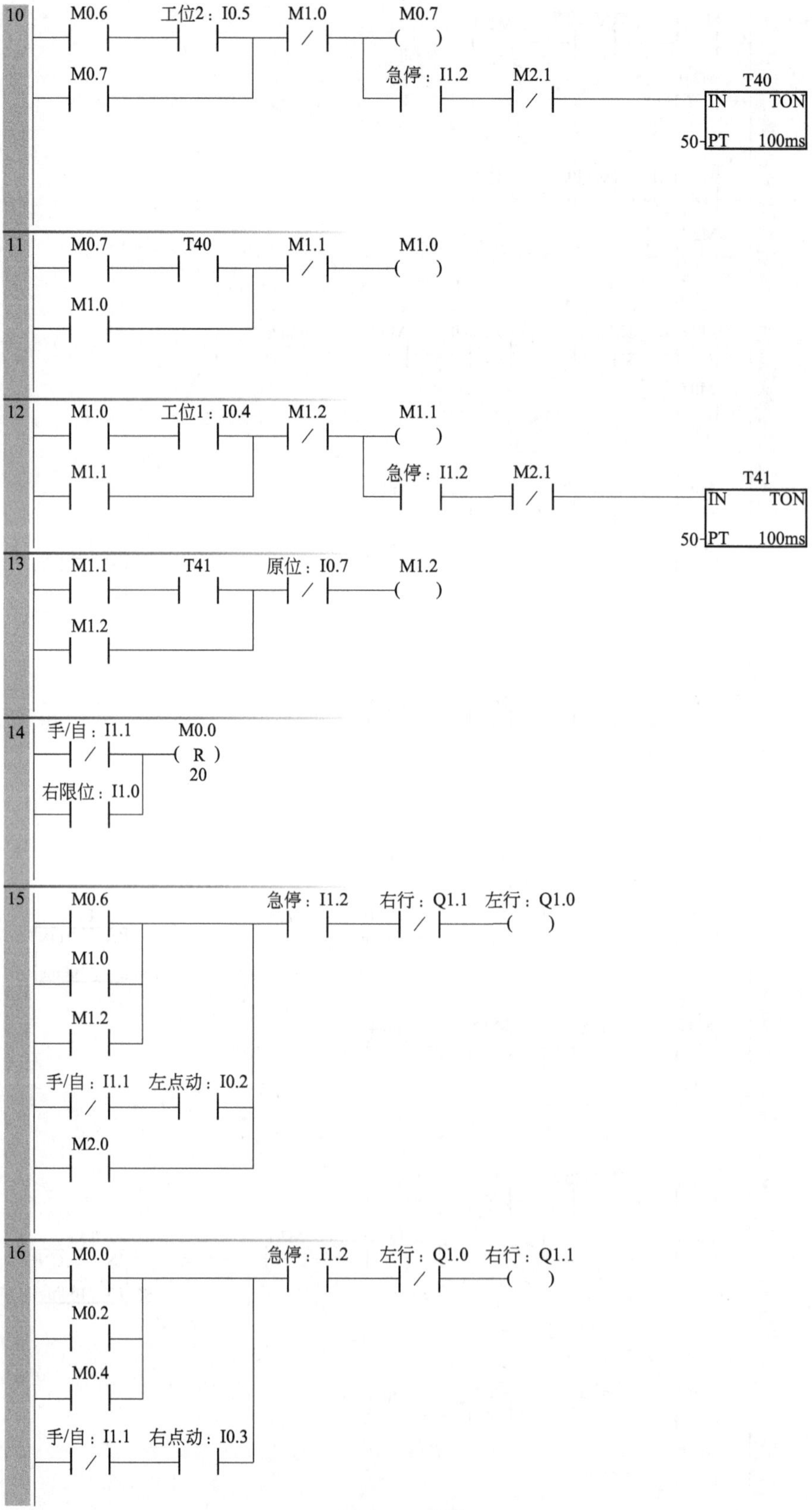

10 M0.6 —— 工位2：I0.5 —— M1.0(/) —— M0.7( )
M0.7
急停：I1.2 —— M2.1(/) —— T40 IN TON
50-PT 100ms

11 M0.7 —— T40 —— M1.1(/) —— M1.0( )
M1.0

12 M1.0 —— 工位1：I0.4 —— M1.2(/) —— M1.1( )
M1.1
急停：I1.2 —— M2.1(/) —— T41 IN TON
50-PT 100ms

13 M1.1 —— T41 —— 原位：I0.7(/) —— M1.2( )
M1.2

14 手/自：I1.1(/) —— M0.0(R) 20
右限位：I1.0

15 M0.6
M1.0
M1.2
手/自：I1.1(/) —— 左点动：I0.2
M2.0
—— 急停：I1.2 —— 右行：Q1.1(/) —— 左行：Q1.0( )

16 M0.0
M0.2
M0.4
手/自：I1.1(/) —— 右点动：I0.3
—— 急停：I1.2 —— 左行：Q1.0(/) —— 右行：Q1.1( )

图 12-7 程序

12.3 定长剪切机 PLC 控制

【例 12-3】 用 PLC 实现钢板定长剪切机的控制。系统工作过程描述如下。

薄钢板定长剪切机的输送机由伺服系统控制输送长度，剪切机采用切刀切割。初始位置时，切刀在上方（即气缸活塞位于上极限位置），当输送机输送指定的长度后，切刀向下运动，完成切割并延时 0.5s 后，回到初始位置，完成一个工作循环。薄钢板定长剪切机的工作示意如图 12-8 所示。

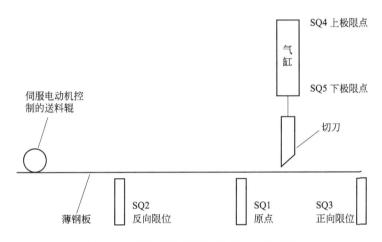

图 12-8 薄钢板定长剪切机的工作示意图

其控制任务要求如下。

① 有手动/自动转换开关 SA1，手动模式时，可以手动对切刀进行上行和下行控制，手动按钮分别是 SB5 和 SB6。

② 自动模式时，当切刀在初始位置，压下"启动"按钮 SB1，输送机送料→送料完成→切刀下行到下极限位置延时 0.5s→回到初始位置，如此循环。

③ 在自动模式时，压下"复位"按钮 SB2，切刀回到初始位置，送料机构将料送到原点（SQ1），复位完成时，有指示灯闪亮。当压下"停止"按钮 SB3 时，系统完成一个循环后，停止到初始位置。当压下"急停"按钮 SB4 时，立即停止。

④ 每完成一次自动切割循环，计数值加 1。

12.3.1 软硬件配置

(1) 主要软硬件配置

① 1 台 CPU ST30。

② 1 台 ASD-B-2041-B 伺服驱动器。

③ 1 套 STEP7-Micro/WIN SMART V2.3。

④ 1 根网线。

(2) PLC 的 I/O 分配

PLC 的 I/O 分配见表 12-3。

表 12-3　PLC 的 I/O 分配表

输入			输出		
名称	代号	地址	名称	代号	地址
原点	SQ1	I0.0	高速输出		Q0.0
反极限位	SQ2	I0.1	方向控制		Q0.2
正极限位	SQ3	I0.2	气缸下行	YV1	Q0.3
启动按钮	SB1	I0.3	气缸上行	YV2	Q0.4
复位按钮	SB2	I0.4	复位显示	HL1	Q0.5
停止按钮	SB3	I0.5			
手动/自动转换按钮	SA1	I0.6			
急停按钮	SB4	I0.7			
手动上行按钮	SB5	I1.0			
手动下行按钮	SB6	I1.1			
上向限位	SQ4	I1.2			
下向限位	SQ5	I1.3			

（3）控制系统的接线

控制系统的原理图如图 12-9 所示。

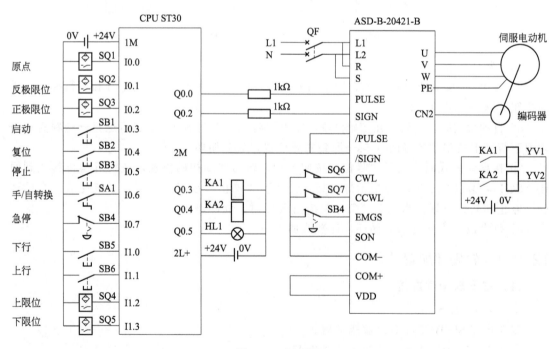

图 12-9　原理图

12.3.2　编写程序

符号表如图 12-10 所示。梯形图程序如图 12-11～图 12-15 所示。

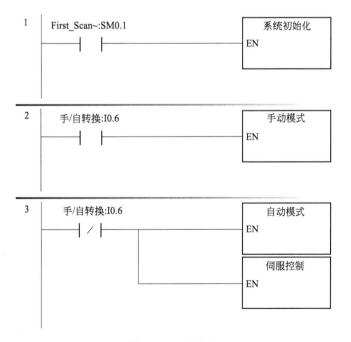

图 12-10　符号表

		符号	地址	注释
1		反向限位	I0.1	SQ2
2		完成周期停止	V510.0	
3		正极限位	I0.2	SQ3
4		停止	I0.5	SB3
5		原点	I0.0	SQ1
6		复位	I0.4	SB2
7		急停	I0.7	SB4
8		切刀上行电磁阀	Q0.4	KA2
9		切刀下行电磁阀	Q0.3	KA1
10		进料速度	VD610	
11		伺服当前方向	V400.1	
12		伺服当前速度	VD426	
13		伺服当前位置	VD422	
14		伺服完成位	V400.3	
15		伺服停止位	V400.5	
16		伺服启动位	V400.4	
17		伺服给定模式	VB450	
18		伺服给定速度	VD440	
19		伺服给定位置	VD430	
20		工料长度	VD600	
21		启动按钮	I0.3	SB1
22		切刀上限位	I1.2	SQ4
23		切刀下限位	I1.3	SQ5
24		切刀上行	I1.1	SB6
25		切刀下行	I1.0	SB5
26		手自转换	I0.6	
27				

图 12-11　主程序

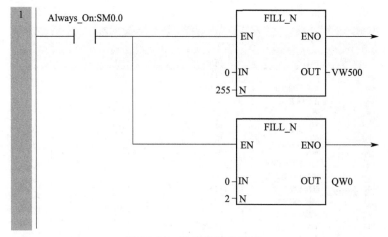

图 12-12 系统初始化程序

图 12-13 手动程序

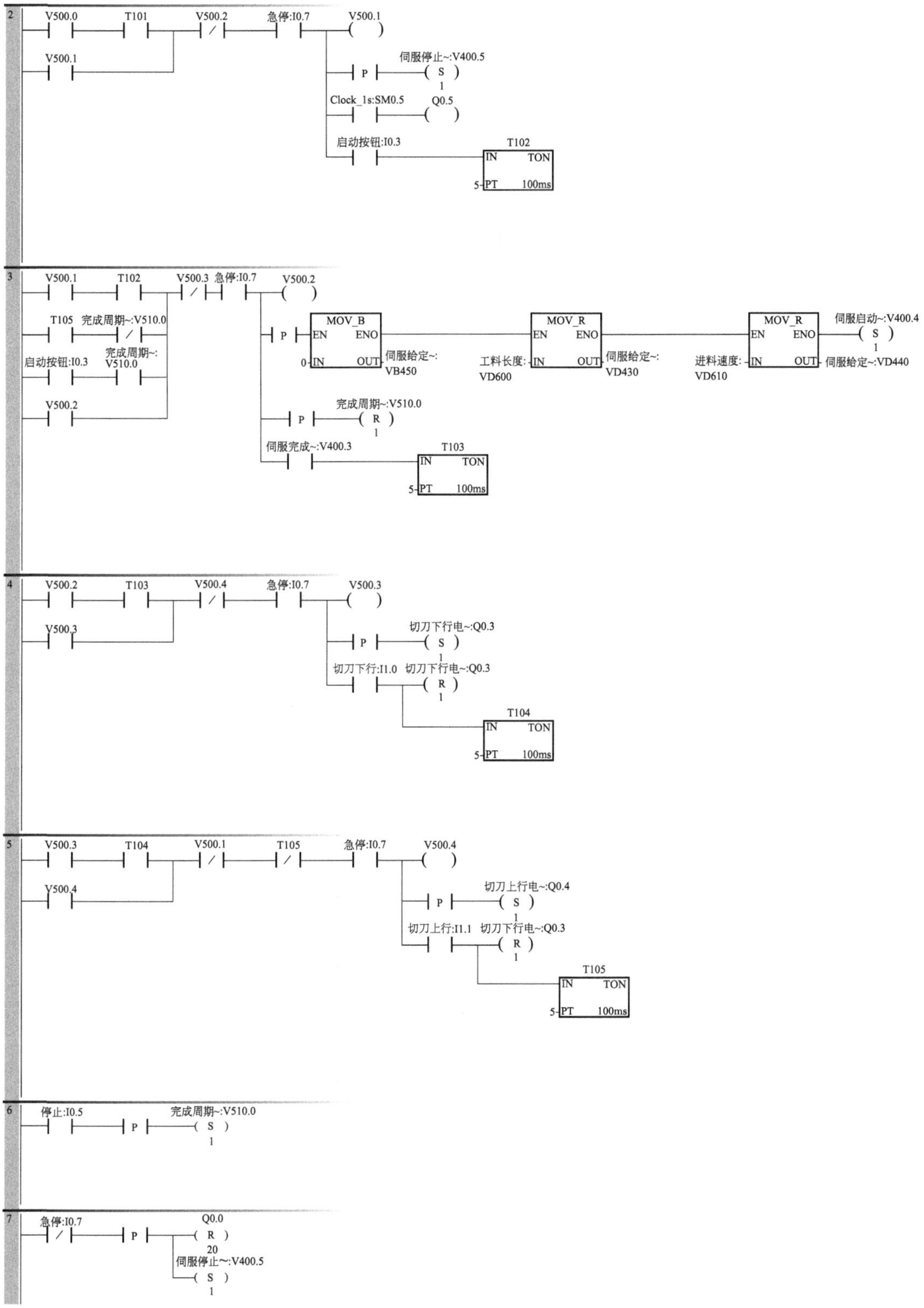

2

V500.0　T101　V500.2　急停:I0.7　V500.1
　　　　　　　　／　　　　　( )
V500.1
　　　　　　　　　　　　　　─┤P├─　伺服停止~:V400.5
　　　　　　　　　　　　　　　　　(S)
　　　　　　　　　　　　　　　　　　1
　　　　　　　　Clock_1s:SM0.5　Q0.5
　　　　　　　　　　　　　　　　　( )
　　　　　　　　启动按钮:I0.3　　　　　　T102
　　　　　　　　─┤├─　　　　　　IN　　TON
　　　　　　　　　　　　　　　5─PT　　100ms

3

V500.1　T102　V500.3　急停:I0.7　V500.2
　　　　　　　　／　　　　( )
T105　完成周期~:V510.0
　┤├─　／
启动按钮:I0.3　完成周期~:V510.0
　　　　　　　　　　　　　─┤P├─　MOV_B　　　　　　　　MOV_R　　　　　　　MOV_R　　　伺服启动~:V400.4
V500.2　　　　　　　　　　　　EN　ENO　　　　　　　EN　ENO　　　　EN　ENO　　　(S)
　┤├─　　　　　　　　　　　0─IN　OUT─伺服给定~:　工料长度:IN　OUT─伺服给定~:　进料速度:IN　OUT─伺服给定~:VD440　　1
　　　　　　　　　　　　　　　　　　VB450　VD600　　　　VD430　VD610
　　　　　　　　　　　─┤P├─　完成周期~:V510.0
　　　　　　　　　　　　　　(R)
　　　　　　　　　　　　　　　1
　　　　　　　　伺服完成~:V400.3　　T103
　　　　　　　　─┤├─　　　　　IN　　TON
　　　　　　　　　　　　　　5─PT　　100ms

4

V500.2　T103　V500.4　急停:I0.7　V500.3
　　　　　　　　／　　　　( )
V500.3
　　　　　　　　　　　　─┤P├─　切刀下行电~:Q0.3
　　　　　　　　　　　　　　(S)
　　　　　　　　　　　　　　　1
　　　　　　　　切刀下行:I1.0　切刀下行电~:Q0.3
　　　　　　　　─┤├─　　　　(R)
　　　　　　　　　　　　　　　1
　　　　　　　　　　　　　　　　T104
　　　　　　　　　　　　　IN　　TON
　　　　　　　　　　5─PT　　100ms

5

V500.3　T104　V500.1　T105　急停:I0.7　V500.4
　　　　　　　　／　　┤├　　　　( )
V500.4
　　　　　　　　　　　　　─┤P├─　切刀上行电~:Q0.4
　　　　　　　　　　　　　　(S)
　　　　　　　　　　　　　　　1
　　　　　　　　切刀上行:I1.1　切刀下行电~:Q0.3
　　　　　　　　─┤├─　　　　(R)
　　　　　　　　　　　　　　　1
　　　　　　　　　　　　　　　　T105
　　　　　　　　　　　　　IN　　TON
　　　　　　　　　　5─PT　　100ms

6

停止:I0.5　　　　完成周期~:V510.0
　　　　─┤P├─　(S)
　　　　　　　　　　1

7

急停:I0.7　　　　Q0.0
　／　　─┤P├─　(R)
　　　　　　　　　20
　　　　　　　伺服停止~:V400.5
　　　　　　　　(S)
　　　　　　　　　1

图 12-14　自动程序

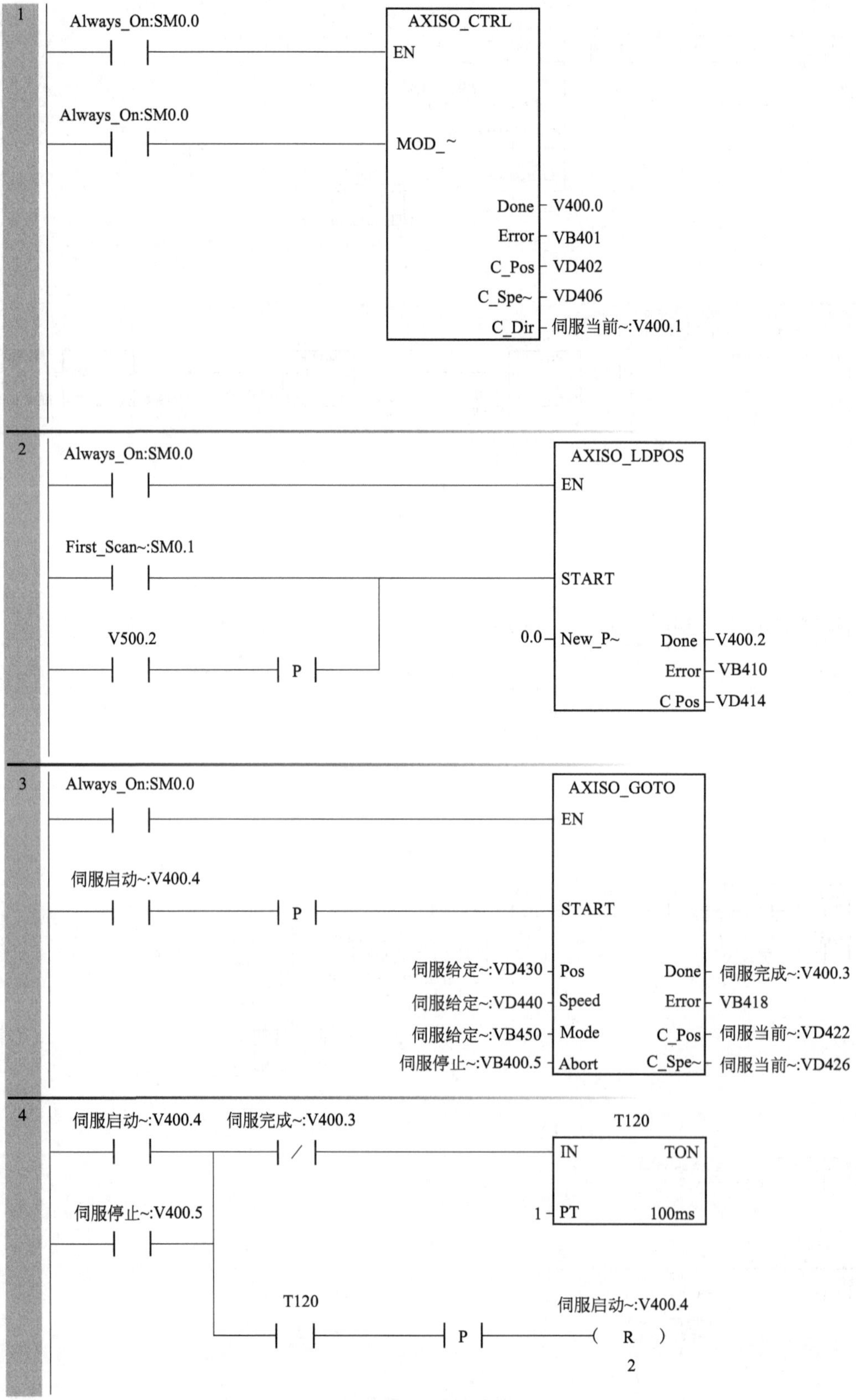

1
Always_On:SM0.0
AXISO_CTRL
EN
Always_On:SM0.0
MOD_~
Done V400.0
Error VB401
C_Pos VD402
C_Spe~ VD406
C_Dir 伺服当前~:V400.1
2
Always_On:SM0.0
AXISO_LDPOS
EN
First_Scan~:SM0.1
START
V500.2
P
0.0 New_P~
Done V400.2
Error VB410
C Pos VD414
3
Always_On:SM0.0
AXISO_GOTO
EN
伺服启动~:V400.4
P
START
伺服给定~:VD430 Pos
伺服给定~:VD440 Speed
伺服给定~:VB450 Mode
伺服停止~:VB400.5 Abort
Done 伺服完成~:V400.3
Error VB418
C_Pos 伺服当前~:VD422
C_Spe~ 伺服当前~:VD426
4
伺服启动~:V400.4
伺服完成~:V400.3
T120
IN TON
1 PT 100ms
伺服停止~:V400.5
T120
P
伺服启动~:V400.4
R
2

图 12-15 伺服程序

12.4 物料搅拌机的 PLC 控制

【例 12-4】 有一个物料搅拌机，主机由 7.5kW 的电动机驱动。根据物料不同，要求速度在一定的范围内无级可调，且要求物料太多或者卡死设备时系统能及时保护；机器上配有冷却水，冷却水温度不能超过 50℃，而且冷却水管不能堵塞，也不能缺水，堵塞和缺水将造成严重后果，冷却水的动力不在本设备上，水温和压力要可以显示。

12.4.1 硬件系统集成

(1) 分析问题

根据已知的工艺要求，分析结论如下。

① 主电动机的速度要求可调，所以应选择变频器。

② 系统要求有卡死设备时能及时保护。当载荷超过一定数值时（特别是电动机卡死时），电流急剧上升，当电流达到一定数值时即可判定电动机是卡死的，而电动机的电流是可以测量的。因为使用了变频器，变频器可以测量电动机的瞬时电流，这个瞬时电流值可以用通信的方式获得。

③ 很显然这个系统需要一个控制器，PLC、单片机系统都是可选的，但单片机系统的开发周期长，单件开发并不合算，因此选用 PLC 控制，由于本系统并不复杂，所以小型 PLC 即可满足要求。

④ 冷却水的堵塞和缺水可以用压力判断，当水压力超过一定数值时，视为冷却水堵塞，当压力低于一定数值时，视为缺水。压力一般要用压力传感器测量，温度由温度传感器测量。因此，PLC 系统要配置模拟量模块。

⑤ 要求水温和压力可以显示，所以需要触摸屏或者其他设备显示。

(2) 硬件系统集成

① 硬件选型

a. 小型 PLC 都可作为备选，由于西门子 S7-200 SMART 系列 PLC 通信功能较强，而且性价比较高，所以初步确定选择 S7-200 SMART PLC，因为 PLC 要和变频器通信占用一个通信口，和触摸屏通信也要占用一个通信口，CPU SR20 有一个编程口（PN），用于下载程序和与触摸屏通信，另一个串口则可以作为 USS 通信用。

由于压力变送器和温度变送器的信号都是电流信号，所以要考虑使用专用的 AD 模块，两路信号使用 EM AE04 是较好的选择。

由于 CPU SR20 的 I/O 点数合适，所以选择 CPU SR20。

b. 选择 G120 变频器。G120 是一款功能比较强大的变频器，价格适中，可以与 S7-200 SMART PLC 很方便地进行 USS 通信。

c. 选择西门子的 Smart 700 IE 触摸屏。

② 系统的软硬件配置

a. 1 台 CPU SR20。

b. 1 台 EM AE04。

c. 1 台 Smart 700IE 触摸屏。

d. 1 台 G120C 变频器。

e. 1台压力传感器（含变送器）。

f. 1台温度传感器（含变送器）。

g. 1套 STEP7-Micro/WIN SMART V2.3。

h. 1套 WinCC Flexible 2008 SP4。

③ 原理图　系统的原理图如图 12-16 所示。

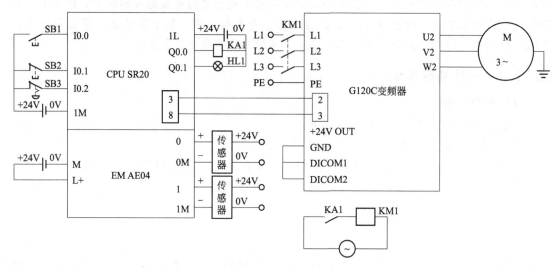

图 12-16　原理图

④ 变频器参数设定　变频器的参数设定见表 12-4。

表 12-4　变频器的参数设定

序号	变频器参数	设定值	单位	功能说明
1	p0003	3	—	权限级别，3 是专家级
2	p0010	1/0	—	驱动调试参数筛选。先置为 1，当把 p0015 和电动机相关参数修改完成后，再设置为 0
3	p0015	21	—	驱动设备宏指令
4	p0304	380	V	电动机的额定电压
5	p0305	19.7	A	电动机的额定电流
6	p0307	7.5	kW	电动机的额定功率
7	p0310	50.00	Hz	电动机的额定频率
8	p0311	1400	r/min	电动机的额定转速
9	p2020	6	—	USS 通信波特率，6 代表 9600bit/s
10	p2021	18	—	USS 地址
11	p2022	2	—	USS 通信 PZD 长度
12	p2023	127	—	USS 通信 PKW 长度
13	p2040	100	ms	总线监控时间

12.4.2　编写 PLC 程序

(1) I/O 分配

PLC 的 I/O 分配见表 12-5。

表 12-5　PLC 的 I/O 分配表

序号	地址	功能	序号	地址	功能
1	I0.0	启动	8	AIW16	温度
2	I0.1	停止	9	AIW18	压力
3	I0.2	急停	10	VD0	满频率的百分比
4	M0.0	启/停	11	VD22	电流值
5	M0.3	缓停	12	VD50	转速设定
6	M0.4	启/停	13	VD104	温度显示
7	M0.5	快速停	14	VD204	压力显示

（2）编写程序

温度传感器最大测量量程是 $0\sim100℃$，其对应的数字量是 $0\sim27648$，所以 AIW16 采集的数字量除以 27648 再乘以 100（即 $\dfrac{AIW16\times100}{27648}$）就是温度值；压力传感器的最大量程是 $0\sim10000Pa$，其对应的数字量是 $0\sim27648$，所以 AIW18 采集的数字量除以 27648 再乘以 10000（即 $\dfrac{AIW18\times10000}{27648}$）就是压力值；程序中的 VD0 是满频率的百分比，由于电动机的额定转速是 $1400r/min$，假设电动机转速是 $700r/min$，那么 VD0＝50.0，所以 VD0＝VD50÷1400×100（VD50÷14.0）。

梯形图程序如图 12-17 所示。

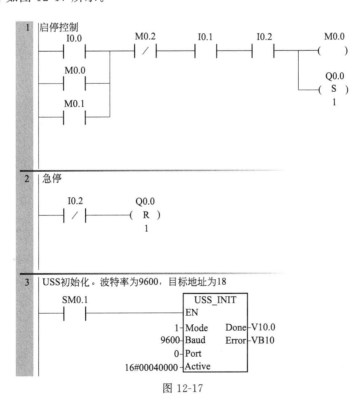

图 12-17

M0.0是启停控制,VD0是速度控制

```
      SM0.0                          ┌─────────────┐
      ─┤ ├─                          │  USS_CTRL   │
                                     │ EN          │
      M0.0                           │             │
      ─┤ ├───────────────────────────┤ RUN         │
                                     │             │
      M0.3                           │             │
      ─┤ ├───────────────────────────┤ OFF2        │
                                     │             │
      M0.0                           │             │
      ─┤ / ├─────────────────────────┤ OFF3        │
                                     │             │
      M0.4                           │             │
      ─┤ ├───────────────────────────┤ F_ACK       │
                                     │             │
      M0.5                           │             │
      ─┤ ├───────────────────────────┤ DIR         │
                                     │             │
                                 18──┤ Drive Resp_R├─V10.1
                                  1──┤ Type  Error ├─VB12
                                VD0──┤ Speed~ Status├─VW14
                                     │       Speed ├─VD16
                                     │      Run_EN ├─V10.2
                                     │       D_Dir ├─V10.3
                                     │      Inhibit├─V10.4
                                     │       Fault ├─V10.5
                                     └─────────────┘
```

5 读取电流值

```
      SM0.0                          ┌─────────────┐
      ─┤ ├─                          │ USS_RPM_R   │
                                     │ EN          │
      SM0.5                          │             │
      ─┤ ├──────┤ P ├────────────────┤ XMT_~       │
                                     │             │
                                 18──┤ Drive  Done ├─V10.6
                                 27──┤ Param  Error├─VB20
                                  0──┤ Index  Value├─VD22
                             &VB1000─┤ DB_Ptr      │
                                     └─────────────┘
```

6 温度显示

```
      M0.0          ┌──────────┐              ┌──────────┐
      ─┤ ├──────────┤ EN   ENO ├──────────────┤ EN   ENO ├───►
                    │   MUL    │              │  DIV_DI  │
      AIW16─────────┤ IN1  OUT ├─VD100   VD100─┤ IN1  OUT ├─VD104
         100────────┤ IN2      │        +27648─┤ IN2      │
                    └──────────┘              └──────────┘
```

7 压力显示

```
      M0.0          ┌──────────┐              ┌──────────┐
      ─┤ ├──────────┤ EN   ENO ├──────────────┤ EN   ENO ├───►
                    │   MUL    │              │  DIV_DI  │
      AIW18─────────┤ IN1  OUT ├─VD200   VD100─┤ IN1  OUT ├─VD204
       10000────────┤ IN2      │        +27648─┤ IN2      │
                    └──────────┘              └──────────┘
```

8 VD50转速设定

```
      M0.0          ┌──────────┐
      ─┤ ├──────────┤ EN   ENO ├───►
                    │   DIV_R  │
      VD50──────────┤ IN1  OUT ├─VD0
        14.0────────┤ IN2      │
                    └──────────┘
```

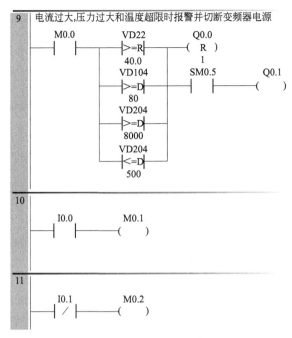

图 12-17　梯形图程序

12.4.3　设计触摸屏项目

本例选用西门子 Smart 700 IE 触摸屏，这个型号的触摸屏性价比很高，使用方法与西门子其他系列的触摸屏类似，以下介绍其工程的创建过程。

① 首先创建一个新项目，接着建立一个新连接，如图 12-18 所示。选择"SIMATIC S7 200Smart"通信驱动程序，触摸屏与 PLC 的通信接口为"以太网"，设定 PLC 的 IP 地址为"192.168.0.1"，设定触摸屏的 IP 地址为"192.168.0.2"，这一步很关键。

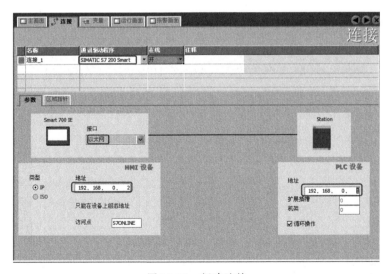

图 12-18　新建连接

② 新建变量。变量是触摸屏与 PLC 交换数据的媒介。创建如图 12-19 所示的变量。

名称	连接	数据类型	地址	数组计数	采集周期	注释
VD50	连接_1	Real	VD50	1	100 ms	速度设定
VD 22	连接_1	Real	VD 22	1	100 ms	电流读取
VD104	连接_1	Real	VD 104	1	100 ms	温度显示
VD204	连接_1	Real	VD 204	1	100 ms	压力显示
M0	连接_1	Bool	M 0.0	1	100 ms	启停指示和控制
M1	连接_1	Bool	M 0.1	1	100 ms	启动
M2	连接_1	Bool	M 0.2	1	100 ms	停止

图 12-19 新建变量

③ 组态报警。双击"项目树"中的"模拟量报警",按照图 12-20 所示组态报警。

文本	编号	类别	触发变量	限制	触发模式
温度过高	1	警告	VD104	50	上升沿时
压力过低	2	警告	VD204	1000	下降沿时

图 12-20 组态报警

④ 制作画面。本例共有 3 个画面,如图 12-21～图 12-23 所示。

图 12-21 主画面

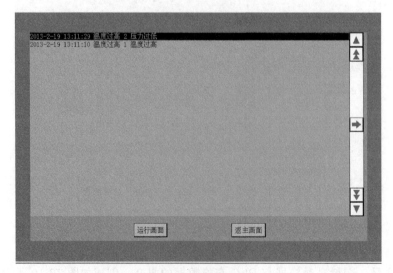

图 12-22 报警画面

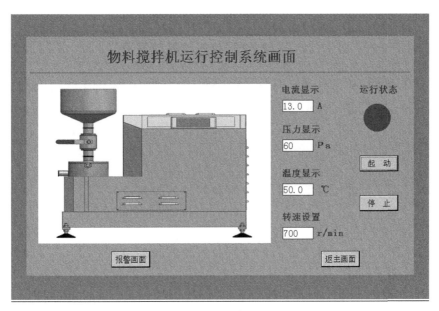

图 12-23　运行画面

⑤ 动画连接。在各个画面中，将组态的变量和画面连接在一起。

⑥ 保存、下载和运行工程，运行效果如图 12-21～图 12-23 所示。

参 考 文 献

[1] 向晓汉. 西门子 S7-300/400PLC 完全精通教程 [M]. 北京：化学工业出版社，2016.

[2] 向晓汉. 西门子 PLC 工业通信完全精通教程 [M]. 北京：化学工业出版社，2013.

[3] 崔坚. 西门子工业网络通信指南 [M]. 北京：机械工业出版社，2009.